国家出版基金项目
NATIONAL PUBLICATION FOUNDATION

中国煤矿建井技术与管理

机电设备安装技术

主　编　刘希亮
副主编　邓文朴　张昌顺　马　超　陈新明

中国矿业大学出版社
·徐州·

内 容 提 要

本书是国家出版基金项目“中国煤矿建井技术与管理”丛书之一，系统讲述了煤矿机电设备安装方面的基础知识、规范要求、安装技术等，对矿井主要机电设备安装技术进行详细阐述，同时介绍了煤矿几种主要机电设备的安装工法，具有实用性、针对性、可借鉴性强等特点，适合从事煤矿机电设备安装的工程技术人员使用，也可为科研、设计、高等院校等领域人员提供借鉴。

图书在版编目(CIP)数据

机电设备安装技术 / 刘希亮主编. —徐州：中国矿业大学出版社，2023.12

ISBN 978 - 7 - 5646 - 6120 - 5

Ⅰ. ①机… Ⅱ. ①刘… Ⅲ. ①机电设备—设备安装 Ⅳ. ①TH17

中国国家版本馆 CIP 数据核字(2023)第 250713 号

书　　名　机电设备安装技术
主　　编　刘希亮
责任编辑　满建康　王美柱　杨　洋
出版发行　中国矿业大学出版社有限责任公司
（江苏省徐州市解放南路　邮编 221008）
营销热线　(0516)83885370　83884103
出版服务　(0516)83995789　83884920
网　　址　http://www.cumtp.com　**E-mail**:cumtpvip@cumtp.com
印　　刷　江苏苏中印刷有限公司
开　　本　787 mm×1092 mm　1/16　**印张** 23.25　**字数** 595 千字
版次印次　2023 年 12 月第 1 版　2023 年 12 月第 1 次印刷
定　　价　200.00 元

前　言

近年来，矿山工程建设领域新技术、新设备不断涌现，施工技术标准和规范化水平不断提高，原有的一些技术、设备逐步被更新与淘汰；另外，我国深井建设一直处于世界领先水平，取得了一大批具有自主知识产权的重大成果。为了适应这种变化，并推广近年来在矿井建设实践中形成、积累和完善的经验，向施工人员提供实用、可靠、先进的技术资料，中国矿业大学出版社组织相关高校和大型矿山施工企业，对建井技术与管理经验进行了全面的总结与梳理，编纂了本书在内的“中国煤矿建井技术与管理”丛书。

作为我国的主要能源，煤炭产量在稳定增加。在煤炭生产过程中，机电装备起着至关重要的作用，先进的矿山机械化装备不仅能节省大量的人力和物力，大幅度提高煤矿生产的效率，为煤矿企业获取了良好的经济效益，还能有效提高煤矿开采的安全性。特别是近几年来，煤矿信息化、智能化技术高速发展，对煤矿机电安装技术水平提出了更高的要求。因此，提高煤矿机电设备安装技术水平，确保机电设备安全高效正常运转，对煤矿企业的安全生产、经济利益和社会利益的提高具有非常重要的意义。

《中国煤矿建井技术与管理》是我国煤矿建井领域具有国际领先水平的出版项目，由中国矿业大学等单位组织编写。《机电设备安装》是《中国煤矿建井技术与管理》的第7分册，由河南理工大学刘希亮教授牵头，组织平煤神马建工集团安装处、河南锦源建设有限公司、河南国龙矿业建设有限公司等单位进行了编写，着重向读者提供矿井设机电设备安装的基础知识、安装技术、规范要求以及典型的机电设备安装工法，力争通过规范安装工艺，推广使用新技术，加强科学管理，使机电设备安装技术发展到一个崭新的水平。

本书共分9章，分别介绍了各种主要煤矿机电设备的安装技术，包括：矿井提升机安装技术、矿井提升容器安装技术、矿井主要通风机安装技术、矿井带式输送机安装技术、矿井变电设备安装技术、凿井设备安装技术、立井井筒主要装备安装技术、矿井其他设备安装技术，最后列举了一些典型的机电设备安装实例。

本书具体编写分工如下：第一、二、七章由河南国龙矿业建设有限公司曾凡伟、马超、李继勇、赵鹏、肖庆熙编写；。第三、四、六章由河南锦源建设有限公司邓文朴、任大民、王磊、李勇、马安邦编写；第五、八、九章由平煤神马建工集团安装处张昌顺、梁志广、张文晓、侯红琦、徐汝峰编写。

本书为煤矿机电设备安装方面的专业书籍，可供矿山建设技术人员、设计院、科研院所、高等院校等有关人员参阅。本书在编写过程中得到了各有关施工、生产、科研、设计等单位同行的大力支持和帮助，再此一并表示衷心感谢。

由于编写水平有限，书中不足之处在所难免，恳请读者批评指正并多提宝贵意见。

编　者

2023 年 4 月

目　录

第一章　矿井提升机安装技术

矿井提升机是在采矿工程中联系井下与地面的主要运输设备；安装在地面，借助于钢丝绳带动提升容器沿井筒或斜坡道运行。它用于竖井和斜井提升煤炭、矿石、矸石，升降人员以及下放材料、工具和设备等。另外，用于井下的还有液压传动矿井提升机。

第一节　概　　述

根据工作原理和结构的不同，矿井提升机可分为缠绕式提升机和摩擦式提升机两大类。根据滚筒上的缠绳多少，缠绕式提升机又分为单绳缠绕式提升机和多绳缠绕式提升机。

根据滚筒的个数和结构，单绳缠绕式提升机有单滚筒、双滚筒和可分离滚筒 3 种类型。它工作可靠、结构简单，仅适用于浅井及中等深度的矿井，且终端载荷不能太大。在深井且终端载荷较大时，提升钢丝绳和提升机滚筒的直径很大，从而造成体积庞大、重力猛增，使得提升钢丝绳和提升机在制造、运输和使用过程中存在诸多不便。因此，在一定程度上限制了单绳缠绕式提升机在深井条件下的使用。

多绳缠绕式提升机又称为布莱尔式提升机。多绳缠绕式提升机的几根提升钢丝绳同时缠绕在一个分段的滚筒上，属于多绳多层缠绕式；其主要用于深井和超深井提升。

根据摩擦绳的根数和结构，摩擦式提升机可分为多绳摩擦式提升机、单绳摩擦式提升机和内装式提升机。

目前广泛使用单绳缠绕式提升机和多绳摩擦式提升机。

本章重点介绍缠绕式提升机、多绳摩擦式提升机、液压防爆提升机和变频提升机的安装技术。

第二节　矿井提升机的分类

一、缠绕式提升机的分类及结构原理

（一）单绳缠绕式提升机

单绳缠绕式提升机只有一根钢丝绳与提升容器相连；钢丝绳的一端固定在提升机滚筒上，另一端绕过天轮与提升机连接。当滚筒由电动机拖动以不同方向转动时，钢丝绳在滚筒上缠绕或放出，实现容器的提升和下放。

单绳缠绕式提升机按其滚筒个数，可分为单滚筒提升机和双滚筒提升机。单滚筒提升

机一般用于产量较小的斜井或开凿井筒时做单钩提升，但不便于调节绳长。为此，有的制造厂家将单滚筒制成可分离的两部分：一部分与主轴固接；另一部分通过调绳离合器与主轴相连，两部分可以相对转动，使得调绳方便。

双滚筒提升机在我国矿山应用最多，一般用于双钩提升。滚筒之一与主轴固接，称为固定滚筒（死滚筒）；另一滚筒滑装在主轴上，通过调绳离合器与主轴连接，称为游动滚筒（活滚筒）。打开调绳离合器时，两滚筒可以相对转动，以便调节绳长或改变提升水平。国产单绳缠绕式提升机有JT和JK两个系列。JT系列：滚筒直径为0.8～1.6 m，主要用于井下，一般称为矿用绞车；有防爆和不防爆两种。JK系列：滚筒直径为2.0～6.0 m，属大型矿井提升机，主要用于立井提升，表1-1、表1-2列出了JK系列提升机主要技术参数。

JK系列双滚筒提升机外形如图1-1所示。位于右侧固定滚筒的右轮毂与轴采用静配合无键连接，左侧的游动滚筒通过调绳离合器与主轴连接。滚筒采用全焊接结构。

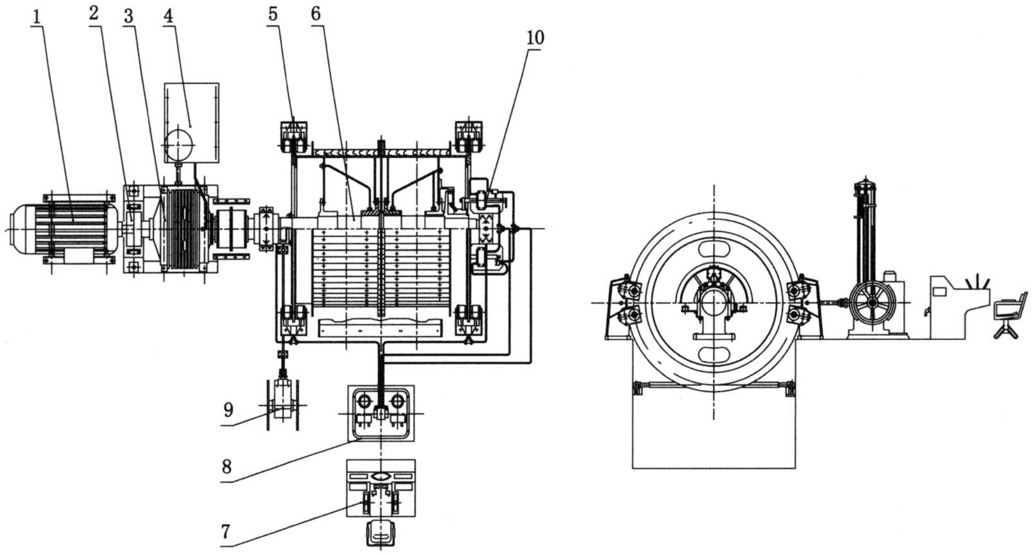

1—电机；2—联轴器；3—减速器；4—润滑站；5—盘式制动器；6—主轴装置；7—操纵台；8—液压站；9—深度指示器；10—径向齿块离合器。

图1-1 双滚筒提升机结构

滚筒外边一般设有刻制绳槽与木衬，以引导钢丝绳规则排列，减少绳的磨损，并在一定范围内增加筒壳的接触强度和刚度。木衬厚度不小于2倍的钢丝绳直径，宽度在100 mm左右。装配木衬时，应使其与筒壳接触良好，接触不匀会使筒壳应力分布不均。由于更换木衬费工、费时、费料，因此近年生产的提升机有的采用加厚筒壳，直接在筒壳上车槽，称为带绳槽滚筒。

单层缠绕时，滚筒表面刻螺旋绳槽；多层缠绕时，刻环形平行绳槽。多层缠绕若采用螺旋绳槽，在缠偶数层时，绳圈螺旋方向改变，滚筒每转一周钢丝绳发生两次跳跃式移动，如图1-2(a)所示。多层缠绕采用环形平行绳槽时，滚筒每转一周，绳槽过渡只发生一次冲击[图1-2(b)]，可以相对减少钢丝绳的卡咬现象。多层缠绕钢丝绳磨损最严重的部分是相邻两层过渡处，此处绳圈与挡绳板间形成一楔形段，钢丝绳在拉力作用下，挤入或拉出楔形段

表 1-1　JK 型矿井提升机技术参数(单滚筒提升机)

序号	型号	滚筒			钢丝绳最大静张力/kN	钢丝绳最大直径/mm	最大提升高度或斜长			最大提升速度/(m/s)
		个数	直径/m	宽度/m			一层缠绕/m	二层缠绕/m	三层缠绕/m	
1	JK-2×1.5	1	2.0	1.50	60	25	280	605	962	7.0
2	JK-2×1.8			1.80			350	746	1 176	
3	JK-2.5×2		2.5	2.00	90	31	393	832	1 312	9.0
4	JK-2.5×2.3			2.30			463	974	1 528	
5	JK-3×2.2		3.0	2.20	130	37	435	917	1 447	12.0
6	JK-3×2.5			2.50			506	1 060	1 664	
7	JK-3.5×2.5		3.5	2.50	170	43	501	1 049	1 654	
8	JK-3.5×2.8			2.80			572	1 193	1 871	
9	JK-4×2.2		4.0	2.20	245	50	415	875	1 395	14.0
10	JK-4×2.7			2.70			532	1 110	1 752	
11	JK-4.5×3		4.5	3.00	280	56	597	1 242	1 958	
12	JK-5×3		5	3.00	350	62	593	1 232	1 948	
13	JK-5×3.5			3.50			710	1 469	2 307	

表 1-2　JK 型矿井提升机技术参数(双滚筒提升机)

序号	型号	滚筒				钢丝绳最大静张力/kN	两根钢丝绳最大静张力差/kN	钢丝绳最大直径/mm	最大提升高度或斜长			最大提升速度/(m/s)
		个数	直径/m	宽度/m	两滚筒中心距/mm				一层缠绕/m	二层缠绕/m	三层缠绕/m	
1	2JK-2×1	2	2.0	1.00	1 090	60	40	25	163	369	605	7.0
2	2JK-2×1.25			1.25	1 340				222	487	784	
3	2JK-2.5×1.2		2.5	1.20	1 290	90	55	31	205	453	738	9.0
4	2JK-2.5×1.5			1.50	1 590				276	595	953	
5	2JK-3×1.5		3.0			130	80	37	270	584	942	12.0
6	2JK-3×1.8			1.80	1 890				341	727	1 159	
7	2JK-3.5×1.7		3.5	1.70	1 790	170	115	43	312	667	1 074	
8	2JK-3.5×2.1			2.10	2 190				407	858	1 364	
9	2JK-4×2.1		4.0			245	165	50	392	828	1 324	14.0
10	2JK-4.5×2.2		4.5	2.20	2 290	280	185	56	410	864	1 385	
11	2JK-5×2.3		5.0	2.30	2 390	350	230	62	429	900	1 446	
12	2JK-5.5×2.4		5.5	2.40	2 490	425	280	68	447	936	1 506	
13	2JK-6×2.5		6.0	2.50	2 590	500	320	75	457	957	1 543	

会产生咬绳现象。在层间过渡处设置合理的几何形状过渡楔块，可以引导钢丝绳顺利完成层间过渡，减少咬绳。

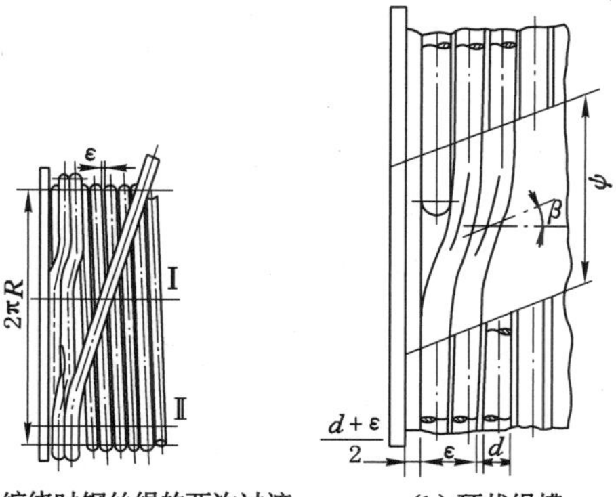

图 1-2　双层缠绕钢丝绳圈的过渡

主轴是承受所有外部载荷，并将此载荷传给地基的主要承力部件。主轴承支撑主轴，并承受机器旋转部件的轴向及径向负荷，一般采用滑动轴承。

提升机采用中硬齿面平行轴减速器或行星齿轮减速器。行星齿轮减速器体积小、质量轻、效率高；与同等能力平行轴齿轮减速器相比，质量一般为后者的 30%～40%，效率提高约 5%；目前广泛用于矿井提升机上。

双滚筒提升机都装有调绳离合器，离合器的作用是使活滚筒与主轴连接或脱开，以便调节绳长时，两滚筒能相对转动。调绳离合器有三种基本类型：蜗轮蜗杆离合器、摩擦离合器和齿轮离合器，其中齿轮离合器应用较多。

蜗轮蜗杆离合器调绳操作困难、劳动强度大、操作时间长，一般需要 20～30 min，曾在旧系列滚筒直径为 3 m 以下的提升机上应用。摩擦离合器的优点是可以无级调绳，但超载时安全可靠性差，结构也较复杂，只在早期的提升机上采用过。

国产 JK 系列提升机曾采用过轴向移动齿轮离合器，如图 1-3 所示。三个调绳液压缸沿圆周布置，相当于三个销子将齿轮与活滚筒左支轮（轮毂）连接在一起。正常运动时外齿轮与固定在活滚筒上的内齿轮啮合，活滚筒随主轴一起转动。调绳时液压缸通入高压油，在油压作用下轴向移动齿轮离合器的缺点是对齿销困难，需反复几次才能对上，一般调绳一次耗时约 10 min。

为了提高调绳速度，JK 系列提升机已改用径向齿块式调绳离合器，如图 1-4 所示。内齿圈固定在活滚筒的辐板上，径向齿块通过滑动毂的带动与内齿圈啮合或脱开，滑动毂由传动液压缸的活塞杆推动。当压力油进入合上腔时，推动活塞杆使齿块与齿圈啮合，通过内齿圈与齿块啮合传递扭矩。

径向齿块式调绳离合器对齿方便、调绳时间短、结构简单、能传递较大扭矩，但所能调节的长度受离合器齿数限制，设计时必须满足最小调绳距离的要求。

（二）多绳缠绕式提升机

多绳缠绕式提升机又称布莱尔（Blair）式提升机，简称 BMR（Blair Multi-Rope）。工作

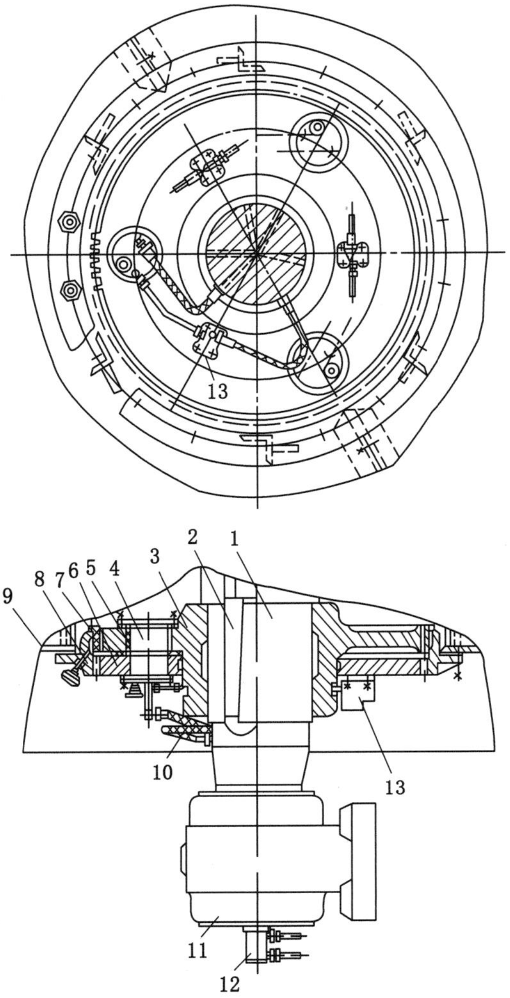

1—主轴；2—键；3—轮毂；4—液压缸；5—橡胶缓冲垫；6—齿轮；7—尼龙瓦；8—内齿轮；9—滚筒轮辐；10—油管；11—轴承座；12—密封头；13—闭锁阀。

图 1-3　轴向移动齿轮离合器

原理与单绳缠绕式提升机一样，只是采用两根或多根提升钢丝绳代替一根钢丝绳与容器连接。两根绳或多根绳分别缠绕在一个被分隔的滚筒上，并在每个分隔段内做多层缠绕。这种提升机不采用平衡尾绳，可适用于井深超过 1 400 m 的深井提升。

多绳缠绕式提升机由于没有尾绳平衡，需装备较大功率的电动机，因此机器体积和质量比多绳摩擦式提升机大。为确保钢丝绳之间的张力平衡及等同的提升速度，应装设多钢丝绳张力平衡装置及误缠绕排绳检测装置。

二、液压防爆提升机

（一）国外液压防爆提升机发展现状

随着新型轴向柱塞式和径向柱塞式液压马达系列产品的纷纷问世，国外在 20 世纪 50

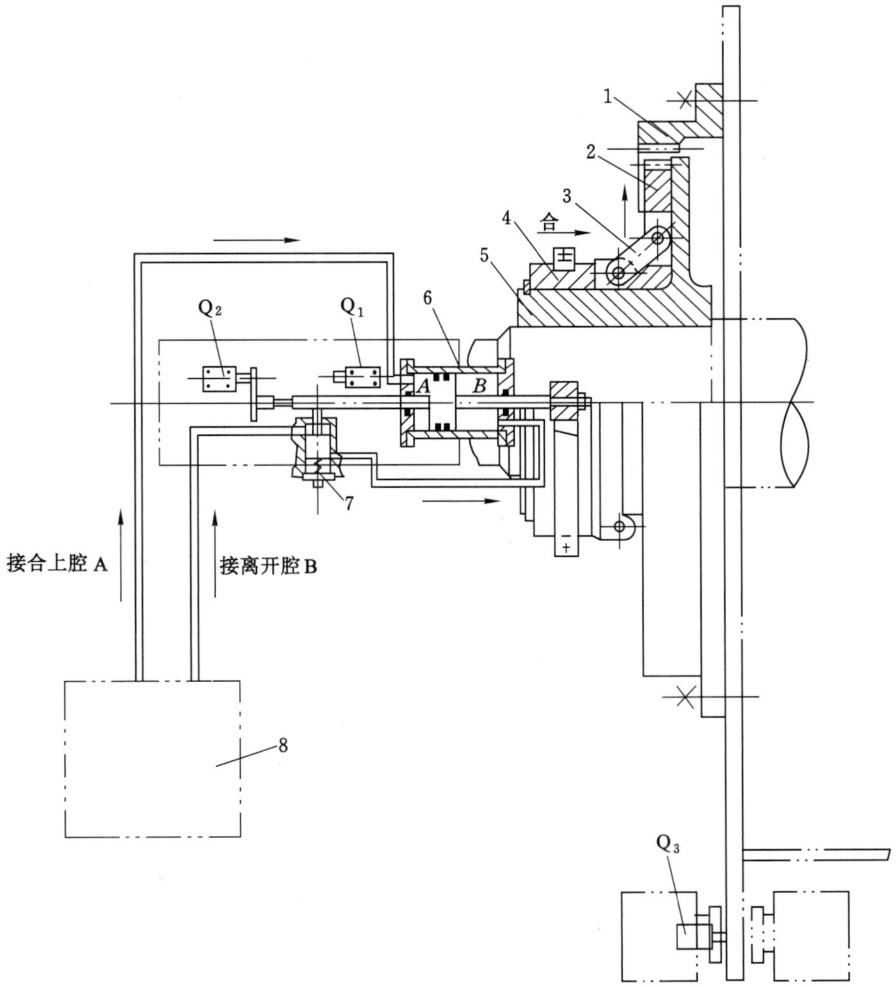

1—内齿圈；2—径向齿块；3—连板；4—滑动毂；5—轮毂；6—传动液压缸；7—连锁阀；8—液压站；
Q_1、Q_2、Q_3—行程开关。

图 1-4　径向齿块式调绳离合器传动示意

年代中期研制出了应用全液压控制原理的液压提升机，并在船舶和建筑机械上获得应用，在 60 年代研制出可在煤矿井下使用的液压防爆提升机。

近 20 年来，液压防爆提升机技术获得很大发展。在工业发达国家的煤矿现在已广泛使用液压防爆提升机。液压防爆提升机从小到大、从单绳到多绳、从有极型到无极型、从缠绕式到摩擦式，各种规格品种齐全。

英国是研制液压防爆提升机较早的国家之一，20 世纪 60 年代初就有矿用液压防爆提升机问世。尼德汉姆兄弟和布朗有限公司研制了"C"系列本机控制或无线电遥控的液压防爆提升机，功率为 7.5～250 kW 共 20 种规格。该公司制造的低速大扭矩液压马达直接驱动的 250 kW 液压防爆提升机被使用在南约克郡的巴恩斯利矿井，这种防爆提升机的制动系统设计富有特色，当滚筒有转矩时即自动松闸。日本三井三池制作所在 1965 年制造出第一台防爆液压提升机，经过不断发展和完善，现在生产 40 kW、75 kW、160 kW、250 kW 等规格，其滚筒直径分别为 900 mm、1 200 mm、2 000 mm、2 100 mm，具有手动、半自动两种运转方式，可用来提升物料和人员。

国外液压防爆提升机液压系统传动方式具有开式和闭式两种。开式系统通过调节电液伺服阀开口的大小和方向来实现系统的换向、调速，系统响应快；但当压力过高时，多余的流量经溢流阀流回油箱，有溢流损失。闭式系统采用双向变量泵，通过改变变量泵输出油液的方向和流量，控制液压马达的运动方向和速度，回路中的压力高低取决于负载的大小，因而无溢流损失。采用开式液压系统的有英国的 PIKROSE 型、波兰的 KBH-3 型液压安全防爆提升机；采用闭式液压系统的有英国的 AB-25 型、日本的 MSD 型液压安全防爆提升机。

（二）国内液压防爆提升机发展现状

我国煤矿井下液压防爆提升机的研制和应用比欧美、日本晚了多年，国内液压防爆提升机研制工作是为了满足煤矿安全生产的需要而开展起来的。按照当时我国《煤矿安全规程》的规定，在煤与瓦斯突出的矿井井下采区中，都要使用矿用防爆型电气设备。但国内在 1980 年以前还没有 ϕ1 200 mm 以上的防爆提升机，基本上是非防爆型的，严重危害煤矿安全生产，有的煤矿曾由于在井下使用非防爆的电控提升机，发生过重大瓦斯爆炸事故，因此井下提升机防爆是煤矿安全生产急待解决的一个重大问题。

国内一些厂家采用不同的技术途径研制防爆提升机。湖南省煤炭科学研究院与湖南省煤矿机械厂研制了 JKY-2/B 型液压防爆提升机，该提升机在原平顶山矿务局十矿完成井下工业性试验后，通过鉴定并投入批量生产，满足了全国大、中型煤矿的井下提升需要。淮南煤矿机械厂研制了 JT-1200Y 型液压防爆提升机，它采用高速液压马达通过行星减速箱驱动滚筒。山西机器厂研制了 ϕ1 600 mm 液压防爆提升机。洛阳中重自动化工程有限责任公司研制了 JKYB 型系列产品，通过采用多台高速马达经行星减速传动的液压防爆提升机，把液压防爆提升机向高性能、大规格方向推进了一大步。

液压提升机的研制和发展情况表明：液压提升机由于采用液压传动，减少了产生电气火花的元件；全部使用鼠笼型电动机，使电气控制设备简单，容易做成防爆型，所以采用液压驱动的提升机是解决煤矿井下提升机安全防爆问题的有效途径之一。

液压提升机具有无级调速，启动、换向平稳，低速运转性能好，操作简单，体积小、质量轻，安全保护比较齐全等优点；此外，液压防爆提升机在启动和制动以及低速转动时比电控提升机的效率高，液压传动装置比直流电气传动装置便宜（约 40%）。其缺点是液压元件制造精度和质量要求较高，液压传动装置的噪声较大。总的看来，液压防爆提升机是一种具有良好运转特性、适合瓦斯矿井和有煤与瓦斯突出危险矿井使用的防爆提升机。它是一种很有发展前途的煤矿机械设备，是矿用防爆提升机的主要发展方向之一。

（三）液压防爆提升机类型

我国从 20 世纪 80 年代初开始研制液压防爆提升机，现已基本形成了系列，在煤矿井下得到了广泛应用。就其类型而言，有如下几种分类方法。

1. 按传动方式和操作方式分类

（1）按传动方式

① 全液压传动的液压提升机。

② 液压机械传动的液压提升机。

(2) 按操作方式

① 手动操纵方式的液压提升机。

② 远距离液控操纵方式的液压提升机。

③ 远距离机械操纵方式的液压提升机。

④ 自动化或半自动化操纵方式的液压提升机。

2. 按滚筒数量和结构分类

① 单滚筒缠绕式液压提升机。

② 双滚筒缠绕式液压提升机。

③ 摩擦式液压提升机。

3. 按液压马达的数量分类

① 单液压马达拖动的液压提升机。

② 双液压马达拖动的液压提升机。

③ 多液压马达拖动的液压提升机。

4. 按矿山使用的功能分类

① 提升人员及物料用液压提升机。

② 运输物料载货用液压提升机。

③ 牵引矿车、卡轨车的摩擦式液压提升机。

④ 倾斜煤层工作面采煤机防滑用液压安全提升机。

5. 按液压提升机的用途分类

① 矿山用液压提升机(防爆型和非防爆型)。

② 建筑用液压提升机。

③ 船舶用液压提升机。

④ 冶金、林业等用液压提升机。

目前国内研制的液压防爆提升机主要有两种:一种是采用低速大扭矩液压马达直接驱动方案;其主传动方式为电动机→变量泵→低速大转矩马达→滚筒,称之为低速马达驱动的液压提升机。另一种是采用高速液压马达加减速器驱动方案,典型代表为洛阳中重自动化工程有限责任公司的 JKYB 系列集机、电、液于一体的高新技术产品;其传动方式为电动机→变量泵→多台高速马达→行星齿轮减速器→滚筒,可称为高速马达驱动的液压防爆提升机。

(四) 产品主要用途

液压防爆提升机和提升绞车,由于具有防爆性能,主要用在含有甲烷、空气混合物和煤尘等爆炸性环境的矿井中,用于提升煤炭、矸石,升降人员,下放物料、工具和设备,是煤矿井下或其他含有易燃介质场所配备提升系统的理想设备,也可供金属矿、非金属矿、冶金、建筑、港口和其他工程建设作起重、提升、运输用。

(五) 产品性能及特点

(1) 具有良好的防爆性能、稳定的低速运转性能和无级调速性能。

(2) 安全可靠,节能效果明显。

电动机采用防爆电动机，机器的调速由液压系统本身来完成。在下放工况下，系统始终处于发电制动状态，使重力势能转化为电能回馈电网。与电控绞车系统相比，其简化了电气控制系统，增加了安全性，减少了液压系统发热，节能效果明显。

采用了高压柱塞液压泵和高速液压马达，容积效率高。在系统中设有如欠压、过负荷、过速、限速、减速、井口减速、过卷、零位联锁、深度指示器失效、二级紧急安全制动、主泵补油、闸瓦磨损报警、松绳报警等各种保护，大大提高了提升机和提升绞车的安全性。

(3) 技术参数变化灵活，匹配合理，选型余地大。

行星减速器(大小可变、速比可变)与标准的液压元件(变量泵、定量液压马达和变量液压马达)的有机配合，可以使产品扩展扭矩和速度范围，获得较好的经济效果和使用效果。

(4) 结构紧凑，节省基建成本。

在结构上采用了行星减速器与主轴直连、液压马达与行星减速器直连的方式，在双滚筒提升机和提升绞车上采用新型的轴向齿轮离合器，使得液压防爆提升机和提升绞车与同类设备相比，主机轴向尺寸短，液压系统的结构也更为紧凑，需用的主硐室和泵房尺寸更小。

(5) 操作简单、方便，维护费用低。

采用了硬齿面、高精度行星减速器，寿命更长；高速液压马达性能稳定、容积效率高、寿命长、价格低。

(6) 操作灵活、简单方便。

只用一个手柄即可完成提升机和提升绞车全部操作过程，操作灵活、准确、简单、可靠。

(六) 液压防爆提升机的工作原理

目前国内煤矿采用的液压防爆提升机为JK(T)YB系列提升机，该类提升机采用隔爆鼠笼式异步电动机带动液压泵，通过闭式液压回路驱动液压马达旋转，经减速器或直接带动滚筒旋转，完成提升过程的提升、下放、加速、减速、停车、紧急制动等各种动作。

(七) 液压防爆提升机的结构

液压防爆提升机主要由机械、液压、电气三部分组成，其机械部分由底座、主轴装置、减速器、盘式制动器、深度指示器、操作台、润滑系统、限速装置等构成；液压部分主要由液压站、液压马达、油路系统等组成；电气部分主要由各种防爆电气设备和元件、控制电路等组成。

图1-5所示为一种单滚筒液压防爆提升机结构图。该提升机由主轴装置、机座、盘式制动器、深度指示器、液压马达、液压站、操纵台等主要部件构成。

三、电气传动矿井提升机

按照电机及电气传动类型，矿井提升机可分为直流传动矿井提升机和交流传动矿井提升机。

(一) 调速系统

1. 直流调速系统

在变频技术没有得到推广应用之前，交流电机较难实现无级调速。由于直流电机模型简单，实现速度和转矩的精确调节较容易，所以在有较高调速需求的设备上通常采用直流调速。对于我国而言，虽然较早采用了交流绕线式异步电机转子串电阻调速系统，但其性

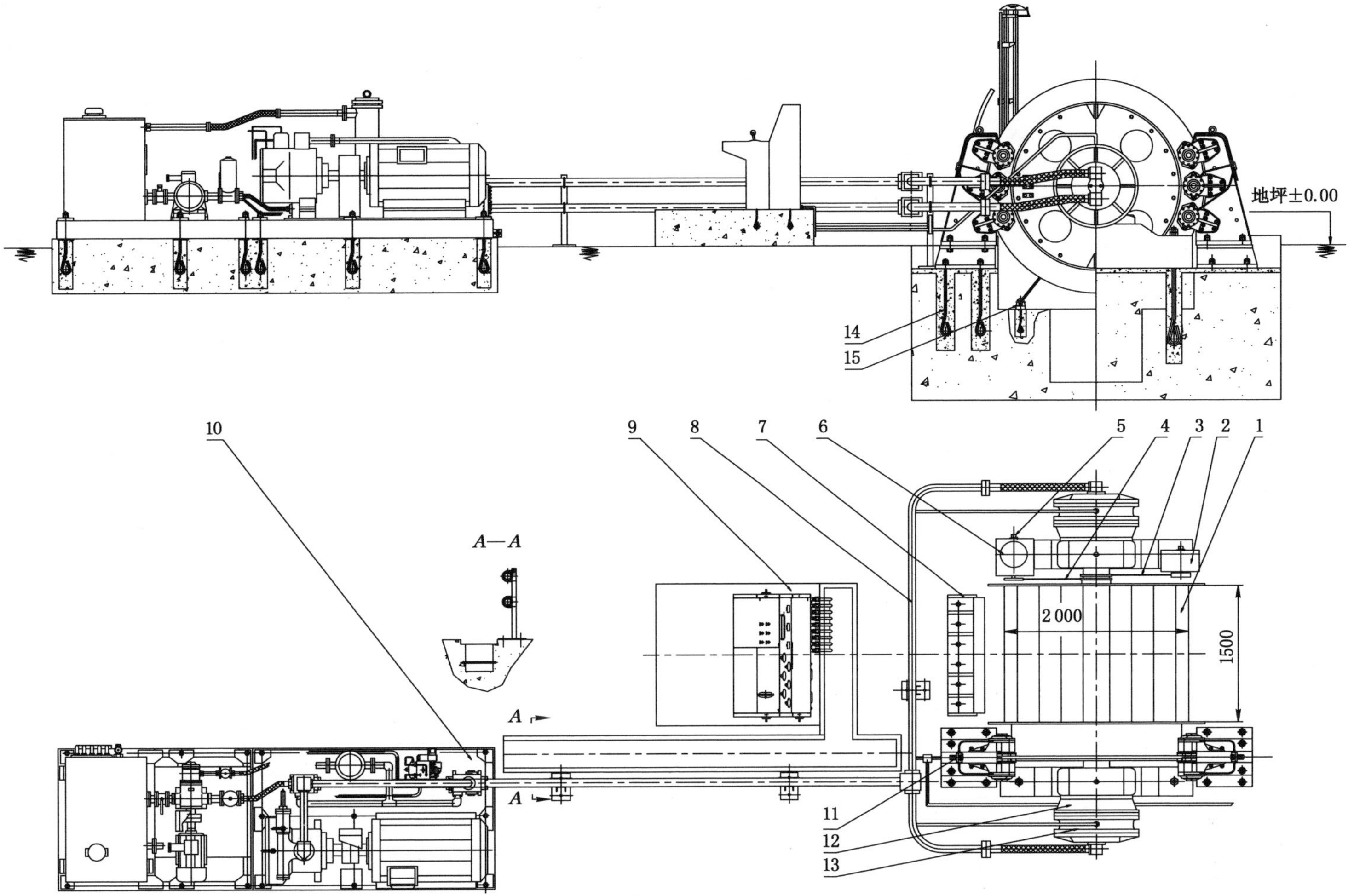

1—主轴装置；2—变速箱；3—传动链条A；4—传动链条B；5—轴编码器；6—深度指示器；7—滚筒护板；8—液压管；9—操纵台；10—液压站；11—盘式制动器；12—马达连接盘；13—液压马达；14—地脚螺栓；15—锁紧器。

图1-5　单滚筒液压防爆提升机结构

能对于矿井提升来说不够理想，所以调速性能优异的直流调速电控系统在进入21世纪之前一直都是矿井提升机高端电控产品。

直流调速电控系统经历了GM—AM—DM三个发展历程。第一阶段，20世纪60年代开始采用直流发电机-电动机组调速，具体为由同步电动机驱动直流发电机，直流发电机为直流电动机电枢供电，通过改变直流发电机励磁大小，改变直流电动机电枢电压实现提升机调速。第二阶段，随着大功率电力电子半控型器件——可控硅的开发应用，原洛阳矿山机械研究所电气室1986年设计的江西武山铜矿副井和1987年设计的江西银山铅锌矿主井电控系统采用了模拟电路控制的可控硅直流装置调速，系统结构更简单，设备体积大大减小，为直流调速大规模应用奠定了基础。第三阶段，随着计算机和集成电路技术的快速发展，1992年洛阳矿山机器厂交付的开滦吕家坨矿主副井电控系统采用了更为精密的全数字可控硅直流装置。

现代工业水平使数字化直流调速装置实现了大规模标准化生产，并使调试变得更简单，推动了20世纪90年代至21世纪初直流调速电控系统在国内矿井提升机上的大规模应用。目前，交流电机及交流变频调速系统发展迅速，具有交流电机维护简单、效率高、容量大、变频装置功率因数高等优点，取代了直流调速的主导地位。但全数字可控硅直流调速系统具有价格低廉、性能可靠、维护简单等特点，在中小功率提升机上仍然有很多用户选择使用。

2. 交流调速系统

交流变频调速技术的发展经历了交-交变频—低压交-直-交变频—中高压三、多电平交-直-交变频三个阶段。由于矿井提升对大容量、高性能交流调速的需求，交-交变频调速技术被研发应用。交流变频调速技术快速发展的基础是电力电子变流技术、计算机技术、控制技术的进步。计算机技术使复杂控制技术得以通过软件编程可靠实现，高电压大功率IGBT、IGCT、IEGT等全控型电力电子器件的研制成功，使功率因数更高的交-直-交变频器得到发展。21世纪初，全数字低压交-直-交变频调速电控系统首先开始在中小功率交流异步电动机拖动的矿井提升机上推广应用，并取得良好效果；随着AFE有源整流技术的推出，交流变直流侧也采用了全控型器件，具有谐波污染小、更省电节能等特点，使得中小功率低压变频调速电控系统得以快速发展。

随着现代大型化矿山的发展，矿井提升机主电机功率越来越大，其多采用大容量、中高压交流同步电动机，相应的变频技术也得到了发展。在2007年前后，国内变频器厂商吸收国外技术，并创造性地研发了更符合中国国情的6 kV及10 kV级功率单元级联型四象限高压交直交变频器，并应用于矿井提升机；其技术特点决定了这种变频器功率等级较多，范围较宽，中小功率及超大功率均适用，并适用于交流异步电动机和交流同步电动机调速。除此以外，还有五电平等多种多电平交流变频调速技术不断得以研发和应用，以适应现代大型设备电气传动高电压、大功率交流调速所需。

（二）矿井提升机电控系统分类

1. 直流提升机电控系统

（1）系统简介

直流提升机控制系统主要采用可编程控制器（PLC）作为控制核心，其主要功能是执行工艺控制程序，并实现各种安全保护及电气联锁。可满足使用条件的可编程控制器的种类较多，目前常用的可编程控制器主要有：三菱FX2N及FX3U系列，西门子S7-200（300、

400)系列,罗克韦尔 AB,施耐德莫迪康等,从功能上看,这些可编程控制器都能满足提升机使用要求。

(2) 系统组成

成套直流提升机电控设备主要由以下部件组成:高压开关柜、电枢整流变压器、励磁整流变压器、全数字直流调速柜、快速开关、低压电源柜、PLC 控制柜、操作台、上位计算机,以及编码器、测速机、井筒检测开关等一些辅助元件。

2. 交流提升机电控系统

(1) 系统简介

交流电机与直流电机相比,具有结构简单、造价低、维护方便等优势,容易做成高电压、大电流、大容量的,因此在矿井提升机项目上应用广泛。交流提升机电控系统主要有两种类型:转子串电阻调速电控系统和变频调速电控系统。转子串电阻调速电控系统调速性能差,能耗高;操作方式以手动操作控制串接电阻配合制动闸为主;闸瓦磨损量大,需要经常更换,已逐渐被变频调速系统所取代。变频调速电控系统调速范围广,加(减)速运行时过渡平滑性好,低速运转时能保证电机有足够的输出转矩,电机再生能量可回馈电网,节能性能明显;操作简单,制动闸基本不参与控制。

目前我国矿山企业提升机使用的交流变频电控系统主要有以下几种。

① 低压变频电控系统

低压变频电控系统分能耗型和能量回馈型两种。能耗型配置为单象限变频器配制动电阻,电机再生能量消耗在制动电阻上;能量回馈型配置为四象限变频器,电机再生能量直接回馈电网。

电压等级:380 V、660 V。

功率范围:1 200 kW 以下。

适用范围:中小功率单绳缠绕式和多绳摩擦式提升机。

② 高压变频电控系统

目前国内提升机用高压变频器是由多个功率模块串联组成的四象限能量回馈型变频器,采用输入多重化技术,对电网谐波污染低,输入功率因数高。

电压等级:3 kV、6 kV、10 kV。

功率范围:200～4 000 kW。

适用范围:单绳缠绕式和多绳摩擦式提升机。

③ 交-交变频电控系统

交-交变频电控系统采用的晶闸管移相控制技术,没有中间直流母线环节,能够将三相交流进线电源直接转化为可调的交流电源输出。由于其存在自身结构复杂、功率因数低、谐波污染大等缺点,已逐渐被中压交-直-交变频系统取代。

电压等级:1 000～1 650 V。

功率范围:1 500～5 000 kW。

适用范围:大功率多绳摩擦式提升机。

④ 中压交-直-交变频电控系统

中压交-直-交变频电控系统采用三电平变频技术、能量回馈的四象限变频器,具有过载能力强、功率因数高、谐波小、结构简单等优点。中压交-直-交变频电控系统是目前大功率交流系统的首选。

电压等级：3 300 V。

功率范围：2 000～10 000 kW。

适用范围：大功率多绳摩擦式提升机。

(2) 系统组成

变频电控系统成套设备主要包括：高压开关柜、整流变压器、变频调速柜、PLC 控制柜、低压电源柜、操纵台、上位计算机、井筒检测开关、轴编码器。

（三）电控系统组成

1. 高压开关柜

提升机电控系统中高压开关柜用于高压供电回路，起通断、控制或保护等作用，形式较多；提升机使用最多的高压开关柜型号有 GG-1A、KYN28、KYGC 等，电压等级为 6 kV/10 kV 两种。GG-1A 型高压开关柜在一台高压开关柜内集成了双进线开关、真空断路器和微机综合保护，多用于 6 脉动直流提升机电控系统、低压交-直-交变频提升机电控系统、高压交-直-交变频提升机电控系统、转子串电阻提升机电控系统。KYN28、KYGC 等型高压开关柜通常以一组形式出现，包括进线柜、馈出柜、PT 保护柜，每一路进线配备一台进线柜，设有一台独立的 PT 保护柜；馈出根据需求可以模块化组合，并可以增加联络柜等其他配置；通常用于 12 脉动直流提升机电控系统、中压交-直-交变频提升机电控系统、交-交变频提升机电控系统等。

2. 整流变压器

整流变压器是整流设备的电源变压器，主要功能是作为整流系统的电源。整流变压器有环氧树脂浇注整流变压器和普通干式整流变压器两种，环氧树脂浇注整流变压器性能更好。

3. 调速系统

直流调速系统通过改变输出到直流电机的电枢电压来进行调速。根据传动部分主回路结构类型，可把全数字直流电控分为 6 脉动系统、12 脉动系统、24 脉动系统，比较常见的是 6 脉动和 12 脉动系统。对于 12 脉动，当一组晶闸管装置发生故障时可以切换成 6 脉动运行。根据晶闸管装置连接方式，又可以分为串联 12 脉动和并联 12 脉动。

交流变频调速系统通过改变输出到交流电机的电压和频率，进行调速。根据传动部分主回路结构类型，可分为交-交变频和交-直-交变频。

4. 直流侧用电抗器

平波电抗器：用于在负载电流较小时，减少电枢电流的脉动和延长可控硅的导通时间，使电流连续。平波电抗器的电感值需要根据电机及主回路的参数来计算。

均衡电抗器：在直流并联 12 脉动系统中应用，数量为两个，用于平衡两组整流桥之间的电压相位。

5. 直流快开

直流快开是指直流快速开关，用于对直流电机电枢回路进行分闸、合闸操作，并在短路、过载时控制保护跳闸。

6. 低压电源柜

低压电源柜采用双回路进线，为辅助设备液压站、润滑站、主电机、风机等提供电力，并为控制系统的UPS(不间断电源)提供电力,以便在主电源故障情况下,能够使提升机实现可靠的安全制动,也为计算机提供电力,保证计算机的运行和数据保持。

7. PLC控制系统

两套PLC同时工作,一套为主PLC,另一套为从PLC。主PLC负责提升机全部控制功能和安全保护的实现,从PLC为系统提供冗余的安全监视,两套PLC系统对重要运行数据进行交换对比,保证提升机的安全运行。

8. 网络化操作台

操作台能进行控制提升机运行所需的各种操作,同时监视系统运行的各种数据,并进行必要的保护。操作台内装有远程I/O接口,与主PLC采用局域网通信方式完成各种信号的传输。

主要控制部件有:速度控制手柄、工作闸控制手柄、工作方式选择开关、控制按钮、辅助设备启动及急停按钮。

主要显示的数据:容器数字深度指示器(带灯柱,显示罐位的实际位置)、提升速度、电机电流、制动油压、可调闸电流、高压电源电压等。

主要显示的指示:提升机运行状态指示、信号指示和安全状态指示。在操作台的一侧安装上位监控计算机及其显示设备。

9. 系统检测元件

(1) 编码器

脉冲编码器输出信号经过PLC的运算处理后能够得到提升机运行的速度和位置。

(2) 测速机

模拟测速机用于检测系统运行的实际速度。

(3) 感应开关

井筒感应开关主要有同步开关、减速开关、停车开关、过卷开关等,用于反映提升机在井筒中实际运行的位置,并提供减速、停车、防止过卷等保护。

(四) 提升系统相关设备功能介绍

1. 液压制动系统

制动系统是提升机的重要组成部分,它由制动器(执行机构,通称为闸)和传动机构组成,传动机构是控制和调节制动力矩的部分。对于矿井提升设备,常采用液压制动系统。

液压制动系统的基本作用:正常工作时,为盘形制动器提供所需的不同压力的油,使提升机获得不同的制动力矩,保证提升机正常运行。在事故状态下安全制动时,能实现二级或恒减速制动。在井口紧急制动时,能实现一级制动。

2. 润滑站

润滑站给提升机减速器提供稀油润滑,主要由油箱、液压泵装置、冷却器、过滤器以及仪表、管路、阀组成。启动液压泵电机,液压泵将油箱中的油吸出,经单向阀、滤油器、冷却中间配管和流量控制器送到减速器的润滑点。

润滑站主要特点:有两台电机液压泵装置,一用一备;设有压力、温度、流量、压差、液位等控制点。只有在供油正常时,减速器才能启动;在减速器运转过程中,供油系统应一直处于正常工作状态。

3. 冷却风机

主电机冷却风机主要作用是对主电机进行强制风冷，能够防止因温度过高而导致电机损坏。变频电机和直流电机的绕组发热量比较大，必须配备冷却风机进行散热，并且电机运行时冷却风机必须开启。

4. 提升信号系统

《煤矿安全规程》要求：井口信号装置必须与提升机的控制回路相闭锁，只有在井口信号工发出信号后，提升机才能启动。

控制系统与信号系统的主要接口信号如下：

提升种类信号：提人、提物、检修、大件。

方向信号：快上、快下、慢上、慢下、多水平提升的去向。

启停信号：开车信号、停车信号。

故障信号：急停信号。

其他信号：对罐信号、换层信号（双层罐笼用）等。

如图 1-6 所示为一种变频调速单滚筒提升机结构。

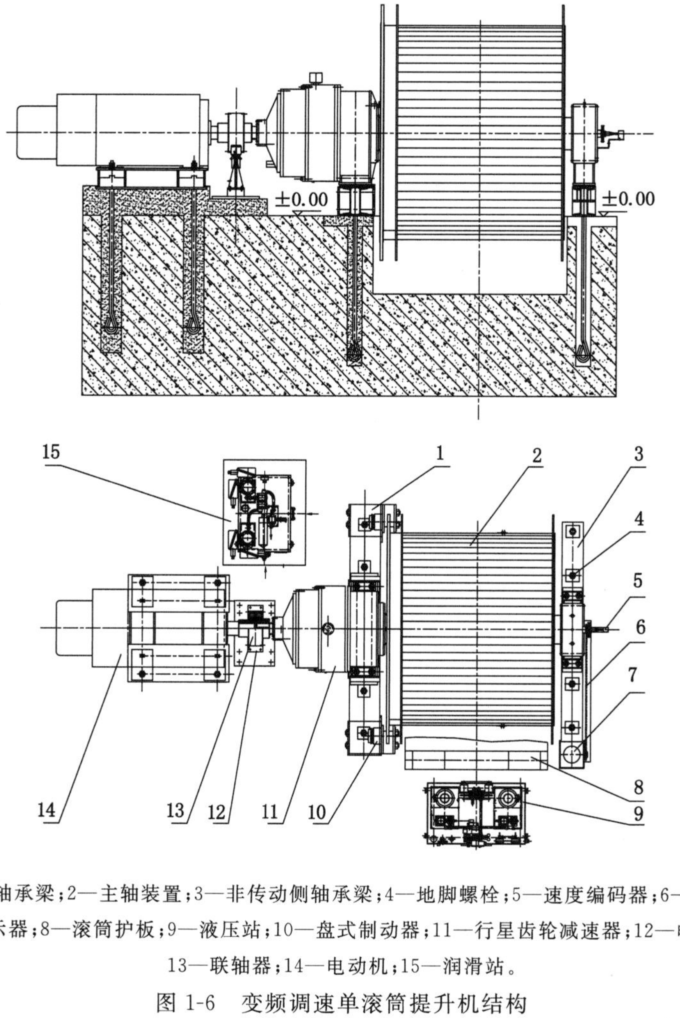

1—传动侧轴承梁；2—主轴装置；3—非传动侧轴承梁；4—地脚螺栓；5—速度编码器；6—传动链条；7—深度指示器；8—滚筒护板；9—液压站；10—盘式制动器；11—行星齿轮减速器；12—电机制动器；13—联轴器；14—电动机；15—润滑站。

图 1-6 变频调速单滚筒提升机结构

四、摩擦式提升机的分类及结构原理

（一）摩擦式提升机的分类

摩擦式提升机是依靠安装在摩擦轮上的摩擦衬垫与钢丝绳间的摩擦力带动提升钢丝绳和提升容器的提升机。根据钢丝绳数目的不同，摩擦式提升机可以分为单绳摩擦式提升机和多绳摩擦式提升机两大类；根据安装位置的不同，摩擦式提升机可以分为落地式提升机、塔式提升机；多绳摩擦式提升机按照主轴装置的不同，又可以分为内装式提升机、传统式提升机。目前，应用较多的是多绳摩擦式提升机。

（二）摩擦式提升机的结构原理

1. 落地式提升机的结构原理

落地式提升机工作时，由主电机提供驱动力，驱动主轴装置转动，依靠安装在摩擦轮上的摩擦衬垫与钢丝绳间的摩擦力带动提升钢丝绳和提升容器；落地式提升机使用时，需在井架上安装配套天轮装置。

落地式提升机一般都包含主电机、主轴装置、制动装置、润滑系统、保护装置、信号系统、车槽装置、辅助装置及电气控制系统等；部分提升机还包含减速器、起重设备及通风设施等配套设备设施。落地式提升机机房直接设在地面上，井架低、投资小，抗振性能好；但提升钢丝绳裸露在外，易受雨雪侵蚀，加上弯曲次数多，钢丝绳的工作条件较差，影响使用寿命。

如图 1-7 所示为落地式提升机布置示意图，如图 1-8 所示为落地式提升机结构图。

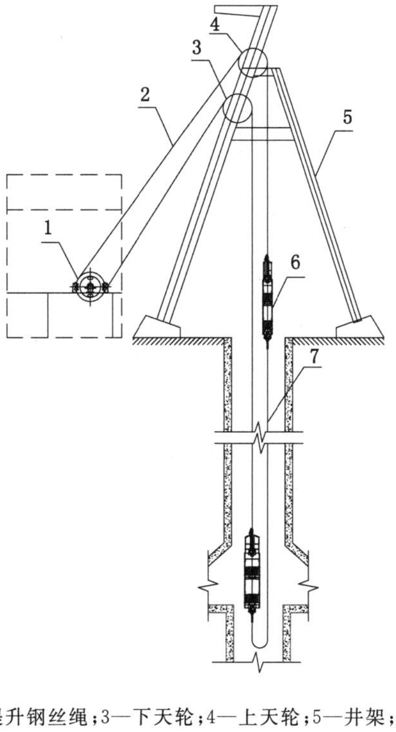

1—提升机摩擦轮；2—提升钢丝绳；3—下天轮；4—上天轮；5—井架；6—提升容器；7—尾绳。

图 1-7　落地式提升机布置示意

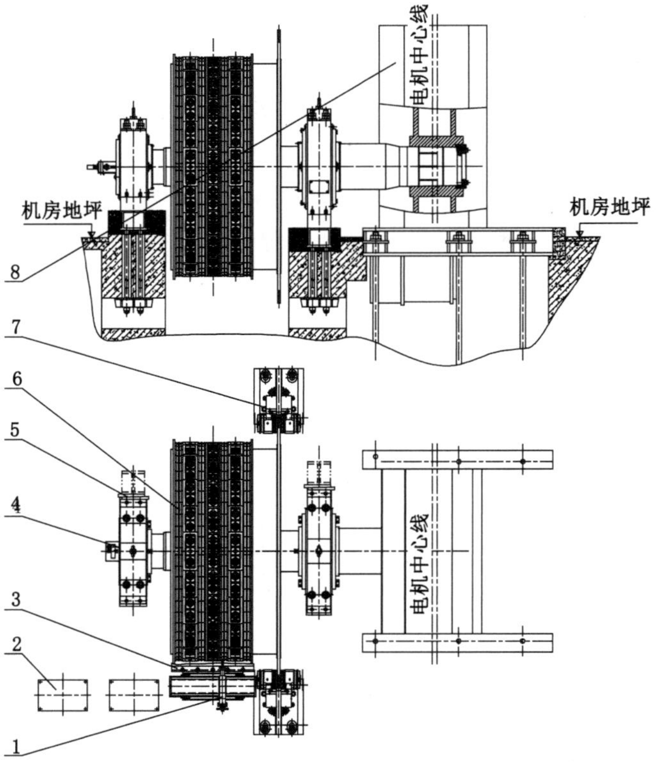

1—车槽装置;2—液压站;3—摩擦轮护罩;4—轴端齿轮箱;5—调整斜铁;
6—主轴装置;7—盘式制动器;8—电动机。

图 1-8 落地式提升机机结构

2. 塔式提升机的结构原理

塔式提升机结构原理与落地式提升机基本相同,不同之处在于塔式布置结构紧凑,可省去天轮,全部载荷竖直向下,井塔稳定性好,钢丝绳不裸露在雨雪之中;但井塔造价高,抗振能力一般。

如图 1-9 所示为塔式提升机设备布置示意图(下页)。

第三节 矿井提升机的安装技术

不同类型的提升机工作原理与结构、用途不同,但又有相似之处,如都有主轴、垫铁、滚筒、液压站、电气控制系统等。从安装角度,可以大致概括为机械部分安装、电气部分安装。本节以机械和电气安装两部分来介绍矿井提升机的安装技术。

一、机械部分安装准备

(一) 安装技术准备

安装前的技术准备主要包括:

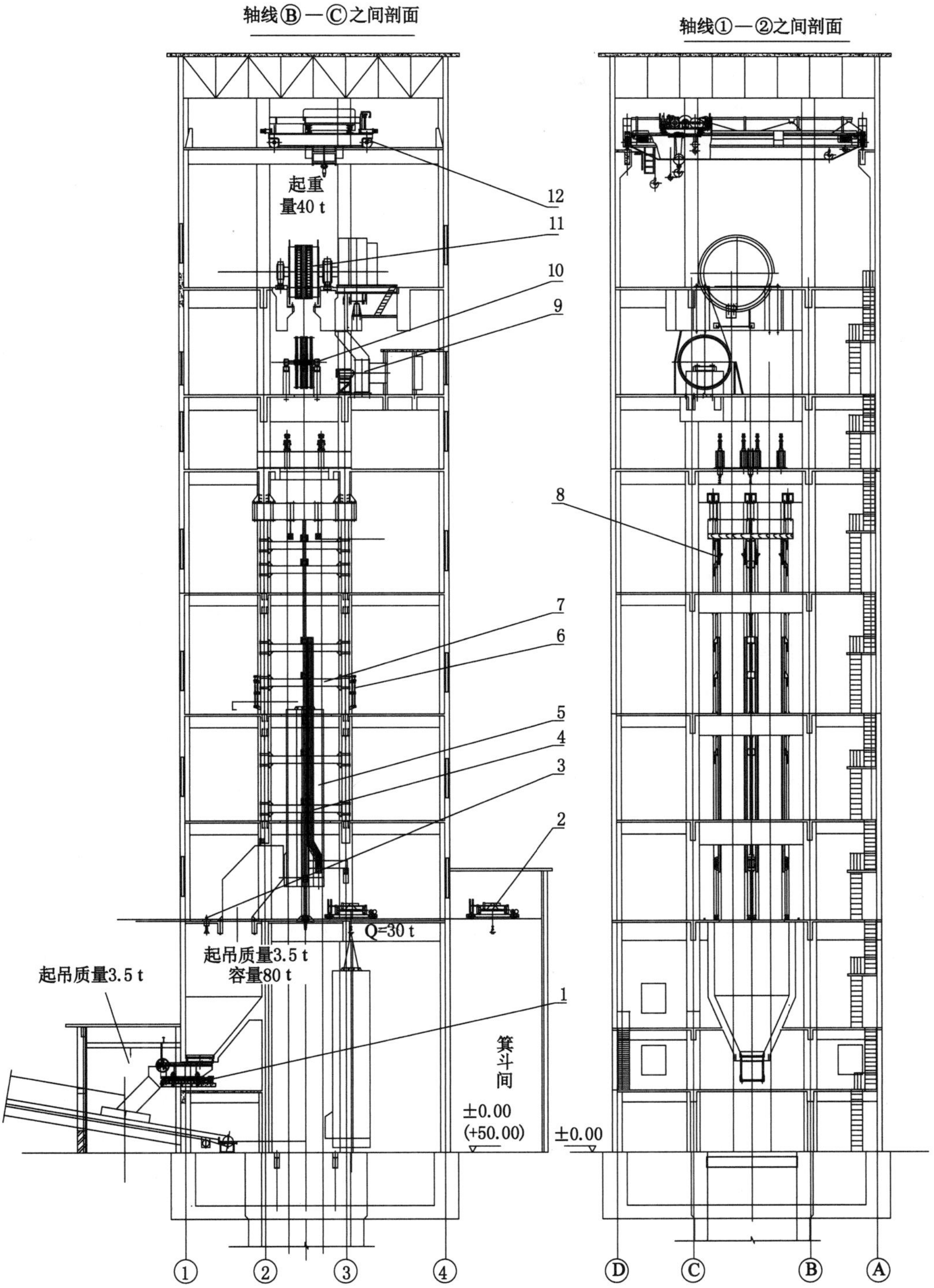

1—给煤机；2—桥式起重机；3—超声波料位计；4—卸载曲轨；5—立井多绳提煤箕斗；6—安全门；
7—钢结构套架；8—过卷缓冲托罐装置；9—通风机；10—导向轮；11—多绳摩擦式提升机；12—桥式起重机。

图 1-9　塔式提升机设备布置示意

(1) 熟悉施工图纸及产品使用说明书等随机资料。

(2) 查阅国家规定的施工规范、标准。

(3) 制定施工方案,编制施工组织设计。

(4) 安全、技术交底。

(二) 主要施工机具及材料准备

安装前的施工机具及材料主要包括以下几项。

(1) 主要设备:手拉葫芦、千斤顶、电焊机、磨光机、切割机、弯管机、汽车起重机等。

(2) 测量工具:水准仪、框式水平仪、游标卡尺、斜塞尺、钢板尺、卷尺、百分表、线坠等。

(3) 主要施工材料:平垫铁、斜垫铁、紫铜皮、氧气、乙炔、电焊条、铜焊条、煤油、润滑油、钢丝绳、棉纱、方木、木板、大石子、黄沙、水泥等。

(4) 其他:铁锤、撬杠、扳手、手钳、剁斧等钳工工具,剥线钳、验电器、放电器、刀子等电工工具。

二、机械部分安装

机械部分安装的一般程序如下:设备开箱检查→基础测量放线→基础检查验收→基础表面处理及垫铁设置→设备吊装就位→底座安装→主轴装置安装→制动器安装→减速器安装→液压站、润滑站及油管安装→一次灌浆→安装精度调整与检测→二次灌浆→辅助装置安装→电动机通风冷却设备安装→润滑与设备加油→试运转→工程验收。

(一) 设备开箱检查

1. 设备施工现场验收

设备施工现场验收应由业主、监理、生产厂商、施工方有关代表参加。

2. 核对验证

(1) 根据设备采购合同、设计图纸、技术规格书,核对设备的型号规格、生产厂家、数量等。

(2) 核对设备整机、各类单元设备及部件出厂时所带附件、备件的种类、数量等是否符合制造商出厂文件的规定和定购时的特殊要求。

(3) 对关键原材料和元器件质量及文件复核。

(4) 核对设备复验报告中的数据与设计要求是否一致。

(5) 验证产品与制造商按规定程序审批的产品图样、技术文件及相关标准的规定和要求是否符合。

(6) 查阅设备出厂试验的质量检验书面文件是否符合设备采购合同的要求。

(7) 查阅制造商证明和说明出厂设备符合规定和要求所必需的文件和记录。

3. 外观检查

对设备进行外观检查,检查设备在运输过程中有无受潮和损坏等。对于受潮者要及时烘干处理。对于损坏的零部件可向厂家联系补发或更换,或者采取当地采购及现场修复等措施。

4. 技术文件资料检查验收

检查验收设备的出厂合格证书、质量合格证及说明书等随机文件,是否符合国家、行业的有关法律、法规和相关标准的规定。

5. 设备保养

开箱后的设备应清除灰尘，揩擦干净；若设备不立即安装，应放置在清洁干燥的环境中妥善保管。

（二）基础测量放线

根据井筒中心线引放提升机"十"字中心线。可在提升机房大厅四周墙壁上用膨胀螺栓固定挂线支架，挂设"十"字中心线，并以此为基准在基础表面上引放其他辅助中心线，用来检查验收设备基础。

（三）基础检查验收

(1) 设备基础检查验收应由业主、监理、施工方有关代表参加。

(2) 设备基础施工质量应符合国家现行标准《混凝土结构工程施工质量验收规范》(GB 50204—2015)的有关规定，并有验收资料和记录。

(3) 设备基础轴线位置、标高、尺寸和基础螺栓位置等应符合设计技术文件要求和现行国家标准《机械设备安装工程施工及验收通用规范》(GB 50231—2009)的有关规定。

(4) 设备基础强度应符合设计技术文件的要求。

(5) 设备基础外观质量要求如下：

① 设备基础外表面应无裂纹、空洞、掉角、露筋等缺陷。

② 设备基础表面和地脚螺栓预留孔中油污、碎石、泥土、积水等应清除干净。

③ 地脚螺栓预留孔内应无露筋、凹凸等缺陷，孔壁应垂直。

④ 放置垫铁的表面应平整，中心标板和中心基准点应埋设牢固、标记清晰、编号准确。

(6) 设备基础的位置和尺寸应符合表 1-3 的要求。

表 1-3　设备基础的位置和尺寸的要求

项　　目		允许偏差/mm
纵、横中心线		±20
基础各不同平面的标高		−20
项目		允许偏差/mm
基础外形尺寸		±20
基础上平面的水平度(每米)		5
基础上平面的水平度(全长)		10
基础垂直度(每米)		5
基础垂直度(全高)		10
预埋垫板	标高	+20
	中心位置	±5
	水平度	2
预埋地脚螺栓孔	中心位置	±10
	深度	0～+20
	孔壁铅垂度	10

(7) 基础复查合格后，做好检查验收记录。

(四) 基础表面处理及垫铁设置

机械设备找平找正方法有两类，即无垫铁安装法和垫铁安装法。

1. 无垫铁安装法

无垫铁安装法主要适用一些大型、精密度较高，且转速较高容易产生振动的设备。其找平找正主要靠设备底座自身的顶丝或用千斤顶；在初找正和联轴器对中后，在设备底座与基础间利用微膨胀水泥或环氧树脂进行二次灌浆，待灌浆层达到设计强度后，再对设备进行精找及联轴器对中。因其施工工序烦琐，应用范围十分有限。

2. 垫铁安装法

垫铁安装法主要有研磨法、座浆法、压浆法三种。

研磨法是将垫铁放置部位研磨平整后，直接进行垫铁安装，再将设备底座放在垫铁上，利用垫铁对设备进行找平找正。该方法操作简单，工序少，适用范围广，应用最为广泛。

座浆法是直接用高强度微膨胀混凝土埋设平垫铁，经养护后安装设备，并利用在此平垫铁上放置的成对斜垫铁调整设备的水平度和标高。采用座浆法安装垫铁时，垫铁与基础接触面积可达 90% 以上，加之配合使用的高强无收缩混凝土具有早强、高强、微膨胀、自流平等诸多优点，安装质量较好；与研磨法垫铁安装相比，节省钢材；垫铁安装后，设备找正方便，但所用混凝土一般价格较高。基于座浆法安装垫铁的诸多优点，其应用也越来越广泛。

压浆法是利用螺栓调整垫铁压紧灌浆层并对设备安装进行精调整，使垫铁与设备底座及灌浆层紧密接触的施工方法。用压浆法进行临时垫铁的安设与拆除，施工较为复杂，应用较少，本节不做详细介绍。

(1) 研磨法垫铁安装

① 根据设备地脚螺栓布置图，在垫铁位置用剁斧锻剁基础表面；

② 清理垫铁放置位置基础表面水泥、砂石，安放垫铁；

③ 利用水平尺和水平仪进行各垫铁组的标高和水平度的找正。

(2) 座浆法垫铁安装

① 座浆法有前座浆和后座浆之分。前者是先座浆后安装设备，多用于传动力矩大、高速、重载、精密的生产工艺线上的重要设备；后者是先安装设备再进行座浆，多用于传动力矩小或型钢结构底座的次要辅助设备；其安装方法大同小异。

② 在放置垫铁的混凝土基础部位的表面凿出座浆坑，座浆坑的长度和宽度应比垫铁的长度和宽度分别大 60～80 mm，座浆坑凿入基础表面的深度不应小于 30 mm。

③ 用压力水或压缩空气清除、吹扫坑内的杂物，并浸润混凝土坑约 30 mm，除尽坑内积水，坑内不得沾有油污。

④ 根据座浆坑尺寸立模，并拌制混凝土，准备进行灌浆。

⑤ 在坑内涂一层薄的水泥浆，水泥浆的水灰比宜为 2.4∶1～2∶1，以便于新老混凝土黏结。

⑥ 水泥浆涂好后，即将搅拌好的无收缩混凝土灌入坑内，座浆层混凝土的厚度不应小

于 50 mm。

⑦ 混凝土稍微凝固后，将平垫铁放置于混凝土上，用木槌或手锤垫木板敲击垫铁表面，使其平稳下降。

⑧ 测定垫铁标高，其表面标高允许偏差为±0.5 mm。

⑨ 垫铁标高测定后，拍实垫铁四周混凝土，混凝土表面应低于垫铁面 2～5 mm，混凝土初凝前再次复查垫铁标高。

⑩ 盖上草袋或纸袋浇水进行混凝土养护，养护期间不得碰撞和振动垫铁。

⑪ 若采用前座浆法，设备找正后，需将临时垫铁抽出。

（五）设备吊装就位

设备吊装就位一般包括如下工序：

（1）对于成套供货的提升机，一般利用工业广场内的龙门吊将提升机解体，大件如主轴装置、电机、减速器等吊放至载货卡车上，利用载货卡车运输至提升机房安装孔处，再利用提升机房内桥式起重机将设备吊装就位。

（2）依次将设备底座、主轴装置、制动器、减速器、液压站、润滑站、深度指示器等吊装就位。

（3）设备底座吊装就位后，安设地脚螺栓；为防止地脚螺栓丝扣拧伤，安装时必须将丝扣部分清洗干净，然后涂上黄油。

（4）其余质量较轻附件，集中卸放在适当位置，待施工时再重新搬运到位。

（六）主轴装置安装

主轴装置按照传动方式的不同可分为直连式主轴装置、带减速器的主轴装置和内装式主轴装置。

直连式主轴装置、带减速器的主轴装置结构基本相同，一般都由摩擦轮、衬垫、主轴、闸盘、轴承、轴承座等组成，有该两种主轴装置的提升机为传统式提升机；而内装式主轴装置是电动机与摩擦轮设计成一体，将电动机直接置于摩擦轮内的主轴装置，电动机转子装于摩擦轮内圆中，直接带动摩擦轮旋转，定子则与主轴固定在一起不转动；内装式主轴装置的安装除应符合传统式提升机主轴装置安装要求外，尚应符合电动机安装相关要求，因其使用范围较小，故本节不再阐述其安装方法。

（1）对于整体到货的主轴装置，如果现场条件允许，可以直接将主轴装置吊放到轴承梁底座上，并根据提升中心线用水平仪测控主轴装置的十字中心线进行找正。

（2）现场空间较小，整体安装困难时，可以将主轴装置各部分解体，分别安装。主轴装置解体安装时，需对解体的各部件进行标记，以便于安装。主轴装置一般解体为摩擦轮、闸盘、主轴及轴承座，摩擦轮、闸盘一般解体为两瓣；摩擦轮无法解体的则与主轴同时安装。

解体安装的主轴装置，首先进行主轴与轴承、轴承座的安装；对主轴初步找正后，进行摩擦轮、闸盘安装。

① 安装轴承座时，施工现场周围环境都应保证清洁。首先把轴承上下座和上下部分主轴端部等清洗得非常干净，并在主轴轴承内注入锂基 2# 或 3# 润滑脂，润滑脂的填充量不能过少或过多，一般润滑脂以填满整个轴承和轴承座空间的 1/3～1/2 为宜。使用的油脂一定

要清洁，没有尘埃和水分侵入。润滑剂中的尘埃等异物会显著降低轴承的寿命，增加轴承的磨损和噪声。

② 安装轴承端盖时，靠近电动机侧的两个轴承端盖应将滚动轴承外圈压紧，以保证主轴装置轴向定位，而另一侧轴承座的两个轴承端盖不能压住轴承外圈，每侧至少应留有2 mm的间隙，以保证主轴在温度变化时轴向伸缩而不被卡死。端盖与轴承外圈的间隙可以利用加减垫片厚度的方法加以调整，轴承端盖上的密封圈在安装时切口应当在上方，以免切口处漏油。

③ 两轴承座找正固定好后，测量出土建预埋钢梁和轴承座两个平面间沿提升机轴向和垂直于轴向方向的平行度。按实测数据修配两对调整斜铁的外形尺寸。安装调整斜铁时，注意斜铁必须打紧，并点焊厚10 mm、宽20 mm、长200～300 mm的自制定位块。两组调整斜铁与轴承座以及预埋钢梁的接触面积应分别在60%以上。

④ 摩擦轮及制动盘组装：

a. 将摩擦轮与主轴连接盘、制动盘与摩擦轮连接盘接触面用汽油清洗干净，再检查两接触面是否有毛刺，如果有毛刺，则用油光锉或细砂布打磨光滑。

b. 利用手拉葫芦将摩擦轮的一瓣吊起，盘动主轴使其连接盘位置标记与摩擦轮位置标记对正，穿上配带的精制螺栓。

c. 精制螺栓穿好后，再依次穿入其余连接螺栓。

d. 按照同样方法安装另一瓣摩擦轮。

e. 使用百分表对制动盘的端面跳动量进行检查，其值不得大于0.5 mm。如有偏差，应根据实际情况进行调整。

f. 制动盘端面跳动量符合要求后，按照标记分组，并对照摩擦轮上的标记，在制动盘外圆周上安装吊环螺钉，分片吊起与摩擦轮按设定的标记对号装配，每块的拼接处在外圆上用固定键块连接，最后拧紧所有螺栓。

g. 按照产品说明书所示螺栓紧固顺序依次将剩余连接螺栓拧紧。连接螺栓拧紧过程中，应持续对制动盘端面跳动量进行检查，以防紧固过程中产生位移而导致制动盘偏摆量超差。

h. 摩擦轮及制动盘组装时，螺栓拧紧力矩必须符合图纸中的要求。

（七）制动器安装

制动器安装工序如下：

(1) 为了便于测量，用膨胀螺栓在制动器支架基础上安装两个自制测量架，用2个(或4个)百分表测量制动盘的端面跳动情况，其偏差不得超过0.5 mm。

(2) 对于所有检测点，画出其测量位置，并做好记录。

(3) 使用框式水平仪对制动器底座进行初步找正，找正后将其上面清洗干净。

(4) 旋转调整螺母，使成对的制动器闸瓦间隙调整到大于制动盘的厚度。

(5) 将盘形制动器吊装到底座上，用钢板尺测量两侧制动支架至制动端面距离并进行调整，使其偏差控制在0.5 mm之内且两侧间距的偏差方向相对应。

(6) 调整垫铁高度使盘式制动器中心和主轴中心在同一水平线上，随后对盘式制动器进行精确找正，使闸瓦的平均摩擦半径等于或略大于设计摩擦半径。

(7) 制动器找正后，拧紧制动器与底座间的连接螺栓。

（八）减速器安装

减速器安装工序如下：

(1) 将减速器按设计位置吊装就位。

(2) 利用百分表、塞尺找正减速器与主轴之间的联轴器，利用水准仪对减速器的水平度进行找正。

(3) 减速器找正后，安装其与底座之间的连接螺栓。

（九）液压站、润滑站及油管安装

1. 液压站、润滑站安装

根据设计技术要求和标定位置将液压站、润滑站主体部分吊装就位并安装地脚螺栓；利用水平仪按照设计标高使用垫铁将油箱找平找正。本体的安装可视为机械安装，除去设备吊装就位、找平找正之外，还包括基础螺栓一次灌浆、二次灌浆，相关内容后续讲解。

(1) 清洗液压站油箱内表面。液压站在投入使用前必须对其内表面进行清洗，以防油箱内部的杂物堵塞管路、阀组、仪表等。用压缩空气将油箱内部的灰尘等杂物吹净，对于一些难以吹除的边角可以用吸尘器。用低颗粒脱落的长纤维织物醮清洁的煤油擦洗油箱内表面，按照从上到下、从左到右、从里到外的顺序，清洗干净。

(2) 用低颗粒脱落的长纤维织物醮清洁的煤油，清洗各处有连接螺纹的油口，并用压缩空气吹干，及时用清洁的螺塞封堵各油口。

(3) 用干净的抗磨液压油浸泡过的面团，按照上述清洁油箱顺序，逐一粘贴表面各焊缝、孔道、角落等部位，反复操作至面团上无杂质微小灰尘和颗粒。

(4) 清洗后的油箱，如暂不装配，应立即将各孔口盖住，可用大幅的胶纸封在孔口上，并盖上油箱盖以防止二次污染，放置在妥当位置，避免磕碰。

2. 液压管道的安装

液压管道一般为现场制作，即根据现场实际情况结合设计图纸，现场进行管道切割、弯制、焊接、安装。

(1) 管道的切割一般采用管子刀，也可采用切割机，但不可采用气割等热切割方式。采用切割机切割虽方便快捷，但容易使切口歪斜并产生较多毛刺，应尽量保证管口平齐，并及时将管口毛刺清理干净；采用管子刀切割管道，管口平齐，毛刺较少，值得推广应用。

(2) 管道的弯制采用管道折弯机，同样不可采用加热方式。

(3) 管道弯制成型后，将管道接头焊接至管道上。管道接头焊接时，应保证接头端面与管道中心线垂直，同时应保证焊接强度，不可出现夹渣、气孔、飞溅、裂纹等缺陷。

(4) 管道加工完成后进行清洗，一般采用酸洗的方式。酸洗时，应严格按照相关标准配置酸液的浓度，浓度较低则难以清除管道内壁的锈皮，浓度较高则容易对管道内壁产生严重的腐蚀；酸洗后，用清洁水冲洗，将管道内部遗留的酸液冲洗干净；管道酸洗完成后，如不立即安装，则应采用液压油冲洗一遍，防止管道内壁发生氧化锈蚀，并将管道两端封堵，防止杂物进入。

(5) 管道安装前，应将管道支架安装完毕。管道安装时，按照设计图纸逐根将管道与相应接口连接；连接时，应注意管道接头密封圈是否有脱落现象，并将接头紧固可靠，防止运转时出现漏油现象。

(6) 管道安装完成后，对管道外表面进行除锈、涂漆。

(7) 新型管道材料的应用：随着科技的发展，目前已有多种新型管道材料应用在液压系统中，其与普通管道不同之处在于管道在出厂前已完成清洗及防腐，现场弯制成型后不用酸洗，采用清洁球吹扫即可；同时，配以专用管道接头，与管道采用楔形结构连接，加工十分简单方便。

（十）一次灌浆

一次灌浆主要工序如下：

(1) 主要设备安装完成进行初步找正后，对各地脚螺栓孔进行灌浆。

(2) 按照设计要求，现场配制灌浆料，对各地脚螺栓孔进行灌浆。

(3) 对地脚螺栓孔进行灌浆时，应捣振密实，且不能触碰地脚螺栓，防止其产生歪斜；同时，要对地脚螺栓螺纹部分进行防护，防止灌浆料飞溅至螺纹部分影响后期安装。

（十一）安装精度调整与检测

一次灌浆后，混凝土凝固期达到设计要求后，对设备进行二次精找。

(1) 主轴装置主要找正主轴水平度，主轴中心线在水平面内的位置偏差及与提升中心线的垂直度、位置偏差，主轴轴心标高，轴承座沿主轴方向的水平度及垂直于主轴方向的水平度。

(2) 电机、减速器主要找正主轴轴心线水平度，联轴器同轴度、径向位移、轴向倾斜。

(3) 制动器主要找正同一副制动器两闸瓦工作面的平行度、支架端面与制动盘中心线平面间距离，制动缸对称中心与主轴中心在铅垂面内的位置偏差，制动器支架端面与制动盘中心线的平行度偏差。

(4) 设备安装各偏差应符合设计技术文件及国家标准的规定。

(5) 二次精找后，紧固各设备地脚螺栓，地脚螺栓的紧固力矩应符合设计技术文件的要求。

（十二）二次灌浆

(1) 设备地脚螺栓紧固后，必须用锤子检查各组垫铁和底座是否完全接触、底座有无对角变形，并复核水平度，如有偏差应采取相应处理措施，使其合乎要求。

(2) 对各组基础垫铁进行焊接。

(3) 将基础表面二次灌浆面剁成麻面，并用水冲洗干净。

(4) 根据基础外形尺寸及设备底座高度敷设模板，对基础整体二次灌浆。

（十三）辅助装置安装

1. 深度指示器安装

(1) 将深度指示器吊放到设计位置，找正后拧紧固定螺栓。

(2) 根据设计的传动原理用传动链条将滚筒主轴和指示器传动轴连接起来。

2. 车槽装置安装

(1) 按照设计图纸将车槽装置基础板吊装就位。

(2) 基础板找正后，将车槽架吊装就位，安装刀架。

(3) 拧紧车槽架与基础板的连接螺栓，安装地脚螺栓，进行一次灌浆。

(4) 一次灌浆混凝土达到要求的凝固期后，进行二次精找；二次精找后，焊接基础垫铁，进行二次灌浆。

(5) 待空运转试车合格后，使用车槽装置车出滚筒衬垫上的钢丝绳槽，绳槽深度不宜大于钢丝绳半径。

3. 其他

根据设计图纸及产品说明书，安装旋转编码器、发送装置、链条张紧装置等。

(十四) 润滑与设备加油

(1) 设备联轴器安装时，根据产品说明书在联轴器内部涂抹润滑剂，润滑剂应符合国家现行标准的规定。

(2) 按照产品说明书，使用油枪通过油嘴向各轴承内加注润滑脂。

(3) 将液压站、润滑站油箱清理干净，根据产品说明书分别加注足量的液压油、润滑油。

三、机械部分安装技术要求

(一) 基础螺栓

(1) 基础螺栓的规格和紧固应符合设计技术文件的要求。

(2) 基础螺栓上的油污和氧化皮等应清除干净，螺纹部分应涂适量油脂。

(3) 预留孔基础螺栓应安设竖直，任一部分离孔壁的距离不应小于 15 mm，且不应碰孔底。

(4) 基础螺栓螺母紧固后，螺栓露出的长度宜为 1～5 个螺距，外露长度应一致。

(5) 基础螺栓的螺母与垫圈间和垫圈与设备间的接触均应良好。

(6) 拧紧基础螺栓，应在混凝土达到规定强度 75%以后进行。

(7) 基础螺栓在安放前，应将预留孔中的杂物清理干净。

(二) 垫铁

(1) 设备垫铁的设置应符合设计技术文件的要求和现行国家标准《机械设备安装工程施工及验收通用规范》(GB 50231—2009)的有关规定。

(2) 放置垫铁的混凝土基础表面应凿平，混凝土表面与垫铁的接触点应分布均匀，接触面不得小于垫铁面积的 60%。

(3) 垫铁的材料及规格必须符合随机技术文件的规定及现行国家标准《机械设备安装工程施工及验收通用规范》(GB 50231—2009)的有关规定。

(4) 垫铁组的安放应符合下列要求：

① 每个地脚螺栓的旁边应至少有一组垫铁；

② 垫铁组在能放稳和不影响灌浆的情况下，宜靠近地脚螺栓和底座主要受力部位下方；

③ 相邻两垫铁组间的距离，宜为 500～1 000 mm；

④ 设备底座有接缝处的两侧，应各安放一组垫铁。

(5) 垫铁组的使用应符合下列要求：

① 承受载荷的垫铁组，应使用成对斜垫铁；

② 承受重负荷或有连续振动的设备，宜使用平垫铁；

③ 每一垫铁组的块数不宜超过 5 块；

④ 放置平垫铁时，厚的宜放在下面，薄的宜放在中间；

⑤ 垫铁的厚度不宜小于 2 mm；

⑥ 除铸铁垫铁外，各垫铁相互间应用定位焊焊牢。

(6) 每一组垫铁应放置整齐平稳，并接触良好；设备调平后，每组垫铁均应压紧，并应用手锤逐组轻击听音检查。

(7) 机械设备调平后，垫铁端面应露出设备底座外缘，平垫铁宜露出 10～30 mm，斜垫铁宜露出 10～50 mm；垫铁组深入设备底座底面的位置应超过设备地脚螺栓的中心。

(8) 用座浆法安设垫铁时，座浆混凝土的配制应符合下列条件：

① 座浆混凝土所采用的原材料，应符合现行国家标准《混凝土结构工程施工质量验收规范》(GB 50204—2015)的有关规定；座浆混凝土的浇筑材料应采用塑性期和硬化后期均保持微膨胀或微收缩状态的和泌水性小，且能保证垫铁与混凝土的接触面积达到 75%以上的膨胀水泥，砂应采用中砂，石子的粒度宜为 5～15 mm。

② 座浆混凝土的坍落度应为 0～1 mm；座浆混凝土浇筑 48 h 的强度应达到机械设备基础混凝土的设计强度；座浆混凝土应分散搅拌，随拌随用；混凝土配合比称量应准确，用水量应根据施工季节和砂石含水率调整；搅拌好的混凝土不得加水使用。

(三) 灌浆

(1) 预留基础螺栓孔或机械设备底座与基础之间的灌浆，其配制、性能和养护应符合国家现行标准《混凝土外加剂应用技术规范》(GB 50119—2013)和行业规范《普通混凝土配合比设计规程》(JGJ 55—2011)的有关规定。

(2) 预留孔灌浆前，灌浆处应清洗洁净。灌浆宜采用细碎石混凝土，基础强度等级小于或等于 C20 时二次灌浆强度等级不应低于 C25，基础强度等级大于 C20 时二次灌浆强度等级不应低于基础的混凝土强度等级。灌浆时应捣实，不应使基础螺栓倾斜和影响煤矿机械设备的安装精度。

(3) 二次灌浆层的厚度不应小于 25 mm(仅用于固定垫铁或防止油、水进入的灌浆层，其厚度可小于 25 mm)。当灌浆层与设备底座接触要求较高时，宜采用无收缩混凝土。

(4) 二次灌浆前应敷设外模板。外模板至设备底座面外缘的距离不宜小于 60 mm；模板拆除后，表面应进行抹面处理。

(四) 主轴装置安装

(1) 主轴、滚筒、制动盘组装及轴承装配应符合设备技术文件要求和现行国家标准《机械设备安装工程施工及验收通用规范》(GB 50231—2009)的有关规定。

(2) 摩擦衬垫与压块、固定块、筒壳间的安装应贴实和靠紧。

(3) 轴承箱内应清洁、无杂物，转动部位接合面应不漏油，静止部位接合面应不渗油。

(4) 主轴装置轴心线在水平面内位置允许偏差：井塔式应为±2.0 mm，落地式应为±5.0 mm；主轴水平度应不大于 0.10/1 000；制动盘的端面跳动应不大于 0.50 mm。

(5) 直连式的电机转子与主轴装置的组装应按设备技术文件的要求进行。

(6) 主轴装置安装的允许偏差应符合表 1-4 的规定。

表 1-4　缠绕式提升机主轴及主轴承安装的允许偏差

<table>
<tr><th>项次</th><th colspan="2">项　　目</th><th>允许偏差</th><th>检验方法</th></tr>
<tr><td>1</td><td rowspan="2">主轴水平度</td><td>滚筒直径 2 m 及以上的提升机</td><td>0.10/1 000L</td><td rowspan="2">用水准仪在轴头上测量</td></tr>
<tr><td>2</td><td>滚筒直径 2 m 以下的矿用提升机</td><td>0.20/1 000L</td></tr>
<tr><td>3</td><td colspan="2">主轴轴心线在水平面内的位置偏差</td><td>10/2 000</td><td rowspan="3">检查施工记录或尺量检查</td></tr>
<tr><td>4</td><td colspan="2">主轴轴心标高</td><td>±50 mm</td></tr>
<tr><td>5</td><td colspan="2">提升中心线的位置</td><td>5.0 mm</td></tr>
<tr><td>6</td><td colspan="2">主轴轴心线与提升中心线的垂直度</td><td>0.15/1 000</td><td rowspan="3">检查施工记录或用框式水平仪检查</td></tr>
<tr><td>7</td><td colspan="2">轴承座沿主轴方向的水平度</td><td>0.10/1 000</td></tr>
<tr><td>8</td><td colspan="2">轴承座垂直于主轴方向的水平度</td><td>0.15/1 000</td></tr>
</table>

注:L 为主轴轴心线与井筒中心线或天轮轴心线间的水平距离。

(7) 轴承座限位阻挡装置,应根据主轴安装找正后轴承座和预埋的阻挡设施之间实际空间尺寸加工阻挡限位斜铁,阻挡限位斜铁应成对布置,斜度不应小于 1∶25,表面粗糙度不宜低于$\overset{3.2}{\bigtriangledown}$,安装后斜铁之间、斜铁和阻挡装置之间、斜铁和主轴轴承座之间的接触面积不应低于 75%。

(五) 减速器安装

(1) 减速器安装,除设备文件规定不解体、需整体安装外,其他均应进行解体清洗检查。

(2) 减速器内应清洁无杂物,转动部位的接合面油迹擦干后应 5 min 不见油,30 min 不成滴;静止部位的接合面油迹擦干后应 1 h 不见油。

(3) 减速器齿轮、减速器轴颈与轴瓦及滚筒轴承等装配应符合设备技术文件的要求和现行国家标准《机械设备安装工程施工及验收通用规范》(GB 50231—2009)的有关规定。

(4) 弹簧基础减振器基础弹簧的安装,应按制造厂家的编号进行,安装质量应符合出厂技术文件的规定。

(5) 减速器输出轴及联轴器安装的允许偏差应符合表 1-5 的规定。

表 1-5　减速器输出轴及联轴器安装的允许偏差

<table>
<tr><th>项次</th><th colspan="2">项　　目</th><th>允许偏差</th><th>检验方法</th></tr>
<tr><td>1</td><td colspan="2">大轴轴心线水平度</td><td>0.15/1 000</td><td>用框式水平仪在轴头上检查</td></tr>
<tr><td>2</td><td colspan="2">二轴、三轴轴心线水平度</td><td>以齿轮啮合达标为准</td><td>检查安装记录或用铅压法检查齿轮啮合情况</td></tr>
<tr><td rowspan="2">3</td><td rowspan="2">齿轮联轴节</td><td>同轴度径向位移</td><td>0.15 mm</td><td>转动一圈用百分表量</td></tr>
<tr><td>同轴度轴向倾斜</td><td>0.60/1 000</td><td>检查联轴节两端面间隙</td></tr>
</table>

表 1-5(续)

项次	项目		允许偏差	检验方法
4	蛇形弹簧联轴节	同轴度径向位移	0.10 mm	转动一圈用百分表量
		同轴度轴向倾斜	0.80/1 000	检查联轴节两端面间隙
5	棒销联轴节	同轴度径向位移	0.10 mm	转动一圈用百分表量
		同轴度轴向倾斜	0.20/1 000	检查联轴节两端面间隙

(六) 盘式制动器安装

(1) 闸瓦的平均摩擦半径不应小于设计摩擦半径。

(2) 闸瓦与制动盘的间隙应在 0.80～1.00 mm 之间,同一副闸瓦与制动盘两侧的间隙偏差不应大于 0.20 mm。

(3) 盘式制动器安装的允许偏差应符合表 1-6 的规定。

表 1-6　盘式制动器安装的允许偏差

项次	项目	允许偏差/mm	检验方法
1	同一副制动器两闸瓦工作面的平行度	0.50	用塞尺检查
2	各制动器制动缸的对称中心与摩擦半径中心在铅垂面内的位置偏差	3.0	拉线、尺量检查
3	同一副制动器的支架端面与制动盘中心线平面间距离	±0.50	挂垂球用尺量检查
4	制动器支架端面与制动盘中心线的平行度偏差	0.20	用塞尺检查

(4) 闸瓦与制动盘的接触面积不宜小于闸瓦面积的 60%。

(七) 液压站及润滑油站安装

(1) 液压站及润滑油站安装标高必须符合设计文件的要求。

(2) 液压站及润滑油站的油泵、阀、油管内部、油箱等应清洗干净,干燥后涂上机油再进行装配,管道接头处在设计工作油压下不应漏油。

(3) 液压站用油应符合油品出厂技术文件的规定。

(4) 制动把手在全制动位置时,直流毫安表示数应接近 0 mA,最大值不应大于 10 mA;制动液压缸的残压应低于 0.5 MPa。

(5) 液压站油管应排列整齐、不漏油,安装位置应便于设备正常维护,固定应牢靠。

(八) 辅助装置安装

(1) 旋转编码器、发送装置、链条张紧装置、深度指示器及邮箱、油泵、管路的安装,应符合设计图纸或设备出厂技术文件的规定。

(2) 旋转编码器的中心线应与主轴中心同心。

(3) 深度指示器,其传动轴应保持水平,齿轮啮合应良好,各传动部件应灵活、可靠。

(4) 深度指示器指针行程不应小于全行程的 2/3,指针运动平稳,不应与指示板相碰。

(5) 润滑油泵、阀组、润滑油管和油箱应不漏油，运转应正常，噪声不得高于 50 dB，管路排列应整齐，管路安装后应不影响相关设备的正常维护保养，进、回油管油漆颜色应正确。

(6) 圆盘深度指示器及其传动装置应装配正确、转动灵活、显示正确。

(7) 发送装置和链条张紧装置的允许偏差应符合表 1-7 的规定。

表 1-7　发送装置和链条张紧装置的允许偏差

<table>
<tr><th>项次</th><th>项　目</th><th>允许偏差</th><th>检验方法</th></tr>
<tr><td>1</td><td>传动轴与主轴的平行度</td><td>0.3/1 000</td><td rowspan="2">拉线、尺量检查</td></tr>
<tr><td>2</td><td>主、从动链轮中心线重合度</td><td>1.0/1 000</td></tr>
</table>

(8) 导向轮及车槽装置安装的允许偏差应符合表 1-8 的规定。

表 1-8　导向轮及车槽装置安装的允许偏差

<table>
<tr><th>项次</th><th colspan="2">项　目</th><th>允许偏差</th><th>检验方法</th></tr>
<tr><td>1</td><td colspan="2">导向轮中心线与主导轮中心线的重合度</td><td>1.0 mm</td><td>从主导轮中心垂线测量</td></tr>
<tr><td>2</td><td colspan="2">导向轮轴心线与设计中心线在水平面内的位置偏差</td><td>2.0 mm</td><td>拉线、尺量检查</td></tr>
<tr><td>3</td><td colspan="2">导向轮轴心线的水平度</td><td>0.2/1 000</td><td>精密水平尺测量</td></tr>
<tr><td rowspan="2">4</td><td rowspan="2">导向轮绳槽偏摆</td><td>整体浇筑</td><td>4.0 mm</td><td rowspan="2">百分表检查</td></tr>
<tr><td>组装</td><td>6.0 mm</td></tr>
<tr><td>5</td><td colspan="2">导向轮轴承座沿轴方向的水平度</td><td>0.10/1 000</td><td rowspan="5">拉线、水平仪测量</td></tr>
<tr><td>6</td><td colspan="2">导向轮轴承座垂直于轴方向的水平度</td><td>0.15/1 000</td></tr>
<tr><td>7</td><td colspan="2">车槽装置的水平度</td><td>0.20/1 000</td></tr>
<tr><td>8</td><td colspan="2">车槽装置的对称中心线与主导轮中心线的重合度</td><td>0.50 mm</td></tr>
<tr><td>9</td><td colspan="2">相邻两车刀中心线间的距离</td><td>±1.0 mm</td></tr>
</table>

四、电气部分安装

提升机的电气安装包括井上控制盘柜、井下防爆电器以及变频提升机的安装。电气部分安装程序如下：设备开箱检查验收→设备基础检查验收→设备吊装就位→接地装置安装→电缆支架与电缆管安装→矿用防爆电器安装（移动变电站安装→变频调速装置安装→低压防爆开关安装→组合开关安装）→变压器、电抗器安装→盘、柜安装（高压开关柜安装→低压开关柜安装→变频柜安装→整流柜安装→PLC 安装→操作台安装）→母线装置安装→旋转电机安装→提升机控制保护装置安装→电缆安装→二次回路接线→试运转→工程验收。

其中防爆电器部分为井下用提升机用电控设备，变压器、电抗器、盘、柜（高压开关柜、低压开关柜、变频柜、整流柜）为井上摩擦式提升机电控设备，两者安装为平行工序。为便于表述，故放在一起介绍其安装技术。

（一）设备开箱检查验收

电气设备的装卸应按产品及包装箱的总质量选用起重设备，并应按设备包装箱上的要求装卸，不得倒置、碰撞或受剧烈振动。

(1) 设备检查应符合下列规定：

① 检查包装外观，应无损伤和碰撞变形痕迹。

② 设备外表应完整，并应无锈蚀、机械损伤和渗油现象。

③ 设备的零件、附件、备件及专用工具等，应齐全、完整，并应无锈蚀、损伤和变形，含油件密封应良好，并应符合订货合同的约定。

④ 绝缘件应光滑，并应无变形、受潮、裂纹、缺损和剥落，绝缘应良好。

⑤ 铸件应无外伤、变形、砂眼和裂纹。

⑥ 支架等金属构件，应无变形、损坏和锈蚀，镀锌层(漆层)应完好、无脱落。

⑦ 制造厂提供的地脚螺栓应满足设计及产品技术文件的要求。

⑧ 产品技术资料应齐全，并应符合订货合同的约定。

(2) 设备到达现场后的保管应符合下列规定：

① 保管设备时，应按包装箱标注安置，并应将其置于平整、坚硬、无积水、无腐蚀物的场地；设备露天存放时，应有防雨、防尘、防暴晒、防碰撞等措施。

② 绝缘部件及绝缘材料，易损、易受潮部件，以及专用材料、工具、备品、备件，应存放在无腐蚀物、干燥、通风的室内；瓷件不得倒置、碰撞和挤压。

③ 易锈蚀零部件应室内存放，应采取防锈措施，并应定期检查，发现锈蚀时应及时处理。

(3) 电机到货后的检查、保管与起吊应符合下列规定：

① 当电动机的定子和转子分箱装运时，其铁芯、转子、轴颈应完整，并应无锈蚀现象。

② 电动机的保管，应有防火、防潮、防尘等措施。

③ 电动机保管期间，应定期盘动转子。

④ 起吊定子时，应使用电动机的起重耳环。

⑤ 起吊转子时，应对集电环、换向器及轴颈加以保护。

⑥ 起吊定子和组装转子时，不应碰伤定子绕组和铁芯。

(4) 电缆及其附件到达现场后，应按下列要求及时进行检查：

① 产品的技术文件应齐全。

② 电缆型号、规格、长度应符合订货要求，附件应齐全，电缆外观不应受损。

③ 电缆封端应严密，当外观检查有怀疑时，应进行受潮判断或试验。

④ 充油电缆的压力油箱、油管、阀门和压力表应符合要求且完好无损。

(5) 电缆及其有关材料如不立即安装，应按下列要求贮存：

① 电缆应集中分类存放，并应标明型号、电压、规格、长度；电缆盘之间应有通道；地基应坚实，当受到限制时，盘下应加垫，存放处不得积水。

② 电缆终端瓷套在贮存时，应有防止受机械损伤的措施。

③ 电缆附件的绝缘材料的防潮包装应密封良好，并应根据材料性能和保管要求贮存和保管。

④ 防火涂料、包带、堵料等防火材料，应根据材料性能和保管要求贮存和保管。

⑤ 电缆及附件在安装前，其保管期限为一年以内；当需长期保管时，应符合设备保管的专门规定。

⑥ 电缆在保管期间，电缆盘及包装应完好，标志应齐全，封端应严密；当有缺陷时，应及时处理。

(6) 防爆电气设备安装前，应检查其防爆标志(Exdi)、煤矿矿用产品安全标志(MA)、产品合格证及安全性能；对于入井的矿用防爆电气设备，应经检查合格并签发合格证后再入井。

矿用防爆电气设备安装前的安全性能检查，应包括下列内容：

① 检查设备的形式，应与铭牌的标志相符。

② 设备的外形应结构完整，防爆性能应良好。

③ 检查设备内部是否损坏。

④ 检查设备是否达到完好标准。

⑤ 检查设备管理编号；经过检查或检修的设备有检查、检修和验收试验的记录，并有检查、检修和验收人员的签名或盖章。

⑥ 零部件应齐全完整。

⑦ 联锁装置应齐全、功能完善。

⑧ 电缆引入装置应有合格的密封圈、垫圈和封堵用的金属垫片。

⑨ 非携带式和移动式电气设备的金属外壳和铠装电缆的接线盒，应有外接地螺栓，并标有接地符号"⏚"；电气设备的接线盒内部应有规定的内接地螺栓，并标有接地符号"⏚"。

⑩ 隔爆型电气设备，检查隔爆接合面的宽度、表面粗糙度和间隙，应符合规定；对圆筒式结构检查径向间隙，应符合规定。

(二) 设备基础检查验收

(1) 设备安装前，应对设备基础进行验收，验收内容应包括基础中心线，标高，主要预留螺栓孔位置尺寸及深度，主要预埋件位置、预埋质量及基础表面质量等。设备基础应符合现行国家标准《混凝土结构工程施工质量验收规范》(GB 50204—2015)的有关规定。

(2) 设备的基础灌浆及隐蔽工程，隐蔽前应进行隐蔽工程验收，并应形成隐蔽工程验收文件。

(3) 电机基础、地脚螺栓、垫铁及布置、对轮装配、一次及二次灌浆，应符合现行国家标准《机械设备安装工程施工及验收通用规范》(GB 50231—2009)的有关规定。

(三) 设备吊装就位

(1) 煤矿井下电气设备一般使用平板车或矿车运输至施工现场，若没有到达施工现场的轨道，一般需铺设临时轨道进行运输。

(2) 煤矿井下电气设备安装就位时，一般利用机电硐室内预埋的起吊梁，使用手拉葫芦吊装就位；若现场没有起吊梁，则需打起吊锚杆作为起吊点进行设备的吊装。

(3) 电气设备的装卸应按产品及包装箱的总质量选用起重设备，并应按设备包装箱上的要求装卸，不得倒置、碰撞或受剧烈振动。

(4) 根据设备布置图，将各电气设备逐台吊装至基础上。

(四) 接地装置安装

(1) 除临时接地装置外，接地装置应采用热镀锌钢材，水平敷设的可采用圆钢和扁钢，竖直敷设的可采用角钢和钢管。

(2) 煤矿接地装置接地极通常采用镀锌钢管加工,接地母线通常采用镀锌扁钢加工,电气装置与接地母线通常采用裸铜编织线连接。

(3) 根据设计图纸,标记出接地极的安装位置。

(4) 考虑煤矿井下地质条件的特殊性,接地极安装前,一般利用凿岩机在标记位置钻孔,钻孔规格与接地极相适应,然后使用大锤将接地极打入孔中;接地极埋设深度不应小于设计技术文件及相关标准的规定。

(5) 接地极埋设时,为防止接地极顶部受锤击开裂,可根据接地极直径加工专用防护帽进行保护。

(6) 接地母线的连接注意事项如下:

① 接地母线与接地极一般在地面进行焊接连接;焊接时,为了连接可靠,除应在接触部位两侧进行焊接外,还应将扁钢弯成弧形与钢管焊接。

② 矿山井下接地母线之间一般采用螺栓连接。

③ 接地母线使用螺栓连接时,应设防松螺帽或防松垫片,螺栓连接处的接触面应符合现行国家标准有关规定。

(7) 接地极连接完后,应测量接地电阻,做好测量记录,经检验合格后方可进行回填,分层夯实;室外接地网的接地电阻不应大于 1.0 Ω,若接地电阻大于 1.0 Ω 应增打接地极。

(8) 各电气设备安装就位后,即可进行各电气设备接地安装;根据各电气设备距离接地母线间的距离,截割合适尺寸的接地线,压接接地线端子,将电机、变压器、电抗器及其他矿用防爆电器等的金属底座、外壳、框架与接地母线连接。

(9) 电气设备有专用接地螺栓时,可用不小于 25 mm^2 编织铜线将接地线引至专用接地螺栓上;连接时,软线两端应压线鼻子(接线端子),接地螺栓表面应打磨干净。

(10) 电气设备接地时每个接地部分应用单独的接地线与接地干线相连接,不得一个接地线中串接几个需要接地的设备。

(11) 一起安装的多台设备上有共用的接地母线时,可直接将接地母线接地;若无共用接地母线,应单台设备分别接地。

(12) 设备和设备基础型钢应分别予以接地,不能以设备基础代替接地线。

(13) 所有接地螺栓都需加平垫和弹簧垫;扁钢接地线上的螺栓孔,应用手电钻或台钻开孔,不得用气焊或点焊开孔;接地线连接要做到连接良好,整齐美观。

(五) 电缆支架与电缆管安装

1. 电缆支架及电缆钩的安装

(1) 矿山井下电缆一般沿电缆沟敷设或沿电缆钩吊挂敷设。

(2) 根据设计图纸,进行电缆支架、电缆钩、电缆管的加工制作;构件加工完成后,按照图纸要求进行除锈防腐。

(3) 根据设计图纸,使用冲击钻在电缆沟内或巷帮上钻孔,使用膨胀螺栓进行电缆支架或电缆钩的安装。

(4) 电缆支架或电缆钩安装时,螺栓应紧固,不得有松动现象。

(5) 限于巷道条件的不同,部分矿井电缆钩安装时需固定在钢绞线上,钢绞线使用膨胀螺栓固定至巷帮,利用花篮螺栓(螺旋扣)张紧。

2. 电缆管的加工及安装

(1) 电缆管全部选用镀锌钢管加工制作。

(2) 根据设计图纸,对管材进行切割、弯制、打磨。

(3) 电缆管加工后,应进行防护,不应有穿孔、裂缝和显著的凹凸不平,内壁要光滑,且不应有严重锈蚀。

(4) 电缆管的管口制成喇叭形,以便于电缆穿管。

(5) 电缆管弯制时,不应有裂纹和显著的凹瘪现象,否则要重新弯制;电缆管弯扁程度不宜大于管子外径的10%;电缆管弯曲半径不应小于所穿入电缆的最小允许弯曲半径。

(6) 电缆管加工完成后,管口应无毛刺和尖锐棱角;若存在,则必须重新打磨合格。

(7) 电缆管加工完成后,按照设计位置,进行电缆管的安装固定。

(六) 矿用防爆电器安装

(1) 移动变电站和干式变压器安装位置应符合下列要求;如不符合,则必须采取措施进行处理,达到要求后方可进行安装:

① 应安装在通风良好、顶板稳定、无淋水、进出线方便、设备便于运输的位置。

② 安装环境温度及湿度应符合产品技术文件的要求。

③ 安装地点应无强烈振动,垂直面倾斜度不得超过15°。

④ 安装地点的瓦斯、风量、风速、温度应符合通防要求。

⑤ 应无腐蚀金属和破坏绝缘的气体。

⑥ 巷道高度应大于2.2 m,外壳突出部分与巷道边墙支护、移动矿车之间的距离应大于0.5 m;检查通道或检修距离应大于0.8 m;最高点与顶板最低点的距离应大于0.25 m,并应留有操作空间。

⑦ 移动变电站的配套电气设备不得占用人行道,且与巷帮的间隙不应小于300 mm,设备与设备之间距离不应小于800 mm,最突出部位距矿车最突出部位应大于500 mm。

⑧ 移动变电站硐室应采用不燃性材料支护。

⑨ 移动变电站可放置在轨道上或平地上,支架应有阻车装置。

(2) 变压器安装时应注意以下事项:

① 变压器箱体上有四个吊板,为整体起吊时用,起吊时四个吊板必须同时使用。

② 在搬运和就位前,应核对高低压侧方向,以免安错方向。

(3) 矿用隔爆兼本质安全型组合开关在安装前,应检查电源电压等级是否与本开关的电压等级一致。

(4) 矿用隔爆兼本质安全型组合开关在井下装卸及搬运过程中,应避免强烈的振动,不得翻滚。

(5) 根据设备布置图,将各防爆电器依次摆放到位,调整各电器之间及与巷帮、轨道之间的距离。

(6) 对各电气设备进行找平、找正。

(7) 煤矿防爆接线盒及电源箱等小型设备一般吊挂安装。

(8) 各电气设备安装就位后,进行电缆接线。

(9) 矿用隔爆兼本质安全型组合开关在安装过程中不应随意更改组件位置。

（七）变压器、电抗器安装

若变压器、电抗器的存放地点距离安装位置较远，则采用卡车运输至施工现场，利用吊车吊卸，再利用滚杠拖运到位，最后使用手拉葫芦或提升机房内的起重机吊装就位；如果现场条件允许，可利用吊车直接吊装就位。

（1）设备吊装时，索具必须检查合格，钢丝绳套必须挂在专用起重吊环上。

（2）变压器搬运时，要对高低压绝缘瓷瓶等进行防护，使其不受损伤。

（3）设备二次搬运过程中，不应有严重冲击或振动情况。利用机械牵引时，牵引的着力点应在设备重心以下并符合制造厂规定。应使用产品设计的专用受力点，并应采取防滑和防倒措施。牵引速度不得超过 2 m/min。搬运过程中，设备倾斜角不应超过 15°，以防倾斜使内部结构变形。

（4）变压器在搬运或装卸前，应核对高低压侧方向，以免安装时需调换方向。

（5）在吊装过程中应保持设备平衡上升，防止设备发生倾斜，以及内部结构由于自重而发生变形。

变压器、电抗器就位时，应符合下列规定：

（1）变压器、电抗器基础应平整。

（2）利用千斤顶升降大型变压器、电抗器时，应将千斤顶放在千斤顶支架部位，升降操作应使各点均匀受力，并及时垫好垫铁。

（3）变压器、电抗器本体直接就位于基础上时，应符合设计和制造厂的要求；用垫铁对设备进行找平时，所用垫铁及其布置应符合现行国家标准的规定。

有下列情况之一时，应对变压器、电抗器进行器身检查：

（1）制造单位或建设单位认为应进行器身检查。

（2）变压器、电抗器在运输和装卸过程中，出现冲撞加速度大于重力加速度的 3 倍或监视装置出现异常情况时，应由相关人员共同分析原因并出具分析报告。

器身检查应符合下列规定：

（1）器身检查不得在雨雪天、风力 4 级及以上、空气相对湿度 75%以上的室外进行。

（2）未排氮前，任何人不得进入箱体内；当箱体内空气中含氧量未达到 19.5%时，人员不得进入。

（3）在内检过程中，应向箱体内持续补充干燥的空气，并应保持箱体内空气的含氧量不低于 19.5%，相对湿度不应大于 20%；补充干燥空气的速率，应符合产品技术文件的要求。

（4）进入箱体内进行器身检查时，应以制造厂技术人员为主，现场施工人员配合；对内检人员应明确检查内容、要求和注意事项；内检人员不宜超过 3 人。

变压器、电抗器安装就位后，根据要求进行电缆接线及接地装置安装。

（八）盘、柜安装

盘、柜安装主要包括高压开关柜安装、低压开关柜安装、变频柜安装、整流柜安装、PLC 安装、操作台安装，一般安装顺序为先安装高压柜，再安装低压柜，最后进行控制柜、控制台等的安装。

（1）根据设备布置图，按顺序将各盘、柜运输就位，放在基础型钢上。

（2）根据设计要求，将各盘、柜找正。

(3) 盘柜垂直度找正时,挂垂线找正;水平度找正时,利用水准仪找正;成列盘、柜找正时,先找正两端的,然后挂线逐台找正。

(4) 找正时,采用 0.5 mm 铁片调整,每处垫片最多不超过三片。

(5) 找正后,柜体与柜体、柜体与侧挡板均采用镀锌螺栓连接;柜体底部与基础槽钢焊接牢固,并做好防腐处理及面漆涂刷工作。

(6) 控制、保护盘、柜和自动装置盘等与基础型钢使用镀锌螺栓连接固定,不宜焊接固定,防止后期增加安装盘、柜时,发生困难。

(7) 盘、柜安装就位后,进行接地装置安装、母线装置安装及二次接线、电缆安装等。

(九) 母线装置安装

母线装置的安装主要包括母线的校正、加工、搭接以及安装。

1. 母线的校正

运至现场的母线,如存在变形和扭曲等现象,应校正使之平直;将母线放在平台或平直的大型槽钢或工字钢上,用木槌直接敲打或在弯曲部位放上垫块,如铝板、木板等,然后用铁锤间接敲打,不得用铁锤直接敲打母线。

2. 母线的加工

根据设计图纸及现场尺寸,进行母线的切割、弯制、钻孔。母线切割时,切断面应平整;矩形母线应进行冷弯,不得进行热弯;母线装置各种金属构件的安装螺孔,可使用台钻钻孔,不得采用气焊或电焊割孔。

母线加工完成后,接触面应平整、无氧化膜;经加工后母线截面积有所减小,但铜材不得减少原截面积的 3%,铝材不得减少原截面积的 5%;具有镀银面的母线搭接面,不得任意锉磨;对于铝母线应随即涂上一层中性凡士林,若加工后不立即安装,触面处应用牛皮纸包好;对于铜母线则应搪锡处理;随成套开关柜配套供应的母线已由厂家将触面加工好,如无设计变更,直接安装即可,不必再加工。

3. 母线的搭接

母线接触面处理合格后,方可进行母线的搭接;母线一般采用螺栓搭接。母线用螺栓连接后,将连接处外表面的油污用汽油或酒精棉纱擦净,并再用干净棉纱擦干;经风吹干后,在表面和缝隙处涂上 2~3 层能产生弹性薄膜的透明清漆,以保证接点封闭良好。

4. 母线的安装

根据设计图纸,将母线与设备接线端子使用螺栓进行连接;母线与设备接线端子连接时,不应使接线端子承受过大的侧向力。

母线安装完成后,根据相关标准涂刷相色。

目前,大部分母线装置安装工程中,不再涂刷相色,而是在母线加工完成后,套热缩管作为母线相色标识。此种方法不但大大提高了施工效率,而且简化了施工工序,提高了观感质量。

(十) 旋转电机安装

多绳摩擦式提升机的电动机一般外形尺寸及质量较大,常采用解体式安装方法,如空间条件允许,也可采用整体式安装方法;整体安装时,与缠绕式提升机机械部分安装方法类似,不再赘述。现场条件无法进行整体安装时,需现将电动机解体;电动机一般在出厂前由制造商进行解体，然后运输至施工现场。

1. 主电机转子安装

(1) 电动机转子及定子吊运至提升机房后，利用手拉葫芦或桥式起重机吊装就位。

(2) 主电机转子直接装配在提升机主轴上，采用圆锥过盈配合；装配时，使用随机配备的专用工具进行装配，具体施工按照随机说明书进行。

(3) 电机转子安装前，首先把主轴、电机转子的装配面清洗干净。若有划伤处，要进行刮修平整。

(4) 安装转子时，两台液压泵要同时慢慢增大油压；推力液压泵的油压，增大速度可比扩张液压泵的油压增大得快些，推力液压泵的最大油压应符合要求。

(5) 当转子推进到设计的推进距离(即到推进的终点位置标记)时，首先释放扩张油压，拆除扩张液压泵、油管等附件；待推力液压泵稳压 10 min 后，再行拆除推力液压泵、油管等附件。

2. 主电机定子安装

(1) 在主轴滚筒吊装就位前，先将电机下定子和座梁吊装就位，待电机转子安装完成后，再找正电机下定子，最后安装找正电机上定子。

(2) 要特别注意，在定子下半部分找正、定子上半部分吊装就位以及紧固定子连接螺栓过程中，要经常认真复测定子与转子之间间隙，确保转子和定子完好无损。

(十一) 提升机控制保护装置安装

(1) 提升装置装设的各类保险装置，应符合设计要求和产品技术文件的要求。

(2) 根据随机技术文件及设计说明，进行各项保护装置的安装。

(3) 防过卷装置应分别在井架上和深度指示器上各装设一套，深度指示器应先动作。

(十二) 电缆安装

电缆敷设应在变压器，电抗器，电机及各种盘、柜、就地分立元件安装基本完成后进行。

电缆及附件的运输与保管，应符合产品技术标准的要求，应避免强烈的振动、倾倒、受潮、腐蚀，确保不损坏箱体外表面以及箱内部件。在运输装卸过程中，不应使电缆及电缆盘受到损伤；严禁将电缆盘直接由车上推下；电缆盘不应平放运输、平放贮存。运输或滚动电缆盘前，必须保证电缆盘牢固，电缆绕紧；滚动时必须顺着电缆盘上的箭头指示或电缆的缠紧方向。

(1) 电缆敷设前，应按下列要求进行检查：

① 电缆沟及直埋电缆沟深度、宽度、弯曲半径等应符合设计要求。

② 电缆通道应畅通，排水应良好；金属部分的防腐层应完整。

③ 电缆的型号、规格、电压等级及电缆长度应符合设计要求。

④ 电缆外观应无损伤，绝缘应良好，当对电缆的外观和密封状态有怀疑时，应进行潮湿判断；直埋电缆及下井电缆敷设前应进行电气试验，并应合格后再敷设。

⑤ 电缆放线架应放置稳妥，钢轴的强度和长度应与电缆盘质量和宽度相匹配。

⑥ 敷设电缆的机具应检查并调试正常，电缆盘应有可靠的制动措施。

⑦ 敷设前应按设计和实际的路径配置电缆的长度，中间接头应设置在易于检查维修、相对宽阔的位置并固定牢靠。

⑧ 在带电区域内敷设电缆，应有可靠的安全措施。

⑨ 采用机械敷设电缆时，牵引机和导向机构应调试完好。

(2) 电缆敷设时，一般先敷设动力电缆，再敷设控制电缆；先敷设较长的电缆，再敷设较短的电缆。

(3) 电缆敷设时，电缆应从盘的上端引出，不应使电缆在支架上及地面摩擦拖拉；电缆上不得有铠装压扁、电缆绞拧、互层折裂等未消除的机械损伤；使用机械敷设电缆时，应在牵引头或钢丝绳网套与牵引钢缆之间装设防捻器。

(4) 电缆敷设完成后，进行电缆的固定；垂直敷设的电缆在桥架上每隔 0.5 m 固定一次，水平敷设的电缆在电缆首末两端及转弯处各固定一次；沿桥架敷设的电缆固定采用尼龙扎带。

(5) 电缆标志牌的装设：电缆每施放完一根均要先挂设临时标志牌，待电缆头做好后，再挂设永久标志牌。

(6) 电缆进、出口的封堵：由室外进入室内的电缆，在电缆安装完毕后，将管口两端用黄麻沥青密封，以防雨水沿管口侵入室内；电缆进出各种柜内也应做简易封堵。

(7) 上主机设备的零星电缆穿钢管保护沿底层屋顶敷设。

(8) 电缆终端头制作：全塑电缆可采用热缩终端头；低压动力和控制电缆可制作干包终端头，这种终端头工艺较简单，但必须注意外形应统一美观。

(十三) 二次回路接线

根据电控系统原理图及施工图，进行二次回路接线。二次回路接线前，应按照施工图纸，制作芯线端部标识套管。

(1) 根据电缆芯线直径，选择合适的 PVC(聚氯乙烯)套管，利用线号机在套管上打印出回路编号。

(2) 电缆敷设完成后，根据柜内电器的布置，在电缆上标记出开剥位置。

(3) 电缆开剥：利用电工刀将电缆保护层割除；开剥电缆时，不能损伤电缆芯线，切断处的端部用绝缘胶带扎紧；铠装电缆应切断钢带，切断处的端部同样扎紧，并将钢带接地；用于静态保护及控制等逻辑回路的屏蔽层也应按要求的接地方式可靠接地。

(4) 电缆开剥完成后，将电缆芯线拉直绑好，按照施工图将电缆芯线抽出，并套上标识套管。

(5) 对线：使用万用表核对芯线，一根芯线只有一条通路，并核对编号是否正确；对线时，每根芯线都要校验。

(6) 对线结束后，按照施工图纸，利用剥线钳将对好的每根芯线的保护层剥除，露出芯线；将每根芯线弯成圆圈，用镀锌螺栓、平垫圈、弹簧垫圈连接在对应的端子板上；端子板每侧一般一个端子压一根线，最多不能超过两根，并且两根线间加平垫圈。多股线应涮锡，不准有断股，不留毛刺。

五、电气部分安装技术要求

(一) 接地安装

(1) 电气装置的下列金属部分均应接地或接零。

① 电机、变压器、电器等的金属底座和外壳。

② 电气设备的传动装置。

③ 配电、控制、保护用的屏(柜、箱)及操作台等的金属框架和底座。

④ 交、直流电力电缆的接头盒、终端头,膨胀器的金属外壳和可触及的电缆金属护层,穿线的钢管;穿线的钢管之间或钢管和电气设备之间有金属软管过渡时,应保证金属软管段的接地畅通。

⑤ 承载电气设备的构架和金属外壳。

⑥ 铠装控制电缆的金属护层。

⑦ 互感器的二次绕组。

⑧ 煤矿井下电压在 36 V 以上和由于绝缘损坏而可能带电,有危险电压的电气设备的金属外壳、架构,铠装电缆的钢带(或钢丝)、铅皮或屏蔽护套等应有保护接地。

(2) 采用微型计算机和可编程控制器工作的器件接地,应符合下列规定:

① 接地网和接地装置应符合设计要求。

② 直流工作地与交流工作地保安接地应分开敷设;直流工作地的接地电阻不应大于 2 Ω;交流工作和保安接地可混接,接地电阻不应大于 4 Ω;直流工作地与交流工作地的接地极应分开设置,与防雷接地装置的距离应符合设计要求。

③ 屏蔽层应与直流工作地连接,可编程控制器应只设一个接地参考点。

④ 抗静电活动底板的支撑架应与室内接地网连接,各设备的直流工作地宜用编织铜线与接地网做电气连接。

(3) 接地线不得用作其他用途,不得利用蛇皮管、管道保温层的金属外皮或金属网、低压照明网络的导线铅皮以及电缆金属护层作接地线。

(4) 接地线的敷设,应符合下列规定:

① 接地线遇有可能遭受机械损伤的部位应有保护措施。

② 接地干线应至少有不同的两点与接地网连接。

(5) 煤矿井下接地网的敷设应符合表 1-9 的规定。

表 1-9 煤矿井下接地网的敷设

名称	设置地点		安装方式、材料及尺寸
主接地极	矿井各水平的主、副水仓中或集水井内		$S\geqslant0.75\text{m}^2$,且 $\delta\geqslant5$ mm 的耐腐蚀钢板浸没水中
局部接地极	巷道内	水沟中	$S\geqslant0.6\ \text{m}^2$,且 $\delta\geqslant3$ mm 的耐腐蚀钢板或具有等效面积的钢管平放
接地线		其他潮湿处	$\phi\geqslant35$ mm,且 $L\geqslant1.5$ m 的钢管垂直埋入地下,要求管上应钻不小于 $\phi5$ mm 的眼孔 20 个以上,并垂直全部埋入底板。也可以用直径不小于 22 mm、长度为 1 m 的 2 根钢管制成,每根管上应钻 10 个不小于 $\phi5$ mm 的透孔,两根钢管相距不得小于 5 m,并联后垂直埋入底板,垂直埋深不得小于 0.75 m

(6) 不要求敷设专用接地引下线的电气设备，其接地线可利用金属构件、穿线的钢管等，应保证其全长为完好的电气通路。

(7) 每个电气装置的接地应以单独的接地线与接地汇流排或接地干线相连接，严禁在一个接地线中串接多个电气设备；重要设备和设备构架应有两根与主接地网不同地点连接的接地引下线，且每根接地引下线均符合热稳定及机械强度的要求；连接引线应便于定期进行检查测试。

(8) 保护屏必须装有接地端子，并应用截面积不小于 4 mm^2 的多股铜线和接地网直接连通；装设静态保护的保护屏，应装设连接控制电缆屏蔽层的专用接地铜排，各配电柜的专用接地铜排应互相连接成环，并应与控制室的屏蔽接地网连接；屏蔽电网应用截面积不小于 100 mm^2 的绝缘导线或电缆与一次接地网直接相连。

(9) 除接地体外，接地体引出线的垂直部分和接地装置连接部位外侧 100 mm 范围内应做防腐处理；在做防腐处理前，表面应除锈并去掉焊接处残留的焊药。

(10) 接地干线应在不同的两点及以上与接地网相连接。

(11) 明敷接地线的安装，应符合下列规定：

① 接地线的安装位置应合理、便于检查，应不妨碍设备检修和运行巡视。

② 支持件间的距离，在水平直线部分宜为 0.5～1.5 m，垂直部分宜为 1.5～3 m，转弯部位宜为 0.3～0.5 m。

③ 接地线应水平或垂直敷设，亦可与建筑物倾斜结构平行敷设；在直线段，不应有高低起伏及弯曲等现象。

④ 接地线沿建筑物墙壁水平敷设时，离地面距离宜为 250～300 mm；接地线与建筑物墙壁间的间隙宜为 10～15 mm。

⑤ 明敷接地线，在导体的全长度或区间段及每个连接部位附近的表面，应涂以 15～100 mm 宽度相等的绿色和黄色相间的条纹标识；当使用胶带时，应使用双色胶带，中性线宜用淡蓝色标识。

(12) 电缆支架由多个区域连通时，在区域连通处电缆支架接地线应设置便于分开的断接卡，并应有明显的标识。

(13) 采用钢绞线、铜绞线等作接地引下线时，宜采用压接端子与接地体连接。

(14) 防爆电气设备不得采用串联接地。

(15) 接地线使用镀锌钢绞线时，接头应使用专用连接卡板连接，卡板长度不得小于 150 mm；使用镀锌扁铁时，应用两道镀锌螺栓进行紧固，并应加弹簧垫圈或背帽，螺栓直径不得小于 10 mm。

(16) 接地装置的人工接地体，导体截面应符合热稳定、均压和机械强度的要求，还应计及腐蚀的影响；接地体的最小规格应符合国家相关标准的规定。

(17) 接至电气设备和可拆卸的其他非带电金属部件接地(接零)的分支线，应直接与接地干线相连；采用螺栓连接时，设备与接地接触面应按规定处理。

(18) 在地下不得采用铝导体作为接地体或接地线。

(19) 煤矿井下低压防爆开关的接地，应符合下列规定：

① 低压开关的各个进出口的电缆头需接地的部分，应分别用单独的连接导线汇接到配电开关底架(外壳)的接地螺栓上。

② 应采用连接导线将其与接地母线或辅助接地母线相连；在一颗接地螺栓上连接不够牢固或不方便时，可将各电缆头的接地部分直接与接地母线或辅助接地母线相连。

(20) 煤矿井下变压器的接地，应符合下列规定：

① 应用连接导线将变压器高、低压侧铠装电缆的钢带或铅皮，分别接到变压器外壳专供接地的螺钉上。

② 应将接地螺钉与接地母线或辅助接地母线相连；采用橡套电缆时，应将电缆的接地芯线接到进出接线装置的接地端子上，然后再将变压器接地。

(21) 煤矿井下电动机的接地，应符合下列规定：

① 橡套电缆的接地线芯应与接线盒(箱)内的接地螺栓连接。

② 电动机外壳上的接地螺栓应连接到接地母线或辅助接地母线上；采用铠装电缆时，应将其端头的钢带(钢丝)和铅皮直接同该接地螺栓连接；不得将几台设备串联接地，不得将电动机的地脚螺栓当作外壳的接地螺栓使用。

(22) 煤矿井下高压防爆配电开关的接地，应符合下列规定：

① 高压配电开关的各个进出口的电缆头需接地的部分，应分别用单独的连接导线汇接到配电开关底架(外壳)的接地螺栓上。

② 应采用连接导线将其与接地母线或辅助接地母线相连。在一颗接地螺栓上连接不够牢固或不方便时，可将各电缆头的接地部分直接与接地母线或辅助接地母线相连。

(23) 煤矿井下电缆接线盒的接地，应符合下列规定：

① 接地螺栓应用接地导线直接与局部接地极相连。

② 接线盒两端铠装电缆的钢带或钢丝应用镀锌扁钢或裸铜线连接，并应与接地导线相连；应用裸铜线扎紧，但沿电缆轴向的绑扎长度不应小于 50 mm。

(24) 煤矿井下在下列地点应装设局部接地极：采区变电所(包括移动变电站和移动变压器)、装有电气设备的硐室和单独装设的高压电气设备、低压配电点或装有 3 台以上电气设备的地点、连接高压动力电缆的金属连接装置。

(二) 电缆支架(电缆钩)安装

1. 电缆支架安装

电缆支架的安装，应符合下列规定：

(1) 电缆支架应安装牢固，并应横平竖直；托架支(吊)架的固定应按设计要求进行。各支架的同层横挡应在同一水平面上，其高低允许偏差为±5 mm。托架支(吊)架沿桥架走向左右允许偏差为±10 mm。

(2) 在有坡度的电缆沟内或建筑物上安装的电缆支架，应有与电缆沟或建筑物相同的坡度。

(3) 电缆支架最上层及最下层至沟顶、楼板或沟底、地面的距离，当设计无规定时，应符合表 1-10 的规定。

表 1-10　电缆支架最上层及最下层至沟顶、楼板或沟底、地面的距离

敷设方式	电缆隧道及夹层/mm	电缆沟/mm	吊架/mm	桥架/mm
最上层至沟顶或楼板	300～350	150～200	150～200	350～450
最下层至沟底或地面	100～150	50～100	—	100～150

2. 电缆管的加工及安装

电缆管不应有穿孔、裂缝和显著的凹凸不平，内壁应光滑；金属电缆管不应有严重锈蚀；在易受机械损伤的地方和受力较大处直埋时，应采用有足够强度的管材。

(1) 电缆管的加工应符合下列规定：

① 管口应无毛刺和尖锐棱角。

② 电缆管弯制后，不应有裂纹和显著的凹瘪现象，其弯扁程度不宜大于管子外径的10%；电缆管弯曲半径不应小于所穿入电缆的最小允许弯曲半径。

③ 无防腐措施的金属电缆管应在外表涂防腐漆，镀锌管锌层剥落处也应涂防腐漆。

(2) 电缆管内径应大于电缆外径的 1.5 倍。

(3) 每根电缆管的弯头不应超过 3 个，直角弯不应超过 2 个。

(4) 电缆管明敷时应符合下列规定：

① 电缆管应安装牢固。电缆管支持点间的距离应符合设计规定；当设计无规定时，不宜超过 3 m。

② 当塑料管的直线长度超过 30 m 时，宜加装伸缩节。

③ 对于非金属类电缆管，在敷设时宜采用预制的支架固定，支架间距不宜超过 2 m。

(5) 电缆管的连接应符合下列规定：

① 金属电缆管不宜直接对焊，宜用大一级短管套接，连接时应两管口对准，两端焊牢、封闭；套接的短套管或带螺纹的管接头的长度，不应小于电缆管外径的 2.2 倍。采用金属软管及合金接头作电缆保护接续管时，其两端应固定牢靠、密封良好。

② 硬质塑料管在套接或插接时，其插入深度宜为管子内径的 1.1～1.8 倍。在插接面上应涂以胶合剂粘牢密封；采用套接时套管两端应采取密封措施。

(6) 引至设备的电缆管管口位置，应便于与设备连接并不妨碍设备拆装和进出。并列敷设的电缆管管口应排列整齐。

(7) 利用电缆保护钢管作接地线时，应先焊好接地线，再敷设电缆。有螺纹连接的电缆管，管接头处应焊接跳线，跳线截面积不应小于 30 mm^2。

(三) 井下防爆电器安装通用要求

(1) 防爆电气设备安装位置应符合产品技术文件的要求，其地点不应有积水和滴水，不应乱放与防爆电气设备安全运行和检修无关的杂物。

(2) 防爆电气设备安装用的紧固件，除地脚螺栓外，均应采用镀锌制品。

(3) 防爆电气设备的外壳隔爆接合面应符合下列规定，任意一项不符合要求均应为防爆电气设备失爆：

① 外壳隔爆接合面的最小宽度和最大间隙应符合表 1-11 的规定，但快动式门或盖的隔爆接合面的最小有效长度不应小于 25 mm。

表 1-11　外壳隔爆接合面的最小宽度和最大间隙

接合面宽度 L/mm		与外壳容积对应的最大间隙/mm	
		$V\leqslant 100\ cm^3$	$V>100\ cm^3$
平面接合面和止口接合面	$6\leqslant L<12.5$	0.30	—
	$12.5\leqslant L<25$	0.40	0.40
	$25\leqslant L$	0.50	0.50
操纵杆和轴	$6\leqslant L<12.5$	0.30	—
	$12.5\leqslant L<25$	0.40	0.40
	$25\leqslant L$	0.50	0.50
带滑动轴承的转轴	$6\leqslant L<12.5$	0.30	—
	$12.5\leqslant L<25$	0.40	0.40
	$25\leqslant L<40$	0.50	0.50
	$40\leqslant L$	0.60	0.60
带滚动轴承的转轴	$6\leqslant L<12.5$	0.45	—
	$12.5\leqslant L<25$	0.60	0.60
	$25\leqslant L$	0.75	0.75

注：对于操纵杆、轴和转轴，其间隙指最大的直径差。

a. 操纵杆和轴超过表 1-11 中所规定的隔爆接合面的最小宽度时，其接合面宽度不应小于操纵杆或轴的直径，但可不大于 25 mm。

b. 转轴的直径大于表 1-11 中所规定的隔爆接合面的最小宽度时，带有滑动轴承的隔爆轴承盖的火焰通路长度，当转轴直径不大于 25 mm 时不应小于转轴直径，当转轴直径大于 25 mm 时不应小于 25 mm。

② 接合面被紧固螺栓孔或类似物的孔分隔时，孔与外壳内外侧间的距离应符合表 1-12 的规定。

表 1-12　孔与外壳内外侧间的距离

接合面宽度 L/mm	孔与外壳内外侧间的距离/mm
$L<12.5$	$\geqslant 6$
$12.5\leqslant L<25$	$\geqslant 8$
$L\geqslant 25$	$\geqslant 9$

③ 隔爆电动机轴与轴孔的隔爆接合面在正常工作状态下不应产生摩擦。用圆筒隔爆接合面时，轴与轴孔配合的最小单边间隙不应小于 0.750 mm；用滚动轴承结构时，轴与轴孔的最大单边间隙不应大于规定的轴承盖允许最大间隙的 2/3。

④ 隔爆接合面的表面粗糙度不应大于 6.03 μm，操纵杆的表面粗糙度不应大于 3.2 μm。

⑤ 隔爆接合面的法兰减薄厚度，不应大于原设计规定的维修余量。

⑥ 如隔爆接合面存在缺陷或机械伤痕，将其伤痕两侧高于无伤表面的凸起部分磨平后，应符合下列规定：隔爆面上局部出现的砂眼直径不应大于 1 mm、深度不应大于 2 mm；

在 40 mm、25 mm、15 mm 宽的隔爆面上，每平方厘米范围内不应超过 5 个，10 mm 宽的隔爆面上不应超过 2 个。

⑦ 产生的机械伤痕，宽度与深度不应大于 0.5 mm，其长度应保证剩余无伤隔爆面有效长度不小于规定长度的 2/3。

⑧ 隔爆接合面不得有锈蚀及油漆，应涂防锈油或进行磷化处理。

⑨ 防爆电气设备的进出线嘴应符合下列所有规定：

a. 接线后紧固件的紧固程度以抽拉电缆不串动为合格。

b. 线嘴压紧后应有余量，余量不应小于 1 mm。

c. 线嘴应平行压紧，两压紧螺栓入扣之差不应大于 5 mm。

d. 线嘴与密封圈之间、密封圈与联通节之间应只限安装一个金属圈，不得充填其他杂物。

e. 压叠式线嘴压紧电缆后，其压扁量不应超过电缆直径的 10%。

f. 隔爆腔的空闲接线嘴，应用密封圈及厚度不小于 2 mm 的钢垫板封堵压紧。

g. 进出线嘴的压紧程度：螺旋线嘴最小啮合扣数不得少于 6 扣，用单手正向用力拧不动为合格；压叠式线嘴用单手晃动时，喇叭嘴无明显晃动为合格。

h. 高压隔爆开关空闲的接线嘴，应用与线嘴法兰厚度、直径相符的钢垫板封堵压紧。

i. 对于螺纹隔爆结构，螺纹精度不应低于 3 级、螺距不应小于 0.7 mm、螺纹接合面的最小啮合扣数应为 5 扣。当容积大于 100 cm^3 时，最小轴向啮合长度应为 8 mm；当容积不大于 100 cm^3 时，最小轴向啮合长度应为 5 mm。对于圆柱形螺纹，螺纹部分应至少有 8 mm，并不应少于 6 扣。

(4) 防爆电气设备的密封圈、挡板、金属圈应符合下列所有规定：

① 密封圈材质应用邵尔氏硬度 45°～55°橡胶制造，密封圈分层侧应面向接线腔。

② 密封圈各部分尺寸应符合下列规定：

a. 密封圈内径与电缆外径差应小于 1 mm，4 mm^2 及以下电缆的密封圈内径不得大于电缆外径。

b. 密封圈外径与进线装置内径之差应符合表 1-13 的规定。

表 1-13　密封圈外径与进线装置内径之差

密封圈(挡板、金属圈)外径 D/mm	密封圈(挡板、金属圈)外径与进线装置内径之差/mm
$D \leqslant 20$	≤1.0
$20 < D \leqslant 60$	≤1.5
$D > 60$	≤2.0

c. 密封圈宽度应大于电缆外径的 0.7 倍，且不应小于 10 mm。

d. 密封圈厚度应大于电缆外径的 0.3 倍(70 mm^2 电缆除外)，且不应小于 4 mm。

③ 密封圈应无破损，刀削后应整齐平滑，不得出现锯齿状。

④ 电缆与密封圈之间不得包扎其他物体。

⑤ 不使用的进出线嘴应分别用密封圈和挡板依次装入、压紧后封堵。

⑥ 螺旋式进出线嘴上金属圈时，应装在挡板外面。

⑦ 挡板厚度不应小于 2 mm，挡板直径与进出线装置内径之差不应大于 2 mm；金属圈外径与进出线装置内径之差不应大于 2 mm，厚度不应小于 1 mm。

⑧ 当进出线嘴已全部压紧仍不能将密封圈压紧时，应选用一个厚度适当、不开口的金属圈调整，不得充填其他杂物。

⑨ 低压隔爆开关引入铠装电缆时，密封圈应全部套在电缆的铅皮上。

⑩ 螺旋式空闲喇叭嘴的密封圈、挡板、金属圈应依次装入，且均应只装一个。

⑪ 电缆引入装置或设备进线口的密封应符合下列规定：一个进线装置只允许进一根电缆；被密封的电缆断面，应近似圆形；弹性密封圈及金属垫，应与电缆的外径匹配；弹性密封圈压紧后，应能将电缆沿圆周均匀地挤紧。

(5) 防爆电气设备的紧固件应符合下列规定，任意一项不符合要求均应为防爆电气设备失爆：

① 紧固用的螺栓、螺母、垫圈等应齐全、紧固，无锈蚀。

② 同一部位的螺栓、螺母规格应一致，平垫、弹簧垫的规格应与螺栓直径相符合。

③ 螺母紧固后，螺栓螺纹应露出螺母 1～3 个螺距，不得在螺母下面加多余的垫圈(减少了螺栓的伸出长度)。

④ 紧固在护圈内的螺栓上端平面不得超出护圈高度，并应用专用工具才能松紧。

⑤ 隔爆接合面紧固螺栓应齐全，螺母应上满扣；紧固螺钉伸入螺孔长度不应小于螺纹直径的尺寸，铸铁、铜、铝件等不应小于直径的 1.5 倍；螺孔深度不够螺纹直径尺寸时，螺钉应拧满螺孔。

⑥ 隔爆接合面紧固螺栓应加弹簧垫或背帽，其拧紧程度应以压平弹簧垫圈为合格，螺栓不得松动。

⑦ 弹簧垫圈不得破损，不得失去弹性。

⑧ 低压隔爆开关接线腔不应允许由电源侧进出线至负荷侧接线，也不应由负荷侧进出线至电源侧接线，磁力启动器的小接线嘴不得进出动力线。

⑨ 橡套电缆的护套伸入接线腔器壁内的长度尺寸应符合 5～15 mm 的要求；当粗电缆穿不进接线嘴时，可将伸入器壁部分的护套锉细。

(6) 防爆电气设备的接线工艺应符合下列规定：

① 接线螺栓和螺母的螺纹应无损伤，并应无放电痕迹，接线零部件应齐全。

② 接线应整齐、紧固，导电良好，无毛刺；卡爪、弹簧垫圈、背帽应齐全。接线后，卡爪不应压绝缘胶皮或其他绝缘物，也不得压或接触屏蔽层，裸露芯线距卡爪不应大于 10 mm。

③ 接线室内地线长度以松开线嘴卡兰拉动电缆时，相线被拉松或拉脱而地线不掉为宜；接地螺栓、螺母、垫圈不应涂绝缘物，卡爪应镀锌或镀锡。

④ 高压电缆间的连接应采用压接技术；接线柱使用压板接线时，压板凹面应朝下。

⑤ 固定设备的接线应符合下列规定：设备引入(出)线的终端接头应用接线端子或过渡接头；导线连接应牢固可靠，接头温度不得超过导线温度。

⑥ 隔爆电动机斜面接线盒盒盖不得反装。

⑦ 两相低压导线裸露部分的空气间隙：500 V 以下不应小于 6 mm，500 V 以上不应小于 10 mm。

⑧ 隔爆开关闭锁后，接线板正面的带电螺栓应用绝缘材料封堵以隔离带电体，断路器

应装设隔离护罩。

⑨ 隔爆设备和元件应放置平、直、稳。接线后，盖板和转盖应朝外；喇叭嘴应朝下，喇叭嘴电缆出口处应平滑，不得出现死弯。

⑩ 采用铠装电缆供电时，使用的密封圈应全部套在铅（铝）包上或用绝缘胶浇灌至三岔口以上。

（7）防爆电气设备的电缆接头应符合下列规定：

① 橡套电缆的连接应采用硫化热补或同等效能的冷补。

② 通信、照明、信号、控制、监控以及高低压橡套电缆连接的接头，应采用接线盒。

③ 铠装电缆的连接应采用接线盒和灌注绝缘填充物，填充应严密，接头不应露出芯线。

④ 电缆的末端应安装防爆电气设备或防爆元件。

⑤ 电气设备和电缆不应有裸露导体，开关零位不应带电。

⑥ 橡套电缆的护套不应破损，不应露出芯线或屏蔽层。

⑦ 橡套电缆伤痕深度不应大于护套最薄处厚度的1/2，长度不应大于20 mm，沿电缆围长不应大于1/3。

（8）防爆电气设备的保护装置和附属元件应齐全、完整、可靠，并应整定正确；不得损坏、拆除、短接，不得短接接触器而使用隔离开关控制电动机。

（9）防爆电气设备安装后应符合下列规定：

① 各处螺丝和弹簧垫圈应齐全、完整、拧紧，防爆接合面的粗糙度和间隙应符合前述规定；防爆接合面不得锈蚀，锈蚀时应按要求进行处理。

② 接线工艺应符合设计要求。

③ 闭锁装置应灵敏可靠。

（10）防爆电气设备在试运行中，应符合下列规定：

① 防爆电气设备外壳的温度不得超过规定值。

② 防爆电气设备的保护装置及联锁装置，应动作正确可靠。

（四）矿用隔爆型移动变电站和干式变压器安装

（1）全封闭式移动变电站，箱体应有可靠的保护接地。

（2）移动变电站配电装置的操作按钮和手柄应设在带门锁的箱体内。隔离开关与主开关之间应有机械或电气闭锁。

（3）移动变电站或固定变电站向移动电气设备供电的输配电线路的电压高于1 kV时，应装设短路和过负荷保护装置。交流电压大于50 V的线路，应安装漏电保护装置。短路和单相接地（漏电）保护应采取二级保护措施。

（4）井下由移动变电站或配电点引出的馈电线上，应装设短路、过负荷和漏电保护装置。

（5）移动变电站和干式变压器的箱体应符合下列规定：

① 零部件应齐全、完整、紧固。

② 箱体及散热器应无变形和锈蚀。

③ 箱体内应无杂物、积尘和积水。

（6）移动变电站和干式变压器的接线应符合下列规定：

① 电缆连接器接触应紧密，接线盒不应发热。

② 在井下使用时，应采用监视型屏蔽橡套电缆。

③ 箱内二次回路导线排列应整齐；瓷瓶牢固，应无松动现象，无裂纹、损伤，无放电痕迹。

④ 电缆应接线正确，各零部件装配应齐全、正确。

(7) 移动变电站开关安装应符合下列规定：

① 开关接线连接应紧密，触头接触应良好，应无严重烧痕。

② 隔离刀闸开关插入深度不应小于刀闸宽度的 2/3，三相合闸不同期性应小于 3 ms。

③ 开关操作机构动作应灵敏可靠，分、合闸指示应正确。

④ 高压隔离开关应实现开盖闭锁和急停。

(8) 移动变电站的欠压保护、短路保护、高低压联锁、过负荷保护、漏电保护装置，应符合下列规定：

① 保护装置应齐全，整定应合格，并应灵敏可靠；温度继电器动作应灵敏可靠。

② 互感器性能应良好，应有规定期内测试记录。

③ 电气、机械联锁装置应齐全，动作应正确可靠。

④ 接地标志应明显，接地装置应符合《煤矿电气设备安装工程施工与验收规范》(GB 51145—2015)的有关规定。

(9) 绝缘性能应良好，绝缘电阻值应符合下列规定：660 V 不应低于 5 MΩ，1 140 V 不应低于 50 MΩ，6 kV 不应低于 200 MΩ。

(10) 移动变电站和干式变压器安装应符合下列规定：

① 安装地点应保持良好通风。

② 安装前应仔细检查，保护箱各部位及隔爆面应完好，各隔爆面间隙应合格。

③ 螺栓连接处和各接插件应插接牢固、拧紧，接触应良好。

（五）矿用隔爆兼本质安全型组合开关安装

矿用隔爆兼本质安全型组合开关在安装后、使用前，应先测量断开保护装置所有接插件和阻容吸收装置各回路的绝缘电阻，其绝缘电阻不应小于表 1-14 的规定。

表 1-14　绝缘电阻的规定

序号	项目	绝缘电阻/MΩ
1	主回路相间和相对地	≥2.5
2	主回路对控制电路	≥2.5
3	控制线路之间和对地	≥1.5

（六）高压防爆开关安装

(1) 高压瓷件表面应无裂纹、缺损和瓷釉坏损等缺陷，绝缘部件应完好。

(2) 高压防爆开关的隔离刀闸应符合下列规定：

① 接触应良好，插入深度应大于闸刀宽度的 2/3，接触面积应大于刀夹的 75%。

② 动刀闸的开合位置、动作方向与手柄应协调一致。

(3) 高压防爆开关的真空断路器安装调整,除应符合产品技术文件的要求外,还应符合下列规定:

① 应垂直安装,并应固定牢固。

② 真空断路器的垂直度应符合产品技术文件的要求;当产品技术文件对垂直度无要求时,其垂直度允许偏差为1‰。

③ 各相之间的支持绝缘瓷套应位于同一水平面上,各相绝缘瓷套水平面与基准面的高低偏差应不大于±1 mm。

④ 三相联动连杆的拐臂应在同一水平面上,拐臂角度应一致。

⑤ 具有慢分、慢合功能的真空断路器安装完毕后,应先进行手动慢分、合闸操作,正常后才能进行电动分、合闸操作。

⑥ 断路器的行程及压缩行程,应符合产品技术文件的要求。

⑦ 断路器分、合闸的同期性及双断口断路器分、合闸的同步性,应符合产品技术文件的要求。

⑧ 真空断路器有并联阻容装置时,并联电阻、电容值应符合产品技术文件的要求。

(4) 高压防爆开关真空断路器的导电部分应符合下列规定:

① 导电回路的接触电阻值,应符合产品技术文件的要求。

② 设备接线端子及接合面连接件应齐全、紧固,紧固力矩应符合表1-15的规定。

表1-15　设备接线端子及接合面连接件紧固力矩

螺栓规格/mm	力矩/N·m	螺栓规格/mm	力矩/N·m
M8	8.8～10.8	M16	78.5～98.1
M10	17.7～22.6	M18	98.0～127.4
M12	31.4～39.2	M20	156.9～196.2
M14	51.0～60.8	M24	274.6～343.2

(5) 高压防爆开关的保护装置应符合下列规定:

① 各种保护应齐全、灵敏可靠。

② 设备闭锁装置应齐全可靠。

③ 绝缘电阻值应符合规定。

(6) 高压防爆开关安装应符合下列规定:

① 安装位置应正确,放置应平稳。

② 操作机构应灵活、可靠。

③ 触头表面应光滑,接触应严密,触头压缩行程及三相接触同期性调整应符合产品技术文件规定。

④ 油漆应完整均匀,电缆应排列整齐。

(7) 高压防爆开关送电试运行应正常,仪表及指示灯指示应正确。

(七) 低压防爆开关安装

(1) 低压防爆开关的隔离刀闸应符合下列规定:

① 接触应良好,插入深度应大于闸刀宽度的2/3,接触面积应大于刀夹的75%。

② 动刀闸的开合位置、动作方向与手柄应协调一致。

(2) 低压防爆开关安装应符合下列规定：

① 安装位置应正确，并应放置平稳。

② 接触器应动作灵活，触头表面应光滑，接触应良好。

③ 油漆应完整均匀，电缆应排列整齐。

(3) 低压防爆开关过电流及短路保护整定应符合产品技术文件要求，动作应灵敏可靠。

(4) 低压防爆开关送电运行应达到分、合闸及换向灵活。

(八) 防爆接线盒安装

防爆接线盒除应按产品技术文件的要求进行安装外，还应符合下列规定：

(1) 防爆接线盒的安装位置应符合设计要求。

(2) 固定应牢固可靠。

(3) 入线口处压接应无间隙，接线应正确，线缆应不易拔脱、无松动。

(4) 进线装置密封应良好。

(5) 接线端子排通用性能应良好。

(6) 安装时不得损伤外壳和进线装置的完整及密封性能。

(九) 旋转电机安装

(1) 电机基础验收、地脚螺栓、垫铁及布置、对轮装配、一次及二次灌浆，应符合现行国家标准《机械设备安装工程施工及验收通用规范》(GB 50231—2009)的有关规定，参照本节机械部分安装技术要求执行。

(2) 进入电动机的电缆应有穿管或套管保护，穿管或套管的内径、高度(长度)应适中；穿管管口应抱扎；穿管应固定牢固并可靠接地。

(3) 外接电缆应通过接线端子或卡爪与电机连接。

(4) 电机外壳应可靠接地；接地线的截面积应符合设计要求，并应通过接线端子或卡爪与电机连接。

六、调试及试运转

(一) 变压器、电抗器试运转

(1) 变压器、电抗器试运行前，应进行全面检查，应符合下列规定：

① 本体、冷却装置及所有附件应无缺陷，且不应渗油；绝缘子应完整、无裂纹。

② 本体及附件上所有阀门位置应正确。

③ 箱式变电站接线应正确，内部应无杂物。

④ 表面防腐应完整，相色标志应正确。

⑤ 设备上应无任何遗留杂物。

⑥ 事故排油设施应完好，消防设施应齐全。

⑦ 变压器本体应两点接地；接地引线及与主接地网的连接，应符合设计要求，接地应可靠。

⑧ 各部件的验收检查应符合现行国家标准《电气装置安装工程 电力变压器、油浸电抗器、互感器施工及验收规范》(GB 50148—2010)的有关规定。

⑨ 分接头的位置应符合运行要求,且位置指示应正确。

⑩ 变压器的相位及绕组的接线组别应符合并列运行要求。

⑪ 测温装置指示应正确,测温整定值应符合设计要求。

⑫ 冷却装置转向应正确,应无异常噪声、振动和过热现象;试运行应正常,联动应正确;强迫油循环的变压器、电抗器应启动全部冷却装置,循环 4 h 以上,并应排完残留空气。

⑬ 变压器、电抗器的全部电气试验应合格;保护装置整定值应符合规定;操作及联动试验应正确。

(2) 变压器、电抗器试运转要求如下:

① 变压器、电抗器第一次投入时,可全电压冲击合闸;冲击合闸时,变压器宜由高压侧投入。

② 变压器、电抗器、干式电抗器应进行 5 次空载全电压冲击合闸;第一次受电后持续时间不应小于 10 min;全电压冲击合闸时,其励磁涌流不应使保护装置动作。

(3) 变压器、电抗器试运行时,应按下列规定进行检查:

① 中性点接地的变压器,在进行冲击合闸时,其中性点应可靠接地。

② 变压器并列运行前,应对相序进行核对。

③ 带电后,检查本体及所有附件的焊缝和接合面,不应有渗油现象。

④ 变压器、电抗器、干式电抗器试运行期间,应无异常声响和振动,其温升应符合产品技术文件的要求。

(4) 变压器、电抗器空载试运行时间,应符合下列规定:

① 容量为 5 000 kV·A 及以下的变压器、电抗器,空载试运行时间不应小于 24 h。

② 容量为 6 300 kV·A 及以上的变压器、电抗器,空载试运行时间不应小于 48 h。

(5) 变压器、电抗器应在空载试运行无异常情况后,再投入负荷运行。

(二) 电机试运转

(1) 电机试运行前应进行检查,应符合下列规定:

① 现场应清洁卫生。

② 电机固定应牢固,引出线接线应正确,连接应紧密。

③ 电机接地应良好。

④ 电机的保护、控制、测量、信号等回路应已调试完毕,并应动作正常。

⑤ 冷却、调速、润滑等系统应已安装完毕,并应验收合格。

⑥ 盘动电机转子时,转动应灵活,无卡阻现象。

⑦ 电刷与换向器或集电环的接触应良好。

⑧ 电机的定子和转子绕组及励磁回路绝缘电阻及吸收比,应符合现行国家标准《电气装置安装工程 电气设备交接试验标准》(GB 50150—2016)的规定;有绝缘的轴承座的绝缘板、轴承座及台板的接触面应清洁干燥,应用 1 000 V 兆欧表测量,绝缘电阻不得小于 0.5 MΩ。

⑨ 电机外壳油漆应完整。

(2) 电动机送电试运转要求如下:

① 将电动机与减速器或主轴之间的联轴器脱开,送电试运转,时间不应少于 2 h,并应留有记录。

② 测量电动机的空载电流，看空载电流是否正常。

(3) 电动机的试运行应符合下列规定：

① 旋转方向符合要求。

② 无异常声响和振动，电动机振动的双倍振幅值不应大于表 1-16 的规定。

表 1-16 电动机振动的双倍振幅值

同步转速/(r/min)	3 000	1 500	1 000	750 及以下
双倍振幅值/mm	0.05	0.085	0.10	0.12

③ 换向器、集电环及电刷的工作应正常。电动机的轴承温度及温升，应符合产品技术文件的要求；无要求时，不应超过表 1-17 的规定。

表 1-17 电动机的轴承温度及温升

轴承类型	轴承温升/℃	最高温度/℃
滑动轴承	35	70
滚动轴承	40	75

④ 电动机绕组及铁芯温升不应超过产品技术文件规定；当技术文件无规定时，不应超过表 1-18 的规定。

表 1-18 电动机绕组及铁芯温升

电机部位	A 级绝缘		B 级绝缘		E 级绝缘	
	温度计法/℃	电阻法/℃	温度计法/℃	电阻法/℃	温度计法/℃	电阻法/℃
绕组	50	60	70	80	65	75
铁芯	60	—	80	—	75	—

注：环境空气温度为 35 ℃。

⑤ 电机轴承密封应良好，转动部位不应漏油，静止部位不应渗油。

（三）电气和操作控制系统调试

1. 操作系统单独模拟试验

(1) 每一操作控制单元或控制回路，其动作程序及技术要求，要符合机械设备生产工艺的规定，且应正确、灵敏和可靠。

(2) 与机械设备生产工艺相关的信号、显示、联锁、启动、运行、停止、制动等，应正确、灵敏和可靠。

(3) 手动操纵每一动作应连续重复操纵 5～7 次，其动作应正确无误。

(4) 半自动操纵应连续进行 3 个循环，其动作应正确无误。

(5) 全自动操纵应连续进行不少于 2 个循环，其动作应正确无误。

2. 机械设备的数控系统试验

(1) 按随机技术文件要求输入数控指令，其输入、输出、信号、显示、联锁、启动、运行、速度、停止和制动等，均应正确、灵敏和可靠。

（2）按随机技术文件规定试验其供电故障、功能故障、短路和过载等保护，均应符合规定的技术要求。

（四）润滑系统调试

（1）将压力阀的压力调到额定压力的 1.1 倍下连续运转 5 min，然后分别将压力调至额定压力、中间压力和最低压力，检查供油压力波动值，其允许偏差为被测压力的±5％。

（2）在额定压力和额定转速下，干油集中润滑装置的给油量在 5 个工作循环中，每个给油孔每次最大给油量的平均值不得低于随机技术文件规定的调定值；稀油集中润滑装置的给油量，用量杯重复三次检测出油口 3 min 的流量，其流量偏差应为公称值的－5％～＋10％。

（五）液压系统调试

（1）按照随机技术文件的规定调整安全阀、保压阀、压力继电器、控制阀、蓄能器和溢流阀等。

（2）液压系统负荷试验：调节压力阀和流量阀，逐步开启，无异常后，在系统工作压力和额定负荷下连续运转至少 0.5 h。

（3）采用不带阻尼 1.5 级的压力表测量系统压力并记录，压力波动值应符合表 1-19 的规定。

表 1-19　压力波动值

系统公称压力/MPa	≤6.3	＞6.3～10	＞10～16	＞16
允许波动值/MPa	±0.2	±0.3	±0.4	±0.5

（4）液压系统热平衡后，测量油温，温升不应大于 35 ℃，正常工作温度为 30～60 ℃。

（六）制动力矩调试

制动力矩调试应符合下列规定：

（1）立井和倾斜巷道提升制动力矩是最大静力矩的最小倍数，应符合表 1-20 的规定。

表 1-20　立井和倾斜巷道提升制动力矩与最大静力矩的倍数

倾角/(°)	5～15	20	25	30～90
最小倍数	1.8	2.0	2.6	3.0

（2）提升和下放物料时的制动力矩不得小于最大静力矩的 2 倍。

（3）双滚筒提升机调绳或更换水平时，制动盘或制动轮上的制动力矩不得小于容器和钢丝绳重力之和所产生最大静力矩的 1.2 倍。

（七）盘式制动系统调试

（1）调试盘式制动系统应符合下列规定：

① 制动系统中的空气应排除。

② 各闸瓦与制动盘的接触面积不应小于闸瓦面积的 60％。

③ 制动手把在全制动位置时，电液调压装置直流毫安表示数应接近 0 mA，最大值不应大于 10 mA；制动液压缸的残压应低于 0.5 MPa。

④ 制动手把在全松闸位置时，电液调压装置的电流应等于工作压力对应电流值，压力应等于实际使用负荷所确定的工作压力。

⑤ 制动手把在中间位置时，电液调压装置的电流应约为实际使用负荷所确定最大工作压力对应的电流值的 1/2，压力应为实际使用负荷所确定的工作压力的 1/2。

⑥ 制动手把从松闸到全制动的过程中，电液调压装置的电流应呈线性变化。

⑦ 开始制动到闸瓦接触闸盘行程时间不应大于 0.3 s。

(2) 闸瓦与制动盘的接触面积不符合要求时的调整方法如下：

① 在空负荷试运转后进行闸瓦贴磨。

② 为保证闸盘接触面积并减少贴磨时间，保证闸瓦与制动液压缸安装后垂直，可将闸瓦取下，以衬板为基准刨削闸瓦，直到刨平，再装配到制动器上。

(八) 调绳装置调试

调试调绳装置应符合下列要求：

(1) 用弹簧复位的调绳离合器，各弹簧应受力均匀。

(2) 联锁或闭锁装置应灵活可靠。

(3) 调绳离合器在不同位置上的动作应灵活。

(4) 离合器的液压缸动作应一致，不漏油。

(5) 调绳装置的离合器齿轮啮合状况应良好。

(九) 整机试运转

(1) 提升机试运转应符合下列规定：

① 空载按照设计速度连续试运转时间不应少于 8 h，正反转各 4 h。

② 绞车空载应运行良好，各项指标符合设计要求后，在各种保护安全可靠时方可进行负载试运转。

③ 负载连续试运转应按绞车设计负荷的 25%、50%、75%、100%进行。其中 25%、50%、75%负载试运转时间不应少于 4 h，变换负载时应进行一次全面检查；满载试运转时间不应少于 24 h，每 8 h 进行一次全面检查。

④ 各部件应运行正常，减速器和主轴轴承不得有漏油现象。

⑤ 紧急制动时开始制动到闸瓦接触闸盘行程时间不应超过 0.3 s。

⑥ 安全阀的动作应及时、准确，制动器的动作应灵敏。

⑦ 等速阶段当速度超过规定速度 15%时，超速保护装置应起作用。

⑧ 各主要零部件应无变形情况。

⑨ 滑动轴承温升不应超过 35 ℃，最高温度不应高于 70 ℃；滚动轴承温升不应超过 40 ℃，最高温度不应高于 80 ℃。

⑩ 导向轮应运行平稳。

⑪ 过卷保护装置应动作可靠。

⑫ 液压站油温升不应超过 35 ℃。

(2) 制动器安全制动的减速度应符合下列规定：

① 在立井和大于 30°的倾斜巷道中，下放重物时减速度不得小于 1.5 m/s^2。

② 在立井和倾斜巷道中，提升重物的减速度应符合表 1-21 的规定。

表 1-21　立井和倾斜巷道中提升重物的减速度

倾角/(°)	5～15	20	25	30～90
减速度/(m/s^2)	≤3.0	≤3.4	≤4.2	≤5.0

③ 试运转合格后，减速器内的油品应全部更换为新油。

第二章　矿井提升容器安装技术

提升容器是直接装运煤炭、矿石、矸石、人员、材料及设备的工具，主要有箕斗、罐笼、矿车、斜井人车和吊桶五种。

矿车与斜井人车主要用于斜井；吊桶是立井凿井时使用的提升容器，箕斗和罐笼在立井中应用最多，本章主要介绍这三种提升容器。

第一节　矿井提升容器系统及安装准备

一、提升容器的分类

矿井提升容器用于提升物料和升降人员。按井筒形式可分为立井提升容器和斜井提升容器；按其结构可分为罐笼、箕斗、吊桶、矿车等。矿车用于斜井串车提升及水平运输，吊桶用于立井的开凿、延深及装备井筒期间提升运输。

本节主要介绍立井提升用的罐笼、箕斗和吊桶三类提升容器。

（一）罐笼

罐笼为多用途提升容器，在煤矿立井中用于升降矿车、设备、材料和人员等，主要用于副井提升。按照配合使用的提升机的不同，罐笼可分为单绳罐笼和多绳罐笼；按照罐笼的层数，可分为单层罐笼和多层罐笼；按照导向装置不同，可分为绳罐道罐笼和刚性罐道罐笼。

罐笼主要由首绳悬挂装置、尾绳悬挂装置、罐体、罐内阻车器、导向装置、罐笼门、淋水棚和防坠器等主要部件组成。图 2-1 所示为一种双层四车四绳罐笼结构。

（二）箕斗

箕斗是矿井中用于装载煤炭或矸石的提升容器，主要用于主井提升物料。按照提升物料不同，可分为提煤箕斗和矸石箕斗；按照提升方式不同，可分为立井箕斗和斜井箕斗。立井箕斗按配合使用的提升机不同，可分为立井单绳箕斗和立井多绳箕斗；按照在立井井筒中运行导向罐道的不同，可分为绳罐道箕斗和刚性罐道箕斗；按照箕斗装煤口和卸煤口是否在同一侧，可分为同侧装卸箕斗和一侧装卸箕斗。

箕斗主要由首绳悬挂装置、尾绳悬挂装置、箕斗本体、导向装置、安全棚等主要部件构成。图 2-2 所示为箕斗结构示意图。

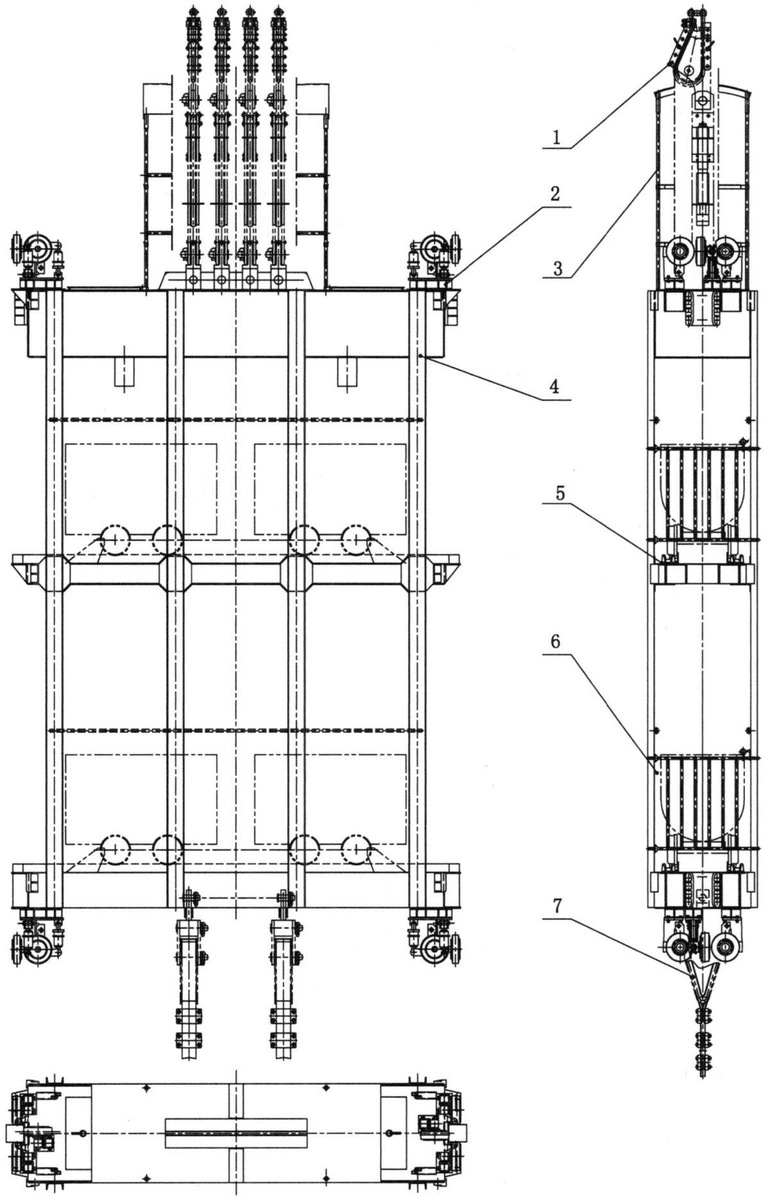

1—首绳悬挂装置;2—滚轮罐耳;3—安全棚;4—框架(本体);5—阻车器;6—罐门;7—尾绳悬挂装置。

图 2-1 一种双层四车四绳罐笼结构

(三)吊桶

吊桶是立井井筒开凿期间提升矸石、升降人员和材料的主要容器。当井筒涌水量小于 6 m^3/h 时,还可作排水用。根据卸矸方式的不同,吊桶可划分为挂钩式、座钩式及底卸式吊桶。吊桶主要技术性能参数见表 2-1。

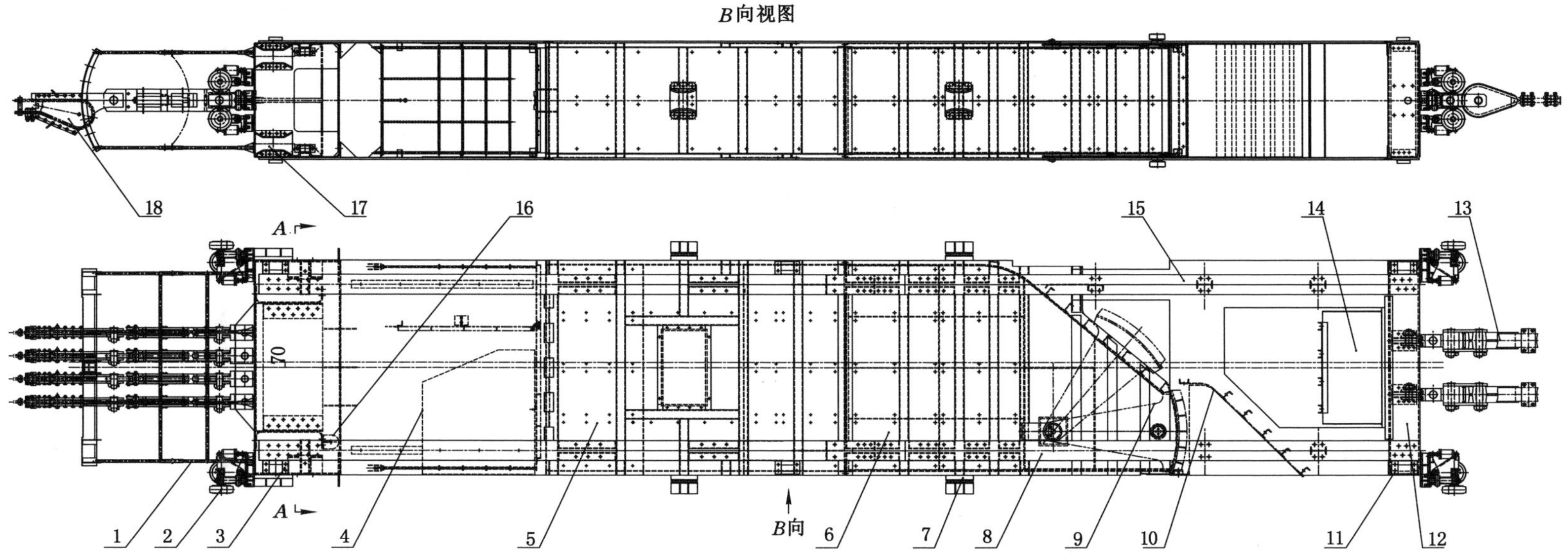

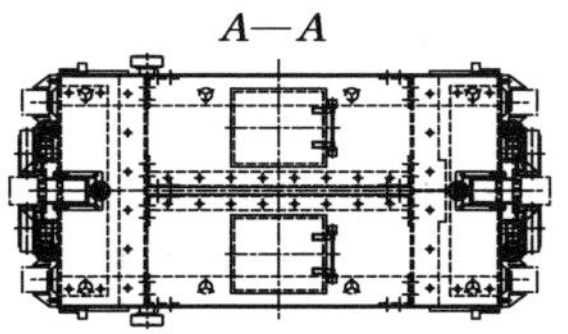

技术特征

1	箕斗名义载重	24 t	8	配重钢丝绳规格	166 mm×26 mm
2	箕斗有效容积	23 m³	9	适用罐道类型	方钢罐道180 mm×180 mm
3	箕斗本体质量	22 153 kg	10	装卸载位置稳斗方式	四角稳斗
4	箕斗装卸载方式	同侧	11	提升高度	475 m
5	配重	4 290 kg	12	适应井筒直经	5.0 m
6	滚动罐耳胶轮直径	300 mm			
7	提升钢丝绳直经	43 mm			

1—安全棚；2—滚轮罐耳；3—顶梁；4—乘人间；5—斗箱上部；6—斗箱下部；7—导向罐耳；8—立柱Ⅰ；9—闸门；10—溜板装置；11—角罐耳；12—底梁；13—尾绳悬挂装置；14—配重箱；15—立柱Ⅱ；16—滑轮；17—制动罐耳；18—首绳悬挂装置。

图2-2　某立井四绳24 t箕斗结构及技术参数

表 2-1　吊桶主要技术性能参数

序号	吊桶形式	吊桶容积/m^3	桶体外径/mm	桶口直径/mm	桶体高度/mm	吊桶全高/mm	桶梁直径/mm	总质量/kg
1	挂钩式吊桶	2.0	1 450	1 320	1 300	2 430	70	601
2	座钩式吊桶	2.0	1 450	1 320	1 350	2 480	70	728
3		3.0	1 650	1 450	1 650	2 890	80	1 049
4		4.0	1 850	1 630	1 700	3 080	90	1 530
5		5.0	1 850	1 630	2 100	3 480	90	1 690
6		6.0	2 000	1 800	2 120	3 705	100	2 218
7		7.0	2 000	1 800	2 440	4 025	100	2 375
8		8.0	2 200	1 916	2 550	4 177	100	2 490
9	乘人吊桶		1 600	1 438	1 800	3 242	80	1 250

1. 挂钩式吊桶与座钩式吊桶

两种形式吊桶的主体结构，如图 2-3 所示；两者的差异仅在于桶底结构，挂钩式吊桶是平底，座钩式吊桶是双层桶底结构，如图 2-3 右下角所示。另外，3 m^3 以下型号桶梁无图示之支撑。

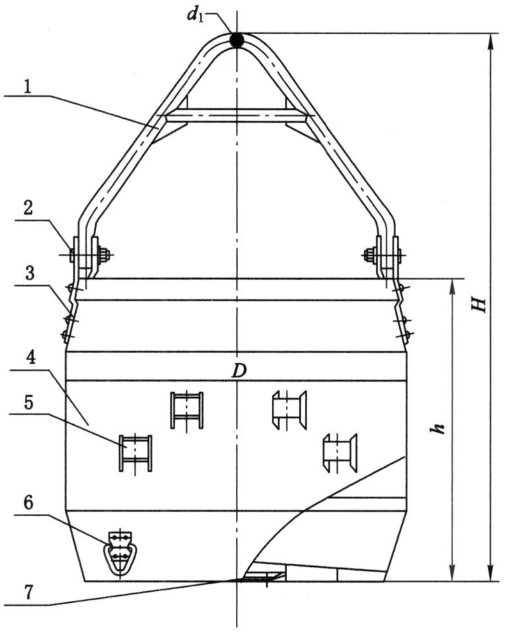

1—桶梁；2—销轴；3—耳环；4—桶体 5—脚蹬；6—钩环；7—双层桶底(座钩式)。

图 2-3　吊桶结构示意

2. TD 型底卸式吊桶

TD 型底卸式吊桶是矿山立井施工中用于运送混凝土的专用设备，它适用于煤矿、金属矿、非金属矿及其他立井施工需要浇筑混凝土的场合;特别是在用冻结法施工深表土层、不能使用输料管下料时,更适合使用该型号吊桶运送混凝土,它是煤矿凿井期间安全生产必不可少的。

旧式底卸式吊桶在使用过程中存在操作不方便、卸料不完全等缺点。TD型底卸式吊桶在原有技术上改革创新,摆脱了上述缺点,提高了输送混凝土速度,操作简便;在出料口的弧形板面设有橡胶板,保证了出料口部的密封性和浆液不泄露,同时也延长了吊桶使用寿命,对避免和防止煤矿立井施工期间安全事故的发生有着十分重要的意义。底卸式吊桶结构如图2-4所示。

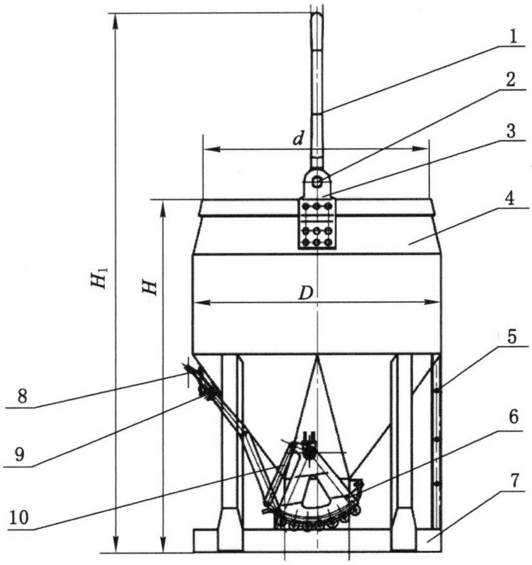

1—桶梁;2—销轴;3—耳环;4—桶体;5—爬梯;6—扇形闸门;7—底座圈;8—操作手把;9—闭锁机构;10—连杆。

图2-4 底卸式吊桶结构示意

二、钢丝绳悬挂装置的结构及分类

钢丝绳悬挂装置分为首绳悬挂装置、尾绳悬挂装置两种类型。

(一)首绳悬挂装置

根据提升容器提升方式的不同,可将首绳悬挂装置分为单绳悬挂装置、多绳悬挂装置两类。

1. 单绳悬挂装置

单绳悬挂装置由护绳环、主吊杆等部件组成。护绳环有双面夹紧式楔形绳环、单面夹紧式楔形绳环和加楔式绳卡等结构形式。双面和单面夹紧式楔形绳环连接均较可靠,单面夹紧式楔形绳环对提升钢丝绳的受力情况有利、安装和拆卸方便,应用比较多。

2. 多绳悬挂装置

多绳悬挂装置由楔形绳环、调绳器和主吊杆等部件组成。楔形绳环结构与单绳悬挂装置所用楔形绳环相同,调绳器结构形式通常有螺旋液压调绳器、垫块式液压调绳器、简易手动调绳器及张力自动平衡装置。调绳器用于调整各提升钢丝绳伸长的长度差,消除因提升钢丝绳悬挂时的长度偏差、运转后的残余伸长和钢丝绳本身的刚度偏差等因素所引起的各钢丝绳张力不均，实现各绳之间张力的平衡。

（1）螺旋液压调绳器

调绳在有载情况下进行；各个液压缸通过连接油管相通，由液压泵将压力液体同时送入各个液压缸内，活塞螺杆与缸体相对移动，使各绳张力趋于一致，旋紧液压缸下部的螺母，完成调绳。螺旋液压调绳器操作方便，各钢丝绳张力可基本达到静平衡，但无法使钢丝绳张力达到动平衡。

（2）垫块式液压调绳器

垫块式液压调绳器动作原理与螺旋液压调绳器基本相同，只是用垫块代替旋紧螺母，结构比较简单。

（3）简易手动调绳器

简易手动调绳器有插销式、垫块式和螺旋式等，均依靠人工调节插销、垫块或螺母螺杆来进行调绳。一般均需卸去载荷后进行，调整困难，调整量也较难控制。

（4）张力自动平衡装置

张力自动平衡装置采用密闭连通原理，辅以抽拉式扣环结构，无论是对于运动还是静止，只要各钢丝绳存在张力差，均可通过调节实现张力一致。张力大的钢丝绳通过中板和侧板压缩连通液压缸，使连通液压缸活塞杆收缩、悬挂伸长，钢丝绳张力变小；液压缸内的压力油通过连通管进入张力小的连通液压缸，使其活塞杆伸长，通过中板和侧板使悬挂缩短，钢丝绳张力变大，直到每根钢丝绳的张力均相等，连通器才相对静止。张力自动平衡装置安全可靠、结构紧凑，能高精度地实现钢丝绳张力在动、静状态下自动平衡，提高了多绳摩擦式提升机运行的安全可靠性和运行效率，减少了不均衡磨损和车削绳槽次数，延长了衬垫、钢丝绳使用寿命，大大减少了维护工作量，因而应用最为广泛。

（二）尾绳悬挂装置

尾绳悬挂装置根据平衡钢丝绳的不同，分为扁尾绳悬挂装置、圆尾绳悬挂装置两类。

1. 扁尾绳悬挂装置

扁尾绳悬挂装置的结构形式为对称绳环、绳头夹板绳卡连接式，分为 WB 型尾绳悬挂装置和 XWB 型尾绳悬挂装置两种。WB 型尾绳悬挂装置为通用系列，XWB 型尾绳悬挂装置用于多绳提升容器。

2. 圆尾绳悬挂装置

圆尾绳悬挂装置分为 WY 型悬挂装置和 XWY 型悬挂装置两种，均为通用系列。WY 型悬挂装置有滚动转环，绳头采用浇注合金式连接，与滚动转环采用螺栓连接；XWY 型悬挂装置由上、下两部分构成，可相对转动并用短圆柱滚子连接，完全封闭，绳头采用浇注合金式连接。

（三）钩头连接装置

钩头装置主要用于立井凿井提升悬挂吊桶。根据吊桶实际载荷，选择相应等级型号的钩头装置。该装置结构简单，使用性能单一。零件全部由锻件加工而成，钢丝绳连接采用了两种形式，其中 5 t、7 t 钩头装置采用不偏心护绳环，板卡连接；9 t、11 t、13 t、15 t、18 t 钩头装置采用锥形套筒连接，铅锑合金铸接形式。装置设有插销式保险卡，大大提高了安全性。钩头连接装置结构，如图 2-5 Ⅰ、Ⅱ所示；主要技术性能参数见表 2-2。

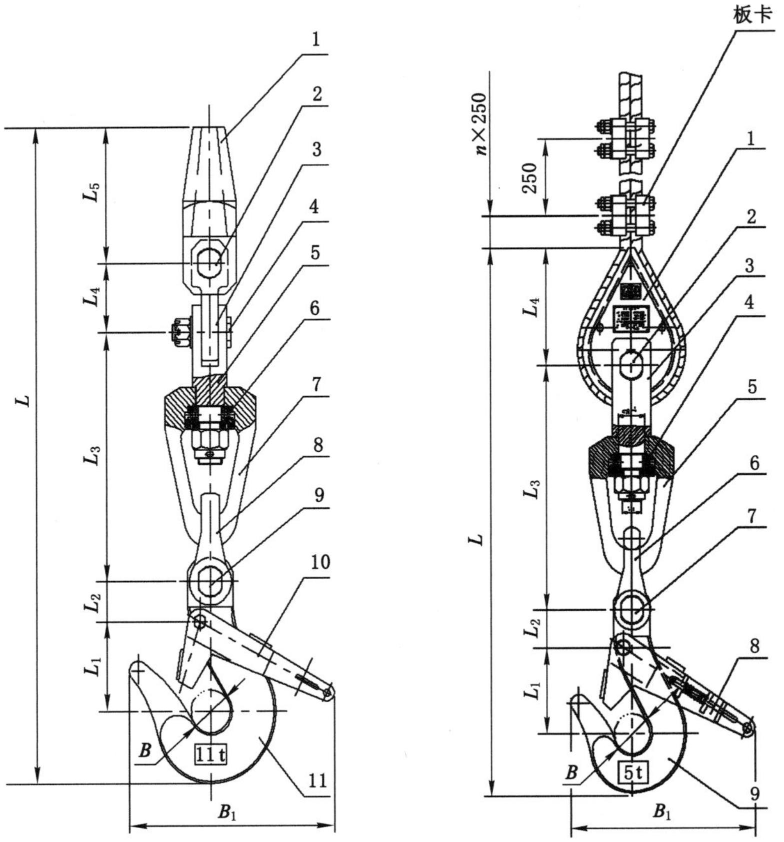

(a) Ⅱ型

1—锥形套筒；2，4，9—销轴；3—双向接头；
5—缓转轴卡；6—轴承；7—缓转花篮；
8—卡环；10—保险卡；11—吊钩。

(b) Ⅰ型

1—护绳环；2，7—销轴；3—缓转轴卡；
4—轴承；5—缓转花篮；6—卡环；
8—保险卡；9—吊钩。

图 2-5　钩头连接装置

表 2-2　钩头连接装置主要技术参数

型号	设计载荷/t	钩头装置高度/mm	板卡段高度/mm	吊钩开口宽度/mm	吊钩及连接装置质量/kg	板卡质量/kg	总质量/kg	推力轴承型号	配套使用吊桶规格	
									座钩、挂钩式/m³	底卸式/m³
Ⅰ型	5	1 282	1 500	90	75.8	34.2	110	8311	2.0	1.6
	7	1 493	1 700	100	89	56	145	8313	3.0	2.0
Ⅱ型	7	1 538	—	100	160	—	160		3.0	2.0
	9	1 733	—	120	190	—	190	8413	4.0	3.0
	11	1 853	—	120	215	—	215	8414	5.0	4.0
	13	1 952	—	130	283	—	283	8414	6.0	4.0
	15	2 070	—		334	—	334		7.0	4.0
	18	1 764	—	125	305	—	305		8.0	4.0

三、立井多绳罐笼安装前的检查试验

立井多绳罐笼安装前的检查试验包括罐笼主梁检查、铆接质量检查、焊缝质量检查、高强度螺栓连接处接触面的摩擦系数试验、罐笼起吊平衡试验等。

（一）罐笼主梁检查

首绳悬挂板、主横梁、尾绳梁等重要承载件应做探伤检查，检查的内容应符合有关标准的规定，并附有探伤报告单。

（二）铆接质量检查

（1）根据铆钉直径，选用 0.25～0.4 kg 的小锤敲击检查，铆钉应无松动现象。

（2）用样板检查铆钉头的尺寸，应符合设计要求。

（3）目测铆钉的外观质量，检查铆钉头是否有裂纹、残缺、扭曲和变形等缺陷。

（4）不合格的铆钉应铲掉重铆，但更换有缺陷的铆钉数量不得超过本节点铆钉总数的 20%。

（5）铆钉铆接后，零件间的密合程度用 0.1 mm 的塞尺检查，不紧贴的铆钉必须铲掉重铆，不得用烤铆的方法进行二次铆合。

（三）焊缝质量检查

焊缝外观检查应在涂漆前进行，其外部缺陷不得超过国家有关标准的规定。一般用目测或 10 倍放大镜对焊缝质量进行检查，观察是否有裂纹、夹渣、烧穿、飞溅残渣、焊瘤或未焊满、未焊透等缺陷；对重要的部位应用小锤敲击，检查是否有气孔和夹渣。

（四）高强度螺栓连接处接触面的摩擦系数试验

（1）摩擦试件必须随着生产工艺流程，进行同样的喷砂、涂富锌漆等处理。

（2）将试验所得的摩擦系数的平均值，与设计要求的摩擦系数相比较，看是否满足设计要求；不合格者不能组装，应重新处理。

（3）目测检查高强度螺栓被连接件接触面，如螺栓孔周边有凹凸，孔及板边有卷边，整个接触面有变形、翘曲、板厚差引起的缝隙等，必须采用校正、打磨、填充等方法及时处理。

（4）高强度螺栓用扭矩扳手进行检查，检查数量以螺栓群总数的 20%为宜；扭矩值允许误差以施拧扭矩的 ±10%为限，如发现有一个欠拧或超拧，应补拧或改正，并再抽查 20%。

（5）高强度螺栓拧紧检查后，在节点处的顶缝、侧缝和底缝均应腻封。

（6）螺栓的拧紧工具，应定期校正。

（五）几何尺寸检查

用钢卷尺或钢板尺量测罐笼的几何尺寸，其偏差应符合国家标准的有关规定。

（六）运动件检查

罐笼内的运动部件，如阻车器等，应动作灵活、到位、无卡阻等现象。

（七）罐笼起吊平衡试验

以罐笼起吊中心为起吊点，将罐笼提离地面、调平、挂铅垂线进行各项测量，应符合国家有关标准的规定。

（八）涂漆质量检查

罐笼外表涂层应光亮、平坦，色泽均匀一致，无裂纹、剥落和流痕，无机械杂质，无修整痕迹。

四、立井多绳箕斗安装前的检查试验

每台箕斗经制造厂质量检验部门检验合格后方可出厂，出厂时应附有产品质量合格证。箕斗闸门开闭动作灵活性、开闭位置准确性的检查和调整必须符合规定。

(1) 箕斗外观检查

① 箕斗框架和闸门尺寸应符合有关标准的规定。

② 铸锻件非切削表面和型材的切割面应平整，油漆涂刷应均匀。

③ 焊缝应无烧穿、裂纹、弧坑等外部缺陷。

④ 铆钉应无歪斜、裂纹、松动等。

(2) 空箕斗平衡调整试验

将箕斗本体中心单点直立悬吊离地面 200～300 mm，然后在框架底盘后部加装平衡铁块，同时用铅垂吊线法测量框架四角立柱的垂直度，使箕斗自重平衡，结果应符合有关规定。

五、悬挂装置安装前的检查试验

悬挂装置的主连杆、三角板、主连杆上下连接销轴的材料强度不应低于 45 号钢的强度，化学成分和机械性能应符合有关规定。

(1) 外观检查：目视检查零部件表面应光洁、平整，不允许有气孔、砂眼、裂纹、毛刺、划伤、锈蚀等缺陷，活动部件应灵活。

(2) 主要尺寸检验：用常规量具检查产品外形尺寸及与外部安装连接有关尺寸及公差，应符合设计的规定。

(3) 楔形绳环楔角及绳槽尺寸检验：使用专用量具进行检查，楔形绳环两夹铁绳槽安装后所形成的楔角与楔子绳槽夹角必须一致，其偏差不大于 20′，夹铁与楔子绳槽间距尺寸偏差不大于 1 mm。

(4) 楔形绳环的钢丝绳楔紧连接可靠性检验：在专用的试验台上进行检验，试验载荷为该产品工作载荷的 1.5 倍，加载时间不小于 20 min；然后，检查钢丝绳，不得有窜动现象，所有受力件不得变形或损伤。

(5) 螺旋液压调绳器液压缸的耐压试验：在产品全套组装后进行检验，试验压力为该产品工作压力的 1.3 倍，保压 5 min；检查活塞、活塞杆以及缸体法兰密封处，不得有泄漏现象，各受力件不应有变形或损伤。

(6) 螺旋液压调绳器液压缸运动阻力试验：液压缸在空载情况下通入压力油，测量最低启动压力及正常运动时压力，其值不应超过 0.3 MPa。

(7) 螺旋液压调绳器液压缸空载无压密封性能试验：将液压缸活塞置于 2/3 行程处，缸内注入无压油，直立放置 2 h，检查活塞密封处，不应有渗油现象。

(8) 圆、扁尾绳悬挂装置加工及装配质量检查:圆尾绳悬挂装置装配时,应注入足够的润滑脂,绳头连接套必须能用手轻易转动。扁尾绳悬挂装置的对称绳环与扁钢丝绳的接触面应打磨平整,不得有粘砂、孔眼、裂纹等缺陷。

(9) 圆、扁尾绳悬挂装置钢丝绳连接可靠性检查:在专用的试验台上进行检查,试验载荷为该产品工作载荷的1.5倍,加载时间不小于20 min;然后,检查钢丝绳连接处是否有窜动现象,各零件是否有变形或损伤。

六、提升钢丝绳悬挂前的检查试验

(1) 对照订货合同,检查钢丝绳结构、型号、数量等是否符合要求。

(2) 钢丝绳外观检查:对钢丝绳进行外观检查,除阻旋转钢丝绳外应不松散。

(3) 钢丝绳表面质量检查:对钢丝绳进行表面质量检查,应无表面损伤、变形、机械磨损、锈蚀、麻点、绳股断裂等现象。

(4) 钢丝绳直径测量:钢丝绳实测直径应符合相关规定。

(5) 钢丝绳破断拉力试验、反复弯曲试验、扭转试验、镀锌层试验:钢丝绳的各项试验应由具有相关资质的检测单位按照国家有关规定进行,检测合格,并出具检测报告。

七、平衡钢丝绳悬挂前的检查试验

(1) 对照订货合同,检查钢丝绳结构、型号、数量等是否符合要求。

(2) 外观检查:扁钢丝绳必须编制牢固,子绳之间不得有松弛现象发生;在扁钢丝绳外表侧边突出的纬绳必须紧贴扁钢丝绳,纬绳的末端不得突出扁钢丝绳轮廓。

(3) 扁钢丝绳的宽度(包括纬绳)和厚度(纬绳横向穿过部位),不应超出公称尺寸±10%。

(4) 扁钢丝绳的实际单位长度质量,不应超过国家规定参考质量的±5%。

(5) 扁钢丝绳的实际长度与交货长度允许偏差:长度不大于400 m时,为0～5%;长度大于400 m时,每1 000 m或不足1 000 m为0～20 m。

(6) 扁钢丝绳中钢丝破断拉力总和不得低于规定的最小钢丝破断拉力总和的95%。

(7) 扁钢丝绳拉伸、反复弯曲、扭转、镀锌层质量试验:钢丝绳的各项试验应由具有相关资质的检测单位按照国家有关规定进行,检测合格,并出具检测报告。

(8) 圆平衡钢丝绳悬挂前的检查试验参照提升钢丝绳的检查试验。

第二节　矿井提升容器的安装

一、立井多绳罐笼的安装

立井多绳罐笼安装的一般程序如下:临时设施布置→尾绳下放→窄罐下放→首绳下放→首绳与窄罐连接→首绳绕永久天轮→首绳与宽罐连接→尾绳与窄罐连接→窄罐提升→尾绳与宽罐连接→调绳→试运转。

(一) 临时设施布置

(1) 首、尾绳及罐笼均采用原井筒装备安装时布置的稳车装置进行下放;对装备井筒期间留下的稳车装置提前进行检修，检修后进行验收，合格后方可投入使用。

(2) 由于装备井筒期间通信电缆及信号装置已经拆除，使用井筒内已经敷设完毕的永久通信电缆作为施工的临时信号，在井上、下需各安装一台语音信号装置。

(3) 根据现场实际情况，改动原井筒装备安装时布置的天轮位置，用于下放首、尾绳及罐笼；下放尾绳用的天轮布置于井筒中心线上，下放罐笼及首绳的天轮布置于提升中心线上。

(4) 根据现场实际情况，在井口房外及井底大巷合适位置各布置一台回柱绞车，用于尾绳、罐笼的辅助拖运。

(5) 尾绳及悬挂装置下放至井底后，在窄罐侧使用工字钢在井底套架合适位置搭设平台，用于支放罐笼。

(6) 将井口影响罐笼进入的套架梁拆除。

(二) 尾绳及悬挂装置下放

(1) 利用吊车将尾绳及支架一起吊运至井口。

(2) 将尾绳从支架上吊出，吊至合适位置。

(3) 利用钢丝绳套将尾绳穿杠与稳车钩头、吊车(门式起重机)钩头、回柱绞车钩头连接，穿杠两端焊接挡板，以防绳盘歪斜导致穿杠窜出。

(4) 同时开动稳车及吊车，将尾绳吊离地面后停车。

(5) 开动回柱绞车，使钢丝绳受力，摘除吊车钩头。

(6) 同时开动稳车、松动回柱绞车，缓慢上提尾绳，直至尾绳进入井筒，停车。

(7) 摘除回柱绞车与尾绳穿杠的连接，将钢丝绳套固定至绳盘上。

(8) 开动稳车，缓慢下放尾绳至井底。

(9) 将井底回柱绞车钩头与尾绳穿杠使用钢丝绳套连接。

(10) 缓慢下放尾绳，同时开动回柱绞车向外拖拽，将尾绳从井筒内运出。

(11) 尾绳下放完成后，将悬挂装置及绳盘支架下放至井底。

(12) 根据现场实际情况，将尾绳及悬挂装置放置在合适位置，并用手拉葫芦将尾绳吊至支架上备用。

(13) 尾绳及悬挂装置下放结束后，将稳车钩头移至罐笼吊装位置，准备进行罐笼下放。

(14) 拆除尾绳下放用临时天轮及横梁。

(15) 如井筒尺寸较小而绳盘尺寸较大，则需在井筒装备安装前将尾绳下放至井底。

(三) 窄罐下放

(1) 根据罐笼设计质量，选用合适的吊车配合稳车吊装就位，就位后采用稳车进行下放。

(2) 罐笼就位前，焊接好滚轮罐耳支座，并安装好一侧的滑动罐耳。

(3) 利用钢丝绳套及卸扣将窄罐顶部连接装置销孔与稳车钩头连接，将窄罐底部与吊车钩头、回柱绞车钩头连接。

(4) 同时开动稳车及吊车，使罐笼稍微离开地面，利用吊车将罐笼送入井口套架内。

(5) 当吊车无法继续送入后，摘除吊车与罐笼的连接绳套，开动回柱绞车，使绞车钢丝绳稍微受力。

(6) 同时开动稳车与回柱绞车，将罐笼全部送入井口套架。

(7) 摘除罐笼与回柱绞车的连接绳套。

(8) 开动稳车，将罐笼底部下放至井口合适位置，停车。

(9) 安装罐笼底部滚轮罐耳及滑动罐耳。

(10) 继续下放罐笼，至其顶部下放至井口合适位置停车，安装罐笼顶部滚轮罐耳及滑动罐耳。

(11) 由地面信号工用语音电话与井下人员联系，确认无误后进行罐笼下放。

(12) 开动稳车，将罐笼沿罐道缓慢下放，稳车速度保持在 0.1 m/s。

(13) 罐笼到位后，将其坐放至井底搭设的大梁上。

(14) 摘除稳车钩头与罐笼的连接绳套，在稳车钩头上吊挂配重；配重为 $\phi159\times2\ 000$ 钢管加焊堵板后灌满黄沙，防止空钩提升时钩头摆动或到达井口后上窜。

(15) 将稳车钩头提至井口，摘掉配重，并将绳头从天轮上抽出。

(16) 抽出全部稳车绳。

(四) 首绳下放

(1) 首绳下放逐根进行。

(2) 将首绳缠绕至稳车滚筒上，并将绳头绕过窄罐上方的临时天轮到达井口。

(3) 在井口将首绳与悬挂装置进行连接；以悬挂装置作为配重，并对悬挂装置液压缸加压至最大行程，便于后期调绳。

(4) 在悬挂装置上绑扎棕绳，用于悬挂装置进入套架的位置调整。

(5) 开动稳车，同时拉动棕绳，使首绳悬挂装置进入套架。

(6) 悬挂装置不再摆动后，开动稳车，下放首绳及悬挂装置，直至到达窄罐顶部，停车。

(7) 除第一根首绳外，其余首绳下放时，在套架梁上用手拉葫芦固定滑车 1 台，使首绳绕过滑车进行下放，以便对下放的首绳进行位置调整；下放时，要在不影响下放的情况下尽可能远离首绳设计位置，防止后下放的首绳与先下放的首绳发生拧绕。

(8) 按照上述方法，下放所有首绳。

(五) 首绳与窄罐连接

(1) 每根首绳下放至井底后，先进行首绳与窄罐的连接，再下放下一根首绳。

(2) 当首绳悬挂装置到达窄罐顶部后，松动井口固定滑车的手拉葫芦，使首绳恢复至正常位置。

(3) 利用稳车调整悬挂装置与窄罐的相对位置，安装悬挂装置与窄罐的连接销轴，再利用稳车收紧首绳。

(4) 在井口窄罐侧套架梁上的合适位置担放两根工字钢梁；为了防止钢梁移动，将两根工字钢梁连接成一个整体，用于担放座卡。

(5) 根据绳间距及设计图纸，调整首绳使其处于正常运转位置；利用座卡锁住首绳，并在座卡上方首绳上做好标记，松动稳车上的首绳，观察首绳是否滑动。

(6) 将剩余的首绳全部从稳车上抽出，放置于合适位置。

(7) 按照上述方法，将所有下放的首绳与窄罐进行连接。

(8) 拆除下放窄罐及首绳用临时天轮及横梁。

(六) 首绳绕永久天轮

(1) 将首绳绳头与棕绳绑扎固定,分别绕过永久天轮及提升机摩擦轮,并将首绳放入对应的绳槽。

(2) 首绳绕过上天轮、下天轮及提升机摩擦轮的先后顺序依据窄罐、宽罐的布置位置确定。

(3) 首绳绕过天轮到达宽罐侧后,将绳头放置于合适位置。

(4) 在窄罐、宽罐上方合适位置处搭设排卡,分别向上、向下拉紧首绳;在摩擦轮处搭设排卡,收紧摩擦轮与天轮之间的首绳。

(七) 首绳与宽罐连接

(1) 按照与窄罐就位相同的方法,将宽罐吊装至套架内就位。

(2) 安装宽罐滚轮罐耳及滑动罐耳。

(3) 开动稳车,调整宽罐在井口的位置,以便于悬挂装置安装。

(4) 利用回柱绞车将悬挂装置吊装至宽罐顶部,使用销轴将悬挂装置与宽罐连接,并使用手拉葫芦吊住悬挂装置,以防倾倒。

(5) 根据罐笼相对于对罐的位置(正常停车位置),将首绳多余部分割除。

(6) 将首绳与宽罐各悬挂装置楔形绳环连接。

(7) 开动稳车,缓慢下放宽罐,直至稳车钢丝绳不再受力,摘除稳车与宽罐的连接绳套。

(8) 将安装完成的首绳悬挂装置液压缸加压至最大行程。

(9) 安装剩余的悬挂装置,并将首绳与悬挂装置连接。

(10) 将所有悬挂装置液压缸接通,并进行加压,使所有首绳受力均衡。

(11) 拆除首绳反拉排卡,将稳车钢丝绳从临时天轮上抽出,拆除临时天轮及横梁。

(八) 尾绳与窄罐连接

(1) 在窄罐底部搭设临时施工平台,利用井底回柱绞车将尾绳悬挂装置吊至罐笼底部。

(2) 将悬挂装置与罐笼连接。

(3) 悬挂装置安装完毕后,将尾绳与悬挂装置进行连接。

(4) 尾绳与悬挂装置连接时,先将尾绳头绕过井底防扭结梁,然后拉至井口,再进行连接。

(九) 窄罐提升

(1) 利用副井提升机微微上提窄罐,拆除井口的座卡、横梁,以及井底担放罐笼的横梁。

(2) 慢速上提窄罐,带动尾绳,直至窄罐到达井口。

(3) 窄罐带尾绳上提时,设专人在井底观察尾绳状态,防止尾绳与防扭结梁接触或与底板接触受损。

(4) 提升过程中,通过控制绳盘转动速度,使抽出的尾绳与罐笼提升速度保持一致。

(5) 窄罐到达井口后,观察井底宽罐位置,利用提升机进行微调,使其位置便于搭设平台进行悬挂装置安装。

(十) 尾绳与宽罐连接

(1) 宽罐到位后,在其下方合适位置搭设临时施工平台。

(2) 利用回柱绞车将尾绳悬挂装置吊运至罐笼底部。

(3) 将尾绳悬挂装置与罐笼连接。

(4) 根据设计图纸，将尾绳底部调至设计位置，并将多余尾绳割除。

(5) 将尾绳与悬挂装置连接。

(6) 拆除搭设的施工平台。

(十一) 调绳

提升机运行一两个循环，将罐笼停至对罐位置，测量罐笼与设计位置偏差，利用首绳悬挂装置液压缸调节绳长。

二、立井多绳箕斗的安装

立井多绳箕斗的安装方法与立井多绳罐笼的安装方法类似，不再赘述。

三、立井单绳罐笼防坠器的安装

(一) 防坠器的作用及分类

1. 防坠器的作用

《煤矿安全规程》规定：升降人员或升降人员和物料的单绳提升罐笼，必须装设可靠的防坠器。万一提升钢丝绳或连接装置断裂，防坠器可以使罐笼平稳地直撑在井筒中的罐道或特设的制动绳上，以免罐笼坠入井底。

2. 立井防坠器的基本要求

(1) 保证在任何情况下都能平稳可靠地制动住下坠的罐笼。

(2) 在制动下坠罐笼时，为了保证人身安全，在最小终端载荷时，制动减速度不大于 50 m/s^2，延续时间不超过 0.2～0.5 s；在最大终端载荷时，减速度不小于 10 m/s^2。

(3) 防坠器动作的空行程时间，即从钢绳断裂到防坠器发生作用的时间应不大于 0.75 s。

(4) 动作灵活，但不能产生误动作。

(5) 防坠器主要承载零件的安全系数：主拉杆的安全系数不得小于 13，其他零件按材料屈服极限计算不得小于 2，无屈服极限的材料按强度极限计算不得小于 5；制动绳作支承物时，制动绳的安全系数不得小于 3。

(6) 防坠器的主要受力构件不得用铸钢、铸铁制造，主要锻件应进行超声探伤检查。

3. 防坠器的组成

(1) 开动机构：当发生断绳事故时用以启动防坠器，一般为弹簧。

(2) 抓捕机构：它是防坠器的工作机构，用来抓住支承物并使下坠的罐笼悬挂在支撑物上。

(3) 传动机构：当开动机构动作时，传动机构使抓捕机构动作，一般为杠杆机构。

(4) 缓冲机构：用以调节制动力，吸收下坠罐笼的动能，限制制动减速度；缓冲器一般与抓捕器联合工作，有的防坠器(如 BF 型防坠器)设有单独的缓冲器。

4. 防坠器的分类

根据使用条件和工作原理，防坠器可分为以下几种。

(1) 木罐道防坠器：支撑物为木罐道，其工作原理为切割式。防坠器动作时，靠抓捕器的齿形插爪对木罐道的切割阻力制动下坠罐笼，现仅在一些老矿使用。

(2) 钢轨罐道防坠器：工作原理为摩擦式，靠抓捕机构(凸轮爪或楔形块)在钢轨罐道上产生的摩擦阻力制动下坠罐笼，制动力不易控制且不可靠。

(3) 制动绳防坠器：工作原理属于摩擦式，抓捕机构靠滑模挤压制动绳产生抓捕作用，另设缓冲器以减少因罐笼突然抓捕制动绳而产生的动应力。这种防坠器需专设制动绳来作支撑物，因此可用于任何罐道。采用绳罐道必须使用这种防坠器，但罐道绳不得作防坠支承用，应另设制动绳。

当前使用较多的是制动钢丝绳防坠器。

5. BF 型系列制动绳防坠器

BF 系列防坠器是国内广泛应用的防坠器，它采用楔形滚动摩擦式抓捕机构，动作灵活、复位容易，其布置如图 2-6 所示。制动绳 7 的上端通过连接器 6 与缓冲绳 4 相连，缓冲绳通过装在天轮平台上的缓冲器 5 后，自由地悬垂于井架的一边；绳端用合金浇铸成锥形杯 1，以防止缓冲绳从缓冲器中拔出；制动绳的另一端穿过防坠器的抓捕机构 8 垂到井底，用拉紧装置 10 固定。

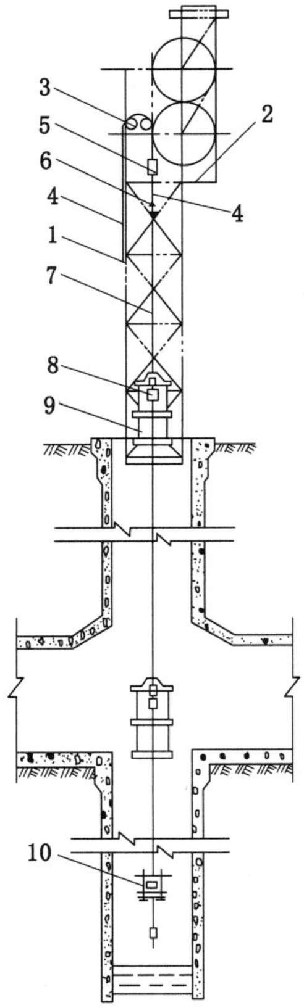

1—锥形杯；2—导向套；3—圆木；4—缓冲绳；5—缓冲器 6—连接器；7—制动绳；8—抓捕器；9—罐笼；10—拉紧装置。

图 2-6　BF 系列防坠器布置图

BF 系列防坠器的开动机构、传动机构及抓捕机构，如图 2-7 所示。正常提升时钢丝绳拉起主拉杆 3 通过横梁 4、连板 5 使两个拨杆 6 处于最低位置，此时弹簧 1 受拉。发生断绳时主拉杆下降，在弹簧1的作用下，拨杆6端部抬起，使抓捕器滑楔与制动绳接触，实现定点抓捕。

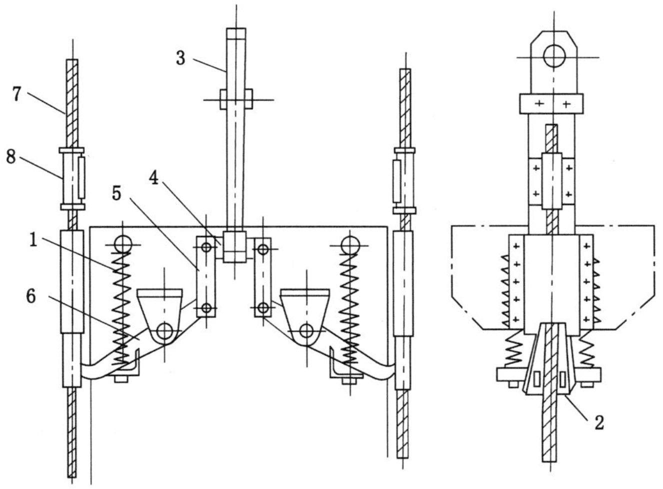

1—弹簧；2—滑楔；3—主拉杆；4—横梁；5—连板；6—拨杆；7—制动器；8—导向套。

图2-7　防坠器的开动机构、传动机构、抓捕机构简图

BF系列防坠器的缓冲器，如图2-8所示。缓冲绳从缓冲器中穿过而被弯曲，绳弯曲的程度通过螺杆1和螺母2来调节；发生断绳时，下坠的罐笼抓住制动绳，从而拉动缓冲绳使之从缓冲器中拔出，靠缓冲绳的弯曲变形和摩擦阻力吸收罐笼的能量。

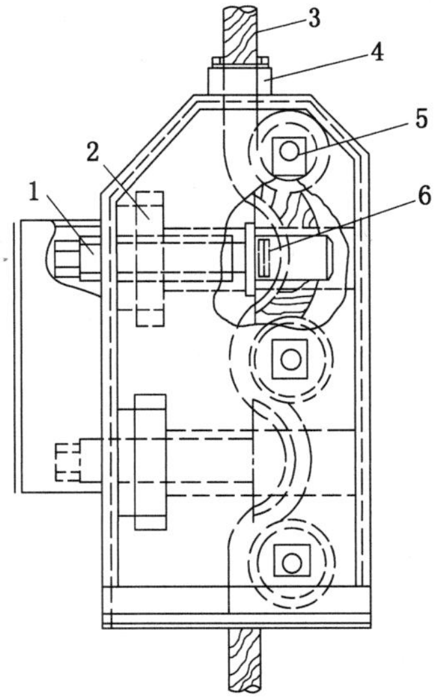

1—螺杆；2—螺母；3—缓冲绳；4—密封；5—销轴；6—滑块。

图2-8　缓冲器

制动绳拉紧装置，如图2-9所示。制动绳靠绳卡5、角钢6和可断螺栓7固定在井底的固定梁上，可断螺栓的设计断裂载荷为15 kN。抓捕器动作后，制动绳的振动将把可断螺栓

拉断，罐笼将随制动绳一起振动避免二次抓捕。螺栓2是张紧制动绳用的，每根制动绳的张紧力为10 kN左右。制动绳由于伸长，需要定期调整拉紧装置。

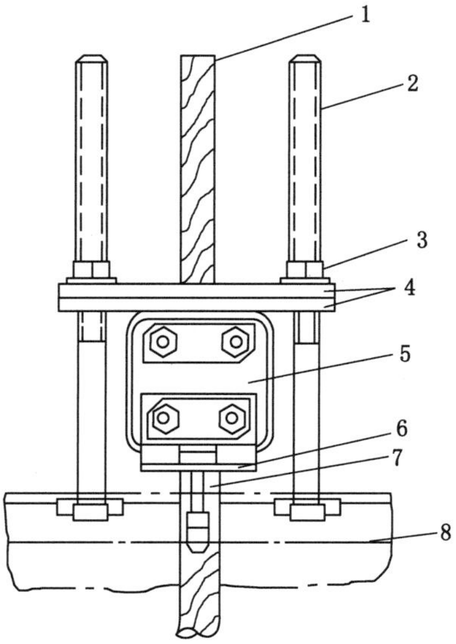

1—制动绳；2—张紧螺栓；3—张紧螺母；4—压板；5—绳卡；6—角钢；
7—可断螺栓；8—固定梁。

图2-9 制动绳拉紧装置

（二）立井单绳罐笼制动绳式防坠器安装

立井单绳罐笼制动绳式防坠器的安装一般程序如下：施工准备→缓冲器安装→抓捕器、提升架安装→罐笼吊装就位→罐笼悬挂→静负荷试验→脱钩试验→动负荷试验→工程验收。本部分重点以应用较为广泛的FS型防坠器及BF型防坠器为例。

1. 施工准备

（1）按照防坠器横断面的外形尺寸制作样板，以0.3 m/s的速度检查井筒。防坠器最突出部分和井壁罐道梁之间的最小间隙必须满足《煤矿安全规程》的相关规定，如不符合规定，必须采取措施处理。

（2）消除井筒及井底杂物，排除井底积水。

（3）将防坠器各部件及罐笼等运至井口房内合适位置。

（4）准备好熔化合金的容器和加热设备。

（5）在井口布置小绞车1台，用于辅助运输。

2. 钢丝绳与连接器巴氏合金浇注

（1）拆开连接器，取出杯形体和楔子，将钢丝绳依次穿入半连接器和杯形体。

（2）在距绳端部200～250 mm处用细钢丝缠扎紧，使杯形体内的钢丝绳松散，去除绳芯，然后将绳头、杯形体的楔子一起放在汽油里洗净擦干。

（3）将杯形体内松开的钢丝弯曲180°，弯曲半径约为钢丝直径的2倍，弯曲长度一般为15～20 mm，使其成为高度不同的钢丝钩，然后移动杯形体，使最突出的钢丝钩距杯形体端面为5～10 mm。

(4) 在杯形体中钢丝之间打入楔子,以黏土堵住杯形底部,将杯形体加热到与巴氏合金熔点接近的温度,然后浇注巴氏合金,使钢丝绳与杯形体浇焊成一整体。

(5) 巴氏合金的浇注温度应控制在 300 ℃以内,以免因温度过高而使钢丝绳回火;合金熔化后以木棒搅拌,并将表面熔渣除掉;浇注前将杯形体及其附近的一段钢丝绳垂直放在支架上,钢丝绳的垂直段与水平段间弯曲半径要大些,以免由于绳股互相错动和钢丝绳在杯底处打弯而造成绳股或钢丝之间工作负荷分布不均。

(6) 合金冷却后,为使杯形与锥形块密切接触,须清除黏土和缠扎钢丝的多余部分,最后装入半连接器内。

3. 缓冲器安装

(1) 检查缓冲器是否有损坏的零件,紧固件是否齐全;旋转螺旋杆,使其带动滑块前后移动,检查其动作是否灵活;清除缓冲器内部的污物。

(2) 松开缓冲器螺旋杆,由缓冲器底部穿入缓冲绳,在缓冲器上部向外抽缓冲绳直到下端的连接器达到上限位置,然后将螺杆拧至正常使用的位置。

(3) 缓冲器上部钢丝绳端部应除锈洗净,使之松散成锥状,除掉绳芯置于钢制圆锥形漏斗内,然后浇注巴氏合金。

(4) 用提升绞车将缓冲器连同缓冲钢丝绳一起吊装至安装位置。

(5) 缓冲器安装在天轮平台上或专门的缓冲器平台上,均需以提升钢丝绳中心线为基准进行校正,使制动绳的中心线对准罐笼导向套的中心,偏差不应大于 1 mm。

(6) 找正后,将缓冲器临时固定在井架上,待制动钢丝绳悬挂后,再进行精找并永久固定。

(7) 整个缓冲器安装完毕后,缓冲器上方的钢丝绳应分别搭在井架顶部的木梁上,绳的尾部自由下垂。

(8) 安装后的缓冲器内应填以稠油,盖上外罩。

4. 抓捕器安装

(1) FS 型抓捕器及悬挂装置(提升架)安装

① 将抓捕器卸开,清除油垢,洗净零件,重新装配后用稀油润滑。

② 将抓捕器提至罐笼顶部,用销轴将防坠器悬挂装置上的拉杆与抓捕器上的横臂拉杆连接起来。在两组滑楔和背板之间各夹紧一根检查栓,调整抓捕器,使其零件呈正常提升时的工作状态,这时检查栓同罐笼两侧间的距离应相等,并与罐笼纵向轴线平行;根据检查栓中心线与罐笼短轴线间的距离检查抓捕器的水平位置;增减悬挂装置上承座底下的调节垫板的厚度调整抓捕器垂直位置及滑楔露出槽钢的长度。

③ 将悬挂装置上的导向管穿过检查栓,调整调节垫板的厚度,找准位置后固定在焊接支架上;挂设铅垂线找正罐笼下部导向管的位置,调整并固定后的导向架和导向管应与检查栓在同一条平行于罐笼中心线的铅垂线上。

④ 以罐笼连接耳环为基准,调整悬挂装置连接耳环,并标定孔位。

⑤ 按照标定的孔位,扩大悬挂装置连接耳环上的销孔使其与罐笼连接耳环一致,安装销轴,将悬挂装置和罐笼连接在一起。

⑥ 抓捕器及悬挂装置调整后,当通过护绳环提起罐笼时,护绳环两侧的滑块应与悬挂装置上梁接触,抓捕器不应离开承座,杠杆应转动灵活,杠杆与上部挡铁之间的间隙不超过

1～1.5 mm，最后将承座及其底部的焊接支架固定在罐笼上。

（2）BF 型抓捕器安装

① 抓捕器在安装之前必须卸开，清除油垢，洗净零件，重新装配好，楔子与楔背的滚道间及圆柱滚子处应涂满润滑脂。

② 装配抓捕器时，在未装弹簧及连板的情况下，用手推动叉杆，其销轴及楔子等处应保持动作灵活轻松。

③ 楔子露出长度的偏差不大于＋5 mm，楔子圆弧面与制动绳间的间隙为 8 mm，其偏差不大于＋1 mm。

④ 在两组楔子之间各紧夹一根检查杆，然后调整抓捕器，使其零件呈正常提升时的工作状态，这时检查杆同罐笼两侧的距离应相等，并与罐笼垂直中心线平行；楔子露出的长度，靠调节传动装置轴承座下的调节板的厚度来调整；抓捕器找正后，将定位板点焊固定。

⑤ 使上部的导向管穿过检查栓，然后调整调节垫板的厚度，找准位置后固定在罐笼上，罐笼下部导向管的位置通过沿垂线来找正。调整并固定后的导向管应与检查杆在同一条平行于罐笼中心线的铅垂线上，然后加工铰孔，装好定位销。

5. 传动弹簧安装

（1）FS 型防坠器传动弹簧安装

① FS 防坠器由于其结构的特殊性，传动弹簧安装时需将罐笼悬挂，一般在罐笼安装后进行。

② 罐笼悬挂后，在井口合适位置搭设工字钢梁，将罐笼座放在工字钢梁上。

③ 拉紧提升钢丝绳，使抓捕器呈正常提升状态，安装支撑弹簧用的挡板，并用螺栓将其固定在罐笼上部的槽钢上。

④ 依次安装圆盘、球面螺母和制动螺母，使圆盘与金属板间的间隙等于 10 mm。

⑤ 安装弹簧及弹簧座：放松提升钢丝绳，使拉杆下降到必要高度，安装弹簧及弹簧座，拧紧固定螺栓，将弹簧固定起来。

（2）BF 型防坠器传动弹簧安装

① 将弹簧上部的吊环悬挂在罐笼上框的吊钩上，放下主拉杆使叉杆抬起，装上拉紧弹簧用的螺栓，提起主拉杆至正常提升位置。

② 用螺栓调整弹簧长度，调好后，拧紧锁紧螺帽。弹簧的长度按实际标定数值调整，如无标定数值，可按设计数值调整。

③ 在井口悬挂罐笼后，需重新检查弹簧的拉伸长度，如不符合要求，应进行调整。

6. 罐笼及制动绳安装

（1）将提升钢丝绳拉至井口房内合适位置，并将绳头穿入楔形绳环，进行楔形绳环的安装。

（2）楔形绳环安装完成后，将其使用销轴与抓捕器主拉杆或悬挂装置进行连接。

（3）将罐笼底部与小绞车钩头使用钢丝绳套连接。

（4）缓慢开动提升机，向上慢提罐笼，同时开动小绞车拉紧钢丝绳，使罐笼离开地面。

（5）继续开动提升机，同时松动小绞车钢丝绳，使罐笼缓慢进入套架，直至罐笼成竖直状态。

（6）将小绞车与罐笼的连接拆除。

(7) 将罐笼底部放至井口合适位置，安装滚轮罐耳、滑动罐耳。

(8) 将罐笼顶部下放至井口合适位置处，安装滚轮罐耳、滑动罐耳。

(9) 罐笼悬挂后，将制动钢丝绳运至井底，并将绳盘吊装至绳盘架上。

(10) 将钢丝绳头抽出，固定至罐笼底部，利用罐笼将钢丝绳提至井口合适位置，用钢丝绳套锁在套架梁上。

(11) 根据井筒深度，预留出多余的钢丝绳后，在井底将钢丝绳截断并临时固定在套架梁上，钢丝绳固定不能影响罐笼的正常运行。

(12) 在井口搭设钢梁，将罐笼座放在钢梁上，拆除罐笼与楔形绳环的连接销轴。

(13) 利用提升钢丝绳将制动钢丝绳头吊至缓冲器处，将制动绳半连接器与缓冲绳半连接器连接。

(14) 所有制动绳悬挂完毕后，将提升钢丝绳与罐笼连接，下放罐笼至井底。

(15) 将制动钢丝绳穿入防坠器：BF 型防坠器穿绳时，将钢丝绳自上而下穿过上部的导向管、抓捕器和下部的导向管；FS 防坠器穿绳时，将钢丝绳自上而下顺序穿过防坠器上的导向架、抓捕器、悬挂装置及罐笼上的导向管。

(16) 将制动钢丝绳固定梁装入预埋梁窝，使制动绳穿过钢梁之间小梁上的孔，在钢丝绳上高出梁面 200～250 mm 处装上拉紧装置，用拉紧箍逐渐拉紧制动绳，使其拉力达到 1 000 km 左右，最后把限制器的绳卡固定到梁上，将制动绳的余量部分卷成绳圈，用细钢丝固定在梁上。

(17) 制动绳固定后，应测量证明确实与提升钢丝绳在同一个铅垂面上后，用混凝土灌注梁窝，将钢梁固定，最后将井架上的缓冲装置正式找正固定。

四、提升容器试运转

(一) 提升容器试运转

(1) 调整好罐耳与罐道的间隙，对罐笼和箕斗各连接部位进行全面检查。

(2) 罐笼(箕斗)安装完成后，按照要求进行试运转，空、重载提升 8 h。

(二) 立井单绳罐笼防坠器静负荷试验

(1) 抽出主拉杆下两个连接的销轴，在驱动弹簧的作用下，楔子压在制动钢丝绳上，将罐笼上提 0.4～0.8 m，楔子在制动钢丝绳上滑动。

(2) 提升绞车逆转，放松提升钢丝绳，罐笼悬挂在两制动钢丝绳上。

(3) 罐笼对制动钢丝绳的相对下滑距离不应大于 40 mm，楔子在制动钢丝绳上不应产生相对位移，缓冲钢丝绳不应被拉出。

(三) 立井单绳罐笼防坠器脱钩试验

(1) 空罐笼和重载罐笼脱钩试验各进行 1 次。

(2) 在井口合适位置担放大梁 2 根，下放罐笼，将罐笼坐放至大梁上。

(3) 在楔形绳环与主拉杆间装上脱钩器，将罐笼提升 0.4～0.8 m，在制动钢丝绳和罐道上做好标记之后，用脱钩器使罐笼脱离提升钢丝绳，罐笼开始下落。

(4) 抓捕器抓捕制动钢丝绳，在缓冲器阻力的作用下，罐笼应被制动停止下来。

（四）立井单绳罐笼防坠器动负荷试验

（1）防坠器的动负荷试验采用自由降落的方法进行。

（2）在井口合适位置担放大梁2根，下放罐笼，将罐笼坐放至大梁上。

（3）在楔形绳环与主拉杆间装上脱钩器。

（4）将罐笼提升至预定位置停下，做好标记。

（5）将楔形绳环使用手拉葫芦固定至井架构件上，防止脱钩后绳头上窜。

（6）在提升架上安装闭锁装置，防止脱钩后防坠器立即动作。根据预定的试验速度留出闭锁绳的长度，闭锁绳一端固定至井架上，一端与闭锁装置连接。

（7）使用麻绳拉开脱钩器，罐笼开始自由降落，达到预定的自由降落高度时，闭锁绳拉直，将闭锁开启。

（8）闭锁开启后，抓捕器在驱动弹簧的作用下开始动作，经过不超过0.15 s的空行程，抓捕器应能抓住制动钢丝绳。

（9）罐笼与制动绳一起下降，缓冲钢丝绳被拉出一段距离，罐笼在缓冲器阻力的作用下被制动停住。

（10）测量罐笼对制动钢丝绳的相对降落高度、缓冲钢丝绳缓冲距离等参数。

（11）测量完毕后，向下拉动提升钢丝绳，拆除脱钩器，将楔形绳环与主拉杆连接。

（12）上提罐笼，使抓捕器恢复到正常提升状态准备下次试验。

（13）空载与最大终端载荷罐笼最大速度的负荷试验，各进行2次。

五、提升容器安装技术要求

（一）立井多绳提升容器安装要求

1. 提升绳及悬挂装置安装技术要求

（1）提升钢丝绳的型号、规格、质量应符合设计要求，首绳的悬挂应左、右捻向交叉布置。

（2）钢丝绳与绳环或杯形体的配合尺寸应符合设计要求。

（3）钢丝绳与楔形环的卡接应紧固牢靠，绳卡数量和间距应符合设计要求。

（4）多绳摩擦式提升首绳的张力应保持平衡。

（5）固定和连接用的紧固件应紧固牢靠。

（6）多绳摩擦式提升机首绳挂绳前应清除钢丝绳上的防锈油。

（7）螺旋液压调绳器液压缸应密封良好、不漏油。

（8）调绳器的圆螺母和防松螺母调绳后应拧紧，涂油防锈情况应良好。

（9）提升绳悬挂完成后应检验钢丝绳的完好状况。

（10）钢丝绳绕过楔形环尾部余留长度不应小于300 mm。

2. 平衡绳及悬挂装置安装技术要求

（1）平衡绳的型号、规格和质量应符合设计要求。

（2）平衡绳与绳环或杯形体的配合尺寸应符合设计要求。

（3）扁绳与绳环的卡接应紧固牢靠，不得有拧劲现象，其绳卡数量和间距应符合设计要求。

(4) 圆绳与杯形体的连接不得有打弯和扭曲现象，其浇注合金成分和作业方法应符合设计要求。

(5) 圆绳的悬挂装置应转动灵活、接触严密。

(6) 扁绳的悬挂装置应固定牢靠，扁绳无拧劲现象，连接处涂油防锈情况应良好。

(7) 平衡绳井底分绳梁下悬垂长度应符合设计要求或技术文件规定。

3. 导向装置安装技术要求

(1) 滚动罐耳滚轮应转动灵活、配合良好；滚轮的轴心线应保持水平，径向中心线应垂直于罐道面。

(2) 罐耳安装应位置正确、固定牢靠，螺栓应露出螺母 1～5 个螺距。

(3) 导向装置安装的允许偏差应符合表 2-3 的规定。

表 2-3　导向装置安装的允许偏差

项次	项目		允许偏差/mm	检验方法
1	在同一竖直基面上，上下罐耳各导向面位置	钢轨罐道	2.0	吊线和尺量检查
		组合罐道	4.0	
		木罐道	2.0	
		四角罐道	2.0	
2	罐笼上、下盘体十字中心线的错动	钢轨罐道	2.0	吊线和尺量检查
		组合罐道	2.0	
		木罐道	3.0	
		四角罐道	2.0	
3	钢丝绳罐道导向套中心与提升中心线的水平距离		1.5	
4	钢丝绳罐道的上下导向套的轴心线重合度		1.5	

注：单侧布置罐耳的罐笼为两罐耳中心线的水平间距的偏差。

4. 罐笼本体结构和阻车器安装

(1) 罐笼本体结构的铆接、螺栓连接和焊接应符合设计要求。

(2) 罐笼内阻车器及开闭装置应灵活可靠，阻爪动作应协调一致。

(3) 罐笼本体结构安装的允许偏差应符合表 2-4 的规定。

表 2-4　罐笼本体结构安装的允许偏差

项次	项目		允许偏差/mm	检验方法
1	罐笼本体框架的外形尺寸		3.0	吊线和尺量检查
2	罐笼上、下盘体十字中心线的错动	单层罐笼	3.0	
		双层或三层罐笼	6.0	

(4) 空罐笼悬吊时的平衡度应满足相关规范的要求，罐道导向滑道垂直度全长不应大于 5.0 mm。

5. 立井(斜井)提煤箕斗本体结构安装

(1) 立井提煤箕斗本体结构的焊接应符合设计要求。

(2) 箕斗的闸门装置应转动灵活，关闭应严密、无卡阻现象。

(3) 空箕斗悬吊时应没有明显歪斜。

(4) 斜井提煤箕斗本体结构的焊接应符合设计要求。

(5) 箕斗本体结构的允许偏差应符合表 2-5 的规定。

表 2-5 箕斗本体结构的允许偏差

项次	项目	允许偏差/mm	检验方法
1	斗箱口两方钢外缘间距	2.0	尺量检查
2	后轮的最外缘尺寸	+1.0	
		−3.0	
3	闸门卸载滚轮的最外缘尺寸	+1.0	
		−3.0	

(二) 立井单绳罐笼及防坠器安装技术要求

1. 立井罐笼制动绳式防坠器提升架安装

(1) 提升架提梁悬吊中心与罐笼竖向轴心线的重合度偏差不应超过 1.0 mm。

(2) 提升架耳环轴孔应采用机械方法加工。

(3) 提升架安装高度的允许偏差应为 0～+2.0 mm。

2. 立井罐笼制动绳式防坠器缓冲器安装

(1) 缓冲钢丝绳和制动钢丝绳的型号、规格、质量应符合设计要求。

(2) 缓冲器座实际中心与设计中心的重合度允许偏差应为±1.0 mm。

(3) 钢丝绳与杯形体的连接，其浇注合金的成分和作业方法应符合设计要求。

(4) 缓冲器固定和连接用的紧固件应紧固牢靠，螺栓露出螺母宜为 1～5 个螺距。

(5) 缓冲器安装的允许偏差应符合表表 2-6 的规定。

表 2-6 缓冲器安装的允许偏差

项次	项目	允许偏差	检验方法
1	同一捕绳器的两缓冲器的水平间距	±2.0 mm	拉线和尺量检查
2	缓冲器的垂直度	2.0/1 000	

(6) 缓冲器末端留绳长度不应小于 10 m。

3. 立井罐笼制动绳式防坠器捕绳器安装

(1) 弹簧的工作高度应符合设备技术文件规定。

(2) 捕绳器的销轴、连杆、杠杆和滑楔应动作灵活、可靠，轴销齐全，各部位应润滑良好，滑楔紧固应符合设计要求。

(3) 捕绳器长轴方向全长范围内水平度偏差不应大于 1.0/1 000。

(4) 制动绳式防坠器捕绳器安装允许偏差应符合表 2-7 的规定。

表 2-7 制动绳式防坠器捕绳器安装允许偏差

项次	项目	允许偏差/mm	检验方法
1	捕绳器十字线和拉杆及上部弹簧座(挡板)中心与罐笼竖向轴心线的重合度	1.0	吊线和尺量检查
2	捕绳器绳孔与导向管轴心线的重合度	1.0	吊线和尺量检查
3	同一捕绳器两制动绳中心与罐笼提升中心的距离偏差	1.0	尺量检查
4	弹簧圆盘与挡板之间的间隙偏差	1.0	用塞尺检查

4. 立井罐笼制动绳式防坠器制动绳拉紧装置安装

(1) 井下制动绳拉紧装置应固定可靠,螺栓紧固且规格应符合设计要求,防腐应符合设计要求。

(2) 立井罐笼制动绳式防坠器制动绳拉紧装置安装允许偏差应符合表 2-8 的规定。

表 2-8 立井罐笼制动绳式防坠器制动绳拉紧装置安装允许偏差

项次	项目	允许偏差/mm	检验方法
1	井下制动绳拉紧梁中心线与设计中心线的偏差	3.0	吊线和尺量检查
2	拉紧梁绳孔中心与设计中心的重合度	3.0	吊线和尺量检查

六、提升容器试运转技术要求

(一) 提升容器试运转要求

(1) 罐笼(箕斗)试运转后,全面检查各部位,应动作灵活可靠,紧固件齐全、牢固,无异常现象。

(2) 箕斗卸载溜槽装置应卸载正确,应无明显撒煤现象。溜槽活动应开闭灵活,无卡阻现象。

(二) 单绳罐笼防坠器试验要求

(1) 进行抓捕器静负荷试验时,楔子与制动绳之间不应产生相对位移,各零件之间不应产生永久变形或损坏。

(2) 缓冲器的阻力值经标定后,两台缓冲器阻力值的偏差不应大于 15%,各定轮和滑块的绳槽表面磨损沟痕深度不应大于 0.3 mm。

(3) 钢丝绳连接器在进行静负荷试验时,浇注轴承合金处的钢丝绳与连接器之间不应有相对位移,连接器各零件不应产生永久变形。

(4) 进行防坠器脱钩试验时,罐笼对制动钢丝绳的相对降落高度不应大于 100 mm,罐笼的总降落高度不应大于 200 mm。

(5) 进行重载罐笼脱钩试验时,缓冲钢丝绳拉出的长度不应大于罐笼与制动钢丝绳的相对降落高度。

(6) 防坠器进行负荷试验时,应能牢固抓捕制动钢丝绳。

(7) 防坠器制动过程中,在最小终端载荷下,罐笼的减速度不应大于 50 m/s^2;当罐笼提升速度超过 10 m/s 时，减速度不应大于 30 m/s^2。在最大终端载荷下，罐笼的减速度不应小于 10 m/s；当最大终端载荷与最小终端载荷的比值大于 3 时，减速度不应小于 5 m/s^2。

(8) 防坠器的空行程时间不应超过 0.15 s。

(9) 在防坠器制动过程中，罐笼不应出现剧烈振动和严重倾斜。

(10) 制动后，防坠器的零部件不应损坏或产生永久变形。

(11) 制动后恢复提升时，抓捕器应能顺利恢复原位。

第三章　矿井主通风机安装技术

我国现阶段矿用通风机主要有两大类：离心式通风机和轴流式通风机。离心式通风机因配套土建工程过多、反风系统复杂、不易操作，已逐渐被轴流式通风机取代。轴流式通风机以安装简单、结构紧凑、综合运行成本低、容易实现反风等优点，逐渐成为矿用主流通风机。本章重点介绍矿用离心式通风机和轴流式通风机的安装技术。

第一节　矿井离心式通风机的安装

一、矿用离心式主通风机的特点

矿用离心式通风机主要有 4-72-11 型、G4-73-11 型。

4-72-11 型通风机的特性曲线较平缓，运行噪声较小，效率高，适用于通风阻力较小的小型矿井；目前国内矿井使用较少，其结构如图 3-1 所示。

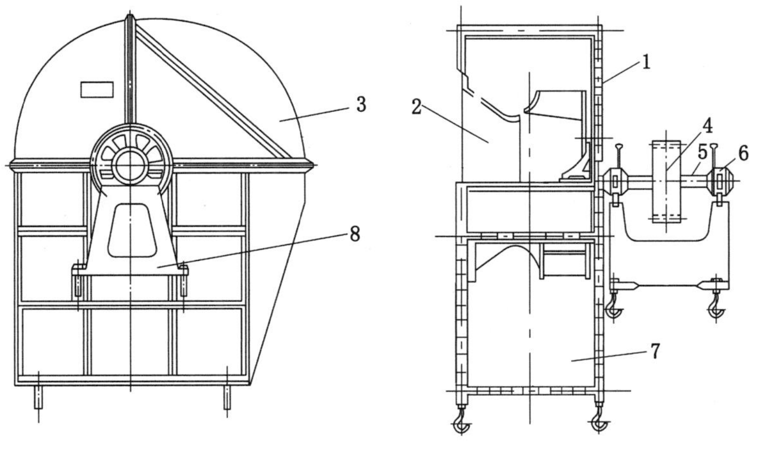

1—叶轮；2—集流器；3—机壳；4—带轮；5—传动轴；6—轴承；7—出风口；8—轴承座。

图 3-1　4-72-11 型离心式通风机结构示意

G4-73-11 型最初是为锅炉通风（引风）设计的，后来被引用到矿井通风中，并拥有一定的市场占有量；该型离心式通风机的特点：特性曲线较平缓、无驼峰、运行噪声较小、效率高、启动功率较小、启动容易等；其结构如图 3-2 所示。

G4-73-11 型的风压及风量较 4-72-11 型的大，效率高达 93%。另外，该型与 4-72-11 型最大的区别就是装有前导器，其导流叶片的角度可在 0°～70°范围内调节，以调节通风机的

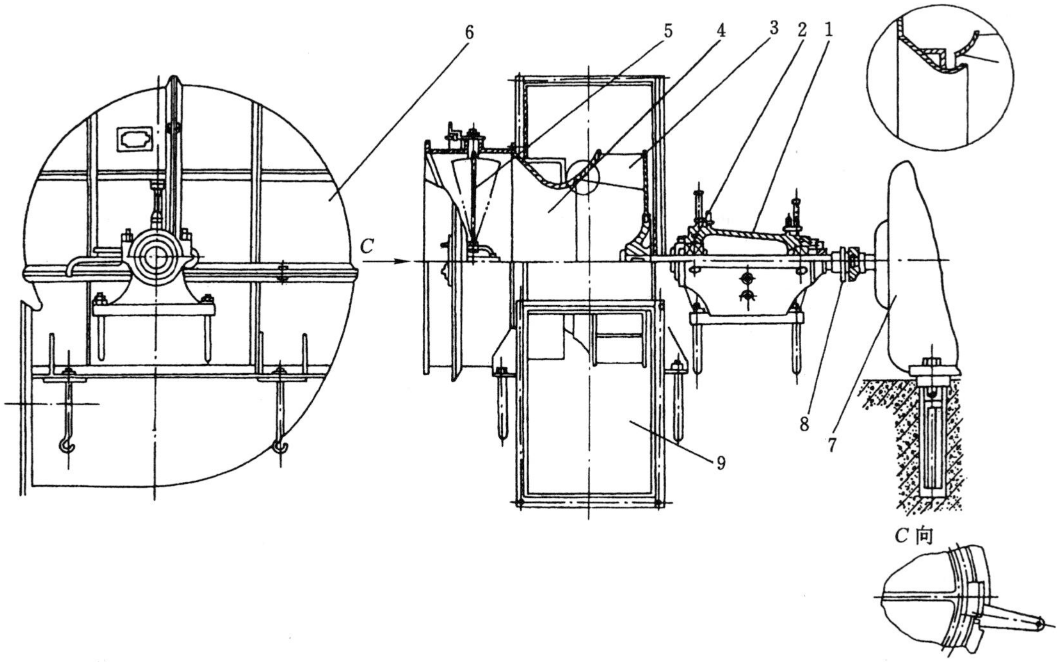

1—轴承箱；2—轴承；3—叶轮；4—集流器；5—前导器；6—外壳；7—电动机；8—联轴器；9—出风口。

图 3-2 G4-73-11 型离心式通风机结构示意

特性；还可通过配置不同转速的电动机来改变其运行工况，适应性较好，适用于中型矿井。

二、矿用离心式通风机的安装技术

以下着重介绍 G4-73-11 型离心式通风机的安装。

G4-73-11 型离心式通风机主要由叶轮、主轴、轴承、电动机、可控硅励磁装置等组成，并配备风门绞车、风门、风道等反风设施。

G4-73-11 型离心式通风机安装的关键部件是主轴和叶轮，目前随着大吨位起吊设备的普及，主轴和叶轮的安装多采用整体找平找正的工艺，取得了良好效果。

（一）离心式通风机吊装搬运

通风机轴的一端装有质量约 2.5 t 的叶轮，所以在安装找正时，主轴有向叶轮端下垂的趋势，给主轴水平找正造成困难。若不带叶轮找正，找正后再向轴上安装叶轮，则由于受机壳及进风喇叭口的限制，安装比较困难。因此，如果现场有起重条件，宜采用主轴、叶轮一体找平找正的工艺。G4-73-11 型 25D 通风机各部件的空间位置如图 3-3 所示。

主要安装要求如下：

(1) 整体安装的通风机，搬运和吊装时的绳索不得捆缚在转子和机壳或轴承盖的吊环上。

(2) 现场组装的通风机，绳索的捆缚不得损伤机件表面和转子与齿轮轴两端的中心孔、轴瓦的推力面、推力盘的端面、机壳水平中分面的连接螺栓孔；转子轴颈和轴封处均不应作

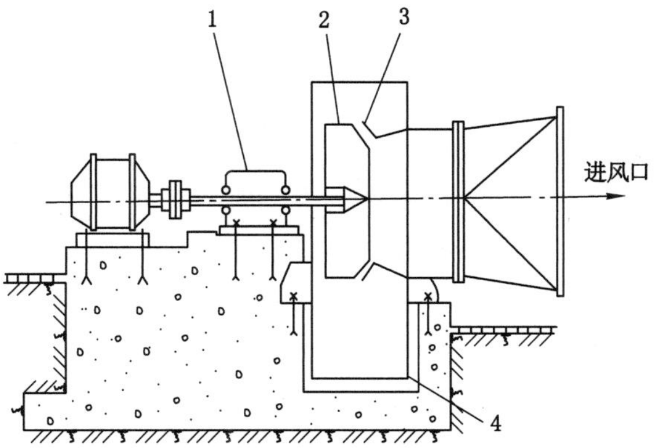

1—轴承座；2—叶轮；3—进风口；4—风机下壳。

图 3-3　G4-73-11 型 25D 通风机的安装示意

为捆缚部位。

（二）离心式通风机主要部件安装要求

（1）垫铁应符合下列要求：

① 应按机组质量及体积的大小合理选择垫铁。

② 座浆法安装平垫铁的水平度偏差不应大于 0.10/1 000；各部位的平垫铁应保持在同一标高上，标高的允许偏差为±1 mm。

③ 无垫铁安装法埋设的临时垫铁安装水平度偏差不应大于 0.2/1 000，其标高允许偏差为±2 mm。

④ 采用压浆法施工时，应及时检查垫铁之间的间隙。

（2）整体机组安装时，整体机组吊起后应直接放置在基础上，用成对斜垫铁找平。现场组装的机组，底座上的切削加工面应妥善保护，不应有锈蚀；底座放置在基础上时，应用成对斜垫铁找平。

（3）整机安装完成后，纵向水平度不应超过 0.2/1 000，用水平仪在主轴上测量；横向水平度不应超过 0.3/1 000，用水平仪在轴承座的水平中分面上测量。

（4）机壳组装时，应以转子轴心线为基准找正机壳的位置，并将叶轮进气口与机壳进气口间的轴向和径向间隙调整至设备技术文件规定的范围内；无规定时，一般轴向间隙应为叶轮外径的 1/100，径向间隙应为叶轮外径的 1.5/1 000～3/1 000。间隙应均匀分布，调整时力求间隙值小一些，以提高通风机效率。

（5）电机安装时，电动机轴与通风机轴的不同轴度：径向不应超过 0.05 mm，倾斜不应超过 0.2/1 000；同时，检查地脚螺栓是否紧固。

（三）试运转

（1）风机试运转前，应符合下列要求：

① 电动机的转向应与通风机的转向相符；

② 盘动通风机转子时，应无卡住和摩擦现象；

③ 附属装置应处于通风机运转时负荷最小的位置。

(2) 通风机试运转时，应符合下列要求：

① 通风机点动运转试验，以检查转子与机壳等有无摩擦和不正常声响，确认无问题后方可继续运转。

② 通风机启动后，不得在临界转速附近运行，并专人观察电压、电流的变化以及通风机基础、轴承、通风设施等关键部位的运转情况，有异常应及时停机处理。

③ 通风机在额定转速下试运转时间，应符合设备技术文件的规定；无规定时，小负荷运转不少于 1 h，并停机检查，无异常后负荷运转不应少于 24 h。

④ 主轴轴颈附近测得的轴振动双振幅值，应符合设备技术文件的规定。

⑤ 通风机运转中润滑油进油的温度在 25～40 ℃之间。

第二节　矿井轴流式通风机的安装

我国煤矿使用的轴流式主通风机（主要通风机）型号有 BY 型、$70B_2$ 型、GAF 型、2K 型、BD(K)型、FBCDZ 型等。

BY 型和 $70B_2$ 型通风机是 20 世纪 50 年代的产品，效率较低，最高静压效率仅 70%，目前已被列入国家淘汰的产品；GAF 型是 20 世纪 80 年代中期引进德国 TLT 公司技术，结合国内的实际情况加以改型改造的轴流式通风机；2K 型通风机是我国 20 世纪 80 年代自主开发研制的轴流式主通风机，是 $70B_2$ 型的更新换代产品，风机效率有所提高。以上通风机的通风反风装置，均配备风门绞车，利用风门及通风道改变风流方式进行反风。

20 世纪 90 年代，我国开始研究应用对旋轴流式主通风机，如 BD(K)型、FBCDZ 型。对旋轴流式主通风机摒弃了传统轴流式主通风机的长轴传动方式，电动机置于通风机内部，与叶轮直连；采用双级双电动机驱动结构，两级叶轮相对并反向旋转，其结构相当于两台同型号轴流通风机对接在一起串联工作。

我国研制出的 BDK65 型轴流式通风机最高静压效率达到 86%，达到了矿用通风机的国际较高水平。FBCDZ 型是在 BD(K)型基础上优化改良的通风机，该型通风机的整体性和密闭性均较好，叶轮与电动机直连，且可以不停机实现反转反风。使用该型通风机可以不建通风机房，不用反风道，具有基建工期短、节省基建费用等优越性。目前，对旋轴流式主通风机应用推广较普遍，且技术已经成熟，国内生产厂家较多，在我国矿井被广泛推广使用。FBCDZ 型通风机最大直径已经生产到了 4 m 以上。本节主要着重介绍 FBCDZ 型轴流式主通风机及安装技术。

一、轴流式通风机的组成及主要部件

根据《煤矿用轴流主通风机 技术条件》(GB/T 21151—2007)，煤矿用轴流主通风机型号及含义如图 3-4 所示。

FBCDZ 型轴流式通风机由预埋短接头、集流器、一级风机、二级风机、扩散器、过渡接头、消声器、扩散塔、制动装置、电气装置等部分组成，如图 3-5 所示。目前，国内矿井安装的 FBCDZ 型通风机通常采用分段组合式结构，带底脚及行走脚轮，脚轮内设滑动轴承；脚轮安装在钢轨上，高度可调节；各级风筒可分开，中间用螺栓连接固定，装、拆方便。

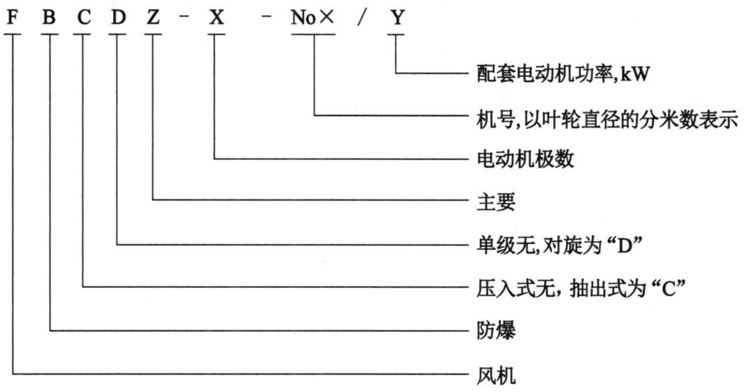

图 3-4　FBCDZ 型轴流主通风机型号含义

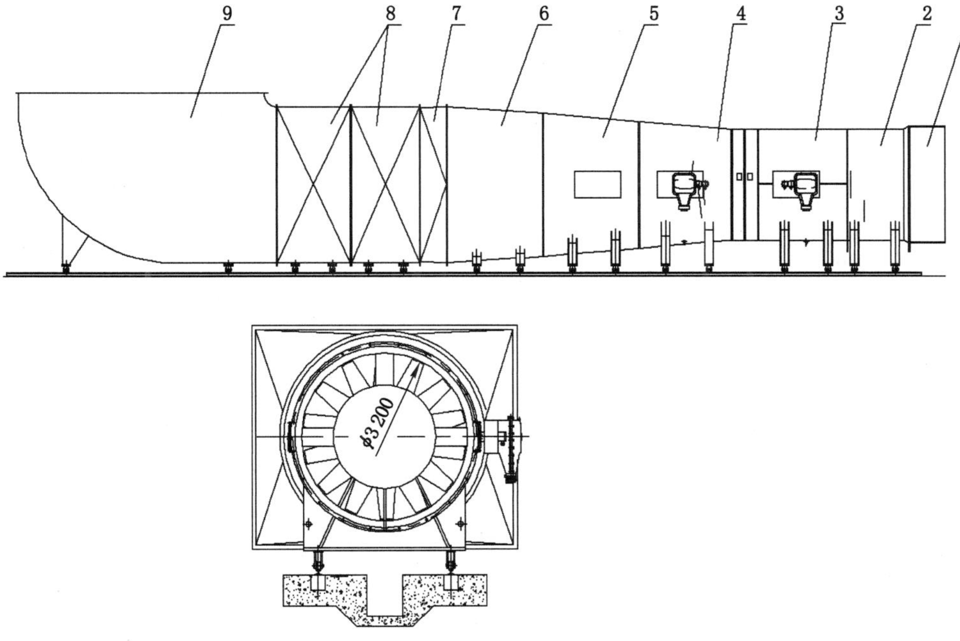

1—预埋短接头；2—集流器；3——一级风机；4—二级风机；5—扩散器 6—过渡接头；7，8—消声器；9—扩散塔。

图 3-5　FBCDZ 型通风机结构示意

一级风机、二级风机由风筒、密封隔流腔、保护环、叶轮和电动机等组成，两级叶轮反向旋转。隔爆型电动机装在密封隔流腔内，抽出的瓦斯不与电动机接触，确保煤矿安全；隔流腔由扁管与大气相通，保证电动机冷却散热。特殊设计的隔爆型电动机满足风机各种工况需要，并设有不停机注油装置及定子绕组测温、轴承测温、防潮加热器等监控装置。叶片安装角度可根据需要调节，可根据矿井通风网络参数的变化，结合通风机空气动力性能曲线选择合适的叶片安装角度。FBCDZ 系列主通风机空气动力性能基本参数，见表 3-1。

表 3-1 FBCDZ 系列主通风机空气动力性能基本参数(部分机型)

机号	电动机型号	功率/kW	电压/V	电流/A	高效区范围	
					风量/(m^3/s)	静压/Pa
№28	YBF450S2-8	2×185(200)	10 kV(6 kV)	15.1(26.7)	111～262	1 395～5 698
	YBF450M2-8	2×250(280)	10 kV(6 kV)	19.9(37.1)		
	YBF560M1-8	2×280(355)	10 kV(6 kV)	21.9(46.2)		
	YBF630S2-8	2×400(500)	10 kV(6 kV)	31.3(64)		
	YBF630M1-8	2×450(560)	10 kV(6 kV)	34.5(71.7)		
	YBF630S1-10	2×280(355)	10 kV(6 kV)	23.6(47.4)	87～205	857～3 500
	YBF630S2-10	2×315(400)	10 kV(6 kV)	26.6(53.5)		
	YBF630M1-10	2×355(450)	10 kV(6 kV)	28.4(60.1)		
№30	YBF450M1-8	2×220(250)	10 kV(6 kV)	17.6(33.2)	142～335	1 726～7 047
	YBF560M1-8	2×280(355)	10 kV(6 kV)	21.9(46.2)		
	YBF630M1-8	2×450(560)	10 kV(6 kV)	34.5(71.7)		
	YBF630M2-8	2×500(630)	10 kV(6 kV)	38.4(80.6)		
	YBF710S1-8	2×560(710)	10 kV(6 kV)	43(88.1)		
	YBF630S2-10	2×315(400)	10 kV(6 kV)	26.6(53.5)	107～253	984～4 018
	YBF710S1-10	2×450(560)	10 kV(6 kV)	36.1(73.5)		
	YBF630S2-12	2×200(250)	10 kV(10 kV)	18.9(22.3)	89～211	683～2 790
	YBF630M1-12	2×280(355)	10 kV(6 kV)	24.1(51)		
	YBF710S1-12	2×355(450)	10 kV(6 kV)	30.6(62.6)		
	YBF710M1-12	2×450	10 kV	37.5		
№32	YBF560S2-10	2×280	6 kV	38.3	130～307	1 119～4 572
	YBF630S1-10	2×280(355)	10 kV(6 kV)	23.6(47.4)		
	YBF710S2-10	2×500(630)	10 kV(6 kV)	40.1(82.7)		
	YBF710M1-10	2×560(710)	10 kV(6 kV)	44.1(93.2)		
	YBF630S1-12	2×280	6 kV	40	108～256	777～3 175
	YBF630M2-12	2×315(400)	10 kV(6 kV)	27.1(57.5)		
	YBF710S1-12	2×355(450)	10 kV(6 kV)	30.6(62.6)		
	YBF710M1-12	2×450(560)	10 kV(6 kV)	37.5(77.9)		

表 3-1(续)

机号	电动机型号	功率/kW	电压/V	电流/A	高效区范围	
					风量/(m^3/s)	静压/Pa
№34	YBF630S2-10	2×315(400)	10 kV(6 kV)	26.6(53.5)	156～368	1 264～5 161
	YBF630M1-10	2×355(450)	10 kV(6 kV)	28.4(60.1)		
	YBF710S2-10	2×500(630)	10 kV(6 kV)	40.1(82.7)		
	YBF710M2-10	2×630(800)	10 kV(6 kV)	49.6(105)		
	YBF630M2-12	2×315(400)	10 kV(6 kV)	27.1(57.5)	130～307	878～3 584
	YBF710S1-12	2×355(450)	10 kV(6 kV)	30.6(62.6)		
	YBF710S2-12	2×400(500)	10 kV(6 kV)	34.5(69.5)		
	YBF710M2-12	2×500(630)	10 kV(6 kV)	41.7(87.6)		
	YBF800S1-12	2×560(710)	10 kV(6 kV)	46.7(96.9)		
№36	YBF710S1-10	2×450(560)	10 kV(6 kV)	36.1(73.5)	185～436	1 417～5 786
	YBF710M2-10	2×630(800)	10 kV(6 kV)	49.6(105)		
	YBF800S2-10	2×800(1 000)	10 kV(6 kV)	63(129)		
	YBF800M1-10	2×900(1 120)	10 kV(6 kV)	69.6(144)		
	YBF710M1-12	2×450(560)	10 kV(6 kV)	37.5(77.9)	154～363	984～4 018
	YBF800S2-12	2×630(800)	10 kV(6 kV)	52.6(109)		
	YBF800M1-12	2×710(900)	10 kV(6 kV)	58.1(123)		
№38	YBF710S2-10	2×500(630)	10 kV(6 kV)	40.1(82.7)	218～513	1 579～6 447
	YBF800S1-10	2×710(900)	10 kV(6 kV)	55.9(116)		
	YBF800S2-10	2×800(1 000)	10 kV(6 kV)	63(129)		
	YBF800M1-10	2×900(1 120)	10 kV(6 kV)	69.6(144)		
	YBF800M2-10	2×1000(1 250)	10 kV(6 kV)	77.3(161)		
	YBF900S1-10	2×1120(1 400)	10 kV(6 kV)	86.6(177)		
	YBF800S1-12	2×560(710)	10 kV(6 kV)	46.7(96.9)	182～428	1 097～4 477
	YBF800S2-12	2×630(800)	10 kV(6 kV)	52.6(109)		
	YBF900S1-12	2×900(1 120)	10 kV(6 kV)	73.7(150)		
	YBF900S2-12	2×1000	10 kV	81.9		
№40	YBF800M1-10	2×900(1 120)	10 kV(6 kV)	69.6(144)	254～599	1 749～7 143
	YBF800M2-10	2×1 000(1 250)	10 kV(6 kV)	77.3(161)		
	YBF900S2-10	2×1 250(1 600)	10 kV(6 kV)	96.7(203)		
	YBF900M2-10	2×1 600(2 000)	10 kV(6 kV)	122(253)		
	YBF800M2-12	2×800(1 000)	10 kV(6 kV)	65.5(136)	212～499	1 215～4 960
	YBF900S1-12	2×900(1 120)	10 kV(6 kV)	73.7(150)		
	YBF900S2-12	2×1 000(1 250)	10 kV(6 kV)	81.9(167)		
	YBF900M1-12	2×1 120(1 400)	10 kV(6 kV)	90(187)		
	YBF900M2-12	2×1 250(1 600)	10 kV(6 kV)	100(214)		

二、FBCDZ 型通风机的安装

FBCDZ 型通风机多为组装型风机，整体安装。一般预先建好风硐出口，铺设好钢轨，钢轨可预埋于混凝土地面，也可固定在轨枕上。

考虑运输、装卸的要求，No.30 以上风机出厂时通常全部解体，No.20 以上 No.30 以下出厂时半解体，No.20 以下可整机出厂。全部解体是将通风机每个部件拆分为上下两部分，电动机单独运输，安装时需要重新找平电动机的位置；半解体不用拆解电动机；整机出厂通风机直接吊起放在轨道上即可。下面主要介绍 No.30 以上通风机的全部解体安装技术。

（一）主要部件安装

其主要部件包括预埋短接头、集流器、碟阀、一级风机、二级风机、扩散器、过渡接头、消声器、扩散塔等。一级风机、二级风机由风筒、密封隔流腔、保护环、叶轮和电动机等组成。解体出厂的通风机，除了碟阀和预埋短接头外，其他各部件机壳通常分为上下两部分，机壳上设置有吊挂安装用的吊耳，机壳底部设置底脚。

1. 短接头、集流器、碟阀安装

首先将进气集流器下机壳吊起放在风机轨道上，临时固定下部脚轮，防止滑动；然后把上机壳吊起与下机壳用螺栓连接；最后按照设计图纸依次吊起碟阀、预埋短接头，与进气集流器连接。

2. 一级风机及叶轮安装

第一将一级风机下机壳吊起放在风机轨道上，调整好脚轮，保证每个脚轮不悬空。第二是将一级电机吊起放在下机壳上，穿入螺栓，螺帽不用拧紧，安装电机注油管和盘动电机轴承，校验转动灵活性后，找平找正，将螺栓拧紧，最后安装电机固定工艺孔盖板。安装电机前，应用砂纸打磨电机下平面和电机底座的垫板，打磨后用纱布清理干净。第三是将一级风机上机壳吊起与下机壳用螺栓连接；前电机轴伸端盖处挡风筒（隔流腔）与一级主风筒上半部分内筒挡板用玻璃胶密封。第四是一级风机机壳组装完成后，将叶轮吊起套装在电机轴伸上后，依次安装用于固定叶轮的止动垫圈、圆螺母；止动垫圈内舌、外舌均向外安装，圆螺母无倒角的一侧向外安装（如图 3-6 所示），严禁把止动垫圈、圆螺母装反；叶轮安装固定后方可脱离吊车钩头；一级叶轮安装前，先把叶片角度安装在合适角度，并在电机轴伸上涂抹防锈油；止动垫圈、圆螺母在电机轴伸上的固定如图 3-6 所示。

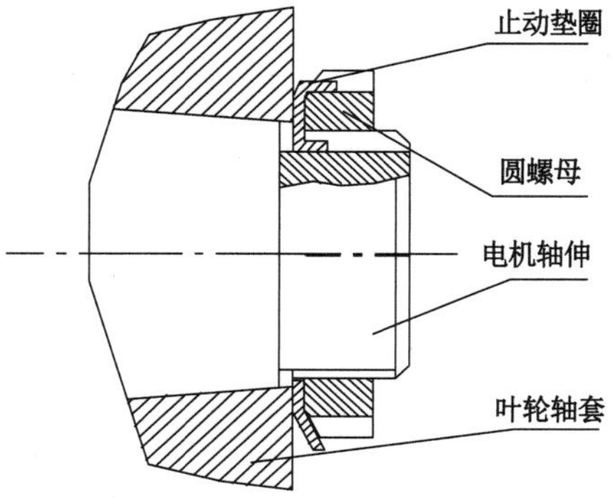

图 3-6　止动垫圈、圆螺母固定示意

3. 叶片安装、调节

首先在叶片叶柄配合面、过渡套配合面、螺纹和安装孔内涂一层防锈油。按照叶片叶柄上所打标记,装配在轮毂上的对应位置过渡套内。调整过渡套安装位置,保证叶片在 0°时,T 型螺栓处于过渡套调整孔的中心。安装叶片的止动垫圈和大螺母,用力矩扳手将大螺母拧紧,止动垫圈翻边锁紧大螺母。

叶片角度调节:用随机配备的专用调节杆,松开叶片根部的调节螺母(每个螺母只可以松开 3～4 圈),使用木槌轻敲叶片顶部,待叶片松动后,扳动叶片,调节角度;叶片叶背尾缘对应轮毂面上中间的 $\phi 2.5$ 孔正中心时,叶片的安装角为 0°,对应其他孔正中心时分别为所标相应角度。叶片角度调节示意图如图 3-7 所示。

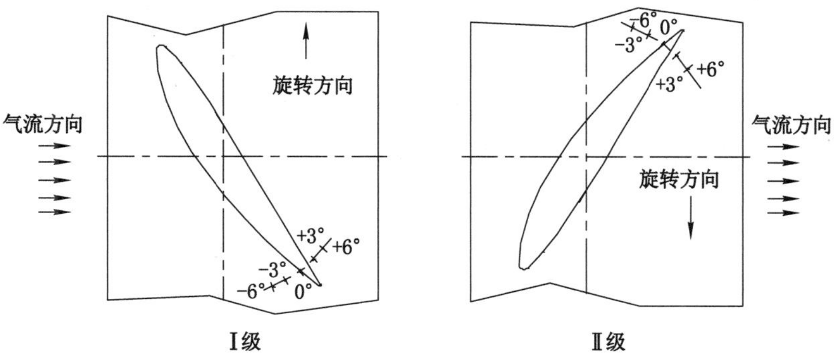

图 3-7 叶片角度调节示意

当叶片调节至所需要的角度后,用扳手将叶片根部的调节螺母分别拧紧;用于叶片调节的固定螺母拧紧力矩应严格控制,不允许达到破坏力矩。拧紧力矩应符合设备技术文件的规定。

拧紧螺母时,不可一次性将某个螺母拧紧,应对称交错逐渐拧紧调节螺母,否则叶片锁紧的可靠性将降低。每个叶片的角度调节都应按照上面的步骤进行,当一、二级所有的叶片角度调节完成后,须检查叶片顶部与保护筒的间隙(要求上、下、左、右间隙均匀)。

4. 一级保护筒安装

保护筒通常整体运输,现场直接将保护筒整体吊装与一级风机法兰盘连接。利用吊车和电机座上焊接的调整装置调节找平电机位置,使电机中心与一级保护筒中心同心;同时,保证叶轮轮缘与主风筒径向间隙符合设备技术文件和《煤矿设备安装工程质量验收规范》(GB 50946—2013)的规定。用叶轮上一个叶片作参考旋转一周,保证叶片页顶与保护筒上、下、左、右间隙均匀。

保护筒安装完成后,将一级风机前移,用紧固件与进气集流器固定牢固。

5. 二级风机安装

二级风机、二级叶轮及二级保护筒安装的方法同一级风机安装。

6. 制动装置安装

首先调整制动装置上的调节螺栓,把刹车块调节与制动轮间隙调节在 5～7 mm 之间,且两刹车块与制动轮间隙均匀;然后安装制动杆、制动手轮,将制动杆与丝杠连接在一起;安装后盘动制动手轮,检查刹车装置抱闸和松闸的灵活性。

一级、二级风机固定：将一级、二级风机合拢，调节一级、二级风机中心使其高度一致，连接法兰孔对正，用螺栓将一、二级风机连接、固定。连接前应手动盘车，盘车时，风机运转应轻快，不得有卡滞现象；调整好脚轮，保证每个脚轮不悬空。然后在轨道上把一级、二级风机与接头和集流器连接在一起，整体向风硐口移动，使接头与矿井风硐口吻合，并将周围用混凝土浇筑，以免漏风。

7. 扩散器、过渡接头、消声器、扩散塔安装

首先将二级风机后的扩散器、过渡接头（天圆地方）上下两部分吊装到轨道上连接到位，然后依次用螺栓、密封垫把各部件法兰连接固定。消声器、扩散塔为片式拼接结构，连接前先将消声器在轨道上组装成整体再与过渡接头连接；消声器连接完成后，按与消声器连接位置关系依次组装扩散塔底板、侧板、顶板；组装完成后，现场焊接扩散塔上支撑钢管。

（二）技术要求

（1）设备基础、基础螺栓、垫铁及二次灌浆及安装符合《煤矿设备安装工程质量验收规范》(GB 50946—2013)和《机械设备安装工程施工及验收通用规范》(GB 50231—2009)的规定。

（2）轨道的压板和螺栓弹簧垫片应齐全，轨道的安装尺寸应符合设计规定，其允许偏差应符合出厂技术文件；当无规定时，应符合表 3-2 的规定。

表 3-2　轨道安装的允许偏差和检验方法

项次	项目	允许偏差	检验方法
1	轨道纵向水平度	1.0/1 000	用水平仪检查，每 6 m 检查 1 点
2	轨道全长高低差	5.0 mm	
3	轨道中心线相对风机实际中心线位置	5.0 mm	
4	两轨道相对高低差	5.0 mm	用水平仪检查，每 2 m 检查 1 点
5	轨距	±5.0 mm	尺量检查，每 2 m 检查 1 点

（3）主轴及传动轴水平度纵向允许偏差为 0.2‰，横向允许偏差为 0.3‰。机体纵横向水平度允许偏差为 0.2‰。机体中心线与转子中心线重合度允许偏差为 2 mm。通风机叶轮与机壳的间隙应符合设备技术文件的规定；无规定时，间隙应均匀分布，当叶轮直径为 2 m 以下时允许偏差为 1.5 mm，当叶轮直径为 2 m 以上时允许偏差为 2.0 mm。通风机轴与电机轴同轴度径向位移允许偏差为 0.05 mm，倾斜度允许偏差为 0.2‰。机体位置允许偏差为 10 mm。机体标高允许偏差为±10 mm。

（4）通风机各部件前后连接及各部件上下机壳连接应对中和贴合紧密，接合面上涂抹一层密封胶，粘贴密封垫。一级主风筒、二级主风筒内筒与一级电机端罩、二级电机端罩之间需安装 U 形密封条，并用玻璃胶密封，保证电机换热效果。固定螺栓应紧固可靠，螺栓露出螺母 1～5 个螺距，螺栓穿向一致且螺栓露出螺母长度一致。

（5）轴流式通风机在试运转时，当正常运转后，调整到公称压力下，电动机电流不得超过额定值。通风机的试运转应符合设备技术文件及《风机、压缩机、泵安装工程施工及验收

规范》(GB 50275—2010)和《煤矿设备安装工程质量验收规范》(GB 50946—2013)的有关规定。

（三）通风机的试运转

(1) 通风机在启动前，风机进出通道的所有杂物应清理干净，重点检查各运转部位的润滑情况、主电机旋转方向(应与机壳上标示的旋转方向一致)、各连接部位的连接情况，测量电动机定子绕组的冷态绝缘电阻，保证符合设备技术文件规定。

(2) 试运转时，点动电动机，确保各部位无异常声响；正式启动风机，空载试运转 4 h 后停机检查。

(3) 通风机应对正风和反风状态分别进行试运转。通风机空载试运转应为 4 h，负载运转时间不应少于 48 h。

(4) 试运转时检查风机在线监测装置的各项测量数据，应无异常，并符合设计要求。

第三节　矿井主要通风机附属设施的安装

（一）风道风门

矿井主通风机风道风门安装在回风立井井口地面风道中，按照安装位置分为垂直风门和水平风门，结构有插板式和百叶式两种，根据现场工况选择风门形式。

每个风井井口含两组风门，能满足一风机正常运转，另一风机准备、测试和进行检修维护的需要。

每组风门含立式对开插板风门、水平测试进风单开插板风门及立式单开插板风门。当风道为立式对开风门关闭时，打开风道与风机连接处立式单开风门，可通过风道顶部的水平插板风门进风，以便对风机进行性能测。目前，矿井主通风机风门控制均采用电动方式，与通风机电气控制部分连接，均能实现自动化控制。

（二）防爆门

防爆门是安装在装有主要通风机的排风井口上的特殊密封井盖。在正常通风时，它被用来隔离井下气流与地面大气，防止风流短路，保证通风系统正常。

当井下发生瓦斯或煤尘爆炸事故时，防爆门被爆炸的气流冲击打开，爆炸气流直接通至地面大气，起到卸压作用，防止主要通风机因爆炸气流冲击而造成损坏；当主要通风机停止运行时，可以打开防爆门，以利用自然风压通风。

立井防爆门又叫立井防爆井盖，由防爆盖、反风装置、重锤装置等部件组成。防爆盖采用锥形结构，由四个部分连接而成，每部分由钢板、角钢组焊成型；反风装置为压板式；重锤装置由重锤架、滑轮、配重组成。

（三）风门安装

风道风门和防爆风门安装时，首先将预埋门框、导轨等安装到位；然后二次灌浆，待混凝土强度达到设计要求，将风门及风门绞车固定就位即可。

需要注意的是，在风门就位前，需将二次浇灌浆层表面的油污、漆层及地脚螺栓孔(槽)中的杂物清除干净，需将灌浆处的基础面凿成麻面并清理干净，地脚螺栓涂抹油脂防腐。

通风机、风门就位后，安装基准线的位置偏差应符合有关规定的要求，在就位安装合格后方可对风门与土建结构进行二次浇灌。

第四节　通风机电气装置安装

电气装置安装主要包括开关柜、控制柜、变频调速系统、接地装置、电缆、监测系统等的安装。

首先安装各盘、柜的基础槽钢，找平、固定牢靠，检查电动机与控制柜的额定电流和电压是否相符，绝缘是否合格，若绝缘低于规定值应进行干燥处理。然后各盘、柜按照安装位置安装到位，进行找平找正后与基础槽钢固定在一起。盘、柜安装到位后，按照设备说明书要求完成电机、碟阀、控制柜、温控装置及其他监控装置电源线和控制线路的连接，注意电源电压是否与电机电压等级、接线方式相符。

安装接地装置后敷设电缆。电缆敷设前参照设计图纸设计好托架、桥架位置并安装好，满足实际敷设电缆数量需要。电缆安装前应进行绝缘电阻实验，合格后方可敷设。

第五节　工 程 实 例

一、工程概况

某煤矿风井通风机房共设两台 FBCDZNo35/2×800kW 型矿用隔爆对旋轴流式通风机，其中一台工作，一台备用。每台通风机配 2 台 YBF800S2-10 型风机专用隔爆型电动机，功率 2×800 kW、电压 10 kV、变频范围 25～50 Hz。主要安装工程量见表 3-3。

表 3-3　主要安装工程量表

机械部分				
序号	名称	规格型号	单位	数量
1	轴流式通风机	FBCDZNo35/2×800kW	套	2
2	变频隔爆电动机	YBF800S2-10-800kW	台	2
3	水平旋叶风门		套	2
4	立式旋叶风门		套	2
5	垂直闸板风门		套	2
6	负压测量装置		套	1
7	风道观测密闭门		套	2
8	热轧重轨		m	95
9	卡轨器		个	8

表 3-3(续)

电气部分				
序号	名称	规格型号	单位	数量
1	高压开关柜	KYN28A-12	台	10
2	低残压保护柜	DB30-D/K-12KV	台	2
3	高压变频器	HIVERT-Y10/061	台	4
4	低压开关柜	GGD2	台	2
5	直流屏	40AH	套	1
6	风机在线监测系统	含 PLC 柜、操作台	套	1
7	主副风门控制箱	非标件	台	4
8	检修风门控制箱	非标件	台	2

二、施工前准备

（一）技术准备

组织施工人员学习关于安装的标准、规范，并熟悉图纸及说明书等技术资料。

(1) 组织有关施工技术人员进行图纸会审，并校对安装图纸与土建有关的尺寸，发现问题及时与建设单位及设计院联系。

(2) 由测量人员测出通风机房的标高基准点及水平基准点。

(3) 建设单位、监理、施工单位对土建基础进行全面验收。按照测量人员给出的十字中心线和标高基准点，根据设计图纸尺寸（或设备实际尺寸）检查每个构件的基础尺寸和位置，特别要着重检查各平面标高、设备中心线和地脚螺栓孔的位置尺寸，其次检查基础外形表面平整度，有无裂纹、漏筋、麻面等缺陷。如发现有不符合要求的应及时与建设单位商定补救办法和措施。

(4) 基础验收结束后，应着手准备垫铁布置和地脚螺栓安装。

① 根据实测基础标高对比设计标高及设备底座实际高度，绘制垫铁加工图，进行加工。

② 根据《煤矿安装工程质量检验评定标准》(MT/T 5010—1994)，确定垫铁位置，摆放垫铁。平垫铁可用宽度不小于 80 mm 的铸铁，其厚度可根据实际情况而定；斜垫铁可采用 A3 钢板刨制的斜度不大于 1/25、宽度为 80 mm 的斜垫铁，斜垫铁必须成对使用，但每组垫铁层数不得超过 3 层（包括斜垫铁，斜垫铁每 2 块为一层），相邻两组垫铁间的距离宜为 500～800 mm。

③ 垫铁组在能放稳的情况下，宜靠近基础螺栓，将垫铁下面的基础凿成麻面和研平，使其与垫铁的接触面积不小于 60%；垫铁摆放好后，用水平尺初步找平，其标高应比设计高度低 2～3 mm，便于以后精确找平。

④ 地脚螺栓的规格应符合设备技术文件的规定，其埋入深度不小于设计值。因地脚螺栓随设备带来，故待地脚螺栓到货后，根据实际到货长度与基础螺栓孔深度做一一校核，以免与实际不符。

（二）设备及材料要求

(1) 设备及材料均应符合国家或部颁现行技术标准，符合设计要求，并有出厂合格证；设备应有铭牌，并注明厂家名称；附件、备件应齐全。

(2) 安装使用的型钢、螺栓应无明显锈蚀，并有材质证明。

（三）安装主要工器具

(1) 吊装搬运工具：吊车(30 t)、货车、汽车吊(10 t)、手动葫芦、钢丝绳、麻绳、索具等。

(2) 安装工具：台钻、手电钻、电锤、砂轮机、电焊机、气焊工具、扳手、榔头、钢锯等。

(3) 测量检验工具：水准仪、水平尺、钢直尺、钢卷尺、线坠等。

（四）施工现场准备要求

(1) 土建工程施工标高、尺寸、结构及预埋件均符合设计要求。

(2) 墙面、屋顶喷浆完毕，无漏水，门窗玻璃安装完毕。

(3) 室内地面工程施工完毕，场地干净，道路畅通。

(4) 施工图纸、技术资料齐全。

(5) 设备、材料齐全，并运至现场库房。

三、施工顺序及安装工艺

（一）机械部分安装

1. 设备开箱检验

设备开箱检验由安装单位、供货单位、建设单位及监理单位共同进行。按照设备清单、设计图纸及设备技术文件，核对设备本体及附件、备件的规格型号是否符合设计图纸要求，附件、备件是否齐全，产品合格证、技术资料、说明书是否齐全；设备本体外观应无损伤及变形，油漆无脱落。

2. 设备搬运

采用汽车运输，使用 30 t 吊车和 10 t 汽车吊配合进行起吊；由起重工作业，机械安装工配合。设备有吊环的，吊索应穿在吊环内；无吊环的，吊索应挂在主要承力结构处，不得将吊索吊在设备部件上。吊索的绳长应一致，以防设备变形或损坏部件。汽车运输时，必须将设备与车身固定牢靠，开车要平稳。

3. 设备安装

参见本章第二节中“FBCDZ 型通风机的安装”中“主要部件安装”。

（二）电气部分安装

电气装置安装主要包括开关柜、控制柜、变频调速系统、接地装置、电缆、监测系统等的安装。

1. 盘、柜就位安装

(1) 运输至施工现场的高低压开关柜及变频柜，按顺序依次使用汽车吊吊运至电控室门口，然后人力使用滚筒撬棍滑移至图纸设计安装位置。严禁将断路器手车推入柜体一起搬运，断路器手车(以及其他手车)只有在柜体安装好以后才能推入相应小室。

(2) 在柜内装真空断路器时，柜内应清洁无杂物，油漆完整、均匀，编号醒目，字迹工整。零部件齐全、紧固、操作机构灵活可靠，闭锁装置可靠，分、合闸指示正确。断路器在分、合两个停止位置时，辅助开关的触头应随之可靠地换接。

(3) 手车式柜应推拉灵活轻便，无卡阻碰撞，动、静触头的中心线应一致，触头接触紧密；手车推入工作位置后，动、静触头顶、底部的间隙应符合要求；安全隔离板、接地触头应随手车的进出而相应正确动作。抽屉式配电柜推拉同样应灵活、轻便，无卡阻碰撞；动、静触头的中心线应一致，接触紧密；抽屉的机械联锁和电气联锁装置应动作正确、可靠。

(4) 盘、柜全部安装就位后，底部与槽钢基础以焊接连接，并应清除柜内设备上的灰尘杂物，然后检查各全部紧固螺栓有无松动，接线有无脱落。

(5) 成套开关柜安装应排列整齐，允许偏差及检验方法应符合表 3-4 的规定。

表 3-4　开关柜安装允许误差

项次	项目			允许偏差/mm	检验方法
1	基础型钢	顶部平直度	每米	1	拉线、尺量检查
			全长	5	
2		侧面平直度	每米	1	
			全长	5	
3	柜盘安装	每米垂直度		1.5	吊线、尺量检查
4		盘顶平直度	相邻两盘	2	直尺、塞尺检查
			成排盘顶部	5	拉线、尺量检查
5		盘面平整度	相邻两盘	1	直尺、塞尺检查
			成排盘面	5	拉线、尺量检查
6		盘间接缝		2	尺量检查

2. 母线安装

(1) 母线表面应光洁、平整、无裂纹；母线弯制后，弯曲处不得裂口、裂纹及显著折皱。

(2) 母线应横平竖直、固定牢靠，排列整齐美观，相间及对地距离不得小于 125 mm，且与设计尺寸的偏差不大于 5 mm。

(3) 母线采用螺栓搭接连接。搭接长度不小于母线的宽度，连接孔直径大于螺栓直径超过 1 mm；接触面连接应紧密，螺栓紧固，垫圈及锁紧装置齐全，螺栓露出螺母 2～4 个螺距。水平母线，螺栓穿向为由下向上，其他情况下，螺母位于维护侧。搭接处距支柱绝缘子的支持夹板边缘不应小于 50 mm，上片母线端头与下片母线平弯开始处的距离不应小于 50 mm，如图 3-8 所示。

(4) 支柱绝缘子安装应位置正确、固定牢靠。安装在同一平面或垂直面上的绝缘子顶面，应位于同一平面上，中心线位置正确；成排安装的绝缘子横平竖直，间距均匀一致，表面清洁。

当无设计规定时，以面对柜或设备正视方向为准，母线相序排列及相色应符合以下规定：母线上下方向布置时，交流 A、B、C 相由上向下，直流上正下负；母线水平布置时，交流 A、B、C 相由后向前，直流后正前负；引下线的母线，交流 A、B、C 相由左向右，直流左正右

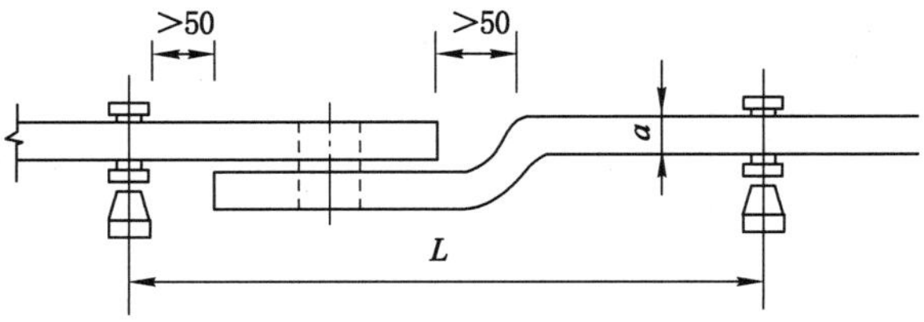

图 3-8　母线接头示意

负；相色正确，对三相交流有 A 相黄、B 相绿、C 相红，对直流有正极赭、负极蓝。

(5) 母线平置时，母线支持夹板的上部压板与母线之间除固定死点外，其他不得压死。母线扭转 90°时，扭转部分的长度不应小于母线宽度的 2.5 倍，如图 3-9 所示。

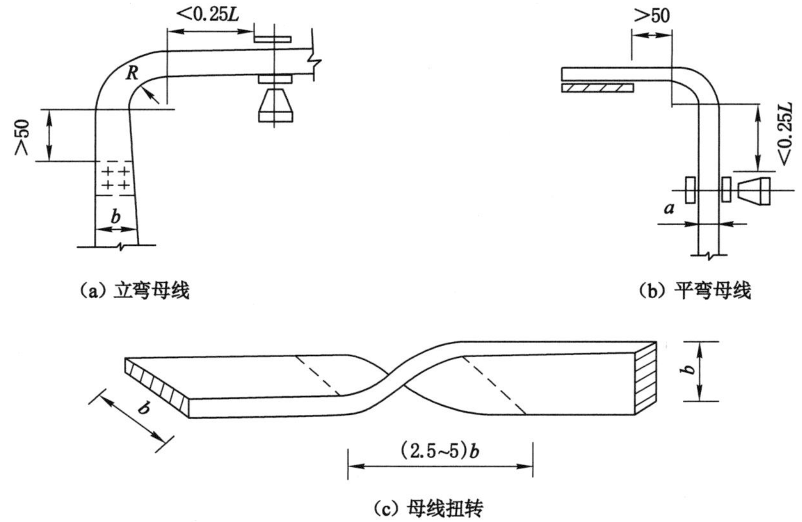

a—母线厚度；b—母线宽度；L—母线两支持点间的距离。

图 3-9　硬母线立弯、平弯、扭转 90°

3. 接地装置安装

(1) 接至电气设备、器具和可拆卸的其他非带电金属部件接地(接零)的分支线，必须直接与接地干线相连，严禁将数个需要接地的电气设备串联接地。

(2) 接地线与设备接地：采用螺栓固定时，其接触面应按规定处理，螺栓应紧固；采用搭焊时，其搭接长度必须符合表 3-5 的规定。

表 3-5　接地装置安装允许误差

项次	项目		规定数值	检验方法
1	搭接长度	扁钢	$\geqslant 2b$	尺量检查
		圆钢	$\geqslant 6d$	
		圆钢和扁钢	$\geqslant 6d$	

表 3-5(续)

项次	项目	规定数值	检验方法
2	扁钢搭接焊的棱边数	3	观察检查
3	扁钢与钢管焊接时应有弧形卡加强焊边		

注：b 为扁钢宽度，d 为圆钢直径。

(3) 接地线与振动设备应用软导线连接并有锁紧装置。

(4) 装有电器的可开启盘面、台面、柜门的接地线应以多股铜软导线与接地的金属构架可靠连接。

(5) 电气装置的接地必须符合设计要求。当无明确规定时，在所有电气装置中，由于绝缘损坏而可能带电的电气装置，其金属部分必须有保护接地。

(6) 接地体规格和埋设位置符合设计要求。接地体埋设后其顶部距地面不小于 0.8 m。垂直接地体的间距，不宜小于其长度的 2 倍；接地体的引出线应作防腐蚀处理。水平接地体的间距不宜小于 5 m，接地体引出线应防腐蚀良好。

(7) 接地线遇有可能遭受机械损伤的部位应有保护措施。接地干线至少应有不同的两点与接地网连接；明敷接地线支持件间距，水平直线部分一般为 0.5～1.5 m，垂直部分为 1.5～3 m，转弯部分为 0.3～0.5 m；沿建筑物墙壁敷设时宜离地面 250～300 mm，与墙壁间应有 10～15 mm 间隙。接地线敷设应平直，固定点应间距均匀、固定牢靠，保护措施应符合要求，色标清晰。接地电阻应小于 4 Ω。

4. 二次回路接线

(1) 二次接线必须图实相符、固定牢靠；导线握鼻适当，拧旋方向正确，与电器或端子排的连接紧密；端子号、端子头、端子牌齐全，标志清晰，且字迹不易脱色。

(2) 接入盘、柜内的导线及电缆芯线均应通过铜质端子排与盘内电器连接，每个端子螺丝上接线一般为一根，不得超过两根；导线不得有接头，导线紧固后不应有拉力。

(3) 配线应排列整齐、美观，盘内清洁、无尘垢。弱电与强电的导线应分开绑扎，接线排列有序(走槽盒除外)，多股软线端子绞紧无断股，压接垫片齐全。

(4) 电缆的型号、规格必须符合设计要求。二次接线的绝缘电阻不得小于 1 MΩ；在比较潮湿的地方，允许降到 0.5 MΩ。

(5) 穿过盘、柜、台洞孔处应固定牢靠，多根电缆排列整齐，避免交叉；橡胶绝缘芯线应外套绝缘管保护，铠装电缆的钢带不应进入盘、柜、台，绝缘芯穿盘护套齐全。

(6) 用于晶体管保护、控制逻辑等回路的控制电缆屏蔽层应可靠接地，无屏蔽层时要有一根备用芯线接地。

5. 电缆敷设

高压电缆耐压试验合格后方可进行敷设。电缆严禁有绞拧、铠装压偏、护层断裂和表面严重划伤等缺陷。所有高低压电缆均为整根敷设，中间严禁有接头。

(1) 电缆在电缆沟内敷设应做到：电缆沟平整、清洁、不积水，盖板齐全，标高符合设计。

(2) 电缆支、托架安装位置正确，固定牢固，防腐蚀完好；在转弯处能托住电缆，平滑均匀过渡，电缆弯曲半径符合设计要求；间距均匀，排列整齐，横平竖直；铁件镀锌良好，或油漆色泽均匀。

(3) 电缆支架安装的允许偏差、电缆最小弯曲半径和检验方法应符合表 3-6 的规定。

表 3-6　电缆敷设安装允许误差

项目	项 目				允许偏差或弯曲半径	检验方法
1	明敷成排支架相互间高低差/mm				10 mm	拉线尺量检查
2	电缆最小允许弯曲半径	油浸纸绝缘电力电缆	铅包有铠装	单芯	$\geqslant 20d$	尺量检查
				多芯	$\geqslant 15d$	
			铅包无铠装	单芯	$\geqslant 20d$	
				多芯	$\geqslant 30d$	
		橡胶绝缘电力电缆	橡胶或聚氯乙烯护套		$\geqslant 10d$	
			裸铅护套		$\geqslant 15d$	
			铅护套钢带铠装		$\geqslant 20d$	
		塑料绝缘电力电缆及控制电缆			$\geqslant 10d$	
		矿用橡套软电缆			$\geqslant 6d$	
		矿用橡套软电缆线芯			$\geqslant 6d$	

注:d 为电缆外径。

(4) 电缆敷设位置和标高应正确,排列整齐,不交叉、不缠绕、不挤压、不落地、不盘圈;在电缆终端头、连接处、拐弯处应设标志牌。

(5) 电缆在下列情况下必须固定:垂直或超过 30°倾斜敷设时应在每一支托架上固定;水平敷设时,应在首末两端、转弯、接头两端固定。

(6) 电缆终端头和电缆接头的制作、安装必须符合下列规定:

① 封闭严密,填料灌注饱满,无气泡,无渗油现象。

② 芯线连接紧密,绝缘带包扎严密,防潮涂料涂刷均匀,封铅表面光滑,无砂眼和裂缝。

③ 电缆头的半导体带、屏蔽带,包缠不超越应力锥中间最大处,锥体坡度匀称,表面光滑。

④ 电缆终端和接线盒配件齐全,固定可靠,相序正确;直埋电缆接头有保护措施,电缆的连接应采用专用的接线盒,电缆与电缆之间的屏蔽层连接良好。

(7) 电缆穿管敷设时,每根电力电缆应单独穿入一根管,但交流单芯电力电缆不得单独穿入管内;电缆如允许共管敷设,电缆根数应符合设计,但裸铠装电缆不得与其他外护层的电缆穿入同一根管。钢管防腐蚀良好,管头无毛刺,保护管弯曲处匀滑无折皱和不平;管径应大于电缆外径的 1.5 倍,管口空隙应封堵。

(8) 电缆保护管不应有穿孔、裂缝,内壁光滑、弯制后无显著凹瘪现象,管口无毛刺,防腐蚀良好;钢管内径应大于电缆外径的 1.5 倍,弯曲时其弯曲半径应满足电缆的最小允许弯曲半径要求;电缆出入建筑物,穿过楼板、墙壁及沟道引至电杆、设备、墙外表面或房屋内人容易接近处,离地面 2 m 以下的一段均应架保护管或罩。当采用钢管时,固定可靠,管口封闭严密,成排敷设的排列整齐。

(9) 信号传输电缆敷设应符合下列规定:

① 规格、型号符合设计,吊挂符合规定,标志齐全、准确。

② 低电平信号电缆与交流电力电缆，不得在同侧和同一电缆桥（托）架上敷设；当必须在同侧平行敷设时，相互间距离和抗干扰措施应符合设计技术文件规定；必须交叉跨越时，应垂直交叉。

③ 具有屏蔽层的电缆，其屏蔽层不得用作信号通道。

④ 框架间或扩展的配套装置间的联络电缆敷设时，长度应符合设备技术文件规定；当必须接长或分支时，严禁将芯线直接搭接或绞紧，必须通过接线端子，用防磁的铜螺栓连接或插座插接。

（三）风门安装

水平风门、垂直风门按照设计要求先将预埋门框、导轨等安装到位；然后土建灌浆，待混凝土强度达到设计规定后，将风门及风门绞车固定就位即可。

（四）二次灌浆

设备整体找平找正后，二次紧固地脚螺栓，将基础垫铁用电焊断续点焊上，进行基础二次灌浆。灌浆前，需先将基础上杂物清理干净并清理基础螺栓上的油脂和污垢，配制高于基础一级标号的混凝土进行浇筑。

（五）试运转

1. 试运转前的准备

(1) 高低压电气设备及变频装置的各项保护及开关柜的断路器、负荷开关、隔离开关、继电器、仪器仪表、控制回路等运行正常；高压开关柜、电缆必须做耐压试验，并符合国家相关规定。

(2) 测电机绕组冷态绝缘电阻，其最低绝缘电阻不小于 50 MΩ。如果绝缘电阻高于此值，则可以运转；如果绝缘电阻低于此值，则需要接通电机的防潮加热器，对电机绕组进行加热干燥至绝缘电阻达到此要求。

(3) 检查电机转向是否正确。

(4) 检查风筒内外，不应有杂物，尤其风筒内必须彻底清理干净。

(5) 手动盘车，应平稳轻快，无卡死、摩擦现象。

2. 试运转要求

(1) 通风机空负荷试运转为 4 h，负荷运转时间不少于 48 h。

(2) 启动时，风机各部位无异常现象；否则，应立即停车。

(3) 通风机的水柱计、电流表、电压表、功率表、轴承温度计等安全仪表必须符合设计要求，且灵敏、可靠；油路、水路不漏油、不漏水。

(4) 各盘、柜送电无异常现象，控制旋扭动作准确，程序转换和闭锁关系符合设计；声光信号、仪表、数码显示正确、清晰，符合实际运行状态。

(5) 要求实现两台通风机的不停风切倒风机，并能通过监控系统实现自动控制不停风倒台；程序化控制风门开启顺序和开度，可远程监控操作，实现真正意义自动不停风倒台。

(6) 叶片安装角调整后，电动机电流应不超过额定电流。

(7) 通风机运转中轴承的径向振幅必须符合表 3-7 的规定。

表 3-7 轴承的径向振幅

转速/(r/min)	≤375	>375～550	>550～750	>750～1 000	>1 000～1 450	>1 450～3 000	>3 000
振幅(不应超过)/mm	0.18	0.15	0.12	0.10	0.08	0.06	0.04

(8) 启动后，轴承温升稳定后试运转时间不少于 30 min，配套电动机滚动轴承的正常工作温度不得高于 70 ℃，最高温度不得超过 95 ℃；轴承温升不得超过 60 ℃；定子的正常工作温度最高不得超过 130 ℃，温升不得超过 90 ℃。

3. 试运转时应做好的定期检查和记录

(1) 电动机电流、电压。

(2) 每隔 30 min～1 h 观察电机轴承和定子绕组温度，一般运行 2 h 温度基本稳定。

(3) 环境温度。

(4) 检查运转声音是否正常，有无摩擦现象和其他异常声音。

(5) 检查连接螺栓有无松动。

(6) 检查仪表和电气设备的使用状况，有无损坏或失灵。

(7) 测量风机风量、风压等参数。

4. 通风机的启动

通风机可在冷态下连续启动两次，两次启动之间应自然停机；热态下只允许启动一次，如果还需启动，等电机冷却后方可启动。一般情况下，启动时，可先启动二级风机(二级风机较一级风机启动电流小)，后启动一级风机(也可两台电机同时启动)。

5. 通风机试运转

在试运转时，当正常运转后，调整到公称压力下，电动机电流严禁超过额定值；如无异常现象，将风机调到最小负荷，继续运转到规定时间。

四、技术要求

参见本章第二节“FBCDZ 型通风机的安装”中“技术要求”的相关内容。

五、工期与劳动组织

(一) 工期计划

结合本工程实际情况，本工程计划总工期 40 d。机械部分安装和电气部分安装可以平行搭接、同时施工。

(二) 劳动力配备计划

1. 机械安装

工作内容：测量安装位置中心线及位置标高，确定通风机位置，各部件摆放到位，连接固定牢固。机械安装人员配置见表 3-8。

表 3-8 机械安装人员配置

工种	钳工	电工	焊工	技术	质检	组长	其他	合计
人数	6	3	3	3	3	3	4	25

2. 电气安装

(1) 工作内容:电缆敷设,接地装置安装,盘、柜及附件的安装等。电气安装人员配置见表 3-9。

表 3-9　电气安装人员配置

工种	钳工	电工	焊工	技术	质检	组长	其他	合计
人数	3	4	2	3	3	2	3	20

3. 机具设备计划

根据工程内容,主要机具设备配备见表 3-10。

表 3-10　主要机具设备配备

序号	名称	规格型号	单位	数量	备注
1	汽车吊	30 t	辆	1	
2	随车吊	10 t	辆	1	
3	对讲机		部	4	
4	千斤顶	10 t	台	4	
5	倒链	1 t、5 t	个	各 2 个	
6	电焊机	AXQ-500	台	2	
7	钢管	ϕ42×2 000	根	6	
8	钢丝绳卡	2T、5T	个	各 4 个	
9	钢丝绳头		个	若干	
10	卡环	1T、2T、5T	个	各 2 个	
11	撬棍	L=600 mm、L=1 500 mm	根	各 4 个	
12	棕绳	ϕ20 mm	米	100	
13	螺丝刀	一字、梅花	把	各 6 个	
14	钳子		把	6	
15	水平仪		台	1	
16	液压钳		套	2	
17	扳手	活、开口	个	若干	
18	摇表	500 V	个		
19	万用表	—	个	4	
20	割炬		套	2	
21	电工工具		套	8	

六、施工安全保证措施

(1) 凡参加施工人员必须认真贯彻执行有关安全生产法规,遵守各项安全生产规章制度。

(2) 每项工程开工前进行技术交底的同时，必须进行安全技术交底；危险性大的应进行重点交底，由组长执行。

(3) 高处作业人员不得随意往下扔工具、材料，小型工具应装入工具袋。

(4) 对于施工现场的孔洞必须采取严密的防护措施；在孔洞四周加防护栏，要求防护栏严密、牢固、有醒目的警示标志。

(5) 建立以项目经理为首的现场安全管理小组，负责施工现场安全生产和文明施工管理监督和检查工作。

(6) 凡参加施工人员，必须学习措施及起重、吊装、高空作业规程的有关规定，树立“安全为天”的思想；每班施工前要开安全会，由指挥者或安全负责人讲清当天有关安全事项，严禁冒险作业。

(7) 工作人员在施工中，除注意自身安全外，还应注意监督周围人员的安全；严禁在工作中嬉戏、打闹，注意力要集中，时刻留意危险信号。

(8) 所有施工人员要熟悉施工方案；指挥者对施工者明确分工，并讲明各步施工方法和注意事项，使施工人员做到工作任务明确、施工方法清楚、安全注意事项明白。

(9) 施工现场要经常清理，周围场地要保持平整，便于操作、通过。

(10) 任何人不得在悬吊重物下工作，非工作人员不得在提升范围内停留或穿过。

(11) 钢丝绳不得和带棱角的硬物相碰；在钢结构的棱角处绑扎钢丝绳或绳扣时，下面必须加半圆管或垫木板。

(12) 电焊把线和电缆、电线必须绝缘良好；电焊机及其他电气设备不用时应及时关闭电源，避免漏电、触电事故的发生。

(13) 使用电气焊时，要远离吊索、钢丝绳等起重工具；如必须在附近焊接，要采取防护措施。

七、施工质量保证措施

(1) 合格工程是质量管理体系的总目标，施工单位要围绕这个目标开展质量管理工作，并贯穿施工全过程。

(2) 执行国家有关技术质量标准。

(3) 严格执行“三检”制度，定期向上级管理部门汇报执行情况，做到发现问题及时处理。

(4) 严格执行钢材、半成品和成品等材料采购供应的检验和控制制度；对不合格材料和没有检验合格证的坚决不能进入施工现场，确保现场材料和产品的质量。

(5) 在工程质量上，除了合理地制定质量管理程序、加强过程控制外，还辅之以一套科学的质量保证措施，作为质量管理中一个必不可少的重要组成部分。

(6) 加强质量意识教育，提高全体施工人员的质量意识和自身素质；执行自检、互检和专检“三检”制度和质量否决权制度，以全体施工人员的工作质量来保证工程的总体质量目标。

(7) 施工前所有人员必须贯彻学习措施。相关技术人员负责进行技术和安全交底，并做好记录，使全体施工人员对设计要求、质量标准心中有数，创优目标一致。

(8) 加强工程档案管理。施工原始记录和工程质量记录是施工全过程的“痕迹”，是质量状况的工作见证,因此施工记录与施工同步完成。

(9) 现场施工人员和作业人员必须接受建设单位和监理单位及有关质检部门的监督,认真听取意见,以确保工程质量。

(10) 完善技术交底制度,逐级进行技术交底,并办理签字手续,明确责任。在施工过程中,交底人员负责检查技术交底内容的执行情况,及时纠正存在问题。

(11) 工程材料的规格与质量要符合设计规定,并具有材质证明和产品合格证,不合格者不得投入使用。材料的变更和代用必须严格执行审批手续。

(12) 技术资料搜集整理工作实行分工负责制。

第四章　矿井带式输送机安装技术

带式输送机是以输送带作为承载机构和牵引机构连续工作的运输机械，具有输送能力强、输送距离远、结构简单、方便维护等特点，被广泛应用于矿山水平、倾斜运输。近年来，通过技术革新和改造，在弯曲运输、垂直输送领域也得到了应用。因此，掌握其正确的安装方法及安装技巧有利于其性能的发挥，实现安全运行。

第一节　矿井带式输送机胶带的分类及连接

一、胶带的分类

我国煤矿使用的带式输送机的胶带有织物芯输送带和钢丝绳芯输送带两种。

（一）织物芯输送带

织物芯输送带按照带芯结构分为织物叠层输送带和织物整芯输送带。

1. 织物叠层输送带

织物叠层输送带的结构如图 4-1 所示。带芯由数层织物构成，层与层之间靠橡胶粘结，上下用橡胶覆盖层加以保护。织物带的宽度一般为 300～2 200 mm，织物层数为 2～8 层；上覆盖层厚度为 3.0～6.0 mm，下覆盖层厚度为 1.4～4.5 mm。

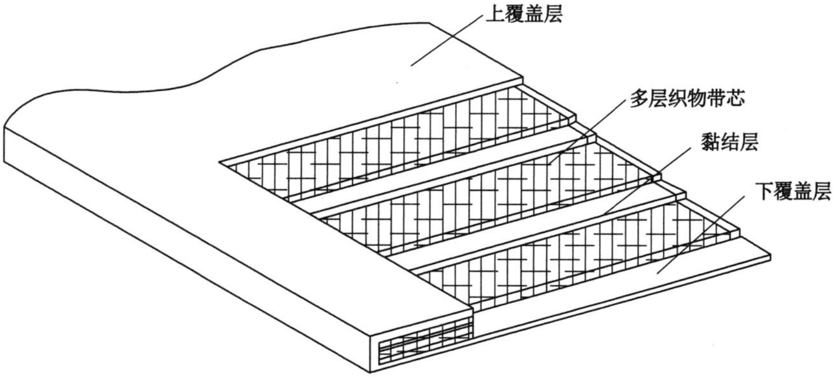

图 4-1　织物叠层输送带结构

织物叠层输送带按抗拉层材料不同分为棉帆布芯（CC）输送带、尼龙芯（NN）输送带、聚酯芯（EP）输送带。织物叠层输送带规格及技术参数见表 4-1。

表 4-1 织物叠层输送带的规格和技术参数

抗拉体材料	输送带型号	扯断强度/(N/mm)	每层质量/(kg/m^2)	每层厚度/mm	伸长率(定负荷)/%	带宽范围/mm	层数范围	覆盖胶厚度(质量)/mm(kg/m^2)	
								上	下
棉帆布	CC-56	56	1.5	1.36	1.5～2	500～1 400	3～8	1.5(1.70)	
尼龙帆布	NN-10	100	1.0	1.02	1.5～2	500～1 200	2～4	3.0(3.40)	1.5(1.70)
	NN-150	150	1.1	1.12	1.5～2	650～1 600	3～6		
	NN-200	200	1.2	1.22	1.5～2	650～1 800	3～6		
	NN-250	250	1.3	1.32	1.5～2	650～2 200	3～6	4.5(2.25)	
	NN-300	300	1.4	1.42	1.5～2	650～2 200	3～6	5.1(2.55)	
聚酯帆布	EP-100	100	1.2	1.22	～1.5	500～1 000	2～4	6.0(6.80)	3.0(3.40)
	EP-200	200	1.3	1.32	～1.5	650～2 200	3～6		
	EP-300	300	1.5	1.52	～1.5	650～2 200	3～6	8.0(9.50)	

2. 织物整芯输送带

织物整芯输送带的结构如图 4-2 所示。整芯输送带的带芯为整体编织的，带芯多为化学纤维制成，其优点是厚度小、弹性较大、耐冲击性能好、柔性较好，而且由于不分层，在受到较大弯曲时不会产生层间开裂现象。这些特点满足矿井下繁重的运输要求，在我国煤矿被广泛使用。整芯阻燃输送带可分为 PVC 型和 PVG 型。PVC 型上下覆盖层均为 PVC 覆盖胶，单面胶厚度不小于 0.8 mm；PVG 型上下覆盖层均为丁腈橡胶，单面厚为 1.5～4.5 mm。PVC 型输送带运输倾角小于 13°，PVG 型输送带与物料之间有更大的摩擦系数，适合于倾角较大的地点。

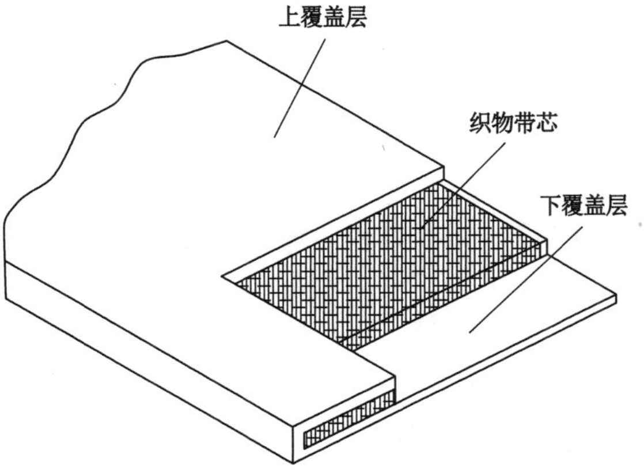

图 4-2 织物整芯输送带结构

（二）钢丝绳芯输送带

钢丝绳芯输送带的结构如图 4-3 所示。它是由细钢丝绳作为带芯、外加覆盖胶制成的输送带。钢丝绳表面镀锌，用来防止输送带在长期使用中产生腐蚀。此输送带抗拉伸强度大、抗冲击性好、寿命长、伸长率小、使用成槽性与耐曲挠性好，适用于长距离、大运量、高速度物料输送。我国煤矿使用的强力带式输送机通常采用钢丝绳芯输送带。钢丝绳芯输送带的规格及技术参数见表 4-2。

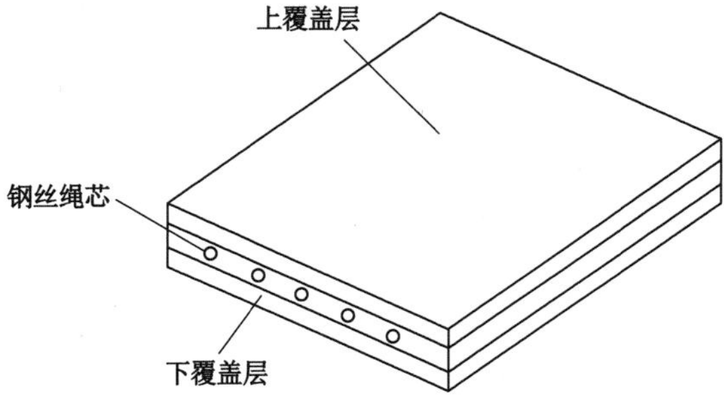

图 4-3　钢丝绳芯输送带结构

二、胶带的连接

带式输送机的胶带连接是安装带式输送机的一项重要技术，可以选择机械连接方法或胶合粘接方法。机械连接法工艺简单，容易掌握。胶合粘接方法包括热粘接（硫化连接）与冷粘接两种，粘接工艺较复杂，但胶带接头的寿命较长。对于织物芯输送带的连接，以上三种方法都适用，其中以热粘接法最为可靠。钢丝绳芯输送带只能采用硫化连接。

（一）普通胶带（织物芯输送带）的连接

1. 机械连接

机械连接法使用铰链销杆将输送带的两个连接端扣紧并连接起来，传统的输送带接头方式如图 4-4 所示。虽然采用这种方法接头强度损失较大、使用寿命较短，但其操作简便、接头迅速并可及时处理输送带的塑性伸长问题，因此至今仍在使用，通常用于短运距或者移动式带式输送机上。

织物整芯输送带以其特殊的编织结构对机械接头法有较强的适应性。常采用的机械接头形式有铰接活页式、铆钉固定夹板式和钩状卡子式，如图 4-4 所示，根据不同带厚和带强选择使用。连接时要注意胶带切口与中心线必须垂直、连接件不能歪斜，以免造成沿宽度方向受力不均，运行时发生跑偏或拉胶带的现象。

2. 热粘接

热粘接法是一种沿输送带骨架长度方向剥离，根据帆布层数将胶带两端头部位按一定斜角剖切分割成相互吻合阶梯状，使其端部连接的方式。接头长度一般是胶带宽度的 1.2～2 倍，割缝方向与胶带走向成 45°～70°，如图 4-5 所示。

在连接时，首先进行端部打磨、清洁，然后按如下工艺操作：

（1）在硫化器下热板上铺一层下覆盖胶，在下覆盖胶上铺上一层加强层及结合胶；

（2）在中间阶梯层铺上结合胶，上阶梯层铺上加强层及结合胶；

（3）上层铺一层覆盖胶，接头修整处理；

（4）进行加压硫化，使胶料紧密充满并渗入胶带芯中，提高附着力，从而增强粘接强度。

表 4-2　钢丝绳芯输送带的规格和技术参数

输送带的规格	纵向拉伸强度/(N/mm)	钢丝绳公称直径/mm	钢丝绳间距/mm	上覆盖层厚度/mm	下覆盖层厚度/mm	钢丝绳根数 宽度规格/mm												
						800	1 000	1 200	1 400	1 600	1 800	2 000	2 200	2 400	2 600	2 800	3 000	3 200
ST/S630	630	3	10±1.5	5	5	75	95	113	133	151	171	196	216	236	256			
ST/S800	800	3.5	10±1.5	5	5	75	95	113	133	151	171	196	216	236	256	276	296	316
ST/S1000	1 000	4	12±1.5	6	6	63	79	94	111	126	143	159	176	193	209	230	247	264
ST/S1250	1250	4.5	12±1.5	6	6	63	79	94	111	126	143	159	176	193	209	230	247	264
ST/S1600	1600	5	12±1.5	6	6	63	79	94	111	126	143	159	176	193	209	230	247	264
ST/S2000	2 000	6	12±1.5	8	8	63	79	94	111	126	143	159	176	193	209	230	247	264
ST/S2500	2 500	7.2	15±1.5	8	8	50	64	76	89	101	114	128	141	155	168	184	198	211
ST/S2800	2 800	7.5	15±1.5	8	8	50	64	76	89	101	114	128	141	155	168	184	198	211
ST/S3150	3 150	8.1	15±1.5	8	8	50	64	76	89	101	114	128	141	155	168	184	198	211
ST/S3500	3 500	8.6	15±1.5	8	8	50	64	77	90	104	117	130	144	157	170	194	198	211
ST/S4000	4 000	8.9	15±1.5	8	8		64	77	90	104	117	130	144	157	170	194	198	211
ST/S4500	4 500	9.7	16±1.5	8	8		59	71	84	96	109	121	134	146	159	171	185	198
ST/S5000	5 000	10.9	17±1.5	8.5	8.5		55	66	78	90	102	113	1125	137	149	161	174	186
ST/S5400	5 400	11.3	17±1.5	9	9		55	66	78	90	102	113	125	137	149	161	174	186
ST/S6300	6 300	12.8	19.5±1.5	10	10		48	58	68	78	88	98	108	118	128	138	148	158
ST/S7500	7 500	15	21±1.5	10	10		45	54	63	72	82	91	100	109	119	129	138	147

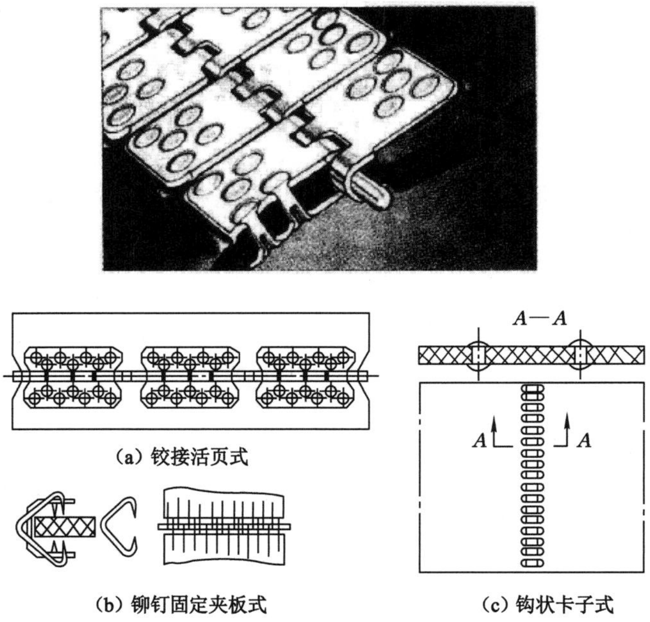

图 4-4　织物芯输送带常用的机械接头方式

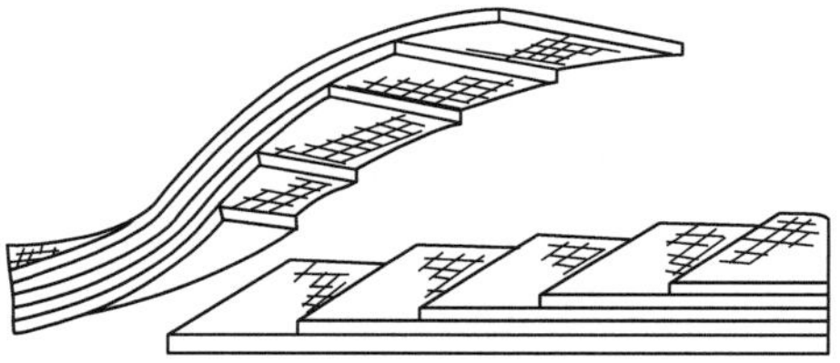

图 4-5　叠层织物输送带接头切割示意

织物叠层输送带接头的制作和接头方法如图 4-6 所示。

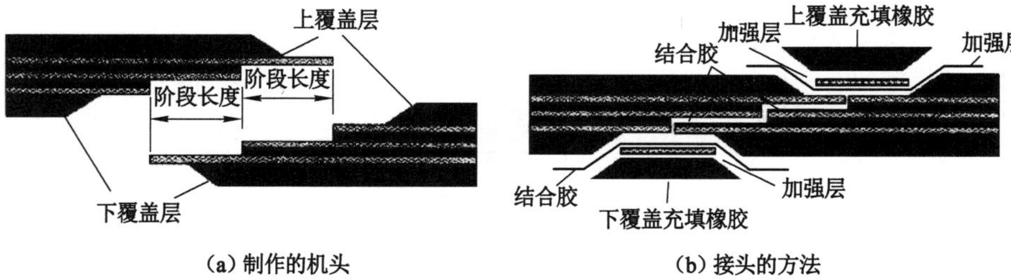

图 4-6　硫化接头的制作和接头方法

影响接头强度的主要技术参数有粘合面的剪切强度、搭接长度和阶梯数。搭接长度与骨架(布层)的断裂强度成正比,即织物的强度越高,搭接的长度越需适当加长。制作接头每阶的长度要求见表 4-3。

表 4-3 叠层输送带制作接头每阶的长度

单层织物强度/(N/mm)	100	125	150	200	250	300	350	400	500
热粘接每阶长度/mm	100	125	150	200	250	300	350	400	500
冷粘接每阶长度/mm	150	175	200	250	300	350	400	450	550

整体芯输送带因其无法分层剥离，故采用指形互插热粘接，如图 4-7 所示。指形热粘接的接头效果很好，但操作技术要求高。接头长度推荐值见表 4-4。

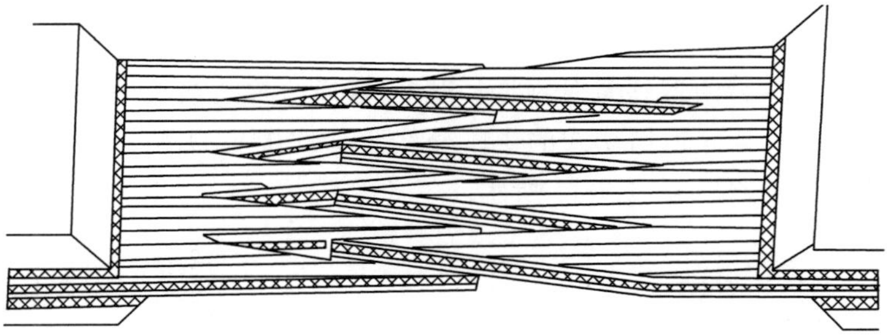

图 4-7 整体芯输送带指形互插接头

表 4-4 PVC/PVG 整芯阻燃输送带接头长度推荐值

输送带强度/(N/mm)	680	800	1 000	1 250	1 400	1 600	1 800	2 000	2 240	2 500	2 800	3 150	3 400
级别	4	5	6	7	8	9	10	11	12	13	14	15	16
指形齿长度/mm	750			900		1 050		1 270		1 500		1 850	
胶接接头总长度/mm	900			1 050		1 200		1 420		1 650		2 000	

3. 冷粘接

冷粘接只适用于织物叠层输送带。冷粘接与硫化连接主要不同点是冷粘接使用的胶料涂在接口后不需要进行加热，只需要施加适当的压力并保持一定时间即可；接头制作切割如图 4-5 所示。

冷粘接操作方法：先刷稀胶浆 1～2 遍，晾干后再刷浓胶浆 1～2 遍；每刷涂一遍要等胶面溶剂挥发后，再刷涂下一遍。刷涂完毕，等胶不粘手而仍具粘合性时，即可进行粘合和加压固化，用木槌或橡胶锤从中间向两侧夯实，然后再均匀地锤打一遍，使空气全部逸出，接着用剪刀或者工具刀修整接缝。最后在粘合的胶带上方放一块平整的厚为 15～20 mm 钢板，适当在上面加重物固化一段时间，冷粘接即完成。

粘合时，不论用热粘接还是冷粘接，均应严格遵守胶合剂出厂说明书的要求，并注意：黏合剂的材质应与输送带的材质具有相同的弹性；硫化温度与硫化时间应符合黏合剂的要求；接头应牢固，接头处增加的厚度不应超过胶带原厚度的 5%，起鼓面积不大于粘合面积的 2%；粘接前先进行胶带接头抗拉强度取样试验，强度应满足输送带的设计使用要求，否则应改进工艺设计。

（二）钢丝绳胶带的连接

钢丝绳芯胶带是一种高强度的输送带，只能采用硫化连接方式。相对于织物胶带，钢丝绳芯胶带的硫化连接增加了一道钢丝绳连接的工序。连接接头要求光滑平整，钢丝绳芯与胶带应有较强的黏着力，并能保持原有的耐疲劳强度和破断力。

1. 接头形式

钢丝绳芯胶带的硫化接头分为阶梯式接头和指形接头。

(1) 阶梯式接头

阶梯式接头分为交错阶梯式接头和普通阶梯式接头。交错阶梯式接头的特点是接头中的钢丝绳根数比带本身的钢丝绳根数要多很多；普通阶梯式接头中的钢丝绳根数与带中的钢丝绳根数相同。直切式或斜切式的三阶交错阶梯式接头如图 4-8 所示，一阶、二阶、四阶交错阶梯式接头如图 4-9、4-10、4-11 所示。

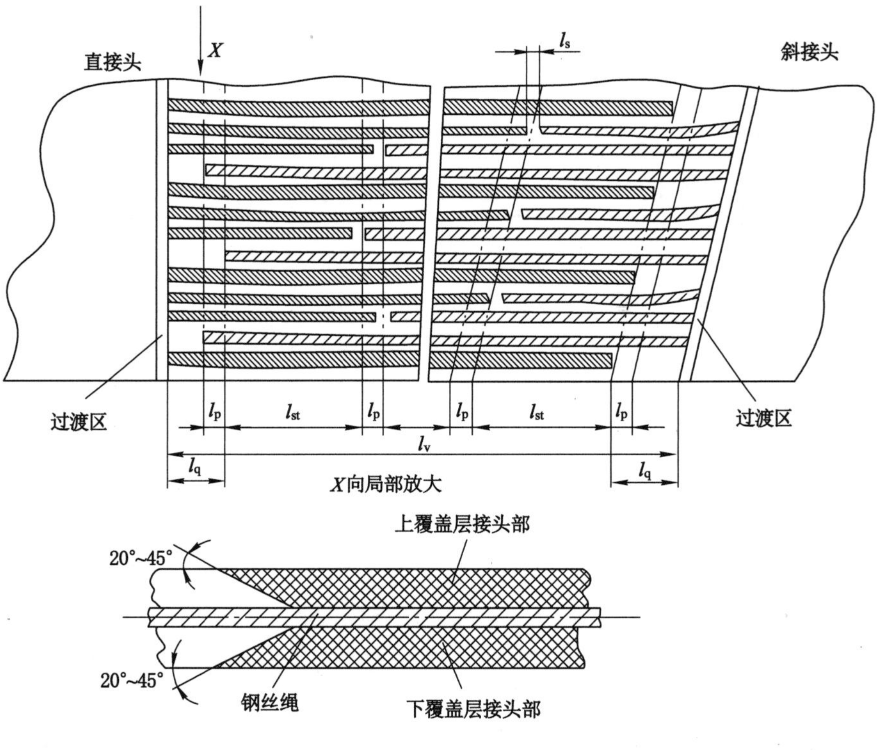

l_{st}—最小阶梯长度；l_v—接头长度；l_p—不同阶梯的错位长度；l_s—钢丝绳对接间隙；l_q—钢丝绳偏移长度。

图 4-8　三阶交错阶梯式接头（直切式和斜切式）

普通阶梯式接头分为琴管形接头、树冠形接头，如图 4-12 所示。

接头阶梯数目、接头长度、阶梯长度、接头式样、接头中钢丝绳对接间隙及钢丝绳偏移长度等参数应符合《钢丝绳芯输送带 第 4 部分：带的硫化接头》（GB/T 28267.4—2015）和厂家技术文件的规定。钢丝绳芯输送带的接头最小阶梯长度和接头长度规定见表 4-5。

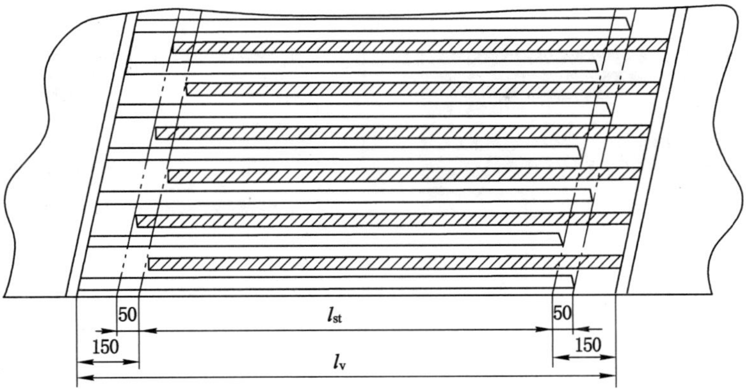

l_{st}—最小阶梯长度；l_v—接头长度。

图 4-9　一阶交错阶梯式接头

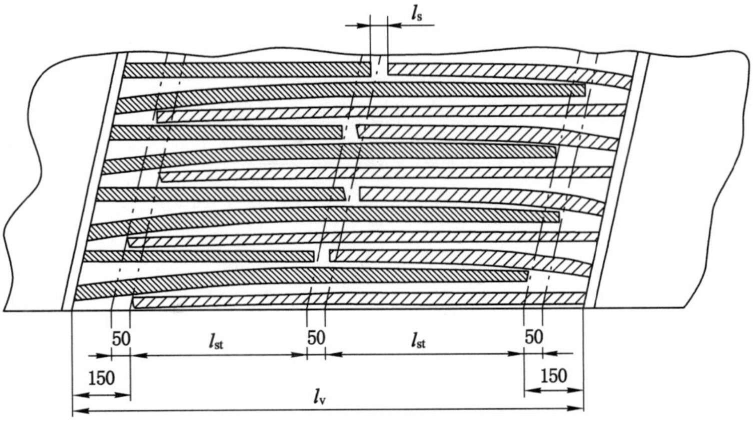

l_{st}—最小阶梯长度；l_v—接头长度。

图 4-10　二阶交错阶梯式接头

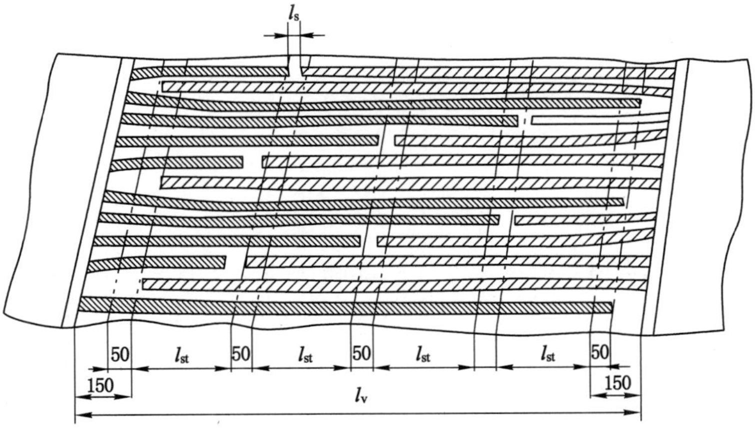

l_{st}—最小阶梯长度；l_v—接头长度。

图 4-11　四阶交错阶梯式接头

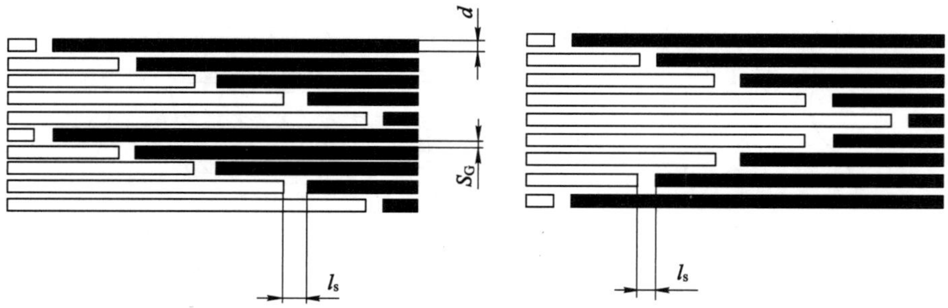

(a) 琴管形接头　　(b) 树冠形接头

l_s—钢丝绳对接间隙；d—钢丝绳直径；S_G—钢丝绳间隙。

图 4-12　普通阶梯式接头方法

表 4-5　钢丝绳芯输送带的接头最小阶梯长度和接头长度

输送带规格	接头阶数	最小阶梯长度 l_{st}/mm	最小接头长度 l_v/mm
ST/S 630	一阶	250	350
ST/S 800	一阶	300	400
ST/S 1000	一阶	300	600
ST/S 1250	一阶	350	650
ST/S 1600	二阶	350	1 050
ST/S 2000	二阶	400	1 150
ST/S 2500	二阶	500	1 350
ST/S 3150	二阶	650	1 650
ST/S 3500	三阶	650	2 350
ST/S 4000	三阶	750	2 650
ST/S 4500	三阶	800	2 800
ST/S 5000	四阶	900	4 050
ST/S 5400	四阶	1 000	4 450
ST/S 6300	四阶	1 000	4 450
ST/S 7000	四阶	1 150	5 050
ST/S 7500	四阶	1 300	5 650

(2) 指形接头

指形接头只限于钢丝绳直径不大于 3.3 mm 的胶带。先除去带两端接头区域的覆盖层和横向增强体，将剩余部分剪成多个三角形式样，形成带有许多指形的带端（两带端的去掉部分和保留部分正好互补），如图 4-13 所示；将两带端部位的指形互相对插，在接头部位覆盖浸胶横向增强体和覆盖层并加以硫化。

指形的长度和宽度由生产厂家规定或企业标准或国家标准给出。其他参照《钢丝绳芯输送带 第 4 部分：带的硫化接头》(GB/T 28267.4—2015)的相关要求。

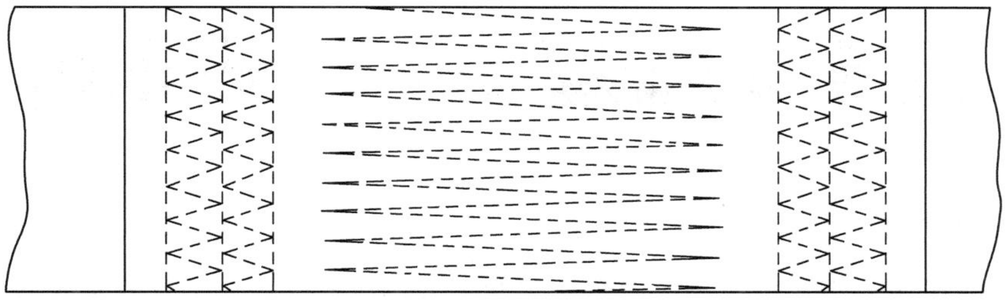

图 4-13　指形接头

2. 连接方法

(1) 接头制作

① 接头前应仔细检查所用的工具是否齐全。

② 将胶带两端分别清理、擦干净,两端的胶带按照设计要求的尺寸测量并画好线;根据画线位置用裁刀将上下覆盖胶裁掉,剔出钢丝绳。

③ 钢丝绳表面的橡胶用裁刀削至离钢丝绳 1 mm 左右,注意不要露出钢丝绳;再用粗砂纸打磨一遍,打磨过程中注意不要损伤钢丝绳表面的镀锌层。

④ 裁出后的钢丝绳表面用溶剂清擦,整理好后再在钢丝绳上均匀地涂上胶浆,晾干后备用。整个过程要佩戴手套,防止各种胶料被污染。

⑤ 将覆盖胶和黏合胶裁成相应的尺寸,并用溶剂将胶片表面清擦干净,晾干后备用。

(2) 硫化方法

① 首先在下热板上先铺上一层下覆盖胶,再在下覆盖胶上铺上一层下黏合胶,注意覆盖胶和黏合胶之间不要存气,并将两层胶片压实;将剥好的钢丝绳截成相应的尺寸并在复合胶片上摆好,摆前要求找出胶带的中心位置,从中间往两侧依次排列,注意保证带体的直线度。

② 在摆好的钢丝绳与钢丝绳之间填满填充胶、压实,有多余或欠缺的地方要及时修补。

③ 在钢丝绳上铺上一层黏合胶并用手轮压实,最后将覆盖胶铺上;贴合后将胶带用手轮压实。

④ 用封口胶修补胶带接头处,最后加压硫化。带接头若有缺胶或者有缝,要及时填实。接头部位厚度比原带体厚度厚 0.5～1.0 mm。

⑤ 为防止接头处粘硫化器平板,硫化前要采取报纸隔离等适当的隔离方法。

⑥ 硫化过程中若出现温度不足的情况,可适当延长硫化时间;硫化完毕要求胶带降温至 70 ℃以下再开模,开模后要及时对胶带接头进行修剪。

⑦ 制作接头使用的硫化器热板,在长度方向上应每侧比接头处胶片长度至少超出 150 mm,在宽度方向上应每侧比输送带至少超出 50 mm。

⑧ 硫化器热板压力应均匀且至少达到 2 MPa,硫化温度≤165 ℃;要求有显示压力及温度的装置,温度允差为±2 ℃。

输送带的连接接头是输送带的最薄弱环节,是影响输送带安全系数的关键部位。为保证接头的可靠性,应由输送带制造厂或经过专业培训、有资格的专业人员,严格按照接头要求进行施工。

第二节　矿井带式输送机的工作原理及类型

一、带式输送机的工作原理

带式输送机是以输送带兼作牵引结构和承载结构的一种连续动作式运输设备，在矿井地面和井下运输中得到了广泛的应用；其工作原理如图 4-14 所示。

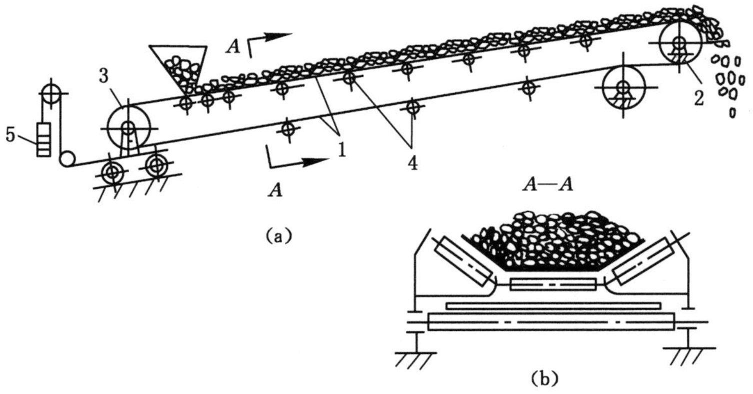

1—输送带；2—传动滚筒与驱动装置；3—机尾换向滚筒；4—托辊组；5—拉紧装置。

图 4-14　带式输送机工作原理图

输送带 1 绕经传动滚筒 2 和机尾换向滚筒 3 形成一个无极的环形带；上、下两股输送带分别支撑在上、下托辊 4 上，拉紧装置 5 给输送带以正常运转所需的张紧力。当传动滚筒在驱动电动机的驱动下旋转时，借助滚筒与输送带之间的摩擦力带动输送带以及输送带上的物料一同连续运转；输送带上的物料绕经传动滚筒与驱动装置时卸载，也可利用专门的卸载装置在中部任意位置卸载。

二、带式输送机的类型

带式输送机的类型很多，适用范围和特征各有不同，我国煤矿常用的类型有通用带式输送机、可伸缩带式输送机(DSJ 型带式输送机)、大倾角带式输送机(DTC 型带式输送机)、钢丝绳芯带式输送机以及钢丝绳牵引带式输送机。

(一) 通用带式输送机

我国通用带式输送机的发展经历了 TD62、TD75、DX、DTⅡ、DTⅡ(A)型等系列，现用的产品主要为 DTⅡ(A)型。现阶段我国煤矿使用的通用带式输送机类型有：DTL 固定落地带式输送机、DTS 绳架吊挂带式输送机(D 代表煤矿用带式输送机，T 代表通用，L 代表钢架落地，S 代表绳架吊挂)。

DTL 型带式输送机的特点是机架固定在底板或基础上，一般用在运输距离不太长、永久使用的地点，如选煤厂、井下主要运输巷。其结构如图 4-15 所示。

DTS 绳架吊挂带式输送机与 DTL 固定落地带式输送机工作原理基本相同，其特点是

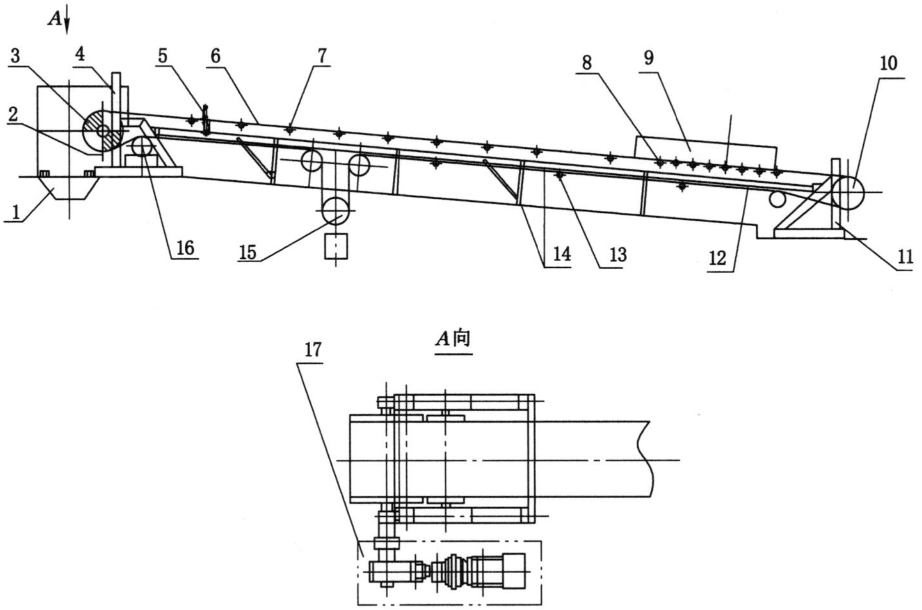

1—头部漏斗；2—头部清扫器；3—传动滚筒；4—头架头部清扫器；5—安全保护装置；6—胶带；7—承载托辊；8—缓冲托辊；9—导料槽；10—改向滚筒；11—尾架；12—空段清扫器；13—回程托辊；14—中间架及支腿；15—拉紧装置；16—增面滚筒；17—驱动装置。

图 4-15　DTL 型带式输送机结构示意

上铰接托辊均安装在两根平行的钢丝绳上，钢丝绳及下托辊吊架用吊索吊挂在顶梁上，如图 4-16 所示；主要用于煤矿井下采区运输巷道和集中运输巷道，在条件适宜的情况下，也可用于采区上、下山运输。DTS 绳架吊挂、DTL 固定落地带式输送机技术参数见表 4-6。

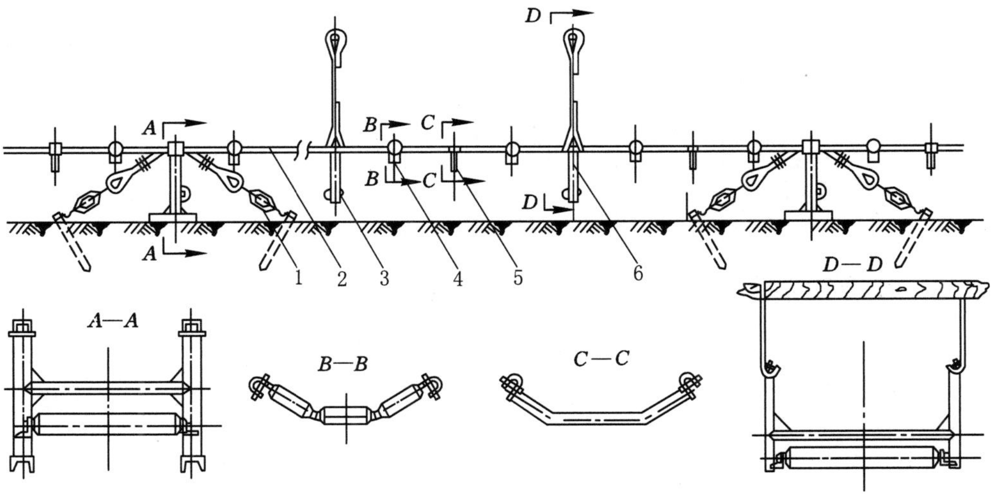

1—紧绳装置；2—钢丝绳；3—下托辊；4—铰接槽形托辊；5—分绳架；6—中间吊架。

图 4-16　吊挂式带式输送机示意

表 4-6 DTS 绳架吊挂、DTL 固定落地带式输送机技术参数

型号	输送量/(t/h)	带宽/mm	带速/(m/s)	输送长度/m	倾角	滚筒直径/mm	托辊直径/mm	装机功率/kW
DTS65/20/22	200	650	1.63	500	±5°	450	89	22
DTS80/40/2×30	400	800	1.63	500	±5°	450	89	2×30
DTL50/10/30	100	650	1.63	400	±5°	450	89	30
DTL65/20/2×30	200	650	1.63	400	±5°	450	89	2×30
DTL65/20/2×37	200	650	1.63	500	±5°	450	89	2×37
DTL65/10/2×45	100	650	1.63	1 000	±5°	500	89	2×45
DTL65/20/2×40	200	650	2	600	±5°	500	89	2×40
DTL80/30/2×30	300	800	1.63	500	±5°	450	89	2×30
DTL80/40/2×37	400	800	1.63	600	±5°	450	89	2×37
DTL80/40/2×45	400	800	1.63	600	±5°	500	89	2×45
DTL80/40/2×40	400	800	2	500	±5°	500	89	2×40
DTL80/40/2×55	400	800	2	700	±5°	500	89	2×55
DTL80/40/2×75	400	800	2	1 000	0°～2°	630	89	2×75
DTL80/40/2×90	400	800	2	1 200	0°～2°	630	89	2×90
DTL80/40/2×110	450	800	2	1 300	0°～2°	630	89	2×110
DTL100/50/2×40	500	1 000	2	300	±5°	500	108	2×40
DTL100/50/2×55	500	1 000	2	300	±5°	500	108	2×55
DTL100/63/2×75	630	1 000	2	700	0°～2°	630	108	2×75
DTL100/50/2×90	500	1 000	2	1 000	0°～5°	630	108	2×90
DTL100/65/2×110	650	1 000	2	1 000	0°～3°	630	108	2×110
DTL100/60/355S	600	1 000	2.5	400	15°	1 000	108	355S
DTL100/75/160S	750	1 000	3	150	15°	830	108	160S
DTL100/90/185S	900	1 000	3	150	15°	830	108	185S
DTL100/40/2×220S	400	1 000	1.9	1 000	0°～14°	830	133	2×220
DTL100/75/2×220	750	1 000	2.5	1 100	±2°	830	108	2×220
DTL100/75/2×400	750	1 000	2.5	2 000	2°～3°	1 000	133	2×400
DTL120/80/2×90	800	1 200	2.5	600	0°～1°	800	133	2×90

表 4-6(续)

型号	输送量 /(t/h)	带宽 /mm	带速 /(m/s)	输送长度/m	倾角	滚筒直径/mm	托辊直径/mm	装机功率/kW
DTL120/120/2×132	1 200	1 200	2.5	600	0°～1°	830	133	2×132
DTL120/120/2×200	1 200	1 200	3.15	1 100	±3°	1 030	133	2×200
DTL120/150/2×315	1 500	1 200	3.15	1 000	±3°	1 030	133	2×315
DTL120/120/2×280S	1 200	1 200	3.15	600	0°～14°	1 280	133	2×280
DTL120/150/2×630S	1 500	1 200	3.15	1 000	14°～15°	1 280	133	2×630
DTL120/120/2×400	1 200	1 200	3.15	1 500	2°～3°	1 280	133	2×400
DTL120/120/2×500	1 200	1 200	3.15	2 000	2°～3°	1 280	133	3×500
DTL120/200/3×630	2 000	1 200	3.15	1 200	2°～3°	1 280	133	3×630
DTL140/200/2×315	2 000	1 400	3.15	1 100	±3°	1 030	159	2×315
DTL140/250/3×400S	2 500	1 400	3.15	600	14°～15°	1 280	159	3×400
DTL140/160/2×355	1 600	1 400	3.15	800	2°～3°	1 280	159	2×355
DTL140/200/2×500	2 000	1 400	3.15	900	2°～3°	1 280	159	2×500

（二）可伸缩带式输送机(DSJ 型带式输送机)

可伸缩带式输送机(DSJ 型带式输送机)的传动原理与带式输送机一样，都是靠胶带与传动滚筒之间的摩擦力来驱动胶带运行，区别在于可伸缩带式输送机多了一个储带仓和一套储带装置；当移动机尾进行伸缩时，储带装置可相应地放出或者收缩一定长度的输送带，利用输送带在储带仓内多次折返和收放的原理调节输送机长度；其结构如图 4-17 所示。可伸缩带式输送机主要用于采煤工作面的运输巷道运输和巷道掘进时运输。可伸缩带式输送机技术参数见表 4-7。

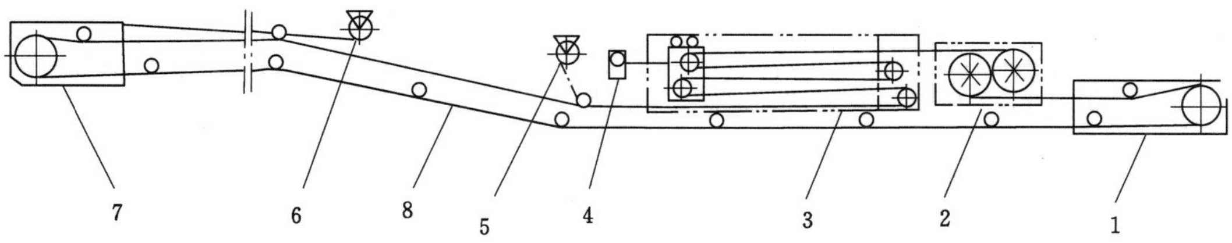

1—卸载端；2—传动装置；3—储带装置；4—拉紧绞车；5—收放输送带装置；6—机尾牵引机构；7—机尾；8—输送带。

图 4-17　可伸缩带式输送机示意

表 4-7　可伸缩带式输送机技术参数

型号	输送量/(t/h)	带宽/mm	带速/(m/s)	输送长度/m	滚筒直径/mm	托辊直径/mm	储带长度/m	机尾长度/m	搭接轨距/mm	装机功率/kW
DSJ65/20/2×30	200	650	1.63	600	450	89	50	12	900	2×30
DSJ65/20/2×37	200	650	1.63	800	450	89	50	12	900	2×37
DSJ65/10/40	100	650	2	600	500	89	100	12	900	40
DSJ65/20/2×40	200	650	2	800	500	89	100	12	900	2×40
DSJ65/20/2×55	200	650	2	1 200	500	89	100	12	900	2×55
DSJ80/30/2×30	300	800	1.63	500	450	89	50	12	1 100	2×30
DSJ80/40/40	400	800	2	250	500	89	100	12	1 100	40
DSJ80/40/2×40	400	800	2	500	500	89	100	12	1 100	2×40
DSJ80/40/2×40P	400	800	2	500	500	89	100	12	1 100	2×40
DSJ80/40/2×55	400	800	2	700	500	89	100	12	1 100	2×55
DSJ80/50/2×75	500	800	2	800	630	89	50	12	1 100	2×75
DSJ80/40/2×90	400	800	2	1 200	630	89	50	12	1 100	2×90
DSJ80/40/2×110	400	800	2	1 400	630	89	100	15	1 100	2×110
DSJ100/63/2×75	630	1 000	2	650	630	108	50	12	1 362	2×75
DSJ100/63/125	630	1 000	2	500	630	108	100	15	1 362	125
DSJ100/80/2×125	800	1 000	2	900	630	108	100	15	1 362	2×125
DSJ100/80/2×132	800	1 000	3	900	1 000	108	100	15	1 362	2×132
DSJ100/80/2×160	800	1 000	3.15	1 100	1 000	133	100	15	1 362	2×160
DSJ100/80/2×200	800	1 000	3.15	1 300	1 000	133	130	15	1 362	2×200
DSJ100/80/2×250	800	1 000	3.15	1 700	1 000	133	130	15	1 362	2×250
DSJ100/80/2×315	800	1 000	3.15	2 100	1 000	133	130	15	1 362	2×315
DSJ120/100/2×75	1 000	1 200	2	600	630	108	50	15	1 562	2×75
DSJ120/180/2×200	1 800	1 200	3.3	650	1 080	133	130	15	1 562	2×200
DSJ120/200/3×250	2 000	1 200	3.3	1100	1 080	133	130	15	1 562	3×250
DSJ120/150/2×315	1 500	1 200	3.3	1 200	1 080	133	130	15	1 562	2×315

（三）大倾角带式输送机(DTC 型带式输送机)

大倾角带式机输送机在通用带式输送机的基础上进行了一定的改进与创新;采用压带装置或者深槽 V 形托辊组或者采用挡边带、花纹输送带等方法,通过增大物料与输送带之间的压力或者接触面积来增大物料与输送带之间的摩擦力,从而实现大倾角的运输;一般用于输送倾角大于 22°的运输。目前大倾角带式输送机主要有压带带式输送机、波状挡边带式输送机、圆管带式输送机、高倾角花纹带式输送机、深槽型带式输送机。主要用于主、副斜井,暗斜井及采区大坡度巷道的运输。大倾角带式机输送机技术参数见表 4-8。

表 4-8 大倾角带式机输送机技术参数表

型号	输送量/(t/h)	带宽/mm	带速/(m/s)	输送长度/m	倾角	滚筒直径/mm	托辊直径/mm	装机功率/kW
DTC80/15/2×75S	150	800	2	400	15°～30°	630	89	2×75
DTC80/15/2×90S	150	800	2	600	15°～30°	630	89	2×90
DTC80/20/2×110S	200	800	2.5	500	15°～30°	830	89	2×110
DTC80/20/160S	200	800	2.2	400	15°～30°	1 000	108	160
DTC80/30/2×220S	300	800	2.5	500	15°～30°	1 250	108	2×220
DTC80/20/280S	200	800	2	600	15°～30°	1 000	108	280
DTC80/20/315S	200	800	2	700	15°～30°	1 000	108	315
DTC80/30/2×400S	300	800	2.5	1 600	15°～30°	1 280	108	2×400
DTC100/30/2×185S	300	1 000	2.2	600	15°～30°	1 000	108	2×185
DTC100/25/250S	250	1 000	2	400	15°～30°	1 000	108	250
DTC100/40/2×250S	400	1 000	2	700	15°～30°	1 000	108	2×250
DTC100/80/2×280S	800	1 000	3	400	15°～30°	1 250	133	2×280
DTC100/30/2×315S	300	1 000	2	400	15°～30°	1 030	108	2×315
DTC100/30/2×450S	300	1 000	2.5	2 000	15°～30°	1 280	133	2×450
DTC120/75/2×315S	800	1 200	3	500	15°～30°	1 250	133	2×315
DTC120/75/2×500S	750	1 200	2.5	1 000	15°～30°	1 280	133	2×500
DTC80/30/132X	300	800	2	300	0°～(－25°)	1 000	108	132
DTC80/25/200X	250	800	2	500	0°～(－25°)	1 000	108	200
DTC80/25/2×75X	250	800	2	400	0°～(－25°)	1 000	108	2×75
DTC100/55/2×110X	550	1 000	2	400	0°～(－25°)	1 000	108	2×110

(四) 钢丝绳芯带式输送机

钢丝绳芯带式输送机又称强力带式输送机,主要用于平硐、主斜井、大型矿井的主要运输巷道及地面,作为长距离、大运量的运煤设备。与通用带式输送机不同,钢丝绳芯输送带替代了普通输送带,输送强度大,可满足大运量、长距离、大功率的运输需求。

(五) 钢丝绳牵引带式输送机

钢丝绳牵引带式输送机是一种特殊形式的带式输送机,如图 4-18 所示。以钢丝绳作为牵引结构，输送带只起承载作用、不承受牵引力，牵引结构和承载结构分开，适用于运输距离长、运输量大的场所。目前，我国煤矿使用这种带式输送机较少。

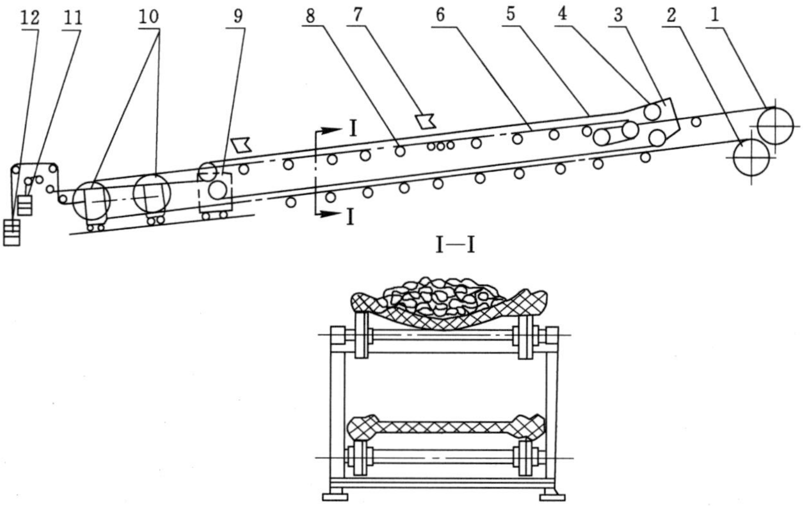

1—传动轮；2—导绳轮；3—卸载漏斗；4—输送带换向滚筒；5—输送带；6—牵引钢丝绳；7—给煤机；8—托绳轮；9—输送带张紧车；10—钢丝绳张紧车；11，12—拉紧装置。

图 4-18　钢丝绳牵引带式输送机示意

钢丝绳牵引带式输送机的最大特点是钢丝绳和输送带分开，钢丝绳作为牵引件，输送带作为承载件。钢丝绳和输送带各自形成闭合回路，有各自独立的拉紧装置，在输送机尾部有分绳装置，使钢丝绳与输送带嵌合或者分离。驱动轮依靠摩擦力驱动牵引钢丝绳，输送带承托在牵引钢丝绳上，再依靠与钢丝绳的摩擦力带动输送带及其上的物料，把物料从一端运到另一端。钢丝绳牵引带式输送机主要用于长距离运输。

第三节　矿井带式输送机的安装

一、带式输送机的安装方法

带式输送机的安装主要包括施工准备、设备部件运输与安装、胶带展放、电气部分安装、试运转。安装顺序通常如下：施工准备→安装机架（头架、中间架、尾架）→安装下托辊及改向滚筒→把输送带放在下托辊上展放→安装上托辊、拉紧装置、传动滚筒和驱动装置→把输送带放在上托辊上展放→将输送带绕过头、尾滚筒连接输送带→张紧输送带→安装头部漏斗、导料槽、清扫器及其他附件→连接电气部分及保护装置→试运行。

（一）施工准备

施工准备主要包括测量放线、验收基础、准备施工机具等。

(1) 测量放线：根据设计标定带式输送机纵向中心线，机头、机尾十字中心线及标高。通常每 50 m 左右放一个胶带中心点，每 100 m 左右放一组十字线，供校核使用；机头驱动、机尾、拉紧装置等重要部位每个滚筒处放一组十字中心线。

(2) 设备基础验收:根据测量放线结果,验收预留螺栓孔位置及尺寸偏差、中心线偏差、十字中心线偏差、标高控制点等是否符合要求。特别是机头架、机尾架、改向滚筒支架及驱动装置等重点受力部件的基础要重点验收。

(3) 设备运输通道勘查:勘查设备运输路线,测量通道最小处尺寸,应满足大件设备运输需要。为减少设备拆解,必要时可扩修巷道。

(二) 设备部件运输与安装

根据带式输送机的运转方向及卸载位置,结合现场施工条件确定设备部件的运输及安装顺序,通常先运输远端部件。设备部件安装主要包括机头支架、驱动装置、传动滚筒、拉紧装置、中间架、机尾架、改向滚筒等的安装。

1. 机头支架、传动滚筒及驱动装置安装

按照给定的基准线,将机头支架与传动滚筒组装完毕后吊落在基础上;通过安装垫铁组找平找正后,预紧螺栓后进行二次灌浆;待灌浆强度达到75%以上后,拧紧基础螺栓。

近几年使用座浆法和压浆法安装垫铁,相对传统的垫铁安装方法,可操作性强、施工效率高,取得了不错的效果。

座浆法是在放置垫铁的混凝土基础部位表面凿出座浆坑,在坑内浇筑座浆专用的混凝土,浇筑完成后在混凝土表面放置垫铁;用手压、用木槌敲击或者手锤垫木板敲击垫铁面,使垫铁均匀下降并控制垫铁标高使之满足垫铁组安装要求;控制垫铁水平度应达到设备安装水平度要求。压浆法是在螺栓上焊接一根小圆钢,圆钢上边设置螺栓调节垫铁与设备紧密接触,垫铁下浇筑压浆层,安装如图4-19所示。座浆法和压浆法的设置按照《机械设备安装工程施工及验收通用规范》(GB 50231—2009)附录B、附录C的要求。

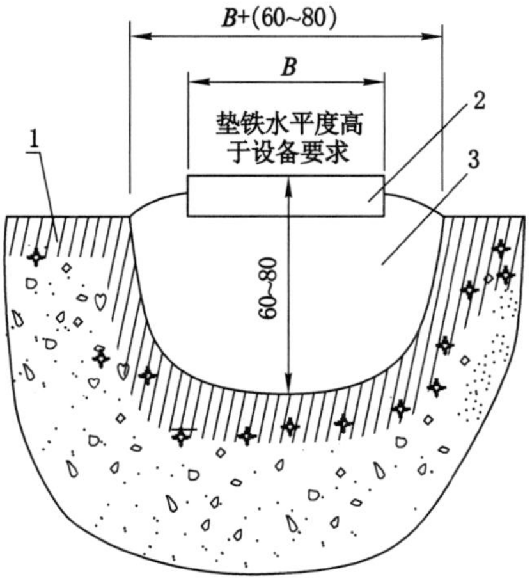

(a) 座浆法

1—设备基础; 2—首层垫铁;
3—无收缩细石高标混凝土。

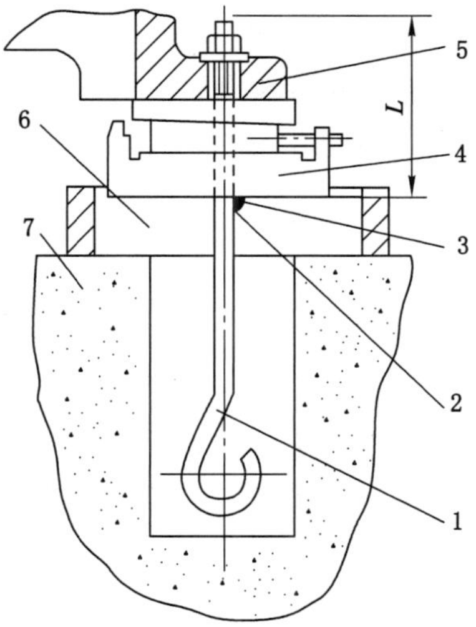

(b) 压浆法

1—地脚螺栓; 2—点焊位置;
3—支承垫铁用的小圆钢; 4—螺栓调节垫铁;
5—设备底座; 6—压浆层; 7—基础。

图4-19　安装垫铁示意

驱动装置由驱动架、电动机、减速器、耦合器、制动器、联轴器等部件组成。驱动装置大部分在生产厂已组装完成，安装时同机头支架安装方法一样，直接吊起落在基础上完成安装。垫铁组的安装找平找正方法同机头的一样。对于驱动装置解体到货的，安装顺序如图 4-20 所示。

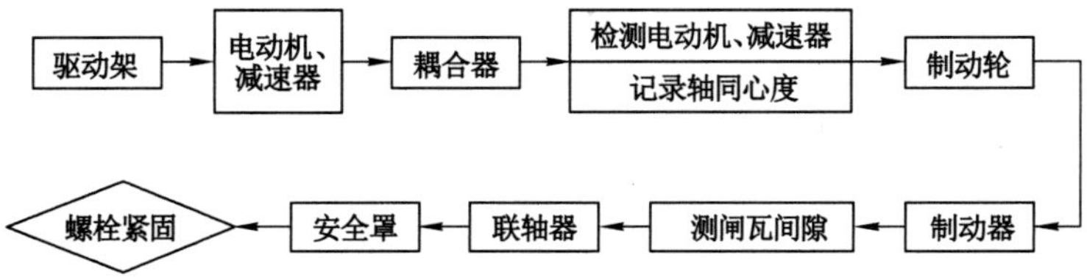

图 4-20　驱动装置安装顺序

安装驱动装置时，电动机、减速器、制动器的地脚螺栓开始安装时不要紧固，留有调节余地；安装完毕，经检测均达到安装精度后，将螺栓、顶丝最终紧固。耦合器安装时，不准用铁锤击打铝合金零件。

2. 中间滚筒组的安装

滚筒组通常在生产厂已组装完成，现场只需装于相应的支架上，需要注意的是滚筒组的安装必须等支架的基础达到设计强度要求或者支架固定牢固后再安装。滚筒调整时可用顶丝调整水平度，用垫片调整垂直度，必要时可将滚筒所在的支架重新安装调整。

3. 中间架及托辊组的安装

按照标定的输送机中心线及标高，逐段进行支腿、中间架的安装，找平找正后固定好中间架。中间架安装完成后装托辊支架，再进行螺栓初装（不紧固），之后装托辊，检测尺寸，达到设计要求后，紧固螺栓。

托辊的种类很多，应按照设计图纸安装，特别是前倾托辊架上的箭头方向应与输送带运行方向一致，如图 4-21 所示。

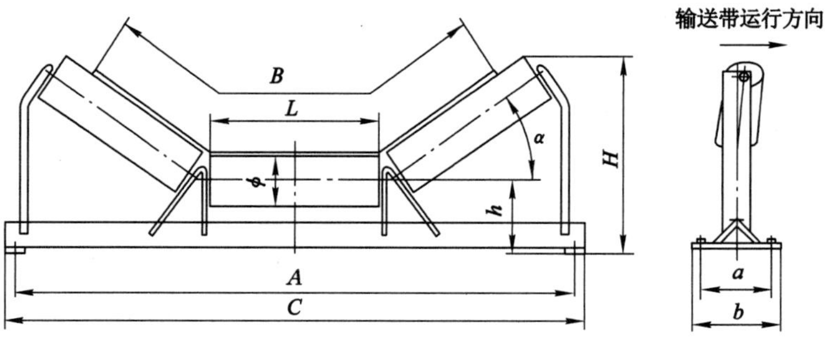

图 4-21　前倾槽型托辊组安装示意

4. 机尾支架及改向滚筒的安装

机尾支架及改向滚筒的安装方法同机头支架及传动滚筒的安装方法一样。按照标定的滚筒中心线，将机尾支架与改向滚筒组装后起吊至安装位置正上方，调整好支架方向后，安装垫铁组；找平找正后进行二次灌浆，紧固螺栓。

5. 拉紧装置的安装

拉紧装置主要有螺旋拉紧装置、重锤式拉紧装置、绞车拉紧装置和自动拉紧装置。

螺旋拉紧装置结构如图 4-22 所示，通过调节螺杆来移动拉紧滚筒。重锤式拉紧装置如图 4-23 所示，适用于固定安装的带式输送机。绞车拉紧装置，用绞车代替图 4-23 中的重锤。自动拉紧装置采用测力元件及控制系统，结构比较复杂，外形尺寸较大，我国煤矿应用较少。螺旋拉紧装置安装方法较简单，只需将拉紧装置放在机头支架相应位置，通过螺栓连接即可。

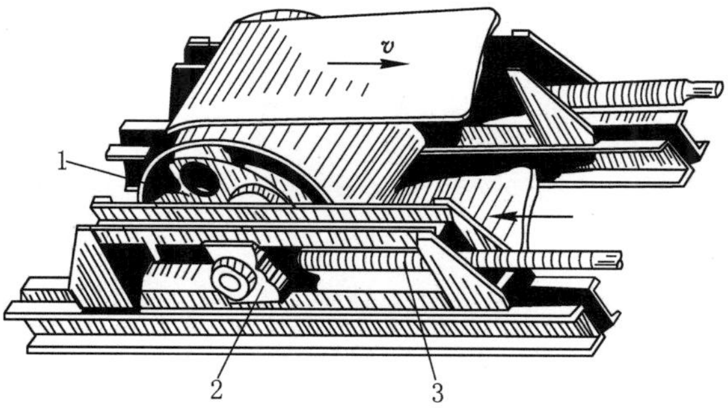

1—拉紧滚筒；2—轴座滑块；3—调节螺杆。

图 4-22　螺旋拉紧装置示意

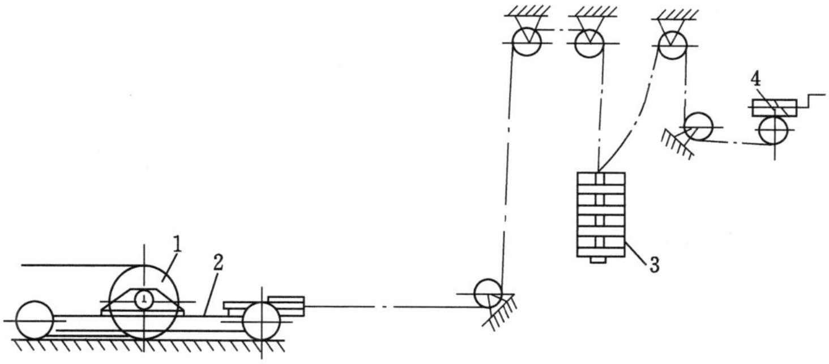

1—拉紧装置；2—滚筒小车；3—重锤；4—手摇绞车。

图 4-23　重锤式拉紧装置示意

安装重锤式拉紧装置和绞车拉紧装置时，按照设计图纸要求，先安装小车轨道、钢丝绳滑轮，然后安装拉紧装置及滚筒小车，穿钢丝绳，最后挂重锤或者安装手摇绞车。

6. 安装头部漏斗、导料槽、清扫器及其他附件

头部漏斗、导料槽的零部件解体运到现场后，根据图纸的要求安装即可。清扫器分为空段清扫器和头部清扫器；空段清扫器刮板犁尖对着输送带运动方向，以便将杂物刮到输送机两侧的地面上。

（三）胶带的展放

胶带展放可从低处向高处进行，也可从高处向低处进行，展放方法的选择要综合考虑现场环境、施工条件、设备尺寸等因素，结合实际情况确定。

从低处向高处展放时，将下胶带放在下托辊上，借助提升设备把胶带逐步牵引至设

计位置，然后安装上托辊；同样方法展放上胶带，将输送带绕过机头、机尾滚筒两端分别连接。

从高处向低处展放时，可以搭设硫化平台，边硫化边展放。利用夹具控制胶带下放的速度，沿途根据胶带展放情况分段设置夹具，夹具间应设闭锁信号，严禁同时打开，防止胶带发生滑落。分别将上、下胶带下放至设计位置后，绕过机头、机尾滚筒分别连接输送带。胶带向下展放方法如图 4-24 所示。

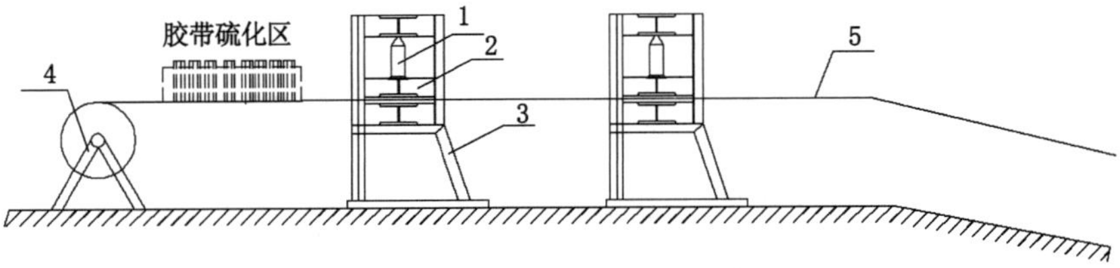

1—固定夹板；2—千斤顶；3—夹具支架；4—胶带卷托架；5—胶带。

图 4-24　向下展放胶带示意

胶带展放要依据胶带带面长度及胶带的安装斜度，计算选择展放胶带机具。在胶带展放过程中，胶带应留出足够长度分别在机头、机尾处将胶带接头硫化合拢，合拢时应计算好胶带余量，确保合拢胶带后，拉紧行程满足要求。

（四）电气部分安装

在安装沿线电控设施及控制电缆时，按照设计图纸及产品说明书要求安装胶带控制电缆、沿线语音装置、急停设施、断带抓捕器、清扫器及各种保护装置等。

（五）试运转

试运转前首先检查各润滑部位的注油情况，随后检查保护装置、制动装置和逆止装置的灵活可靠性，各部位连接螺栓是否牢固、齐全，上下带面有无杂物。

带式输送机先进行空负荷试运转。运转前，调整拉紧装置保证胶带达到足够的拉紧力。运转时，观察带式输送机运转情况，重点观察胶带是否跑偏，电控设施是否动作、灵敏及可靠，电控设备是否符合使用要求等。发现异常，及时调整处理。

二、带式输送机的安装技术要求

（1）基础、基础螺栓、垫铁及二次灌浆应符合《煤矿设备安装工程质量验收规范》（GB 50946—2013）及《煤矿设备安装工程施工规范》（GB 51062—2014）附录 A. 1 节、A. 2 节的规定。

预留基础螺栓应安设垂直，任一部分离孔壁的距离不小于 15 mm，且不应碰孔底。

基础螺栓螺母紧固后，螺栓露出长度宜为 1～5 个螺距，外露长度应一致。

（2）减速器、联轴器及齿轮装备安装应符合现行国家标准《机械设备安装工程施工及验收通用规范》（GB 50231—2009）的有关规定。

（3）带式输送机安装的允许偏差应符合表 4-9 的规定。

表 4-9　带式输送机安装的允许偏差

<table>
<tr><th>项次</th><th colspan="3">项目</th><th>允许偏差</th><th>检验方法</th></tr>
<tr><td rowspan="3">1</td><td rowspan="9">固定式带式输送机</td><td rowspan="3">传动滚筒及转向滚筒</td><td>宽度中心线与带式输送机纵向中心线重合度</td><td>2.0 mm</td><td rowspan="3">拉线和尺量、用水平仪检查</td></tr>
<tr><td>轴心线与带式输送机纵向中心线的垂直度</td><td>2.0/1 000</td></tr>
<tr><td>轴的水平度</td><td>0.3/1 000</td></tr>
<tr><td>2</td><td rowspan="6">中间架</td><td>中心线与带式输送机中心线的重合度</td><td>3.0 mm</td><td>尺量检查</td></tr>
<tr><td>3</td><td>支腿的铅垂度或对建筑物地面垂直度</td><td>3.0/1 000</td><td>用直角尺检查</td></tr>
<tr><td>4</td><td>在铅垂面内的直线度</td><td>L/1 000</td><td rowspan="4">尺量检查</td></tr>
<tr><td>5</td><td>接头处上下、左右偏移</td><td>1.0 mm</td></tr>
<tr><td>6</td><td>间距</td><td>±1.5 mm</td></tr>
<tr><td>7</td><td>相对标高差</td><td>3.0 mm</td></tr>
<tr><td>8</td><td colspan="2">托辊横向中心线对输送机纵向中心线的重合度</td><td>3.0 mm</td><td>拉线和尺量检查</td></tr>
<tr><td rowspan="2">9</td><td></td><td rowspan="2">胶带跑偏</td><td>手选胶带</td><td>20 mm</td><td rowspan="2">观察检查</td></tr>
<tr><td></td><td>普通胶带</td><td>5B/100</td></tr>
<tr><td>10</td><td rowspan="6">移动式带式输送机</td><td colspan="2">轨道的轨距偏差</td><td>3.0 mm</td><td>尺量检查</td></tr>
<tr><td>11</td><td colspan="2">轨道直线度</td><td>3.0/1 000</td><td>拉线和尺量检查</td></tr>
<tr><td>12</td><td colspan="2">轨道高低差</td><td>1.5/1 000</td><td>用水准仪测量检查</td></tr>
<tr><td>13</td><td colspan="2">轨道接头间隙</td><td>5.0 mm</td><td rowspan="3">尺量检查</td></tr>
<tr><td rowspan="2">14</td><td rowspan="2">轨道接头错动</td><td>上下</td><td>0.5 mm</td></tr>
<tr><td>左右</td><td>1.0 mm</td></tr>
</table>

(4) 上下托辊应转动灵活，上、下托辊的水平度偏差不应超过 2.0/1 000。

(5) 拉紧装置安装应工作可靠，试运转后调整行程不应小于全行程的 1/2，拉紧装置应调整灵活。

(6) 清扫器刮板面与胶带接触长度应不小于带宽的 85%。

(7) 带式输送机安装后应进行试运转，固定式带式输送机，空载试运转 4 h，负载试运转 8 h；移动式带式输送机，空载试运转 1 h。

试运转后，其各部轴承温度及温升应符合下列规定：

① 滑动轴承温度不得超过 70 ℃，温升不得超过 35 ℃；

② 滚动轴承温度不得超过 80 ℃，温升不得超过 45 ℃。

第四节　可弯曲式和圆管带式输送机的安装

一、概述

随着我国煤炭工业的迅速发展，矿井运输量日益增大，一些大运量、长运距的大型带式输送机相继产生，但这些带式输送机都存在不能适应弯曲巷道的缺点。受此限制，有些矿井采用多台普通带式输送机串联使用，组成一条长距离的带式输送机线。这种靠数台串联的带式输送机来适应输送方向变化的方法,在经济效益、运转效率和可靠性等方面,均难以满足现代化生产的客观要求。为了减少设备台数和转载次数,实现长距离且适应弯曲巷道无转载运输,平面弯曲带式输送机得到了应用和发展。

单台带式输送机实现平面转弯有两种形式:强制导向转弯和自然变向转弯。

强制导向转弯是采用特种结构的输送带与机架带床强制实现转弯(如各种管式、裙式带式输送机)或在变向处设置专门装置实现直角变向。此类输送机一般结构复杂,适用于转弯角度在 8°~90°的巷道。

自然变向转弯是在采取技术措施后经计算得出转弯半径,按此半径铺设带床,使输送带按力学规律自然弯曲运行的非强制性转弯方式;在该种转弯方式下,输送带可在机架上弯曲运行而不致跑偏,结构简单、便于维护,适用于转弯角度小的巷道(0°~26°)。

可弯曲带式输送机是根据力学平衡原理而设计的自然变向转弯带式输送机,与通用带式输送机结构类似,但转弯处的托辊具有安装支撑角,使托辊的内侧端向输送带运行方向移动而形成转弯。它适应弯曲巷道,减少了转载点,提高了安全系数,是一种比较适合井下实际情况的新型、高效煤矿运输设备,具有广阔的发展前景。可弯曲带式输送机安装与通用带式输送机安装方法相同。

下面主要对圆管带式输送机做介绍。

二、圆管带式输送机工作原理及分类

圆管带式输送机是在普通带式输送机基础上发展起来的。它是由多个托辊按一定方式排列成一个多边形托辊组(如等六边形等),再由若干个多边形托辊组按一定间距布置,强制胶带卷成边缘相互搭接的圆管状而输送物料的一种新型带式输送机。其主要结构由驱动装置、传动改向装置、张紧装置、受料卸载装置、输送胶带、机架、头尾过渡段等部分组成。

1. 工作原理

圆管带式输送机的工作原理与普通带式输送机基本相同,即以输送胶带作为牵引和输送物料的载体,转动灵活的托辊作为胶带的支撑,驱动装置驱动滚筒使胶带靠滚筒与它的摩擦促使其进行周圈运动而输送物料;所不同的是普通带式输送机物料在平形或槽形截面胶带上进行输送,而圆管带式输送机使物料在管状截面胶带内进行输送。

它的工作过程可分成三个部分:

第一,从尾部滚筒至胶带形成圆管状这段距离为尾部过渡段,受料口设在该范围内,在此过渡段内胶带由平形变为槽形,物料一起被卷成密封管状向前运动。

第二,中间为圆管段(承载段和回程段),该段胶带被六边形布置的托辊组强迫卷成管状,承载段中物料在管内随胶带稳定运行;回程段管内无物料空载运行。

第三为头部过渡段,当到达头部过渡段时,胶带同物料一起由圆形过渡为槽形并在头部滚筒处变为平形而卸料。

圆管带式输送机以展开受料、封闭输送和再展开卸料后又封闭返回的顺序循环不间断地工作。

2. 分类

圆管带式输送机按照结构形式分为:单圆管型(仅承载分支输送带为圆管状),如图 4-25

所示；全圆管型(承载及回程分支输送带均为圆管状)，如图 4-26 所示。

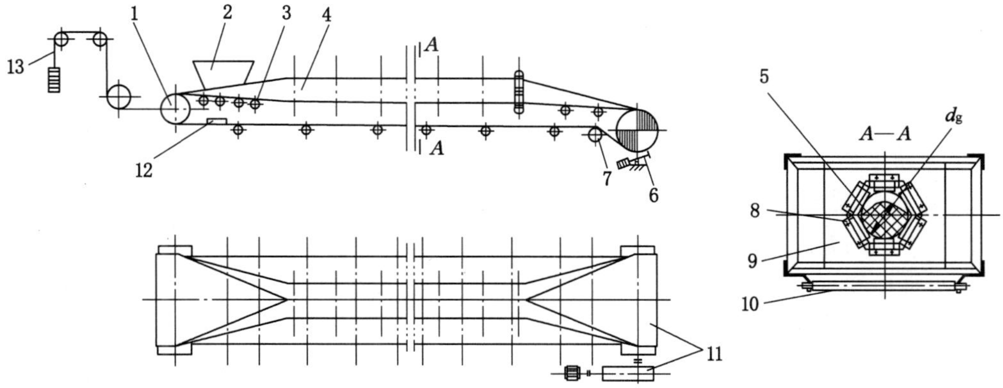

1—改向滚筒；2—导料槽；3—过渡托辊组和缓冲托辊组；4—输送带；5—物料；6—清扫器；
7—增面滚筒；8—正多边形托辊组；9—框支架；10—回程分支托辊；11—传动滚筒和驱动装置或电动滚筒；
12—空段清扫器；13—拉紧装置。

图 4-25　单圆管型输送机

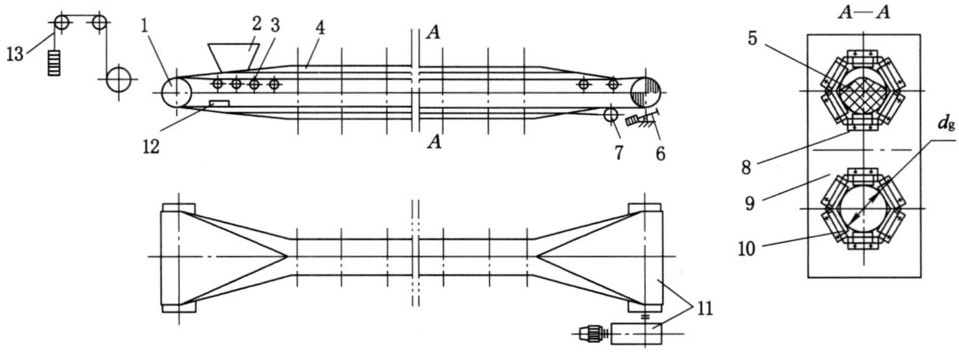

1—改向滚筒；2—导料槽；3—过渡托辊组和缓冲托辊组；4—输送带；5—物料；6—清扫器；7—增面滚筒；
8—正多边形托辊组；9—框支架；10—回程分支托辊；11—传动滚筒和驱动装置或电动滚筒；
12—空段清扫器；13—拉紧装置。

图 4-26　全圆管型输送机

三、圆管带式输送机的优点

圆管带式输送机与普通带式输送机相比，具有如下优点：

(1) 环保功能

物料完全被胶带封闭，不会外泄，因此，输送块料、粉料、有毒及起尘物料均不会造成环境污染。

(2) 小半径弯曲能力

与其他形式的带式输送机相比，圆管带式输送机的一个重要优点就是小半径弯曲能力。对于大多数应用场合来说，当输送带方向急剧变化时，可不设转载点。托辊成环形围在输送带周围，输送带可在任何方向弯曲——可在水平面、垂直面，甚至可以同时在水平和垂直两个面上弯曲。由于取消了转载点，也省掉了所需的附加滚筒、给料斗、灰尘收集器，因此物料损失显著减少。最重要的是避免了转载点的维护问题。

圆管带式输送机可有多个弯曲段，因此，1 台圆管带式输送机可取代多台通用带式输送机和相关的转载点及附加设备。

(3) 大角度倾斜能力

与通用带式输送机相比，圆管带式输送机有更大的倾斜输送能力。由于是圆形横断面，增大了物料与输送带的接触面积，因而使输送倾角增大 50%，最大可达 27°。倾斜角度越大，输送机长度越短、越经济，从而使圆管带式输送机成为在空间和性能受限情况下唯一可行的物料输送解决方案。

(4) 回程中输送带成圆管形

由于全圆管带式输送机的回程带也成圆管形，输送带被卷起来，搭接部分处于圆管的底部，因此，这不仅使输送带同承载侧一样可通过相同的弯曲路线，也使输送带脏的一面被包了起来，物料掉落的可能性很小。

(5) 输送量与更大的通用带式输送机相同

圆管带式输送机的输送量，通常与带宽是其管径 2.5～3 倍的通用带式输送机相同。例如，1 个管径为 300 mm 的圆管带式输送机，与带宽 800 mm、托辊槽角 20°、卸料角 20°的通用带式输送机的输送量相同；而圆管带式输送机的支架只有 635 mm 宽，通用带式输送机的支架最小为 1 050 mm 宽。在输送机安装空间受限制的条件下，采用圆管带式输送机占用面积小。

(6) 上下行程同时输送

与通用带式输送机一样，圆管带式输送机除上行程输送物料外，下行程也可输送物料。为了在回程中输送物料，必须把输送带翻转 180°，以便使搭接部分在上面，且输送带脏的一面仍然朝里。这样虽然要增加滚筒和驱动装置，但安装 1 台圆管带式输送机要比安装 2 台通用带式输送机经济。

圆管带式输送机作为一种新的煤炭输送方式，在国外得到广泛的应用。因其独有的方式和优于普通胶带的特点以及良好的环保效果，在国内正逐渐被许多电厂以及煤矿地面选煤运煤系统使用，但在井下使用较少。

四、圆管带式输送机的安装

圆管带式输送机的施工工艺流程如图 4-27 所示。

(1) 框支架安装

安装时，所有支架的中心线应在同一条线上，标高要符合设计的要求。由于框支架为钢结构，对于长距离的圆管带式输送机，要考虑由于环境温度变化而引起的结构架伸缩问题，宜采用铰接等结构连接方式。

(2) 桁架组合安装

圆管带式输送机的桁架在两个支架之间，为便于吊装，需要把两个支架之间的桁架先在地面组合在一起。组合时，按照设计图纸的尺寸要求进行，要把走道一起组合；其中过渡段(输送带由平形带卷成圆管形)安装是关键，输送带由不同槽角的托辊组支承，安装过程

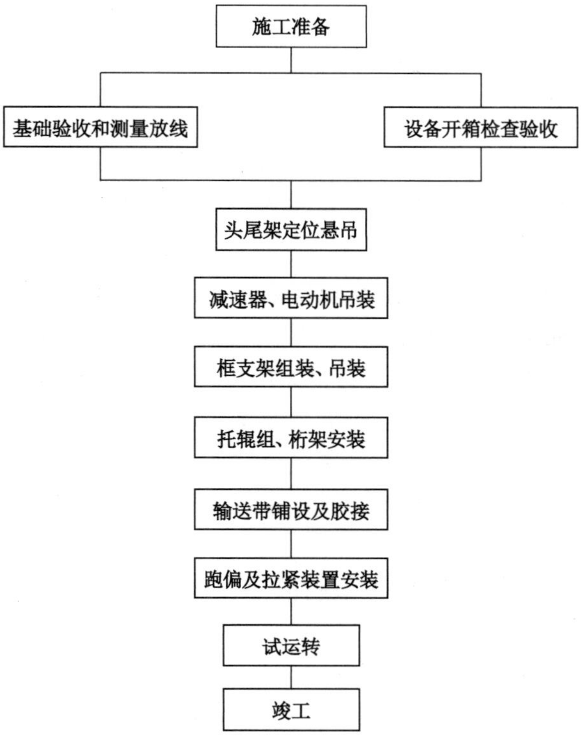

图 4-27　圆管带式输送机施工工艺流程

中要严格按照设计的角度及要求安装托辊组。

(3) 托辊组安装

圆管带式输送机的托辊为正多边形，在托辊组安装时，上下托辊要平形；托辊间距离要相等；偏差不大于 1 mm。托辊架及托辊要在地面组合，同一桁架上的同侧托辊的中心线要重合。

(4) 驱动部分安装，拉紧装置、输送带敷设及胶接

圆管带式输送机的驱动部分安装，拉紧装置、输送带敷设及胶接与普通带式输送机的安装方法相同，在安装时严格按照图纸的要求进行。

第五章　矿井变电设备安装技术

电能是煤矿生产中使用的最主要能源，与煤矿生产相关的提升、排水、运输、通风、照明等，都需要有源源不断充足的电能供应。安全用电是保证矿井安全生产的关键之一，供电系统能否安全、可靠地运行，不仅影响矿山企业产量，而且还有可能造成人身事故和设备损坏，严重时会造成矿井的破坏。煤矿供电需要采取各种预防措施和设施，以及必要的保护装置，以提高矿井生产的安全水平。本章主要介绍矿井工业场地 35/6 kV 变电所、矿井井下变电设备、电缆以及电气设备交接试验等内容。

第一节　矿井工业场地 35/6 kV 变电所安装

矿井 35/6 kV 变电所作为矿井中心变电所，在矿井供电系统中起着至关重要的作用。该变电所主要设备包括：35 kV 电气设备（包括双回路 35 kV 电源架空导线、母线、高压开关柜等）、35/6 kV 主变压器以及 6 kV 设备（如母线、高压开关柜、电力电容器和配出线）、低压配电系统、变电所的防雷与接地系统等相关系统。矿井供电系统如图 5-1 所示。

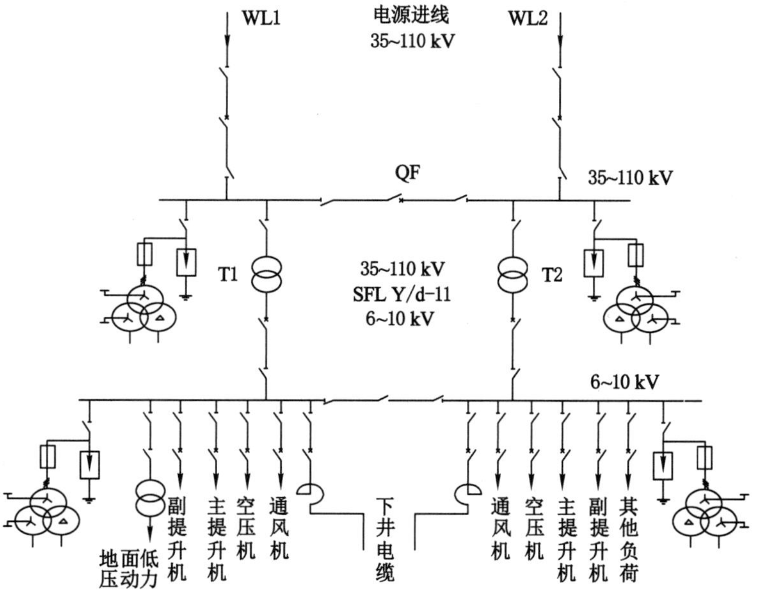

图 5-1　矿井供电系统示意（35 kV/110 kV）

变电所安装的主要施工工艺如下：施工前技术准备→设备进场检验→基础工序施工→电力变压器安装→成套高低压盘柜安装→电缆、母线等敷设安装→户外隔离开关安装→电容器安装→设备试验调整→设备送电、试运行→验收、竣工。以下对主要工序进行介绍。

一、施工前技术准备

(1) 组织技术人员熟悉、会审图纸，编制施工方案和施工操作要点，对可能出现问题的部位、工序提出注意事项和措施，对关键工序要有专项施工方案。

(2) 结合施工工序，配置施工机具。施工用计量器具及试验仪器，经计量部门鉴定合格后方可使用。

(3) 组织施工人员学习工程质量验收规范及施工作业规范。各施工工序开始前，由施工技术人员进行设计交底、分项工程技术交底、施工技术交底，全面掌握安装工程质量检验评定标准。

二、设备进场检验

(1) 安装前，应会同建设单位或监理单位共同进行设备开箱检查。开箱过程中应避免动作过大而损坏设备，并做好设备开箱记录。

(2) 依据设计要求及设备产品技术文件及装箱单等，对设备外观、构件、传动装置、各项仪表及附件等数量及质量进行检查、验收，并将出现的问题逐一记录在案，协商、处理达到完好设备安装要求。

(3) 依据设计图纸及设备安装基础要求，对设备安装部位的基础部位进行安装尺寸的校核。

三、基础工序施工

(一) 变电所基础槽钢安装

1. 准备工作

变电所基础预埋件(主要指设备基础槽钢、基础型钢)安装前，需要对变电所的预留孔洞、预埋件进行复测，包括以下内容：

(1) 全面复测设备安装部位结构层的标高，核对标高是否与图纸相符。发现结构层的标高与图纸不符或不能满足基础槽钢安装的要求，应向建设单位提交书面的测量数据。

(2) 测量设备安装部位结构层的平整度是否满足槽钢安装的要求。应保证基础槽钢与结构层表面能充分接触，确保槽钢受力均匀。

(3) 在土建单位的施工过程中，及时核查、复测变电所及其他供电设备房间内预留孔洞的数量、位置。位置不符时，应及时与土建施工单位联系解决，避免不必要的返工。

2. 基础槽钢制作

(1) 基础槽钢安装前应调整平直，下料尺寸准确，对接焊缝应磨平。

(2) 为保证基础槽钢的安装精度，在安装前先根据图纸尺寸将基础槽钢焊接成一个整体框架，应按设计要求刷防腐漆。无设计要求时，宜刷红丹一道，灰色面漆两道，再经过整形后进行现场安装。

3. 基础槽钢安装

(1) 根据图纸，将各组基础槽钢框架放在结构层的相应位置，用水准仪测量各组槽钢高程，调整槽钢水平度；将槽钢直接与预埋件焊接或用膨胀螺栓固定在结构层上。焊接时，应注意槽钢不要塌陷和变形，保持槽钢的水平。

（2）以每组盘柜基础型钢为一单元，以找平找正的最大正值为基准点，在各盘位加垫铁（最多不超过三块）。安装后，基础型钢的标高应符合设计要求。

（3）基础型钢采用槽钢时摆放方式应符合设计要求。无设计要求，当与盘柜采用螺栓固定时，槽钢宜立置；其他情况下槽钢宜平放。

（4）为防止基础型钢在地面施工中变形，可根据设计要求在盘间接缝的位置安装加强支撑，中间支撑的高度不得高于前后边的高度。土建单位进行装修层施工时，应防止外因使基础槽钢变形及移动。

4. 基础槽钢质量技术要求

（1）当设备有特殊要求时，基础槽钢标高应符合设计的相应要求；

（2）槽钢与固定角钢间应焊接牢固；

（3）基础型钢应有明显的可靠接地；

（4）基础槽钢安装的允许偏差见表5-1。

表 5-1　基础槽钢安装允许偏差

序号	项目		允许偏差/mm
1	不直度	每米	<1
		全长	<5
2	水平度	每米	<1
		全长	<5
3	位置误差及平行度	全长	<5

（二）电气装置的接地

（1）接地装置按照设计要求选材加工，其导体截面应符合热稳定和机械强度的要求，但不应小于表5-2、表5-3所列规格。

表 5-2　钢接地体和接地线的最小规格

种类、规格及单位		地上		地下	
		室内	室外	交流电流回路	直流电流回路
圆钢直径/mm		6	8	10	12
扁钢	截面积/mm^2	60	100	100	100
	厚度/mm	3	4	4	6
角钢厚度/mm		2	2.5	4	6
钢管管壁厚度/mm		2.5	2.5	3.5	4.5

注：电力线路杆塔的接地体引出线的截面积不应小于50 mm^2，引出线应热镀锌。

表 5-3　铜接地体的最小规格

种类、规格及单位	地上	地下
铜棒直径/mm	4	6
铜板横截面积/mm^2	10	30
铜管管壁厚度/mm	2	3

注：裸铜绞线一般不作为小型接地装置的接地体用，当作为接地网的接地体时，截面应满足设计要求。

(2) 低压电气设备地面上外露的铜和铝接地线的最小截面积应符合表 5-4 的规定。

表 5-4　低压电气设备地面上外露的铜和铝接地线的最小截面积

名称	铜/mm^2	铝/mm^2
明敷的裸导体	4	6
绝缘导体	1.5	2.5
电缆的接地芯或与相线包在同一保护外壳内的多芯导线的接地芯	1	1.5

(3) 接地体顶面埋设深度应符合设计规定；当无规定时，不应小于 0.6 m。角钢、钢管、铜棒、铜管等接地体应垂直配置。除接地体外，接地体引出线的垂直部分和接地装置连接（焊接）部位外侧 100 mm 范围内应做防腐处理。在做防腐处理前，表面必须除锈并去掉焊接处残留的焊药。

(4) 接地体的间距不宜小于其长度的 2 倍。水平接地体的间距应符合设计规定；当无设计规定时不宜小于 5 m。

(5) 接地干线应在不同的两点及以上与接地网相连接。自然接地体应在不同的两点及以上与接地干线或接地网相连接。

(6) 每个电气装置的接地应以单独的接地线与接地干线相连接，不得在一个接地线中串接几个需要接地的电气装置。

(7) 接地体敷设完后，土沟回填土内不应夹有石块和建筑垃圾等，外取的土壤不得有较强的腐蚀性。在回填土时，应分层夯实；室外接地回填宜有高度为 100～300 mm 的防沉层；在山区石质地段或电阻率较高的土质区段应在土沟中回填厚度至少为 100 mm 的净土垫层，再敷设接地体，然后用净土分层夯实回填。

(8) 明敷接地线的安装应符合下列要求：

① 接地线的安装位置应合理，便于检查，不妨碍设备的检修与运行巡视。

② 接地线的安装应美观，防止因加工方式而造成接地线截面积减小、强度降低、容易生锈。

③ 支持件间的距离，在水平直线部分宜为 0.5～1.5 m，垂直部分宜为 1.5～3 m，转弯部分宜为 0.3～0.5 m。

④ 接地线应按水平或垂直敷设，亦可与建筑物倾斜结构平行敷设；在直线段，不应有高低起伏及弯曲等现象。

⑤ 接地线沿建筑物墙壁水平敷设时，离地面距离宜为 250～300 mm；接地线与建筑物墙壁间的间隙宜为 10～15 mm。

(9) 明敷接地线的表面应涂以 15～100 mm 宽度相等的绿色和黄色相间的条纹。在每个导体的全部长度上或只在每个区间或每个可接触到的部位上宜做出标志；当使用胶带时，应使用双色胶带。中性线应涂装淡蓝色标志。

（10）接地体（线）的连接应采用焊接，焊接必须牢固无虚焊。接至电气设备上的接地线，应用镀锌螺栓连接。有色金属接地线不能采用焊接时，可用螺栓连接。不同材料的接地体间的连接应进行处理。

（11）接地体（线）的焊接应采用搭接焊，其搭接长度必须符合下列规定：

① 扁钢为其宽度的 2 倍（且至少 3 个棱边焊接）；

② 圆钢为其直径的 6 倍；

③ 圆钢与扁钢连接时，其长度为圆钢直径的 6 倍；

④ 扁钢与钢管、扁钢与角钢焊接时，为了连接可靠，除应在其接触部位两侧进行焊接外，并应焊以由钢带弯成的弧形（或直角形）卡子或直接由钢带本身弯成弧形（或直角形）与钢管（或角钢）焊接。

（12）采用钢绞线、铜绞线等作接地引下线时，宜用压接端子与接地体连接。

四、电力变压器安装

电力变压器安装，应参照《电气装置安装工程 电力变压器、油浸电抗器、互感器施工及验收规范》（GB 50148—2010）。电力变压器本体如图 5-2 所示。电力变压器安装工艺流程如图 5-3 所示。

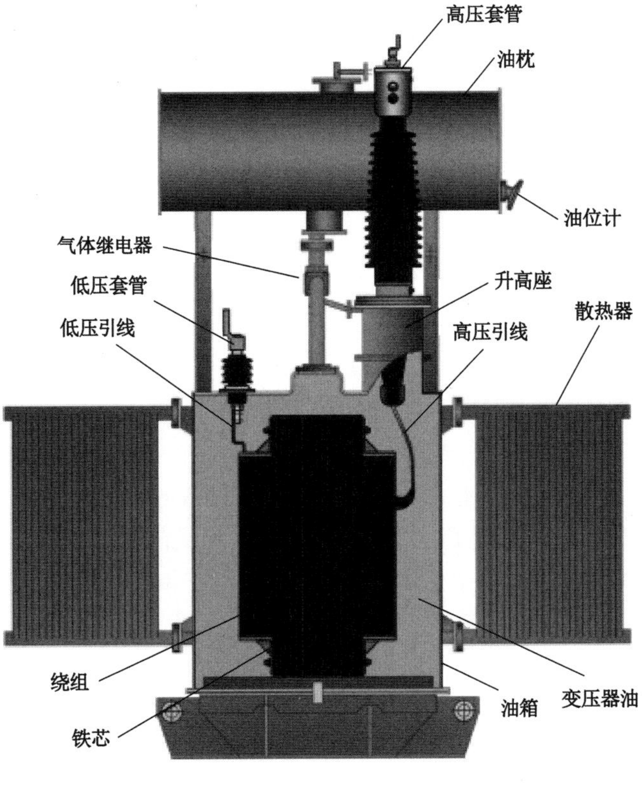

图 5-2　电力变压器本体示意

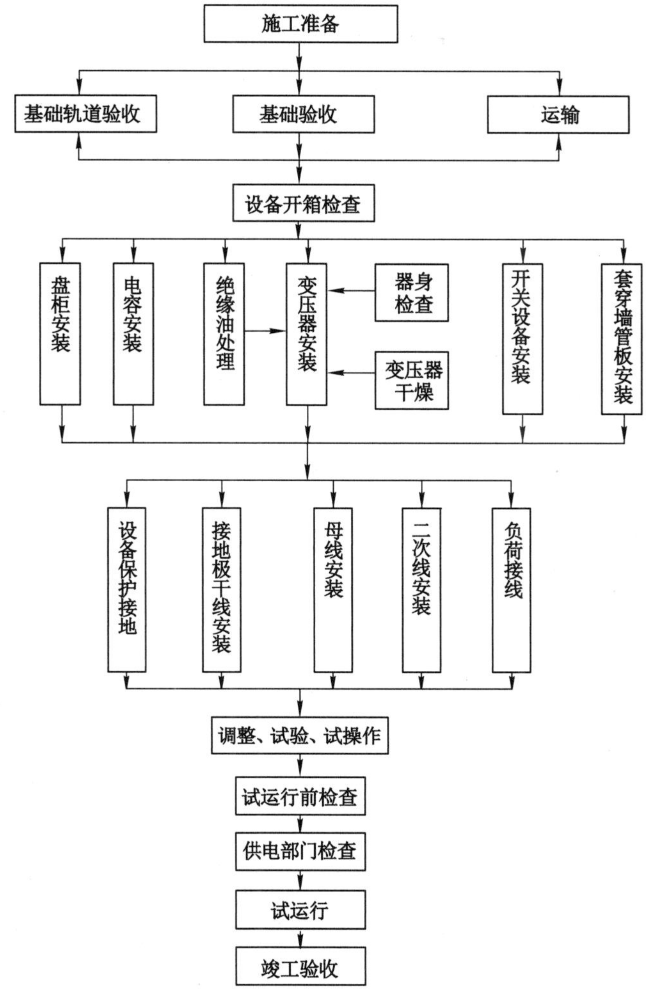

图 5-3　电力变压器安装工艺流程

（一）施工前期准备

1. 建筑工程

电气设备安装前建筑工程应具备条件如下：

(1) 室外场地平整，基础标高、尺寸、结构及预埋件焊件强度均符合设计要求；保护性网门、栏杆等安全设施齐全。

(2) 变压器的蓄油坑清理干净，排油水管通畅；卵石铺设完毕、轨道安装完毕，并符合设计要求。

2. 基础验收

变压器就位前，要先对基础进行验收。基础的中心与标高应符合工程设计要求。轨距应与变压器轮距相吻合，具体要求如下：

(1) 轨道水平误差不应超过 5 mm；

(2) 轨面对设计标高的误差不应超过±5 mm。

3. 设备交检

变压器、电抗器、接地变压器及箱式变电站设备到货的交接检查项目如下：

(1) 所有附件应齐全，油箱及附件应无锈蚀及机械损伤，密封良好。

(2) 油箱盖连接螺栓应齐全、紧固，无渗漏。

(3) 注油或充干燥气体运输的附件，密封应良好、无渗漏，并应有监视压力表。

(4) 充干燥气体运输的变压器、电抗器，油箱内气体压力值应为0.01～0.03 MPa；现场应办理交接签证，并移交检测压力记录。

(5) 检查运输、装卸过程中设备的受冲击情况，并应记录冲击值、办理交接签证手续。

4. 设备保管

变压器、电抗器、接地变压器及箱式变电站设备的保管应满足如下要求：

(1) 绝缘部件、绝缘材料、表计、风扇、潜油泵、气体继电器、气道隔膜、测温装置、专用材料、工具、备品、备件、短尾式套管等，应保存在干燥的室内；瓷件不得倒置、碰撞。

(2) 充干燥气体的变压器、电抗器，油箱内的压力应为0.01～0.03 MPa，现场保管应每天检查压力值；当油箱内的气体压力低于0.01 MPa时，应及时补充合格气体。

(3) 散热器、连通管、安全气道等应密封。

5. 绝缘油的验收与保管

绝缘油的验收与保管应符合下列要求：

(1) 绝缘油应储备在密封清洁的专用油罐或其他容器内。

(2) 每批到达现场的绝缘油均应有试验记录，并应取样进行简化分析，必要时进行全分析。取样试验应按现行国标《电力用油（变压器油、汽轮机油）取样方法》(GB/T 7597—2007)的规定执行；试验标准应符合现行国标《电气装置安装工程 电气设备交接试验标准》(GB 50150—2016)的规定。

(3) 不同牌号的绝缘油应分别储存，并有明显牌号标志。

6. 安装滞后处置

变压器、电抗器到达现场后，当三个月内不能安装时，应在一个月内进行下列工作。

(1) 带油运输的变压器、电抗器

① 检查油箱密封情况。

② 测量变压器内油的绝缘强度。

③ 测量绕组的绝缘电阻(运输时不装套管的变压器可以不测)。

④ 安装储油柜及吸湿器，注以合格油至储油柜规定油位；或在未装储油柜的情况下，上部抽真空后，充以0.01～0.03 MPa、纯度不低于99.9%、露点低于－40 ℃的氮气。

(2) 充气运输的变压器、电抗器

① 应安装储油柜及吸湿器，注以合格油至储油柜规定油位。

② 当不能及时注油时，应继续充与原充气体相同的气体保管，但必须有压力监视装置，压力应保持为0.01～0.03 MPa，气体的露点应低于－40 ℃。

7. 变压器器身检查内容及要求

变压器器身检查的主要内容和要求如下：

(1) 运输支撑和器身各部应无位移，临时防护装置或临时支撑应拆除，并应清点做好记录。

(2) 所有连接应紧固,并应有防松措施;绝缘螺栓应无损坏,防松绑扎应完好。

(3) 铁芯检查应符合下列规定:

① 铁芯应无变形,铁轭与夹件间的绝缘应完好;

② 铁芯应无多点接地;

③ 铁芯外引接地的变压器拆除接地线后,铁芯对地绝缘应符合产品技术文件的要求。

(4) 绕组检查应符合下列规定:

① 绕组绝缘层应完整,应无破损、变形和位移现象;

② 各绕组应排列整齐,间隙应均匀;

③ 绕组的压板应紧固,防松螺母应锁紧。

(5) 引出线绝缘应良好,应无破损和拧弯现象,并应绑扎牢固;固定支架应固定可靠;引出线的裸露部分应无毛刺和尖角;焊接质量应良好,引出线与套管的连接应可靠,接线应正确。

(6) 无励磁调压切换装置各分接头与线圈的连接应紧固可靠;分接头应清洁,且接触应密实,弹力应良好;所有接触部分,用0.05×10塞尺检查时,应塞不进去;转动接点应正确停留在各相应位置上,并应与指示器指示位置一致;切换装置的拉杆、分接头凸轮、小轴、销子等应完整无损;转动盘应动作灵活,密封应良好。

(7) 变压器有载调压装置的选择开关、切换开关应接触良好,并应符合产品技术文件的要求,位置显示正确;分接引线应连接正确、牢固,切换开关部分密封良好。

(8) 绝缘屏障应完好,且应固定牢固,无松动现象。

(9) 检查强油循环管路与下轭绝缘接口部位,密封应良好。

(10) 检查各部位,应无油泥、水滴和金属屑等杂物。

(11) 箱壁上的阀门开闭应灵活,指示应正确;导向冷却的变压器,还应检查和清理进油管接头和集箱。

(12) 器身检查完毕,应用变压器油对器身进行冲洗、清洁油箱底部,不得有遗留杂物和残油。

(二) 电力变压器本体及附件安装

1. 电力变压器本体装卸及就位

(1) 变压器、电抗器、接地变压器及箱式变电站的装卸,应符合下列规定:

① 利用机械牵引变压器、电抗器、接地变压器及箱式变电站时,牵引着力点应在设备的重心以下并符合制造厂规定;运输过程中,设备倾斜角度不应超过15°,严禁产生冲击和振动,以防止器身移位。

② 变压器、电抗器、接地变压器及箱式变电站装卸时,应使用产品设计的专用受力点,并应采取防滑和防倒措施;牵引速度不应超过2 m/min。

③ 起吊变压器时,钢丝绳与垂线之间的夹角不得大于30°;变压器搬运时,应注意保护瓷瓶,使其不受损伤。

(2) 变压器、电抗器、接地变压器及箱式变电站的就位,应符合下列规定:

① 变压器、电抗器、接地变压器及箱式变电站基础应平整。

② 利用千斤顶升降大型变压器、电抗器、接地变压器及箱式变电站时，应将千斤顶放在千斤顶支架部位；升降操作应使各点均匀受力，并应及时垫好垫铁。

③ 装有滚轮的变压器、电抗器、接地变压器，其滚轮转动应灵活。

④ 变压器、电抗器、接地变压器及箱式变电站本体直接就位于基础上时，应符合设计和制造厂的要求；用垫铁对设备进行找平时，所用垫铁及其布置应符合现行《机械设备安装工程施工及验收通用规范》(GB 50231—2009)。

⑤ 装有气体继电器的变压器、电抗器、接地变压器及箱式变电站，除制造厂规定不需设置安装坡度外，应使其顶盖沿气体继电器气流方向有1%～1.5%的升高坡度；当与封闭母线连接时，其套管中心线应与封闭母线中心线相符。

2. 干式电抗器及干式接地变压器安装要求

(1) 干式电抗器或干式接地变压器线圈绝缘损伤或导体裸露时，应按产品技术文件的要求进行处理。

(2) 干式电抗器有下列情况时，可进行修补：

① 混凝土支柱表面漆层损坏处，应涂以防潮绝缘漆。

② 混凝土支柱表面裂纹的长度不超过柱子径向尺寸的1/3，且宽度不大于0.5 mm时，可进行修补。修补后，应在表面涂以防潮绝缘漆。

(3) 干式电抗器或干式接地变压器的基础，应符合产品技术文件的要求。干式空心电抗器基础内部的钢筋制作应符合设计要求，自身没有且不应通过接地线构成闭合回路。

(4) 干式电抗器应按编号进行安装，并应符合下列规定：① 三相垂直排列时，中间一相线圈的绕向应与上、下两相相反，各相中心线应一致。② 两相重叠一相并列时，重叠的两相绕向应相反，另一相应与上面的一相绕向相同。③ 三相水平排列时，三相绕向应相同。

(5) 电抗器的自重应均匀分配在所有支柱绝缘子上。找平时，应在支柱绝缘子座下放置钢制垫片，垫片应固定牢固。

(6) 电抗器、干式电抗器的接地，应符合下列规定：

① 电抗器上、下重叠安装时，底层的所有支柱均应接地，其余支柱绝缘子可不接地。

② 每相单独安装时，每相支柱绝缘子均应接地。

③ 支柱绝缘子的接地线，不应构成闭合回路。

(7) 干式铁芯电抗器及接地变压器的各部位固定应牢靠，螺栓应紧固，铁芯应一点接地。

(8) 电抗器采用金属围栏时，围栏应有明显断开点，并不应通过接地线构成闭合回路。

3. 变压器附件安装

(1) 套管安装：打开高压套管安装孔和手孔盖板，用丙酮擦净法兰表面后，依次安装绝缘筒、升高座与套管。在安装绝缘筒时，要注意使缺口方向与引出线方向一致。升高座安装时，放气塞要位于升高座最高处，电流互感器的各铭牌面向油箱外侧。

(2) 冷却器装置安装：将碟阀关闭，拆除连接法兰临时堵板，并将连接法兰擦洗干净，再装冷却器。冷却器装上后，松开底部螺丝放尽残油，然后才可打开下部阀门，给冷却器充油。

(3) 储油柜安装：清洗储油柜内部，除去杂物，并用合格的变压器油冲洗，再将胶囊安装在储油柜内；胶囊安装完后，保证胶囊口的密封良好，呼吸畅通。

(4) 气体继电器安装：气体继电器安装时，先装好两侧的集管，但各连接面的螺栓不要拧紧；然后再装继电器，继电器安装要水平，其顶盖上标志的箭头要指向储油柜，连接管的结合处密封要良好。

(5) 压力释放装置的安装：先将阀盖和升高座内部清理干净，然后再进行安装。安装后方向要正确，使喷油口不要朝向邻近的设备且密封良好。

(6) 温度计安装：温度计安装前应校验合格，信号按键动作正常，导通良好。顶盖上的温度计座内要注变压器油，密封要良好。

4. 变压器附件安装要求

(1) 密封处理应符合下列规定：

① 所有法兰连接处，应使用与法兰面尺寸相吻合的耐油密封垫圈。密封垫圈应无扭曲变形、裂纹和毛刺；密封垫圈应使用产品技术文件要求的清洁剂擦拭干净，安装位置应准确，搭接处的厚度应与原有厚度相同；橡胶密封垫圈的压缩量不应超过其厚度的 1/3。

② 法兰面应清洁；法兰螺栓应对称均匀紧固，紧固后的法兰间隙应均匀，螺栓的紧固力矩应符合表 5-5 的规定。

表 5-5　钢制螺栓的紧固力矩

螺栓规格	力矩/N·m	螺栓规格	力矩/N·m
M8	8.8～10.8	M16	78.5～98.1
M10	17.7～22.6	M18	98.0～127.4
M12	31.4～39.2	M20	156.9～196.2
M14	51.0～60.8	M24	274.6～343.2

(2) 冷却装置的安装应符合下列要求：

① 冷却装置在安装前，应按制造厂规定的压力值用气体或压力油进行密封试验，并应符合下列要求：

a. 散热器、强迫油循环风冷却器，持续 30 min 应无渗漏。

b. 强迫油循环水冷器，持续 1 h 应无渗漏，水、油系统应分部检查渗漏。

② 冷却装置在安装前，应用合格的绝缘油经净油机循环冲洗干净，并将残油排尽。

③ 冷却装置安装完毕后，应立即注满油。

④ 管路中的阀门应动作灵活、开闭位置正确，阀门及法兰连接处应密封良好。

⑤ 外接油管路在安装前，应进行彻底除锈并清洗干净；管道安装后，油管应涂黄漆，水管应涂黑漆，并应有流向标志。

⑥ 液压泵转向应正确，转动时应无异常噪声、振动或过热现象；密封应良好，无渗油或进气现象。

⑦ 差压继电器、流速继电器应经校验合格，且密封良好、动作可靠。

(3) 储油柜的安装应符合下列要求：

① 储油柜安装前，应清洗干净。

② 胶囊式储油柜中的胶囊或隔膜式储油柜中的隔膜应完整无破损；在缓慢充气胀开后检查，应无漏气现象。

③ 胶囊沿长度方向应与储油柜的长轴保持平行，不应扭偏；胶囊口的密封应良好，呼吸应畅通。

④ 油位表动作应灵活，油位表或油标管的指示必须与储油柜的真实油位相符，不得出现假油位；油位表的信号接点位置正确，绝缘良好。

(4) 升高座的安装应符合下列要求：

① 升高座安装前，应先完成电流互感器的试验。电流互感器出线端子板应绝缘良好，其接线螺栓和固定件的垫块应紧固；端子板应密封良好，无渗油现象。

② 升高座安装时，应使电流互感器铭牌位置面向油箱外侧，放气塞位置应在升高座最高处。

③ 电流互感器和升高座的中心应一致。

(5) 套管的安装应符合下列要求：

① 套管安装前应进行下列检查：

a. 瓷套表面应无裂纹、伤痕。

b. 套管、法兰颈部及均压球内壁应清擦干净。

c. 套管应经试验合格。

d. 充油套管应无渗油现象，油位指示正确。

② 充油套管内部绝缘已确认受潮时，应予干燥处理。

③ 高压套管穿缆的应力锥应进入套管的均压罩内，其引出端头与套管顶部接线柱连接处应擦拭干净，接触紧密；高压套管与引出线接口的密封波纹盘结构的安装，应严格按制造厂的规定进行。

④ 套管顶部结构的密封垫应安装正确，密封应良好，连接引线时不应使顶部结构松扣。

⑤ 充油套管的油标应面向外侧，套管末屏应接地良好。

(6) 气体继电器的安装应符合下列要求：

① 气体继电器安装前，应经检验鉴定；

② 气体继电器应水平安装，顶盖上标志的箭头应指向储油柜，与连通管的连接应密封良好。

(7) 测温装置安装应符合下列规定：

① 温度计安装前应经校验合格，信号接点动作应正确、导通良好；温度计应按产品技术文件的要求进行校验；当制造厂已提供温度计出厂检验报告时，可不进行现场检验，但应进行现场温度对比检查。

② 顶盖上的温度计座应注满绝缘油，且应密封良好，无渗油现象；闲置的温度计座应密封。

③ 膨胀式信号温度计的金属软管不得变形和急剧扭曲，其弯曲半径不应小于 50 mm。

(8) 控制箱的安装应符合下列规定：

① 冷却系统控制电源的自动投切传动应正确可靠。

② 控制回路排线应整齐，绝缘应无损伤；接线应采用铜质或有电镀防腐层的螺栓紧固，且应有防松装置；连接导线截面应符合设计文件要求，并应标识清晰。

③ 内部断路器、接触器动作应灵活、无卡阻；触头接触应紧密、可靠。

④ 电动机保护装置的整定值，应符合设计文件要求。

⑤ 内部元件及转换开关各位置的命名应正确，并应符合设计要求。

⑥ 控制箱内外应清洁无锈蚀；驱湿装置工作应正常。

⑦ 控制和信号回路接线应正确。

(9) 电力变压器注油应符合下列规定：

① 绝缘油按现行国家标准《电气装置安装工程 电气设备交接试验标准》(GB 50150—2016)的规定试验合格后，方可注入变压器中。

② 变压器注油时，宜从下部油阀进油或按制造厂的规定执行。

③ 设备各接地点及油管道应可靠接地。

④ 往变压器、电抗器内加注补充油时，应通过储油柜上专用的添油阀，并经净油机注入，注油至储油柜额定油位；注油时应排放本体及附件内的空气，少量空气可自储油柜排尽。

⑤ 注油完毕后，在施加电压前，其静置时间不应少于 24 h。

⑥ 静置完毕后，应从变压器的套管、升高座、冷却装置、气体继电器及压力释放装置等有关部位进行多次放气，并启动潜油泵，直至残余气体排尽。

⑦ 变压器安装完毕后，应在储油柜上用气压或油压进行整体密封试验；其压力为油箱盖能承受压力，试验持续时间为 24 h，应无渗漏。

(三) 变压器、电抗器试运行验收内容

(1) 变压器、电抗器、接地变压器及箱式变电站试运行前，应对变压器、电抗器、接地变压器及箱式变电站进行全面检查。检查应符合下列规定：

① 本体、冷却装置及所有附件应无缺陷，且不应渗油；绝缘子应完整、无裂纹。

② 本体及附件上所有阀门位置应正确。

③ 箱式变电站接线应正确，内部应无杂物。

④ 表面防腐应完整，相色标志应正确。

⑤ 设备上应无任何遗留杂物。

⑥ 事故排油设施应完好，消防设施应齐全。

⑦ 变压器本体应两点接地；接地引线及其与主接地网的连接，应符合设计要求，接地应可靠。

⑧ 各部件的验收检查应符合现行国家标准《电气装置安装工程 电力变压器、油浸电抗器、互感器施工及验收规范》(GB 50148—2010)的有关规定。

⑨ 储油柜和注油套管的油位应正常。

⑩ 分接头的位置应符合运行要求，且位置指示应正确。

⑪ 变压器的相位及绕组的接线组别应符合并列运行要求。

⑫ 测温装置指示应正确，测温整定值应符合设计要求。

⑬ 冷却装置转向应正确，应无异常噪声、振动和过热现象；试运行应正常，联动应正确；强迫油循环的变压器、电抗器应启动全部冷却装置，循环 4 h 以上，并应排完残留空气。

⑭ 变压器、电抗器的电气试验应合格；保护装置整定值应符合规定；操作及联动试验应正确。

(2) 变压器、电抗器试运行前，应按下列规定进行检查：

① 中性点接地的变压器，在进行冲击合闸时，其中性点应可靠接地。

② 变压器、电抗器第一次投入时，可全电压冲击合闸；冲击合闸时，变压器宜由高压侧投入。

③ 变压器、电抗器应进行 5 次空载全电压冲击合闸。第一次受电后持续时间不应小于 10 min；全电压冲击合闸时，其励磁涌流不应使保护装置动作。

④ 变压器并列运行前，应对相序进行核对。

⑤ 带电后，检查本体及所有附件的焊缝和接合面，不应有渗油现象。

⑥ 变压器、电抗器试运行期间，应无异常声响和振动，其温升应符合产品技术文件的要求。

(3) 变压器、电抗器、接地变压器空载试运行时间，应符合下列规定：

① 容量为 5 000 kV·A 及以下的变压器、电抗器、接地变压器，空载试运行时间不应小于 24 h。

② 容量为 6 300 kV·A 及以上的变压器、电抗器、接地变压器，空载试运行时间不应小于 48 h。

(4) 变压器、电抗器应在空载试运行无异常情况后，再投入负荷运行。

(5) 验收时，应提交下列资料：

① 变压器、电抗器器身检查记录；

② 变压器内部安装、连接及监护记录；

③ 变压器、电抗器干燥记录；

④ 电抗器修补记录。

五、成套高低压盘柜

高低压开关柜在电力系统发电、输电、配电、电能转换和消耗中起通断、控制或保护等作用。作为电力线路的馈电及保护装置，其在整个项目供电中是关键设备，也是整个施工过程中最重要的部分。目前各类供配电变电站(所)多采用成套高低压盘柜，它具有安全可靠、灵活多变、美观大方、节省空间、接线合理等特点，被广泛应用于各类供电系统变电场所控制、操作系统。

成套高低压盘柜安装一般按如下工序进行：设备开箱检查→柜(箱)定位及安装→柜(箱)母线配制→柜内二次回路接线和电缆连接→柜(箱)试验调整→送电运行验收。

1. 设备开箱检查

施工前的设备开箱工作主要包括以下内容：

(1) 高低压配电柜应存放在室内或能避雨、风、沙的干燥场所。

(2) 盘柜设备开箱验收应进行如下检查工作：

① 设备外表油漆完整无划痕，无显著变形、倾斜等缺陷。

② 盘上元器件无缺损现象。

③ 盘面布置符合设计图纸要求，各种标签齐全、正确，布线合理。

④ 盘内器件型号、规格符合设计要求，二次接线与控制原理图相符。

⑤ 所有设备的附件、合格证、技术文件齐全。

(3) 所有随机设备资料、母线、连接螺栓等附件备件及专用工具等，应由专人保管，以防丢失。

2. 柜(箱)定位及安装

(1) 设备施工一般要求

① 在基础槽钢上用白色油漆标明相应盘柜位号及盘面方向，依据图纸量好尺寸，标好每块盘柜边界线。

② 对设备的现场摆放位置、通道及站位进行清理。使用吊装设备、滚杠及液压推车等工具将柜运至安装位置，运输过程中要小心轻放，避免磕碰等现象发生。

③ 高低压开关柜起吊前应抽出柜内小车，锁好柜门。吊装索具应可靠挂在高压开关柜顶的规定吊耳上，起吊过程应缓慢，防止盘柜面划擦碰撞。

④ 高压开关柜落到平台上后，观察盘柜位号，缓慢推滚至相应位置排好就位。先测量基础槽钢最高点，安装好一台开关柜，使之水平，并将此柜作为标准柜。然后，逐台将开关柜找平找正。设备找平找正过程中可用 0.5 mm 铁片进行调整，但每处垫片最多不能超过 3 片。

⑤ 成排盘柜安装前，应去掉保护封板和相应母线室、电缆室前的隔板。需要注意，与母线槽相连的盘柜位置一定要准确，相互之间位置偏差应小于 2 mm。

(2) 盘、柜安装要求

① 基础型钢安装后，其顶部宜高出最终地面 10～20 mm，基础型钢应有可靠的接地。

② 盘、柜安装在振动场所时，应按设计要求采取防振措施。

③ 盘、柜及盘、柜内设备与各构件间连接应牢固，主控制盘、继电保护盘和自动装置盘不宜与基础型钢焊接。

④ 盘、柜单独或成列安装时，其垂直度，水平偏差以及盘、柜偏差和盘、柜间接缝的允许偏差，应符合表 5-6 的规定。模拟母线应对齐、完整，并应安装牢固。

表 5-6　盘、柜安装技术要求

序号	检查项目	允许偏差
1	垂直度	＜1.5 mm/m
2	水平偏差	＜2 mm(相邻盘顶部)
		＜5 mm(成列盘顶部)
3	盘面偏差	＜1 mm(相邻两盘边)
		＜5 mm(成列盘面)
4	盘间接缝	＜2 mm

⑤ 端子箱安装应牢固，封闭良好，并应能防潮、防尘。安装位置应便于检查。成列安装时，应排列整齐。

⑥ 盘、柜、台、箱的接地应牢固可靠。装有电器的可开启的门，应以裸铜软线与接地的金属构架可靠连接，成套柜应装有供检修用的接地装置。

⑦ 盘、柜的漆层应完整且无损伤，固定电器的支架应刷漆，并应保持同一室内盘、柜颜色一致。

(3) 成套配电柜的安装应符合下列要求：

① 机械闭锁、电气闭锁应动作准确、可靠。

② 动触头与静触头的中心线应一致，触头应接触紧密。

③ 二次回路辅助开关的切换接点应动作准确，接触可靠。

④ 柜内照明齐全。

(4) 手车式配电柜的安装应符合下列要求：

① 检查防止电气误操作的"五防"装置，应齐全，且动作灵活可靠。

② 手车推拉应灵活轻便，无卡阻、碰撞现象；相同型号的手车应能互换。

③ 手车推入工作位置后，动触头顶部与静触头底部的间隙应符合要求。

④ 手车和柜体间的二次回路连接插件应接触良好。

⑤ 安全隔离板应开启灵活，随手车的进出而相应动作。

⑥ 柜内控制电缆的位置不应妨碍手车的进出，并应牢固。

⑦ 手车与柜体间的接地触头应接触紧密；当手车推入柜内时，其接地触头应比主触头先接触，拉出时接地触头比主触头后断开。

(5) 抽屉式配电柜的安装应符合下列要求：

① 抽屉推拉应灵活轻便，无卡阻、碰撞现象；抽屉应能互换。

② 抽屉的机械联锁或电气联锁装置应动作正确可靠；断路器分闸后，隔离触头才能分开。

③ 抽屉与柜体间的二次回路连接插件应接触良好。

④ 抽屉与柜体间的接触及柜体、框架的接地应良好。

(6) 盘、柜上的电器安装应符合下列规定：

① 各电器应能单独拆、装、更换，且不应影响其他电器及导线束的固定。

② 发热元件宜安装在散热良好的地方，两个发热元件之间的连线宜采用耐热导线。

③ 熔断器的熔体规格、自动开关的整定值，应符合设计要求。

④ 切换压板应接触良好，相邻压板间应有足够安全距离，切换时不应碰及相邻的压板；对于一端带电的切换压板，应在压板断开情况下，活动端部不带电。

⑤ 信号回路的信号灯、光字牌、电铃、电笛、事故电钟等应显示准确，工作应可靠。

⑥ 带有照明的封闭式盘、柜应保证照明完好。

⑦ 盘、柜的正面及背面各电器、端子排等应标明编号、名称、用途及操作位置，其标示的字迹应清晰、工整，且不应脱色。

(7) 盘、柜在验收时，应按下列要求进行检查：

① 盘、柜的固定及接地应可靠，盘、柜漆层应完好、清洁整齐。

② 盘、柜内所装电气元件应齐全完好；安装位置应正确，固定应牢固。

③ 所有二次回路接线应准确、连接可靠，标志应齐全清晰，绝缘应符合要求。

④ 手车或抽屉式开关柜在推入或拉出时应灵活，机械闭锁应可靠；照明装置应齐全。

⑤ 盘、柜及电缆管道安装完毕后，应做好封堵。

⑥ 操作及联动试验应正确，并应符合设计要求。

3. 二次回路接线及电缆连接

(1) 二次回路接线施工应符合下列要求：

① 按图施工，接线正确。

② 导线与电气元件间采用螺栓连接、插接、焊接或压接等，均应牢固可靠。

③ 盘、柜内的导线不应有接头，导线芯线应无损伤。

④ 电缆芯线和所配导线的端部均应标明其回路编号，编号应正确、字迹要清晰且不易脱色。

⑤ 配线应整齐、清晰、美观，导线绝缘应良好、无损伤。

⑥ 每个接线端子的每侧接线宜为 1 根，不得超过 2 根。对于插接式端子，不同截面积的 2 根导线不得接在同一端子上；对于螺栓连接端子，当接 2 根导线时，中间应加平垫片。

⑦ 二次回路接地应设专用螺栓。

(2) 二次回路的连接件均应采用铜质制品，绝缘件应采用自熄性阻燃材料。

(3) 用于连接门上的电器、控制台板等可动部位的导线，应符合下列规定：

① 应采用多股软电线，敷设长度应有适当富裕度。

② 线束应有外套塑料管等加强绝缘层。

③ 与电器连接的端部应绞紧，并应加终端附件或搪锡处理，不得松散、断股。

④ 在可动部位两端应用卡子固定。

(4) 引入盘、柜内的电缆及其芯线应符合下列要求：

① 引入盘、柜的电缆应排列整齐、避免交叉，并应固定牢固，不得使所接的端子排受到机械应力；编号要清晰。

② 铠装电缆在进入盘、柜后，应将钢带切断；切断处的端部应扎紧，并应将钢带接地。

③ 用于静态保护、控制等逻辑回路的控制电缆，应采用屏蔽电缆。屏蔽层应按设计要求的接地方式接地。

④ 橡胶绝缘的芯线应外套绝缘管保护。

⑤ 盘、柜内的电缆芯线，应按垂直或水平有规律地配置，不得任意歪斜交叉连接；备用芯长度应留有适当余量。

⑥ 强、弱电回路不应使用同一根电缆，并应分别成束分开排列。

六、母线安装

母线作为电力系统汇集、分配和传送电能的连接装置，主要用于变电所中各级电压配电装置以及变压器等电气设备和相应配电装置的连接。母线大都采用矩形或圆形截面的裸导线或绞线。

母线大致分为三类：硬母线、软母线和封闭母线。硬母线包括矩形母线、槽形母线、管形母线等；软母线包括铝绞线、铜绞线、钢芯铝绞线、扩径空心导线等；封闭母线包括共箱母线、分箱母线等。

1. 硬母线加工要求

(1) 铜、铝母线无出厂合格证或资料不全以及对材质有怀疑时，应对母线进行机械性能和电阻率的检验。

(2) 母线表面应光洁平整，不应有裂纹、折皱、夹杂物及变形和扭曲现象。母线安装前应校正平直，应在表面平直、光滑、洁净的大型槽钢或工字钢上用木槌校平直；如弯曲较大，应在弯曲部位上放置铝板或木板用铁锤校平直。

(3) 母线下料时应注意以下几点：

① 根据母线来料长度合理切割，以免浪费。

② 为检修拆卸方便，长母线应在适当地点分段，但接头不要太多。

③ 母线下料要留有适量的裕度，避免弯曲时产生误差而造成整根作废。弯制好的母线应在设备上比照好后，再切去端头多余的部分。

④ 相同布置的主母线、分支母线、引下线及设备连接线，应对称一致、横平竖直、整齐美观。

(4) 矩形母线应进行冷弯，不得进行加热弯制，并应符合下列规定：

① 母线开始弯曲处距最近绝缘子的母线支持夹板边缘不应大于 0.25L(L 为母线两支持点间的距离)，但不得小于 50 mm。母线开始弯曲处距母线连接位置不应小于 50 mm。硬母线的立弯与平弯如图 5-4 所示。

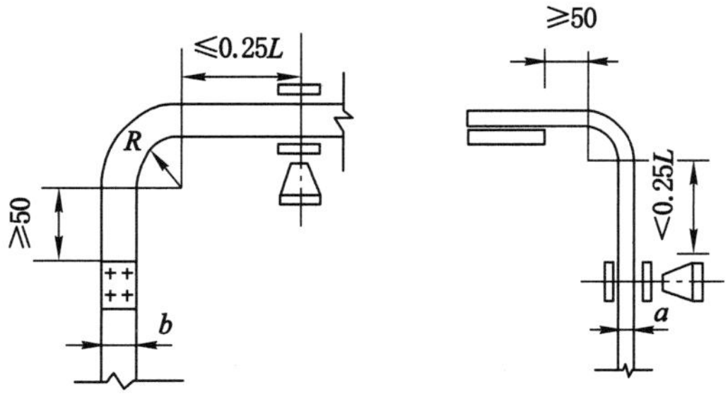

(a) 立弯母线　　(b) 平弯母线

a—母线厚度；b—母线宽度；L—母线两支持点的距离。

图 5-4　硬母线的立弯与平弯

② 矩形母线应减少直角弯曲，弯曲处不得有裂纹及显著的折皱；母线的最小弯曲半径应符合表 5-7 的要求。

表 5-7　矩形母线最小弯曲半径

弯曲方式	母线断面尺寸/mm×mm	铜母线最小弯曲半径/mm
平弯	50×5 及以下	母线厚度×2
	125×10 及以下	母线厚度×2
立弯	50×5 及以下	母线宽度×1
	125×10 及以下	母线宽度×1.5

③ 多片母线的弯曲度应一致。

(5) 矩形母线采用螺栓固定搭接时，连接处距支柱绝缘子的支持夹板边缘不应小于 50 mm；上片母线端头与下片母线平弯开始处的距离不应小于 50 mm，如图 5-5 所示。

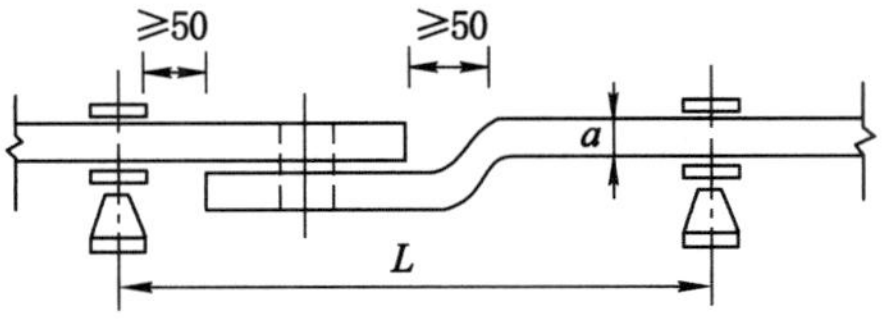

L—母线两支持点之间的距离；a—母线的厚度。

图 5-5　矩形母线搭接

(6) 母线扭转 90°时，扭转部分的长度应为母线宽度的 2.5～5 倍，如图 5-6 所示。

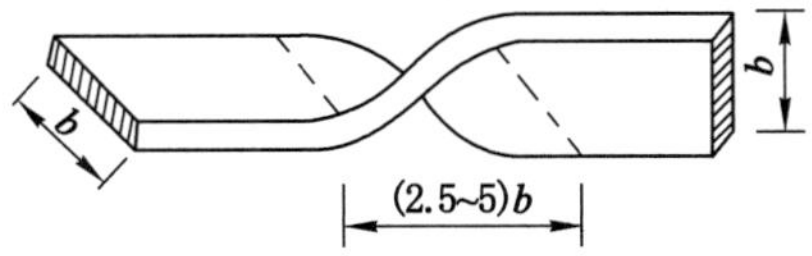

b—母线的宽度。

图 5-6　母线扭转 90°

(7) 母线的接触面必须加工平整，无氧化膜；经加工后的铜母线截面积减少值不应超过原截面积的 3%；具有镀银层的母线搭接面，不得任意锉磨。

(8) 母线接头螺孔的直径宜大于螺栓直径 1 mm；钻孔应垂直、不歪斜，螺孔间中心距离的误差不超过±0.5 mm。

2. 硬母线安装

(1) 硬母线的连接应采用焊接、贯穿螺栓连接或夹板和夹持螺栓搭接；管形和棒形母线应用专用线夹连接，严禁用内螺纹管接头或锡焊连接。

(2) 硬母线与母线或母线与电器接线端子的螺栓搭接，应符合下列要求：

① 母线接触面加工后，必须保持清洁，并涂以电力复合脂。

② 母线连接螺栓应是镀锌螺栓。母线平置时，贯穿螺栓应由下往上穿；立置时由内向外穿；其余情况下，螺母应置于维护侧。

③ 贯穿螺栓连接的母线两侧均应有平垫圈。相邻螺栓垫圈间应有 3 mm 以上的净距，螺母侧应装有弹簧垫圈或锁紧螺母。

④ 螺栓受力应均匀，不应使电器的接线端子产生额外应力。

⑤ 母线的接触面应连接紧密。连接螺栓应用力矩扳手紧固，其紧固力矩值应符合表 5-5 的规定。

⑥ 相同布置的主母线、分支母线、引下线及设备连接线应对称一致，横平竖直、整齐美观。

(3) 矩形母线的搭接连接，应符合表 5-8 的要求。

表 5-8　矩形母线搭接要求

搭接形式	类型	序号	连接尺寸/mm b_1	连接尺寸/mm b_2	连接尺寸/mm a	钻孔要求 ϕ/mm	钻孔要求 个数	螺栓规格
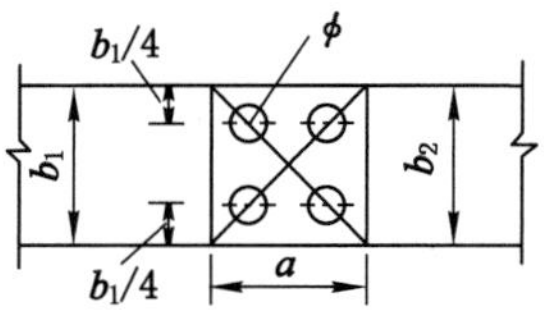	直线连接	1	125	125	b_1 或 b_2	21	4	M20
		2	100	100	b_1 或 b_2	17	4	M16
		3	80	80	b_1 或 b_2	13	4	M12
		4	63	63	b_1 或 b_2	11	4	M10
		5	50	50	b_1 或 b_2	9	4	M8
		6	45	45	b_1 或 b_2	9	4	M8
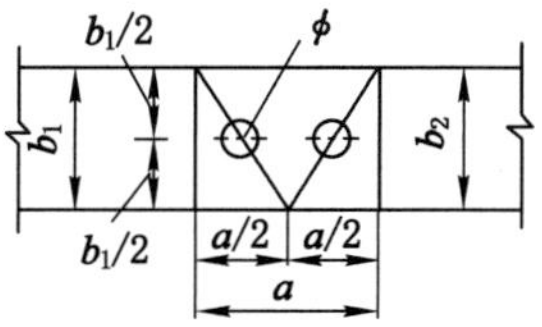	直线连接	7	40	40	80	13	2	M12
		8	31.5	31.5	63	11	2	M10
		9	25	25	50	9	2	M8
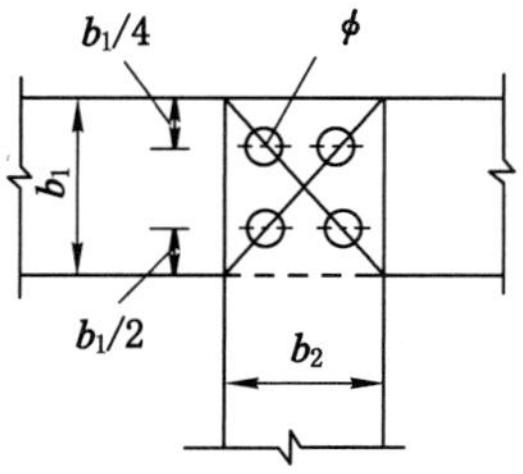	垂直连接	10	125	125		21	4	M20
		11	125	100～80		17	4	M16
		12	125	63		13	4	M12
		13	100	100～80		17	4	M16
		14	80	80～63		13	4	M12
		15	63	63～50		11	4	M10
		16	50	50		9	4	M8
		17	45	45		9	4	M8
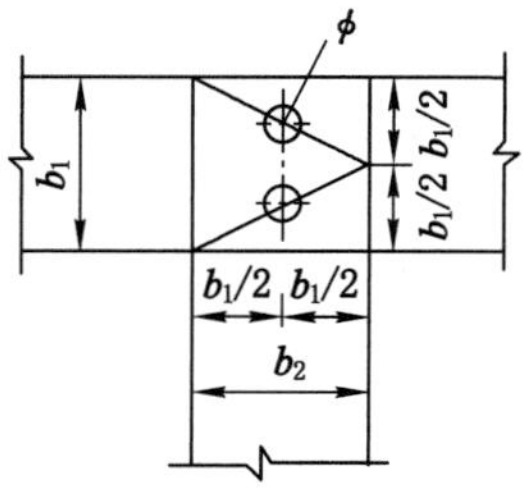	垂直连接	18	125	50～40		17	2	M16
		19	100	63～40		17	2	M16
		20	80	63～40		15	2	M14
		21	63	50～40		13	2	M12
		22	50	45～40		11	2	M10
		23	63	31.5～25		11	2	M10
		24	50	31.5～25		9	2	M8
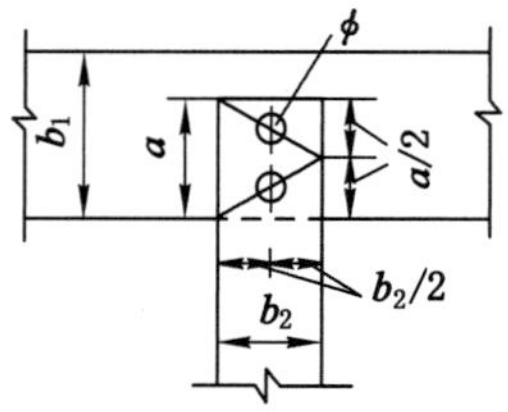	垂直连接	25	125	31.5～25	60	119	2	M10
		26	100	31.5～25	50	9	2	M8
		27	80	31.5～25	50	9	2	M8
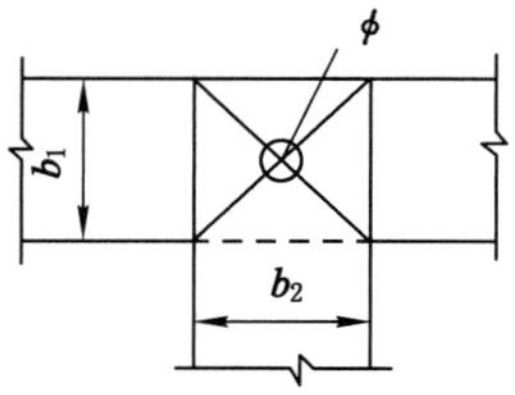	垂直连接	28	40	40～31.5		13	1	M12
		29	40	25		11	1	M10
		30	31.5	31.5～25		11	1	M10
		31	25	22		9	1	M8

(4) 母线搭接面的处理应符合下列规定：

① 铜与铜：室外、高温且潮湿或对母线有腐蚀性气体的室内，必须搪锡；在干燥的室内可直接连接。

② 铝与铝：直接连接。

③ 钢与钢：必须搪锡或镀锌，不得直接连接。

④ 铜与铝：在干燥的室内，铜导体应搪锡；室外或空气相对湿度接近100%的室内，应采用铜铝过渡板，铜导体端面应搪锡。

⑤ 钢与铜或铝：钢搭接面必须搪锡。

(5) 母线在支柱绝缘子上固定时应符合下列要求：

① 母线固定金具与支柱绝缘子间的固定应平整牢固，不应使其所支持的母线产生额外应力。

② 交流母线的固定金具或其他支持金具不应成闭合磁路。

③ 当母线平置时，母线支持夹板的上部压板应与母线保持1～1.5 mm的间隙；当母线立置时，上部压板应与母线保持1.5～2 mm的间隙。

④ 母线在支柱绝缘子上的固定点，每段应设置一个，并宜位于全长或两母线伸缩节中点。

⑤ 母线固定装置应无棱角和毛刺。

(6) 母线的相序排列，当设计无规定时应符合下列规定：

① 上、下布置的交流母线，由上到下排列为A、B、C相；直流母线正极在上，负极在下。

② 水平布置的交流母线，由盘后向盘面排列为A、B、C相；直流母线正极在后，负极在前。

③ 引下线的交流母线由左至右排列为A、B、C相；直流母线正极在左，负极在右。

(7) 母线刷油漆可防锈蚀、加强散热，又便于识别和增加美观。母线涂漆的颜色应符合下列规定：

① 三相交流母线：A相为黄色，B相为绿色，C相为红色，单相交流母线与引出相的颜色相同。

② 直流母线：正极为赭色，负极为蓝色。

③ 直流均衡汇流母线及交流中性汇流母线：不接地者为紫色，接地者为色带(黑色条纹)。

④ 单片母线的所有面及多片母线的所有可见面均应涂装相色漆。

⑤ 钢母线的所有表面应涂装相色漆。

⑥ 刷漆应均匀，无起层、皱皮等缺陷，并应整齐一致。

⑦ 母线的螺栓连接及支持连接处、母线与电器的连接处以及距所有连接处10 mm以内的地方，母线不应刷涂相色漆。

3. 封闭母线安装

封闭母线的安装工艺流程如下：放线测量→设备检查→支架制作及安装→封闭母线安装→接地检查，绝缘测试、耐压试验→试运行验收。

(1) 放线测量

① 进入现场后根据母线及支架敷设的不同情况，核对是否与图纸相符。

② 放线测量时应检查沿母线敷设全长有无障碍物，有无与建筑结构或设备管道、通风等安装部件交叉现象。

③ 放线测量出各段母线加工尺寸、支架尺寸，并明确标出支架安装距离及孔洞或固定件安装位置。

(2) 设备检查

① 核对封闭母线及附件，其规格、数量、品种应符合设计要求。

② 检查设备及附件，分段标志应清晰齐全、外观无损伤变形。各部螺栓应紧固，调整导体与外壳间同心度应不大于 4 mm。外壳的不圆度不超过直径的 1%，超过允许值时进行修正。检查母线外壳的漆层是否完好，母线对外壳的净距应符合规范要求。

③ 检查母线及绝缘子的外观，应光洁平整、无凹凸不平，无裂纹、掉瓷、受潮现象，并有出厂合格证及试验报告。

④ 封闭母线到达现场后应摆放整齐；如不能马上进行安装，必须做好防尘、防雨、防雪的措施，以免导体绝缘受潮。

(3) 支架制作及安装

① 支架制作

a. 根据施工现场结构类型，支架采用角钢或槽钢制作。应采用“一”字形、“L”形、“Π”字形、“T”字形四种形式。

b. 支架以选定的型号、测量好的尺寸断料制作，加工尺寸最大误差不超过 5 mm。在支架上打孔不得用气焊割孔，孔径不得大于固定螺栓直径 2 mm。

② 支架的安装

a. 封闭插接母线的拐弯处以及与箱(盘)连接处必须加支架；直段插接母线支架的距离不应大于 2 m。

b. 交流母线的固定金具或其他支持金具不应形成闭合铁磁回路。

c. 埋注支架采用的水泥砂浆灰砂比为 1∶3，水泥采用标号 42.5 及以上普通硅酸盐水泥。应注意灰浆饱满、严实，不高出墙面，埋深不少于 80 mm。

d. 固定支架的膨胀螺栓不少于两个，应加平垫圈和弹簧垫。吊架应用两根吊杆、双螺母夹紧，固定牢固，螺扣外露 2～4 扣。

e. 支架及支架与预埋件焊接处防腐漆应均匀、无漏刷，不污染建筑物。

f. 母线支架安装要求标高误差不超过±5 mm，中心线误差不超过±2 mm。用水平仪找好标高，将支架牢固焊接。

g. 主母线为大电流高压设备，为确保外壳安全，使用接地线将所有支架连接在一起，然后分两点与主接地网连接。

(4) 封闭母线安装

① 母线的安装按预定标号顺序进行，安装时每一段的头尾不能倒置。

② 封闭母线的导体和外壳由铝材制成，导体与外壳之间通过支持绝缘子固定。由于封闭母线的整体强度较差，为防止母线在搬运过程中产生变形，损坏支持绝缘子、损坏面漆，吊装时必须采用尼龙吊索进行保护性安装。

③ 外壳的相间短路板安装位置须正确、连接良好，相间支撑板应安装牢固，分段绝缘的外壳应做好绝缘措施。

（5）封闭母线调整

① 封闭母线的安装，必须做到横平竖直。为此在现场组装时，两段及两段以上的母线可用拉线来判断母线外壳的平直度，根据情况进行调整，确保母线的平直度符合要求。

② 将母线导体及外壳中心线调整到同一直线上。调整时，先用钢尺测量母线导体与外壳四周的间隙尺寸，母线导体与外壳之间的不同心度不大于 5 mm。

③ 母线布置到在支架上后，测量各段母线的尺寸，误差要均匀分配在各个断口上，如果此时的误差仍大于厂家的规定，应检查支撑处及标高或其他相连设备的安装位置，不应随意修改、加工母线。

（6）母线安装的一般要求

① 封闭母线应按设计和产品技术文件规定进行组装，每段母线组对接续前绝缘电阻应测试合格；绝缘电阻值大于 20 MΩ，才能安装组对。

② 支座必须安装牢固，母线按分段图、相序、编号、方向和标志正确放置；每相外壳的纵向间隙应分配均匀。

③ 母线与外壳应同心，其误差不得超过 5 mm；段与段连接时，两相邻段母线及外壳应对准；连接后不应使母线及外壳产生机械应力。

④ 封闭母线不得用裸钢丝绳起吊和绑扎；母线不得任意堆放和在地面上拖拉；外壳上不得进行其他作业；外壳内和绝缘子必须擦拭干净，外壳内不得有遗留物。

⑤ 橡胶伸缩套的连接头，穿墙处的连接法兰，外壳与底座之间、外壳各连接部位的螺栓应采用力矩扳手紧固，各接合面应密封良好。

⑥ 外壳的相间短路板应位置正确，连接良好，相间支撑板应安装牢固；分段绝缘的外壳应做好绝缘措施。

⑦ 母线槽固定距离不得大于 2.5 m，水平敷设距地高度不应小于 2.2 m。

⑧ 母线的连接螺栓两侧有平垫圈，相邻垫圈间有大于 3 mm 的间隙，螺母侧装有弹簧垫圈或锁紧螺母。

⑨ 封闭母线的端头应装封闭罩，如图 5-7 所示；各段母线槽的外壳连接应是可拆的，外壳间有跨接地线，两端应可靠接地。

⑩ 封闭母线与设备连接采用软连接，如图 5-8 所示。安装完毕后，软连接接头应自然平整，接触良好，严禁使其产生应力。母线紧固螺栓应由厂家配套供应，应用力矩扳手紧固。

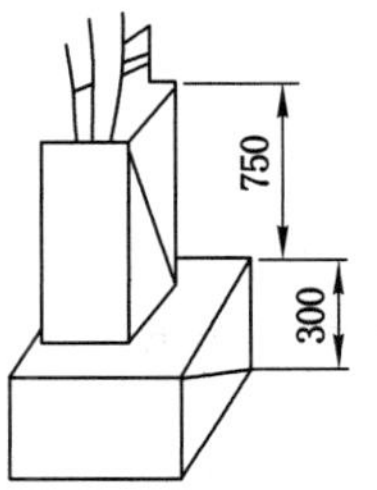

图 5-7　母线封闭罩

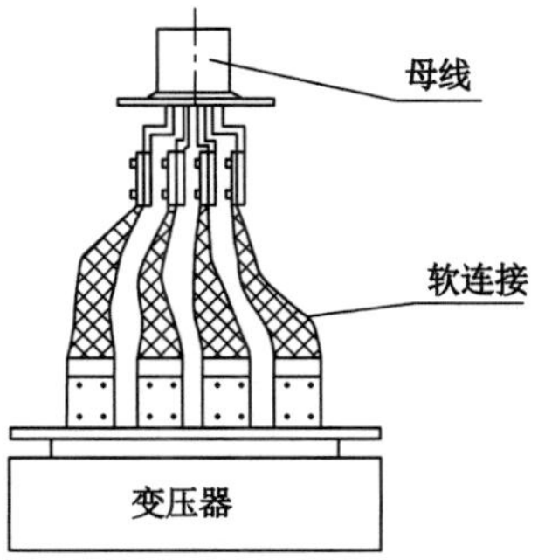

图 5-8　封闭母线连接示意

(7) 封闭母线的敷设形式及要求

① 沿墙水平安装如图 5-9 所示。安装高度应符合设计要求,无要求时不应距地小于 2.2 m,母线应可靠固定在支架上。

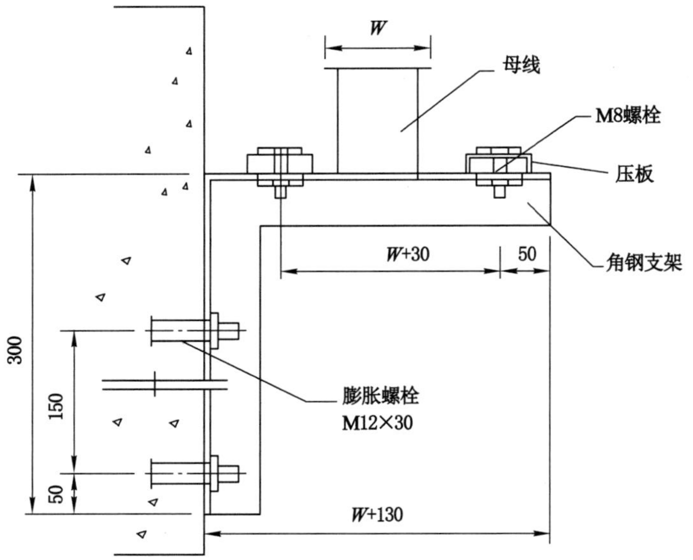

图 5-9 封闭母线的水平敷设示意

② 封闭母线悬挂吊装如图 5-10 所示。吊杆直径按产品技术文件要求选择,螺母应能调节。

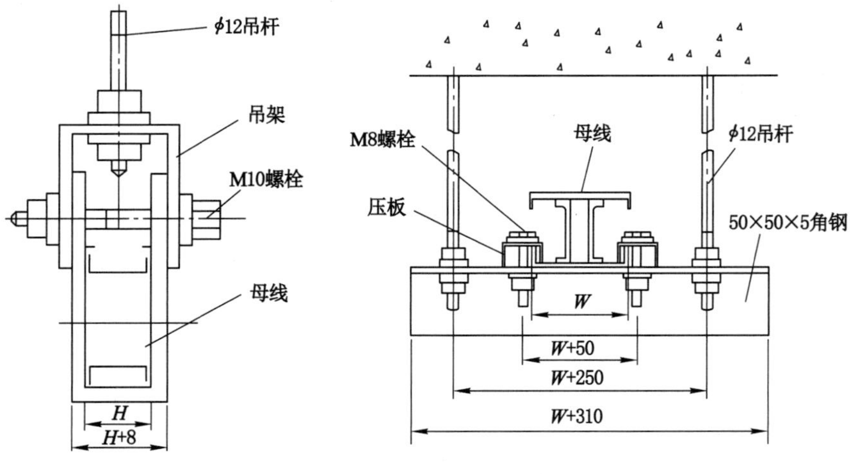

图 5-10 封闭母线悬挂吊装示意

③ 封闭式母线的落地安装如图 5-11 所示。安装高度应按设计要求,设计无要求时应符合规范要求。立柱可采用钢管或型钢制作。

④ 封闭式母线垂直安装如图 5-12 所示。沿墙或柱子处,应做固定支架;过楼板处应加装防震装置,并做防水台。

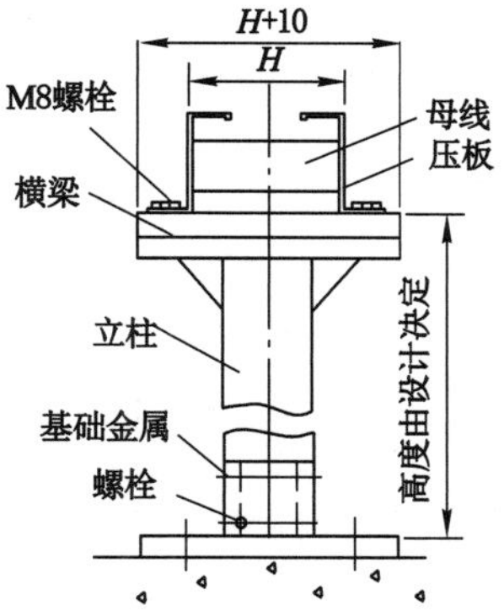

图 5-11　封闭母线落地安装示意

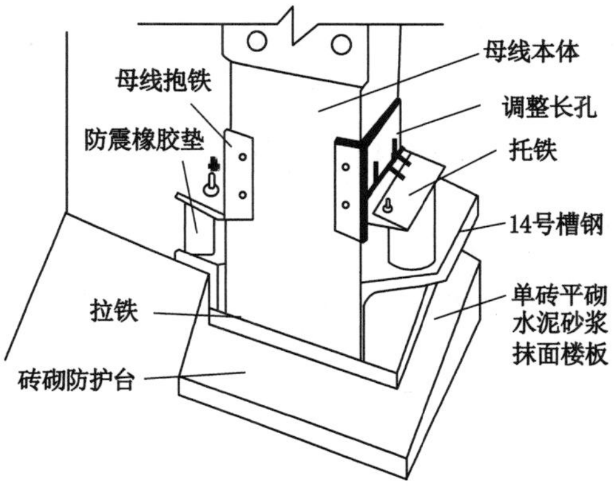

图 5-12　封闭式母线垂直安装示意

⑤ 封闭式母线敷设长度超过 40 m 时，应设置伸缩节，如图 5-13 所示。跨越建筑物的伸缩缝或沉降缝处，宜采取适当的措施。设备订货时，应提出此项要求。

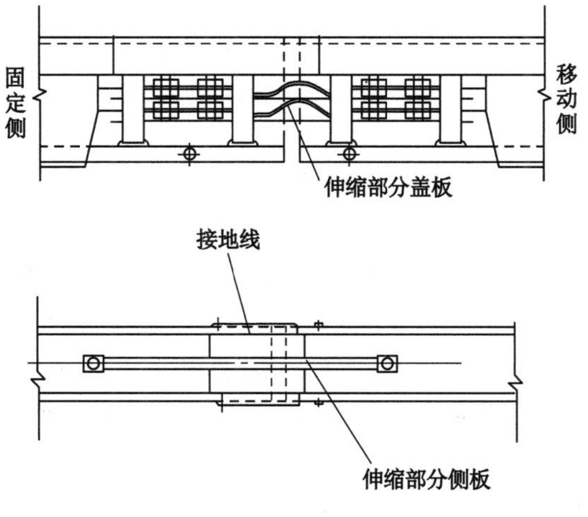

图 5-13　伸缩节

⑥ 封闭式母线插接箱安装应可靠固定。垂直安装时,安装高度应符合设计要求。设计无要求时,插接箱底口宜为 1.4 m。插接箱底口安装如图 5-14 所示。

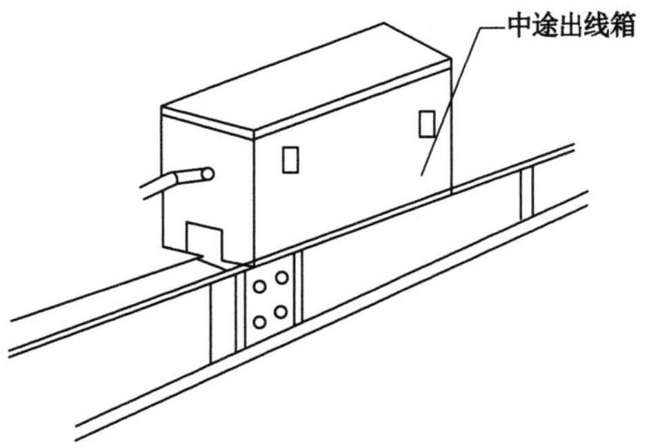

图 5-14　插接箱底口安装示意

⑦ 封闭式母线垂直安装距地 1.8 m 以下应采取保护措施(电气专用竖井、配电室、电机室、技术层等除外)。

⑧ 闭式母线穿越防火墙、防火楼板时,应采取防火隔离措施。

4. 母线的焊接

(1) 母线的焊接要根据《电气装置安装工程 母线装置施工及验收规范》(GB 50149—2010)的有关规定进行。采用半自动氩弧焊机及手工钨极氩弧焊机。焊接形式分搭接、对接两种形式,如图 5-15 所示。

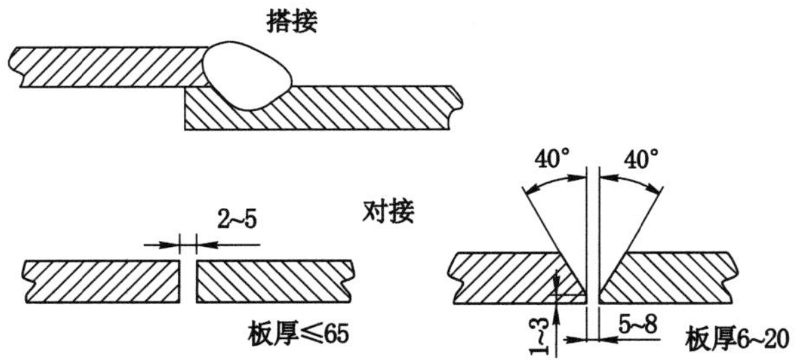

图 5-15　母线焊接示意

(2) 焊接施工工艺要求如下:

① 为防止焊缝产生气孔、夹渣和未焊透等缺陷,焊前必须将焊件的整个焊接区域表面用无水酒精清理,用钢丝刷清除氧化膜直到露出金属光泽。

② 施焊现场必须做好防雨、防风工作,以免影响氩气保护焊接效果。

③ 母线施焊前应彻底清理,确保内部无灰尘杂物,每封闭一个接口都要清扫检查一次;母线都应擦拭干净;导体对外壳的绝缘性良好;焊接中要用石棉布保护好瓷件免受烧伤;瓷件与母线接触应严密,与外壳螺接要牢固;焊接完成后应将外壳密封,以防止绝缘子或环氧隔膜板受潮。

④ 焊缝外表面加强面均匀美观、成鱼鳞状,加强面高度不得小于壁厚的 10%;焊接头表面应无肉眼可见的裂纹、凹陷、未焊透、气孔、夹渣等缺陷;咬边深度不得超过母线厚度的 10%,且其总长度不得超过焊缝长度的 20%。

七、户外隔离开关安装

户外隔离开关安装主要包括设备开箱检查、隔离开关组装、操动机构箱安装、连杆等附件安装以及隔离开关调整等。

（一）设备开箱检查

设备开箱检查及附件清点主要包括以下内容：

(1) 设备开箱应会同监理、施工单位及厂家代表，根据装箱清单检查设备的各组件、附件、备件及技术资料是否齐全，检查设备外观是否有缺损。

(2) 开箱检查设备型号、规格、数量是否符合设计要求；检查备品配件是否齐全，瓷件有无损伤。

(3) 接线端子及载流部分应清洁，接触良好，触头镀银层无脱落。

(4) 绝缘子表面应清洁，无裂纹、破损、焊接残留斑点等缺陷，磁铁粘合牢固。

(5) 隔离开关底座转动部分应灵活，操动机构的零配件齐全，所有固定连接部件紧固。

（二）隔离开关组装

隔离开关组装按如下程序进行：

(1) 将隔离开关按设计规格、型号分组运到安装地点，并检查所有的转动部分是否涂有润滑脂、转动是否灵活。

(2) 组装时先对导电部分（不包括镀银部分）涂上一层凡士林，用砂纸或钢丝刷刷去表面的氧化层，用布擦掉油污，再涂上一层导电膏。

(3) 吊装时隔离开关应处于合闸位置（剪刀式除外）。各电压等级隔离开关吊装时，应注意地刀的朝向应符合设计要求，隔离开关主刀闸机构拐臂应安装在正确相上。调整三相开关主轴使之在一条线上，用水平尺检查底座的水平度，应符合规程要求。

（三）操动机构箱安装

(1) 按设计图纸将操动机构安装在固定高度、固定位置上。

(2) 将操动机构主极隔离开关旋转瓷绝缘子下方的主轴中心与操动机构输出轴中心对中；同时，用水平尺测量并调整操动机构各个面的水平度或垂直度；然后，用适当长的槽钢将机构箱与抱箍焊接（或用螺丝钉固定）。

（四）连杆等附件安装

(1) 将三相联动隔离开关拐臂用圆头键装在中极，并用螺栓顶紧；将拐臂用月形键装在两边极，并用卡板挡住。将调角联轴器插到机构输出轴上，并将调角联轴器的中心与拐臂的中心对中。将接头用圆头键连接到拐臂中，将主隔离开关放到合闸位置，用手柄将机构顺时针摇到终点位置，再反方向摇 4 圈，将镀锌钢管一端插到接头中焊牢，另一端插入调角联轴器装配上端垂直焊牢。

(2) 横连杆安装时，先将主隔离开关置于分闸或合闸位置，并将拐臂调到正确位置，然后截取适当长的钢管焊接到拐臂上。在焊接横连杆时，须注意两条横连杆应在同一直线上。

（五）隔离开关调整

隔离开关调整方式多样，但都大同小异，大体分单极调整、分合闸调整。

1. 单极调整

(1) 用手旋转中间瓷绝缘子合闸，检查动触头的波凸是否对应触指的凹槽中间位置。可通过调节导电杆支架上的螺母来调整导电杆的整体高度，使动触头的波凸在对应触指的凹槽中间位置。

(2) 合闸到底，动触头的插入深度应符合要求。否则，调节导电杆在托板中的插入深度或调整瓷绝缘子的铅垂度。

(3) 检查该相两端触头合闸的同期性(检查方法：用手旋转中间瓷绝缘子，当一端的动触头刚与触指接触时，测量另一端动触头与欲接触触指面的距离)，应符合要求，否则调整每一瓷绝缘子的铅垂度。

(4) 旋转导电杆以调节动触头与触指面的平行度，使每根触指的前后共四点与动触头都能够保持良好的接触。

(5) 全部调好后，合闸到底；调节定位螺栓的长度，使其靠近防雨罩。

2. 分合闸调整

(1) 用手柄操动隔离开关，并观察。若机构摇到分闸位置时某个断口的有效距离不符合要求，到合闸位置时两静触头与导电杆没成一直线，则调整调角联轴器以调整起始角度。

(2) 调整时须注意调到分、合闸位时机构内丝母在丝杠上位置应对称(即分闸到位时摇 n 圈下杠，合闸到位时亦要摇 n 圈下杠)。

(3) 若此时机构的脱扣问题仍未解决，则须打开机构箱将丝母在叉杆焊装的位置往里面进一点以增大机构的输出角度。

(4) 用手柄进行隔离开关的分合闸操作，观察其三极分、合闸情况。如果三极合闸都没到位，则可适当延长主极底座上方的连杆长度。如果主极到位而边极滞后，则可调节极间连杆长度，使之也合闸到位。三极都能合闸位后，再通过调节分闸限位螺栓的长度来调整三极合闸的同期性，使之符合要求。

(5) 调整完成后，再次全面检查，均达到生产厂家技术说明书要求后将限位装置调好，并把螺丝拧紧。

(六) 户外隔离开关安装质量标准

户外隔离开关安装质量应符合下列要求：

(1) 隔离开关相间距离误差小于 20 mm。相间连杆应在同一水平线上。

(2) 接线端子及载流部分清洁，且接触良好，触头镀银层无脱落。

(3) 隔离开关所有转动部分应涂以适合当地气候的润滑脂，设备接线端子应涂以薄层电力复合脂。

(4) 安装时所有螺栓必须按要求达到力矩紧固值。

(5) 操动机构、传动装置、辅助开关及闭锁装置应安装牢固、动作灵活可靠。位置指示正确，无渗漏。合闸时三相不同期值应符合产品的技术规定。

(6) 隔离开关绝缘电阻、回路电阻等常规实验必须合格。

(7) 油漆应完整，相色标志正确，接地良好。

八、电容器安装

本部分将在设备搬运及开箱检查、电容器安装工艺以及质量标准方面做简要阐述。

1. 设备搬运及开箱检查

设备搬运及开箱检查主要注意如下几点：

(1) 所有设备的装卸和运输过程中，不许倾翻、倒置和剧烈振动。

(2) 开箱检查产品的铭牌数据与设计图纸是否相符，如产品型号、额定容量、额定电压等，并检查出厂文件是否齐全；检查包装箱内零部件，应与装箱清单相符；检查产品运输过程中有无损伤和变形等。

(3) 电容器开箱后，按电容容量分别存放，由试验人员进行电气试验，检验容量及绝缘情况，并按容量进行配合分组。

2. 电容器安装工艺

电容器安装工艺如下：

(1) 电容器到现场后，根据实际到货框架尺寸由厂家协助，确定并画出其中心线。

(2) 采用非可燃材料制作电容器的框架。构架间的水平距离不小于 0.5 m，下层电容器的底部距地不应小于 0.3 m，电容器的母线与上层构架的距离不应小于 200 mm。每台电容器之间的距离按说明书和设计要求确定，如无要求时不应小于 50 mm。

(3) 根据图纸组装电容器组框架。支架的水平度、垂直度要满足规范要求；其中心水平误差不大于 1‰且不超 5 mm，垂直误差不大于 1.5‰且不超 5 mm。

(4) 安装电容器。外壳间距要均匀、排列整齐，螺栓紧固均匀。按设计要求进行接地连接，铭牌应朝外。在电容器组内侧吊环与接地端连接时，应与接地角钢接触良好，以保证电容器外壳经构架可靠接地。

(5) 安装母线支柱绝缘子。绝缘子中心线误差不超过 2 mm，高度误差不超过 2 mm。安装时要均匀紧固螺栓，严禁先拧紧一个螺丝再拧紧另一个螺丝，以避免造成瓷瓶破裂。母线相邻支柱瓷瓶的距离应不大于 1.2 m。

(6) 用母线连接电容器组。不要使电容器套管(接线端子)产生机械应力，压接应严密可靠，母线排列整齐。一般应采用角形连接，电容器连接线应采用软铜编制带线，接线应对称一致、整齐美观，线端应加线鼻子过渡并压接牢固可靠。

(7) 安装跌落式熔断器。熔丝长度要一致，跌落指示牌排列整齐。应使用力矩扳手拧紧电容器套管螺帽，力矩不应大于 50 N·m，以免损坏套管。

(8) 母线安装完后用力矩扳手检查，力矩大小可参见表 5-5。

(9) 母线标志相色应符合要求。在电容器外壳上贴上标签，标明其编号。电器的载流接触零件与母线连接处 10 mm 内均要裸露。

(10) 安装网门围栏。网门围栏制作应平整、没有明显变形，接地良好，满足安全距离要求。

3. 电容器安装质量标准

电容器的安装应满足以下质量标准：

(1) 电容器套管芯棒应无弯曲或滑扣；引出线端连接用的螺母、垫圈应齐全；外壳应无显著变形，外表无锈蚀；所有接缝不应有裂缝或渗油。

(2) 三相电容量差值不应超过三相平均电容值的 5%。

(3) 电容器构架应保持其应有的水平及垂直位置，固定应牢固，油漆应完整。

(4) 电容器的配置应使其铭牌面向通道一侧。

(5) 凡不与地绝缘的每个电容器的外壳及电容器的构架均应接地；凡与地绝缘的电容器的外壳均应接到固定的电位上。

(6) 电容器组的布置与接线应正确，电容器组的保护回路应完整。

(7) 电容器组水平度、垂直度要满足规范要求，其中水平度不大于1‰且不超过5 mm，垂直度不大于1.5‰且不超过5 mm。

第二节　矿井井下变电设备安装

煤矿在生产过程中存在着瓦斯、煤尘等具有爆炸性的物质。与一般供电场所相比，矿井井下空间狭窄、空气潮湿，存在着顶板冒落、片帮等危险。使防爆电气设备受损害的因素多，矿井井下供电电路和电气设备发生故障的概率大。如果防爆装置不完善、不可靠，发生故障时不能迅速、可靠地将故障切除，可能会引起瓦斯和煤尘爆炸，造成人身伤亡事故；也存在着引起电气火灾，导致煤层着火等重大事故的危险。因此，《煤矿安全规程》对煤矿井下防爆电气设备的选用和电气保护等都有明确的规定。煤矿井下使用的电气设备配电开关、控制开关等，在设计和制造时除了设置短路保护、过载保护、漏电保护和漏电闭锁保护外，还采用了本质安全型防爆措施。

煤矿井下变电设备分为矿用一般型电气设备和矿用防爆型电气设备，后者主要包括矿用隔爆型干式变压器、矿用隔爆型高压真空配电装置、矿用隔爆型真空低压馈电开关、矿用隔爆型照明综合保护装置等电气设备。

井下变电设备的供电方式有高压系统和低压系统。

高压系统：矿山井下供电系统一般由矿山地面变电所引出高压电缆，通过井筒送至井下中央变电所，然后从井下中央变电所引出，经沿巷道敷设的高压电缆送至井下各采区变电所及高压用电设备，形成地面变电所-中央变电所-采区变电所三级高压供电系统。

低压系统：低压电气设备采取就近供电原则。井底车场附近的低压用电设备，由设在中央变电所的变压器降压后供电；采区内的低压用电设备的供电由采区变电所降压后提供。

矿井井下变电设备安装的主要施工工艺如下：场地验收、测量放线→设备开箱检查→设备地面试验→设备入井→主接地线敷设→电气设备就位、找正安装→电缆敷设及接线→电气交接试验→设备调试送电试运行→验收移交。

一、前期准备工作

前期准备工作主要包括设备基础验收和设备开箱检查。

1. 设备基础验收

设备入井前，组织技术人员对设备安装位置进行检查、验收，由专业测量人员依照图纸设计位置进行放线，并做好标记。

2. 设备开箱检查

(1) 设备和器材到达现场后，要在建设单位和监理单位有关人员参加的情况下进行开箱检查，并认真记录。

(2) 按照设计图纸、订货合同及技术协议核对设备的规格、型号、件数是否符合要求，并根据设备布置图临时在设备上标明名称、安装序号和安装位置等。

(3) 根据设备装箱清单检查包装是否完整、零件是否齐全、备品是否足数、有无出厂说明书及图纸资料文件。

(4) 检查设备在运输过程中有无受潮和损坏等。对于受潮设备要及时烘干处理；对于损坏的零部件可向厂家联系补发或更换，或者采取当地采购、现场修复等措施。

(5) 开箱后的设备应清除灰尘，擦拭干净。若设备不立即安装，应放置在清洁干燥的环境中妥善保管。

(6) 保管好设备的质量合格证及说明书，认真做好设备检查验收记录并经有关人员签字。

(7) 防爆电气设备入井安装前，应检查其防爆标志(Exdi)、煤矿矿用产品安全标志(MA)、产品合格证及安全性能，经检查合格并签发入井许可证后再入井。矿用防爆电气设备安装前安全性能检查，应包括下列内容：

① 设备形式与铭牌标志是否相符。

② 设备的外形结构是否完整，防爆性能是否良好。

③ 设备内部是否损坏。

④ 设备是否达到完好标准。

⑤ 设备管理编号。经过检查或检修的设备应有检查、检修和验收试验记录，并有检查、检修和验收人员的签名或盖章。

⑥ 零部件是否齐全、完整。

⑦ 联锁装置是否齐全、功能完善。

⑧ 电缆引入装置是否有合格的密封圈、垫圈和封堵用的金属垫片。

⑨ 非携带式和移动式电气设备的金属外壳和铠装电缆的接线盒，是否有外接地螺栓，并有接地符号标志；电气设备的接线盒内部是否有规定的内接地螺栓，并有接地符号。

⑩ 隔爆结合面的宽度、表面光洁度和间隙是否符合规定，圆筒式结构径向间隙是否符合规定。

二、设备地面试验

电气设备入井前，必须对每台设备分别进行电气绝缘电阻试验及设备保护整定测试。试验应委托有相应资质等级的试验单位进行；试验时配合试验人员要服从试验人员指挥，不得乱摸乱碰。电气设备各项试验合格后，将设备合格证、试验报告等资料报监理审查；监理审查合格后，方可组织设备运输。不合格的设备禁止入井使用。

1. 矿用隔爆型高压真空配电装置试验

矿用隔爆型高压真空配电装置的试验包括如下内容：

(1) 电流互感器、电压互感器一次对地应能通过 21 kV 工频交流耐压试验。

(2) 压敏电阻两端应通过 8 kV 直流耐压试验，持续时间 1 min，泄漏电流不超过 30 μA。

(3) 隔爆开关断口间、相间应通过 21 kV 工频交流耐压试验。

(4) 断路器断口间、相间应通过 21 kV 工频交流耐压试验。

(5) 真空断路器的开距应满足要求，不满足时需调整。

(6) 失压脱扣器调整：用三相调压器输入 100 V 三相工频交流电，这时箱门上的电压表指

示 6 kV,失压电磁铁可靠吸合;然后缓缓转动调压器手柄,改变输入电压应满足以下要求:

① 大于额定操作电压的 85%,失压脱扣的铁芯可靠吸合;

② 大于额定操作电压的 65%,失压脱扣的铁芯不得释放;

③ 小于额定操作电压的 65%,失压脱扣的铁芯可靠释放。

(7) 短路、过载等保护整定:调节综保整定开关,按设计要求将短路保护、过载保护、漏电保护调整至相应开关挡位上。

2. 馈电开关试验

开关绝缘电阻测试:导电部分不得低于 5 MΩ,控制部分不得低于 1 MΩ。

三、设备入井

在设备入井过程中,应注意以下事项:

(1) 电气设备大多属于精密易损部件,怕碰击,在运输和搬运过程中不准有大的振动。

(2) 设备运输过程中不得随意拆箱;如要拆箱运输,设备间要有软垫,以防漆面受损。

(3) 利用吊车及货车将设备运至井口,然后吊放至井口的矿用平板车上并用手拉葫芦及铁丝将设备固定牢固,将平板车推入罐笼下放至井底。

(4) 设备下放到井底后,将装有设备的平板车推出罐笼,沿井底轨道人力推至井下中央变电所。推运时速度要慢,并要事先检查运输路段,确认无障碍物后方可运输。

(5) 设备沿预定路线进入变电所后,在巷道顶部提前打的锚索上挂设手拉葫芦,利用手拉葫芦将设备从平板车上吊起;然后将平板车推出安装位置后,将设备平稳落至安装位置。

四、主要设备安装方法

本部分主要介绍高压真空配电装置安装、防爆馈电开关安装、矿用隔爆型移动变电站和干式变压器安装、井下接地装置安装的施工方法。

1. 高压真空配电装置安装

高压真空配电装置安装主要包括测量放线、基础验收及设备安装等内容。

(1) 测量放线

由测量人员给出变电所真空开关盘面安装基准线和设备底座标高基准点,作为设备安装时的基准。

(2) 基础验收

依据设备安装的基准线和基准点验收设备基础。重点检查基础的直线度和水平度以及基础上平面的标高是否满足要求;检查电缆沟内各预埋件是否齐全;电缆穿线管是否预埋。基础验收完毕后,应做好设备基础验收记录,请建设、监理单位予以确认;不合格部位以书面形式通知建设、监理单位,由建设单位安排施工单位进行整改。

(3) 设备安装

① 依据设备布置图,采取边就位边安装的施工方法。

② 拆除高爆开关法兰盘封口板,依次进行设备找平找正,用连接螺栓将相邻开关的法兰盘连接起来。

③ 用设备自带的母线将相邻的两台设备的母线端子连接。安装时要保证相间及对地最小安全距离不小于 125 mm;固定母线用的连接螺栓应为符合国家规定的镀锌制品,螺栓

要紧固、垫圈要齐全、弹簧垫要压平。

④ 母线安装要平直整齐，相序排列符合国家标准规定。母线着色：A 相为黄色，B 相为绿色，C 相为红色。

(4) 高压防爆开关安装应符合的规定

① 高压防爆开关的防爆性能应符合设计要求。

② 设备安装位置应正确、放置应平稳，油漆应完整、均匀，设备接线、接地应符合规定，电缆应排列整齐。

③ 设备操作机构应灵活、可靠，触头表面应光滑、接触应严密，触头压缩行程及三相接触同期性调整应符合产品技术文件规定。

④ 高压防爆开关的各种保护装置应齐全、灵敏可靠，设备闭锁装置应齐全可靠，绝缘电阻值应符合规定。

⑤ 高压防爆开关的隔离刀闸应符合下列规定：接触应良好，插入深度应大于闸刀宽度的 2/3，接触面积应大于刀夹面积的 75%；动刀闸的开合位置、动作方向与手柄应协调一致。

⑥ 高压防爆开关送电试运行应正常，仪表及指示灯指示应正确。

2. 防爆馈电开关安装

防爆馈电开关安装应注意以下事项：

(1) 依据设备布置图将各馈电开关就位，用拉线和尺量的方法找正；保证开关间距符合设计要求，找平找正后固定。

(2) 对开关进行外观检查，应满足以下要求：

① 无机械磨损，传动机构动作灵敏、可靠，滞动时间不超过 15～25 ms；

② 衔铁平整，接触面清洁、无锈蚀、无油污，吸合可靠；

③ 吸力线圈在 80%～115%额定电压范围内能正常吸合。

(3) 低压防爆开关安装应符合下列规定：

① 低压防爆开关绝缘电阻测试时，导电部分，380 V 不得低于 5 MΩ，660 V 不得低于 5 MΩ，1 140 V 不得低于 10 MΩ；控制部分，不得低于 1 MΩ。

② 低压防爆开关的隔爆性能应符合规定要求。

③ 低压防爆开关安装位置应正确，放置应平稳，油漆应完整、均匀，设备接线、接地符合规定要求，电缆应排列整齐。

④ 低压防爆开关的隔离刀闸接触应良好，动刀闸的开合位置、动作方向与手柄应协调一致。

⑤ 低压防爆开关过电流及短路保护整定应符合产品技术文件，动作应灵敏可靠。

⑥ 低压防爆开关送电运行应达到分、合闸及换向灵活。

(4) 煤矿井下高压防爆配电开关的接地，应符合下列规定：

① 高压配电开关的各个进出口的电缆头需接地的部分，应分别用单独的连接导线汇接到配电开关底架(外壳)的接地螺栓上。

② 应采用连接导线将其与接地母线或辅助接地母线相连。在一颗接地螺栓上连接不够牢固或不方便时，可将各电缆头的接地部分直接与接地母线或辅助接地母线相连。

3. 矿用隔爆型移动变电站和干式变压器安装

矿用隔爆型移动变电站和干式变压器安装应符合如下规定。

(1) 移动变电站和干式变压器的箱体检查

① 零部件应齐全、完整、紧固;

② 箱体及散热器应无变形和锈蚀;

③ 箱体内应无杂物、积尘和积水;

④ 设备防爆性能应符合设计要求。

(2) 移动变电站和干式变压器安装

① 应安装在通风良好、顶板稳定、无淋水、进出线方便、设备便于运输的位置。

② 安装地点的瓦斯、风量、风速、温度应符合通防要求,安装环境温度及湿度应符合产品技术文件要求。

③ 安装地点应无强烈振动,垂直面倾斜度不得超过 15°。

④ 移动变电站可放置在轨道上或平地上,支架应有阻车装置。

⑤ 巷道高度应满足设备安装尺寸要求,外壳突出部分与巷道边墙支护、移动矿车之间的距离应大于 0.5 m;检查通道或检修距离应大于 0.8 m,最高点与顶板最低点的距离应大于 0.25 m,并应留有操作空间。

⑥ 移动变电站配套的电气设备不得占用人行道,且与巷帮的间距不应小于 300 mm;设备与设备之间距离不应小于 800 mm,最突出部位距矿车最突出部位应大于 500 mm。

⑦ 安装前应仔细检查,保护箱各部位及隔爆面应完好,各隔爆面间隙应合格。

⑧ 螺栓连接处和各插接件应插接牢固、拧紧,接触应良好。

(3) 移动变电站和干式变压器的接线

① 电缆连接器接触应紧密,接线盒不应发热。

② 电缆应接线正确,各零部件装配应齐全、正确。

③ 在井下使用时,应采用监视型屏蔽橡套电缆。

④ 箱内二次回路导线排列应整齐;瓷瓶应牢固无松动、无裂纹、无损伤,应无放电痕迹。

(4) 移动变电站开关安装

① 开关接线连接应紧密,触头接触应良好,应无严重烧痕。

② 隔离刀闸开关插入深度不应小于刀闸宽度的 2/3,三相合闸不同期性应小于 3 ms。

③ 开关操作机构动作应灵敏可靠,分、合闸指示应正确。

④ 高压隔离开关应实现开盖闭锁和急停。

(5) 移动变电站的欠压保护、短路保护、高低压联锁、过负荷保护、漏电保护装置要求

① 保护装置应齐全,整定应合格,并应灵敏可靠;温度继电器动作应灵敏可靠。

② 互感器性能应良好,应有规定期内测试记录。

③ 电气、机械联锁装置应齐全,动作应正确可靠。

④ 绝缘性能应良好,绝缘电阻值应符合下列规定:660 V 不应低于 5 MΩ,1 140 V 不应低于 50 MΩ,6 kV 不应低于 200 MΩ。

(6) 煤矿井下变压器的接地

① 用连接导线将变压器高、低压侧铠装电缆的钢带分别接到变压器外壳专供接地的螺钉上。

② 接地螺钉应与接地母线或辅助接地母线相连。采用橡套电缆时,应将电缆的接地芯线接到进出接线装置的接地端子上,然后再将变压器接地。

4. 井下接地装置安装

井下接地装置施工中应注意以下事项。

(1) 井下变电硐室、单独装设的高压电气设备、配电点、采掘工作面分路开关、风电联锁开关、高压接线盒，应有系统和局部接地；采掘工作面所用的防爆电气设备应有系统接地；综合保护器和漏电继电器应有合格的主、副接地极，采用附加直流保护原理的漏电继电器应有辅助接地极，主辅接地极间距不得小于 5 m；三台及以上的开关或三台以上电气设备在一起时，其中两台电气设备的距离不应大于 5 m，并应装设局部接地极。

(2) 所有电气设备的保护接地装置(包括电缆的铠装、铅皮、接地芯线)和局部接地装置，应当与主接地极连接成 1 个总接地网。

(3) 主接地极应当在主、副水仓中各埋设一块。主接地极应当用耐腐蚀的钢板制成，其面积不得小于 0.75 m^2，厚度不得小于 5 mm。

(4) 局部接地极可以设置于巷道水沟内或者其他就近的潮湿处。

① 设置在水沟中的局部接地极，应当用面积不小于 0.6 m^2、厚度不小于 3 mm 的钢板或者具有同等有效面积的钢管制成，并平放于水沟深处。

② 设置在其他地点的局部接地极，可以用直径不小于 35 mm、长度不小于 1.5 m 的钢管制成。管上至少钻 20 个直径不小于 5 mm 的透孔，并全部垂直埋入底板。也可用直径不小于 22 mm、长度为 1 m 的两根钢管制成，每根管上钻 10 个直径不小于 5 mm 的透孔，两根钢管相距不得小于 4 m，并联后垂直埋入底板，垂直埋深不得小于 0.75 m。

(5) 连接主接地极母线，应当采用截面积不小于 50 mm^2 的铜线，或者截面积不小于 100 mm^2 的耐腐蚀铁线，或者厚度不小于 4 mm、截面积不小于 100 mm^2 的耐腐蚀扁钢。

(6) 井下防爆电器不得采用串联接地。

(7) 对于电气设备的外壳与接地母线、辅助接地母线或者局部接地极的连接，电缆连接装置两头的铠装、铅皮连接，应当采用截面积不小于 25 mm^2 的铜线，或者截面积不小于 50 mm^2 的耐腐蚀铁线，或者厚度不小于 4 mm、截面积不小于 50 mm^2 的耐腐蚀扁钢。

(8) 接地线使用镀锌钢绞线时，接头应使用专用连接卡板连接，卡板长度不得小于 150 mm；使用镀锌扁铁时，应用两道镀锌螺栓进行紧固，并应加弹簧垫或背帽，螺栓直径不得小于 10 mm。

(9) 接地体(线)的连接采用搭焊时，其搭接长度必须符合表 5-9 的规定。

表 5-9　接地体(线)搭接规定

<table>
<tr><th>项次</th><th colspan="2">项 目</th><th>规定数值</th><th>检验方法</th></tr>
<tr><td rowspan="3">1</td><td rowspan="3">搭接长度</td><td>扁钢</td><td>$\geqslant 2b$</td><td rowspan="3">尺量检查</td></tr>
<tr><td>圆钢</td><td>$\geqslant 6d$</td></tr>
<tr><td>圆钢和扁钢</td><td>$\geqslant 6d$</td></tr>
<tr><td>2</td><td colspan="2">扁钢搭接焊的棱边数</td><td>3</td><td rowspan="2">观察检查</td></tr>
<tr><td>3</td><td colspan="3">扁钢与钢管焊接时应有弧形卡加强焊边</td></tr>
</table>

注：1. b 为扁钢宽度；d 为圆钢直径。2. 扁钢与钢管、扁钢与角钢焊接时，除应在其接触部位两侧进行焊接外，还应焊以由钢带弯成的弧形(或直角形)卡子或直接由钢带本身弯成弧形(或直角形)与钢管(或角钢)焊接。

(10) 当接地装置的接地电阻无设计要求时,必须符合表 5-10 的规定。

表 5-10　井下接地装置的接地电阻

接地装置名称	电阻值/Ω
接地网上任一保护地点测得的接地电阻	<2
每一移动式电气设备和总接地网或就地接地极之间的接地电阻	<1

五、井下电缆线路施工

井下电缆线路施工主要包括井下电缆敷设和井下电缆接线。

(一) 井下电缆敷设

井下电缆的敷设施工工艺,需符合以下规定。

1. 巷道电缆敷设

在水平或倾角 30°以下的巷道中敷设电缆,应符合下列规定:

(1) 电缆宜用吊钩悬挂。

(2) 悬挂的电缆应有适当的弛度,在直巷内应为 5%,在道岔与拐弯处应为 10%,并应能在意外受力时自由坠落;悬挂高度应保证电缆在矿车掉道时不受撞击,离顶板距离不宜小于 150 mm;在电缆坠落时,不应落在轨道或输送机上。

(3) 电缆悬挂点间距不应超过 3 m,在有道岔及巷道拐弯地点电缆钩应加密;高、低压电力电缆敷设在巷道同一侧时,相互间距应大于 100 mm;高压电缆之间、低压电缆之间的距离不得小于 50 mm。

(4) 电缆不应悬挂在压风管或水管上,不得遭受淋水或滴水;电缆上不应悬挂任何物件;电缆与压风管、供水管在巷道同一侧敷设时,应设在管子上方,并应保持 300 mm 以上的距离;在有瓦斯抽放管路的巷道内,电缆(包括通信、信号)与瓦斯抽放管路应分挂在巷道两侧。

(5) 巷道内的通信和信号电缆应与电力电缆分挂。在巷道两侧受条件限制时,应敷设在电力电缆上方,并应保持 100 mm 及以上的间距。

(6) 在井下巷道内敷设的电缆沿线上,每隔一定距离、拐弯、分支点以及连接不同直径电缆的接线盒两端、穿墙电缆墙两边,均应设置注明编号、型号、规格、用途、电压等级及区段长度的标志牌。每个接线盒也应设标志牌,并注明编号、型号、规格及施工日期。

(7) 电缆通过风门、墙壁时应设套管保护,管口空隙应封堵。

(8) 电缆中间接线盒应有单独支架、托架,并固定牢固。

2. 井下硐室电缆敷设

井下硐室中电缆敷设,应符合下列规定:

(1) 在硐室内通过底板引向电气设备的电缆,不应裸露在地面上,应走电缆沟、槽或穿管敷设。

(2) 电缆敷设穿越硐室墙壁时应用穿墙套管保护,电缆与管口之间的空隙应用防火泥严密封堵。

（二）井下电缆接线

井下电缆接线施工内容主要包括高压电缆接线、低压电缆接线、防爆电气设备接线以及防爆电气设备电缆连接。

1. 高压电缆接线

矿井井下高压电缆接线工艺及要求如下：

(1) 卸下高爆开关进线喇叭口，将电缆端头穿过喇叭口。

(2) 从电缆端头剥外护套，一般长约 700 mm。

(3) 切断钢丝，剥内护套；从护套口往上保留 30 mm 长钢丝，用铜丝扎紧钢丝。

(4) 沿扎线处锯齐并剥去上端钢丝；在钢丝口往上留 20 mm 长内护套，其余护套全部剥除；分开芯线，割去芯间充填物。

(5) 确定电缆终端头位置；电缆引至设备连接线留长 200～300 mm 余量后，锯断电缆。

(6) 用软接地线在每芯屏蔽层上扎紧，多余软铜丝引至钢丝，并用铜丝扎紧、焊牢，将接地铜线引出装上接线端子，压接并引出地线。

(7) 对应电缆相序，按相位弯好芯线。将接线端子套在接线柱上，量准电缆芯线至接线端子的距离，留够备用长度，弯好芯线，再锯断多余线芯，剥除线端绝缘层，套进接线端子。按要求压接后，用清洁剂擦净接线端子后接线。要求接线正确、接触严密，接线鼻选择合适，引线排列整齐，相序色标齐全。

(8) 安装进线喇叭口，固定防止电缆拔脱装置，浇注固化填料密封引线装置。固化填料采用电缆冷补胶，固化后填料不应产生裂纹；浇注固化密封填料的填充深度必须大于电缆进线口孔径的 1.5 倍，并有表示填充量的标记。

2. 低压电缆接线

低压电缆接线工艺及要求如下：

(1) 低压电缆敷设前进行绝缘电阻测试，绝缘电阻不得低于 10 MΩ。

(2) 剥除电缆外皮，套压接螺母、金属垫圈、金属垫片和密封圈。要求密封圈直径等于电缆公称直径，允许误差为±1 mm。

(3) 根据接线端子位置，留够电缆长度，锯断电缆。

(4) 剥除电缆每相绝缘层，将三相及接地线压接在相应的接线端子上。

(5) 接线时要分清馈电开关的进线侧和负荷侧，不可接反。

(6) 拧紧压紧螺母，安装防止电缆拔脱及放松装置。要求接线线嘴必须上紧，压线板的压紧度适宜，压扁量不超过电缆直径的 10‰。

(7) 电缆护套要切割整齐，进入器壁内的深度为 5～15 mm；地线与火线的长度要匹配，地线要长于火线。

(8) 接线装置要齐全、完整、紧固，导电良好。

(9) 接线盒内的电气间隙和爬电距离应符合规程要求。

3. 防爆电气设备的接线

防爆电气设备的接线工艺，应符合下列规定：

(1) 接线螺栓和螺母的螺纹应无损伤,并应无放电痕迹;接线零部件应齐全。

(2) 接线应整齐、紧固,导电良好,无毛刺。卡爪、弹簧垫圈、背帽应齐全。接线后,卡爪不应压绝缘胶皮或其他绝缘物,也不得压或接触屏蔽层,芯线裸露部位距卡爪不应大于10 mm。

(3) 接线室内地线长度,以松开线嘴卡兰拉动电缆时线被拉松或拉脱而地线不掉为宜。接地螺栓、螺母、垫圈不应涂绝缘物,卡爪应镀锌或镀锡。

(4) 高压电缆间的连接应采用压接技术。接线柱使用压板接线时,压板凹面应朝下。

(5) 固定设备的接线应符合下列规定:设备引入(出)线的终端接头应用接线端子或过渡接头;导线连接应牢固可靠,接头温度不得超过导线温度。

(6) 两相低压导线裸露部分的空气间隙,500 V 以下不应小于 6 mm,500 V 以上不应小于 10 mm。

(7) 隔爆开关闭锁后,接线板正面的带电螺栓应用绝缘材料封堵隔离带电体,断路器应装设隔离护罩。

(8) 隔爆设备和元件,应放置平、直、稳。接线后,盖板和转盖应朝外;喇叭嘴应朝下,喇叭嘴电缆出口处应平滑,不得出现死弯。

(9) 采用铠装电缆后供电时,使用的密封圈应全部套在铅(铝)包上或用绝缘胶浇灌至三叉口以上。

4. 防爆电气设备电缆连接

防爆电气设备的电缆连接应符合下列规定:

(1) 橡套电缆的连接,应采用硫化热补或同等效能的冷补。

(2) 通信、照明、信号、控制、监控以及高低压橡套电缆连接应采用接线盒。

(3) 铠装电缆的连接应采用接线盒和灌注绝缘填充物,填充应严密,接头不应露出芯线。

(4) 电缆的末端应安装防爆电气设备或防爆元件。

(5) 电气设备和电缆不应有裸露导体,开关零位不应带电。

(6) 橡套电缆的护套不应破损,不应露出芯线或屏蔽层。

(7) 橡套电缆伤痕深度不应大于护套最薄处厚度的 1/2,长度不应大于 20 mm,沿电缆围长不应大于 1/3。

六、井下电气设备防爆施工技术要求

由于煤矿井下的复杂环境,如果井下电气设备防爆装置不完善、不可靠,可能导致瓦斯、煤尘爆炸以及煤层着火等,造成人员伤亡、经济损失。井下电气设备施工技术必须满足如下要求。

(1) 防爆电气设备的外壳隔爆接合面的检查应符合下列规定,任意一项不符合要求均应为防爆电气设备失爆:

① 外壳隔爆接合面的最小宽度和最大间隙应符合表 5-11 的规定,但快动式门或盖的隔爆接合面的最小有效宽度不应小于 25 mm,间隙不大于 0.5 m。

表 5-11 外壳隔爆接合面的最小宽度和最大间隙

接合面	接合面宽度 L/mm	外壳容积 V 对应的最大间隙/mm	
		$V \leqslant 100\ cm^3$	$V > 100\ cm^3$
平面接合面和止口接合面	$6 \leqslant L < 12.5$	0.30	—
	$12.5 \leqslant L < 25$	0.40	0.40
	$25 \leqslant L$	0.50	0.50
操纵杆和轴	$6 \leqslant L < 12.5$	0.30	—
	$12.5 \leqslant L < 25$	0.40	0.40
	$25 \leqslant L$	0.50	0.50
带滑动轴承的转轴	$6 \leqslant L < 12.5$	0.30	—
	$12.5 \leqslant L < 25$	0.40	0.40
	$25 \leqslant L < 40$	0.50	0.50
	$40 \leqslant L$	0.60	0.60
带滚动轴承的转轴	$6 \leqslant L < 12.5$	0.45	—
	$12.5 \leqslant L < 25$	0.60	0.60
	$25 \leqslant L$	0.75	0.75

注：1. 对于操纵、轴和转轴，其间隙指最大的直径差。2. 操纵杆和轴超过表中所规定的隔爆接合面的最小宽度时，其接合面宽度不应小于操纵杆或轴的直径，但可不大于 25 mm。3. 转轴的直径大于表中所规定的隔爆接合面的最小宽度时，带有滑动轴承的隔爆轴承盖的火焰通路长度，当转轴直径不大于 25 mm 时，不应小于转轴直径；当转轴直径大于 25 mm 时，不应小于 25 mm。

② 接合面被紧固螺栓孔或类似物的孔分隔时，孔与外壳内外侧间的距离应符合表 5-12 的规定。

表 5-12 孔与外壳内外侧间的距离 单位：mm

接合面宽度 L	孔与外壳内外侧间的距离
$L < 12.5$	$\geqslant 6$
$12.5 \leqslant L \leqslant 25$	$\geqslant 8$
$L \geqslant 25$	$\geqslant 9$

③ 隔爆电动机轴与轴孔的隔爆接合面，在正常工作状态下不应产生摩擦。用圆筒隔爆接合面时，轴与轴孔配合的最小单边间隙不应小于 0.750 mm；用滚动轴承结构时，轴与轴孔的最大单边间隙必须大于表 5-11 所规定最大间隙的 2/3。

④ 隔爆接合面的表面粗糙度不大于 6.3 μm；操纵杆表面粗糙度不大于 3.2 μm。

⑤ 隔爆接合面的法兰减薄厚度，不应大于原设计规定的维修余量。

⑥ 对于隔爆接合面的缺陷或机械伤痕，将其两侧高于无伤表面的凸起部分磨平后，应符合下列规定：

a. 隔爆面上对局部出现的直径不应大于 1 mm、深度不应大于 2 mm 的砂眼，在 40 mm、25 mm、15 mm 宽的隔爆面上，每平方厘米范围内不应超过 5 个，在 10 mm 宽的隔爆面上每平方厘米范围内不应超过 2 个。

b. 产生的机械伤痕，宽度与深度不应大于 0.5 mm，其长度应保证剩余无伤隔爆面有效长度不小于规定长度的 2/3。

⑦ 隔爆接合面上不得有锈蚀及油漆，应涂防锈油或进行磷化处理。

(2) 防爆电气设备的隔爆外壳与隔爆腔的检查应符合下列规定，任意一项不符合要求均应为防爆电气设备失爆：

① 防爆外壳变形长度不得超过 50 mm，凸凹度不得超过 5 mm。

② 防爆外壳内外不得有锈皮脱落。

③ 隔爆设备的隔爆腔之间不得直接贯通。

④ 接线柱、接线座不得有裂纹，接线座不得晃动，接线柱不得跟转。

⑤ 防爆外壳应无开焊；观察窗孔胶封应良好，并应无破损和裂纹。

⑥ 操作手柄与隔爆外壳盖间的闭锁应正确可靠。

⑦ 接线(室)盒内应保持干净、无杂物和水珠。

⑧ 快动式门或盖不得打不开。

(3) 防爆电气设备的进出线嘴检查应符合下列规定，任意一项不符合要求均应为防爆电气设备失爆：

① 接线后紧固件的紧固程度以抽拉电缆不窜动为合格。

② 接线嘴压紧后应有余量，余量不应小于 1 mm。

③ 接线嘴应平行压紧，两压紧螺栓入扣之差不应大于 5 mm。

④ 接线嘴与密封圈之间、密封圈与联通节之间只限安装一个金属圈，不得充填其他杂物。

⑤ 压叠式接线嘴压紧电缆后，其压扁量不应超过电缆直径的 10%。

⑥ 隔爆腔的空闲接线嘴，应用密封圈及厚度不小于 2 mm 的钢垫板封堵压紧。

⑦ 进出线嘴要压紧。螺旋线嘴最小啮合扣数不得少于 6 扣，用单手正向用力拧不动为合格；压叠式线嘴用单手晃动时，喇叭嘴无明显晃动为合格。

⑧ 高压隔爆开关空闲的接线嘴，应用与线嘴法兰厚度、直径相符的钢垫板封堵压紧。

⑨ 螺纹隔爆结构的螺纹精度不应低于 3 级，螺距不应小于 0.7 mm，螺纹接合面的最小啮合扣数应为 5 扣。当容积大于 100 cm^3 时，最小轴向啮合长度应为 8 mm；当容积不大于 100 cm^3 时，最小轴向啮合长度应为 5 mm。对于圆柱形螺纹，螺纹部分应至少有 8 mm，并不应少于 6 扣。

(4) 防爆电气设备的密封圈、挡板、金属圈检查应符合下列规定，任意一项不符合要求均应为防爆电气设备失爆：

① 密封圈材质应用邵尔氏硬度 45°～55°橡胶制造，密封圈分层侧应面向接线腔内(煤电钻除外)。

② 密封圈各部分尺寸应符合下列规定：密封圈内径与电缆外径差应小于 1 mm，4 mm^2 及以下电缆的密封圈内径不得大于电缆外径；密封圈外径与进线装置内径之差应符合表 5-13 的规定；密封圈宽度应大于电缆外径的 0.7 倍，且不应小于 10 mm；密封圈厚度应大于电缆外径的 0.3 倍(70 mm 电缆除外)，且不应小于 4 mm。

表 5-13　密封圈外径与进线装置内径之差　单位：mm

密封圈外径 D	密封圈外径与进线装置内径间隙
$D \geqslant 20$	$\leqslant 1.0$
$20 < D \leqslant 60$	$\leqslant 1.5$
$D > 60$	$\leqslant 2.0$

③ 密封圈应无破损。刀削后应整齐平滑，不得出现锯齿状。

④ 电缆与密封圈之间不得包扎其他物体。

⑤ 不使用的进出线嘴应分别用密封圈和挡板依次装入、压紧后封堵。

⑥ 螺旋式进出线嘴上金属圈时，应装在挡板外面。

⑦ 挡板厚度不应小于 2 mm；挡板直径与进出线装置内径之差不应大于 2 mm，厚度不应小于 2 mm；金属圈外径与进出线装置内径之差不应大于 2 mm，厚度不应小于 1 mm。

⑧ 当进出线嘴已全部压紧仍不能将密封圈压紧时，应选用厚度适当不开口的金属圈调整，不得充填其他杂物。

⑨ 低压隔爆开关引入铠装电缆时，密封圈应全部套在电缆的铅皮上。

⑩ 螺旋式空闲喇叭嘴的密封圈、挡板、金属圈应依次装入，且均应只装一个。

⑪ 电缆引入装置或设备进线口的密封应符合下列规定：一个进线装置只允许进一根电缆；被密封的电缆断面，应近似圆形；弹性密封圈及金属垫，应与电缆的外径匹配；弹性密封圈压紧后，应能将电缆沿圆周均匀地挤紧。

(5) 防爆电气设备的紧固件检查应符合下列规定，任意一项不符合要求均应为防爆电气设备失爆：

① 紧固用的螺栓、螺母、垫圈等应齐全，无锈蚀。

② 同一部位的螺栓、螺母规格应一致，平垫、弹簧垫的规格应与螺栓直径相符。

③ 螺母紧固后，螺栓螺纹应露出螺母 1～3 个螺距，不得在螺母下面加多余的垫圈以减少螺栓的伸出长度。

④ 紧固在护圈内的螺栓，其上端平面不得超出护圈高度，并应用专用工具才能松紧。

⑤ 隔爆接合面紧固螺栓应齐全，螺母应上满扣；紧固螺钉伸入螺孔的长度不应小于螺纹直径尺寸，铸铁、铜、铝件等不应小于螺栓直径的 1.5 倍；螺孔深度不够螺纹直径尺寸时，螺钉应拧满螺孔。

⑥ 隔爆接合面紧固螺栓应加弹簧垫或背帽，其拧紧程度以压平弹簧垫圈为合格，螺栓不得松动。

⑦ 弹簧垫不得破损、失去弹性。

⑧ 低压隔爆开关接线腔不应由电源侧进出线至负荷侧，也不应由负荷侧进出线至电源侧，磁力启动器的小接线嘴不得进出动力线。

⑨ 橡套电缆的护套伸入接线腔器壁内的长度应为 5～15 mm；当粗电缆穿不进接线嘴时，可将伸入器壁部分的护套锉细。

(6) 电缆出现“鸡爪子”、“羊尾巴”、明接头、破口四种情况之一者，均为电缆不合格接线，视为失爆。

① “鸡爪子”：橡套电缆的连接不用硫化热补或同等效能的冷补者；电缆（包括通信、照明、信号、控制以及高低压橡套电缆）的连接不采用接线盒的接头；铠装电缆的连接不采用接线盒和不灌注绝缘充填物或充填不严密（漏出芯线）的接头。

② “羊尾巴”：电缆的末端不接装防爆电气设备或防爆元件者；电气设备接线嘴（包括小型电气元件）2 m 内有不合格接头或明线破口者。

③ 明接头：电气设备与电缆有裸露的导体者或明火操作者均属明接头。

④ 破口：橡套电缆的护套损坏，露出芯线或露出屏蔽层者；橡套电缆护套损坏伤痕深度达最薄处 1/2 以上，长度达 20 mm 或沿围长 1/3 以上者。

⑤ 橡套电缆龟裂露出芯线、露出屏蔽层，或深度达最薄处 1/2 以上、沿围长 1/3 以上的，视为失爆。

七、工程验收

工程验收包括工程试运转和工程验收移交。

1. 工程试运转

防爆电气设备在试运行中，应符合下列规定：

(1) 防爆电气设备外壳的温度不得超过规定值。

(2) 防爆电气设备的保护装置及联锁装置应动作正确可靠。

2. 工程验收移交

(1) 工程竣工验收时，应进行下列检查：

① 防爆电气设备铭牌中，应标明防爆合格证号。

② 防爆电气设备的类型、级别、组别，应符合设计要求。

③ 防爆电气设备的外壳应无裂纹、损伤；油漆应完好。接线盒应紧固，且固定螺栓及防松装置应齐全。

④ 电气装置的接地或接零、防静电接地应符合设计要求，接地应牢固可靠。

⑤ 电气设备多余的进线口，应按规定做好密封。

⑥ 电缆验收时，应按下列规定进行检查：

a. 电缆型号、规格应符合设计规定；排列应整齐，无机械损伤；标志牌应装设齐全、正确、清晰。

b. 电缆的固定、弯曲半径、有关距离和单芯电力电缆的金属护层的接线、相序排列，应符合设计要求。

c. 电缆终端的相色应正确，电缆支架等的金属部件防腐层应完好；电缆管口封堵应严密。

d. 电缆终端、电缆接头应固定牢靠；电缆接线端子与所接设备端子应接触紧密。

⑦ 电缆线路所有接地点的接地应与接地极接触良好，接地电阻值应符合设计要求。

⑧ 电缆经验收合格后，试送电运行 24 h；无异常现象时，再进行移交。

⑨ 工程完工后，应在施工单位自检合格的基础上，由建设单位组织设计、监理、施工单位进行交接验收。

(2) 电气设备交接验收时，应提交下列资料和技术文件：

① 设计变更的证明文件及竣工图资料。

② 制造厂提供的产品说明书、装箱单、检验试验记录、合格证明、安装图纸等技术文件。

③ 电气试验报告及试验记录。

④ 安装(组装)技术记录。

⑤ 中间验收记录。

⑥ 不合格处理记录。

⑦ 检验及质量验收报告等。

⑧ 电缆线路的施工记录,应包括下列内容:隐蔽工程隐蔽前检查记录或签证;电缆敷设记录;质量检验及评定记录。

第三节　电缆敷设

现代工矿企业中,电力电缆应用十分广泛,占有十分重要的地位,电力电缆的安全运行至关重要。影响电力电缆安全运行的因素很多,如电缆制作工艺、电缆敷设施工工艺、电缆运行管理,电力电缆敷设施工高质量是保证供电系统安全运行的一项重要环节。

一、电缆敷设的类型

电缆的敷设主要有电缆直埋敷设、电缆沟敷设、电缆隧道敷设、电缆排管敷设以及电缆桥架(托架)敷设等几种方式。

(1) 电缆直埋敷设

电缆线路直接埋设在地面下 0.7～1.5 m 深的壕沟中的敷设方式,适用于市区人行道、公园绿地及公共建筑间的边缘地带等环境下施工,是一种经济、简便的敷设方式,具有电缆散热良好、施工简便、施工工期短、造价低、输送容量大等优点。

(2) 电缆沟敷设

电力电缆在电缆沟敷设形式具有便于电缆检修、新设、更换,以及有利于防止外力损伤和故障测寻、修复等优点。

(3) 电缆隧道敷设

电缆隧道主要用于满足发电厂或变电站出线电缆很多或并列敷设条数较多(如 20～40 条及以上时)的地区敷设需要。建设电缆隧道虽然投资大、工期长、建筑材料耗费多,而且还带来通风、防火、防漏水等大量问题,但它具有以下优点:减少了电缆线路所占道路断面(走廊);减少了对电缆的外力破坏和机械损伤;消除了因土壤中有害物质所引起的保护层化学腐蚀;检修或更换电缆迅速方便;可随时增放新电缆而不必掘开路面。电缆隧道主要有矩形截面和圆形截面两种形式。

(4) 电缆排管敷设

这种形式多用于市政工程中。在不适宜建造电缆沟和电缆隧道的情况下,可建造电缆排管。它不仅造价低,还具有电缆隧道的优点。

(5) 电缆桥架(托架)敷设

这种形式主要用于工矿厂区内电缆的安装。厂区内(尤其是发电厂或化工厂内)管线较多、建筑电缆沟困难,又常常因为热管道的跑汽、跑水而损伤电缆,因而在厂区内通常采取电缆桥架(托架)架空安装。

下面对工矿企业中常见的电缆敷设施工工艺及方法进行介绍。

二、电缆敷设施工工艺及方法

电缆敷设主要施工工序：电缆运输及保管→施工准备→电缆敷设→电缆附件安装→工程验收。

（一）电缆运输及保管

1. 电缆和附件的运输

电缆和附件的运输要满足如下要求：

（1）电缆运输前必须进行检查，电缆应完好，封端应严密；如果发现问题，处理好后才能装车运输。

（2）电力电缆一般是缠绕在电缆盘上进行运输、保管和敷设展放的。30 m 以下的短段电缆也可按不小于电缆允许的最小弯曲半径卷成卷，捆紧后搬运。

（3）电缆盘一般采用吊车装卸，装卸电缆盘时，严禁几盘同时吊装。

（4）电缆的内、外端头在盘上都要牢靠固定，避免在运输过程中受振而松动；电缆的外面要做好防护，以防外物伤害。电缆盘不允许平卧装车。

（5）电缆盘在车上运输时，应将电缆盘放稳并牢靠固定；电缆盘边应垫塞好，防止电缆盘晃动、互相碰撞或倾倒。

（6）没有起重设备卸车时，严禁将电缆盘从运输车上直接推下；小型的电缆盘，可以用木板搭成斜坡，再用绞车或绳子拉住电缆盘沿斜坡慢慢滚下。

（7）电缆盘在地面上滚动时，必须控制在小距离范围内。由于反向滚动会使电缆退绕而松散、脱落，因此滚动必须按照电缆盘侧面上所示方向（顺着电缆的缠紧方向）。

2. 电缆和附件的保管

电缆和附件的保管要满足如下要求：

（1）按照施工设计和订货清单，清查电缆的规格、型号和数量是否相符；检查电缆及附件的产品说明书、检验合格证、安装图纸资料是否齐全。

（2）电缆附件应齐全、完好，规格尺寸应符合制造厂图纸的要求；绝缘材料的防潮包装及密封应良好。

（3）电缆应集中分类存放；电缆盘的周围应有通道，便于检查；地基应坚实，电缆盘应稳固，存放处不得有积水。

（4）电缆盘不得平卧放置，并有防止遭受机械损伤和附件丢失的措施。

（5）电缆终端和中间接头的附件应当分类存放。为了防止绝缘附件和材料（如绝缘带材和绝缘剂）受潮、变质，必须将其存放在干燥、通风、有防火措施的室内。

（6）电缆桥架应分类保管，不得变形。

（7）防火隔板、涂料、包带、堵料等防火材料储存和保管，应严格执行制造厂提供的产品技术性能对其包装、温度、时间等的要求，避免材料失效、报废。

（二）施工准备

电缆敷设施工的准备工作主要包括电缆检查、现场检查以及电缆敷设机具安放等。

1. 施工前电缆检查

施工前必须对电缆进行详细的检查验收以及绝缘试验。

(1) 电缆进场后，必须检查电缆的外观、规格、型号、电压等级、长度、合格证、耐热阻燃标识等。电缆外观应无损伤，盘上电缆端头应密封良好。

(2) 施工前应进行绝缘预校验。

① 1 kV 以下电缆，用 1 kV 摇表摇测线间及对地的绝缘电阻，应不低于 10 MΩ。

② 3～10 kV 电缆应事先做耐压和泄漏试验，试验标准应符合国家和当地供电部门规定。必要时敷设前仍需用 2.5 kV 摇表测量绝缘电阻是否合格。

③ 电缆测试完毕，油浸纸绝缘电缆应立即用焊料（铅锡合金）将电缆头封好，其他电缆应用聚氯乙烯带密封后再用黑胶布包好。

2. 施工前现场检查

(1) 根据施工设计图纸，选择、勘查电缆敷设路径；查明电缆敷设线路上邻近地下管线，制订详细的施工方案。

(2) 确定电缆盘、电缆盖板、敷设机具、挖掘机械等主要材料的摆放位置；设置临时施工围栏，并做好各方面的安全措施。

(3) 检查与施工内容相对应的材料，验证是否符合设计要求，检查施工工具是否齐备，检验、核对接头材料以及配件是否齐全和完整。

(4) 对电缆槽盒、电缆沟盖板等预构件必须仔细检查；对有露筋、蜂窝、麻面、裂缝、破损等现象的预构件一律清除，严禁使用。

(5) 对已施工完成的电缆桥架或电缆沟的长度进行核实，将电缆沟及桥架内杂物清理，检查转角等是否满足电缆弯曲半径的要求及电缆本身的要求。若是多段电缆，要确定电缆中间头安装的位置。

(6) 对电缆沟内成品支架做好保护措施；防止损坏支架，铁制支架伤人、伤电缆或卡阻电缆的牵引。

(7) 电缆敷设前应测量现场温度；温度达不到规范要求时，应将电缆提前加温；电缆允许敷设的最低温度见表 5-14。

表 5-14　电缆敷设最低温度

电缆类型	电缆结构	允许最低温度/℃
橡皮绝缘电力电缆	橡皮或聚氯乙烯护套	−15
	铅护套钢带铠装	−7
塑料绝缘电力电缆		0
矿用橡套软电缆		−15
控制电缆	耐寒护套	−20
	橡皮绝缘聚氯乙烯护套	−15
	聚氯乙烯绝缘聚氯乙烯护套	−10

(8) 夜间施工时,应在缆沟两侧装红色警示灯,破路施工应在被挖掘的道路口设警示灯。

3. 电缆盘就位

(1) 电缆盘的起吊应如图 5-16 所示进行,以防起吊过程中损伤电缆。

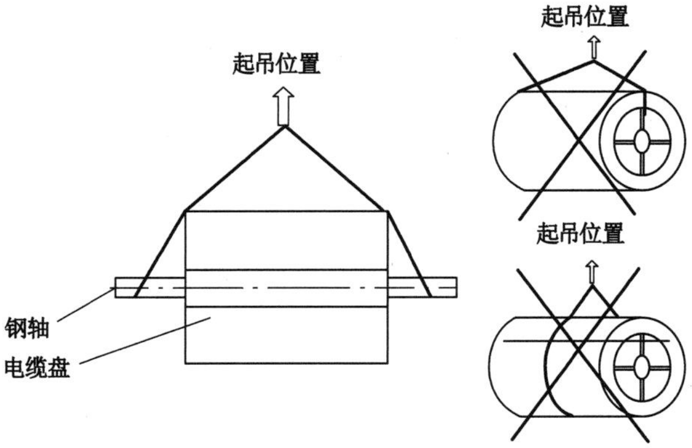

图 5-16　电缆盘起吊方法示意

(2) 电缆支架的架设地点应以敷设方便为准;一般应在电缆起止点附近、场地开阔的地方,电缆盘装卸、放线架架设以及电缆盘“8”字时应有足够空间。

(3) 电缆盘应按图 5-17 所示安装就位,固定可靠,盘与轴间转动顺滑,并设有简单而可靠的制动装置,如图 5-18 所示。

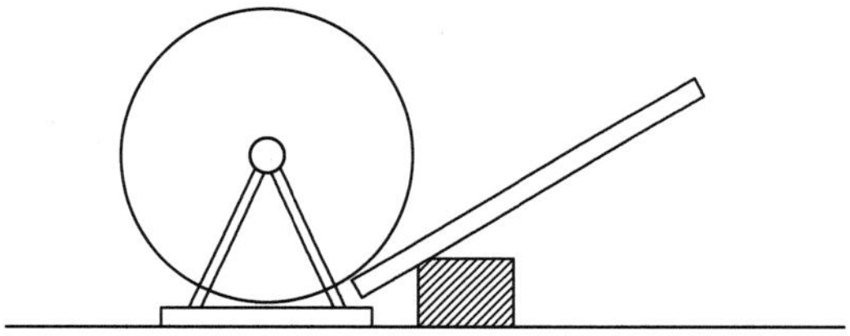

图 5-17　电缆盘就位示意

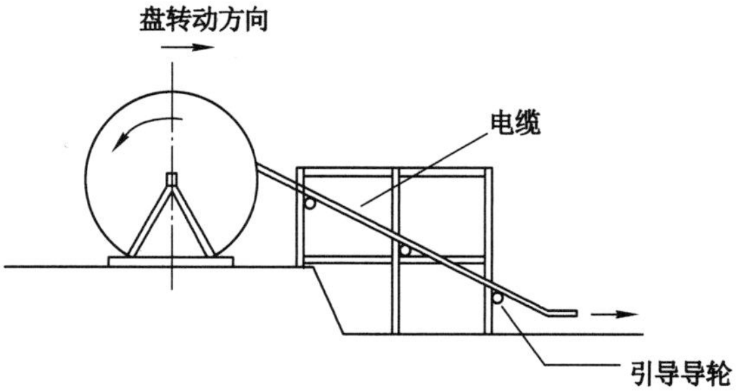

图 5-18　电缆盘制动装置示意

4. 电缆敷设机具安放

采用机械展放电缆时，应将牵引设备选择适当位置安放，尽可能将牵引装置放置在电缆到达的位置，一次性牵引到位。电缆滑车应在电缆敷设前提前安放到位。

(1) 直埋或支架敷设时，直线段宜每隔 2～2.5 m 摆放 1 个直线滑车(以电缆牵引时不与地面摩擦为原则)，转角处安放转角滑车。

(2) 穿管敷设时，电缆入管口可装设管口滑车，转弯入井处应设转角滑车。

(三) 电缆敷设

下面主要介绍桥架内电缆敷设、地下直埋电缆敷设、电缆沟内电缆敷设以及穿线管中电缆敷设的主要施工工艺及注意事项。

1. 桥架内电缆敷设

桥架内电缆敷设工艺流程：施工准备→施放电缆→桥架内电缆敷设→挂标志牌。

(1) 电缆放线：较细的电缆可直接从电缆盘上放线；粗重电缆采用放线架放线，放线架要保证线盘电缆离地 100 mm 以上。电缆拖放的道路应平整、无石块、砖头等硬物，防止电缆损伤。

(2) 电缆敷设可以采用人力拉引敷设或机械牵引敷设。人力拉引要注意人力分布均匀合理、负荷适当，服从统一指挥。电缆盘两侧须有负责转盘及制动电缆盘的专业人员，防止电缆损伤。机械牵引要有测量拉力装置，防止拉力过大损伤电缆，牵引速度不宜超过 15 m/min；要有电缆滚轮或人力保证电缆不在地面磨损。

2. 地下直埋电缆敷设

地下直埋电缆敷设工艺流程：测量放线→电缆沟开挖→铺设细砂→电缆敷设→铺设细砂→盖砖(或电缆盖板)→电缆沟回填→埋设电缆标志桩。

(1) 根据设计图纸要求，在施工现场测量出电缆埋设路径，并用白灰做出标志。

(2) 电缆沟一般采用机械开挖，沿白灰标识的电缆路径进行开挖。低压电缆沟深度不小于 700 mm，高压电缆沟不小于 1 000 mm，沟宽以方便电缆敷设为宜；条件不允许情况下，电缆沟可采用人工开挖方式；电缆沟挖好后要进行人工清理，防止石块等杂物损伤电缆。

(3) 电缆外皮至地下构筑物基础距离不得小于 300 mm，至地面的埋深不得小于 700 mm；穿越耕地、车行道的埋深，不得小于 1 000 mm。

(4) 电缆敷设的壕沟内不得有石块等硬物杂质，并应沿电缆全长的上、下紧邻侧铺设厚度不少于 100 mm 的细砂层。

(5) 电缆敷设后沿直埋电缆的细砂层上侧用砖或电缆盖板将电缆盖好，覆盖宽度应超过电缆两侧各 50 mm。

(6) 电力电缆之间及与控制电缆之间平行敷设的净距，按电压等级确定，10 kV 及以下宜大于 100 mm，10 kV 以上宜大于 250 mm。

(7) 不应将电缆平行敷设于地下管道的正上方或下侧。

(8) 电缆引入构筑物或过路时，应设置保护套管(套管可为水泥管或铁管，铁管应用石油沥青漆防腐)，管口应实施防水封堵。

(9) 电缆与电缆、管道、道路、构筑物等之间的允许最小距离应符合表 5-15 的规定。

表 5-15 电缆与电缆、管道、道路、构筑物等之间的允许最小距离 单位:m

<table>
<tr><td colspan="2">电缆直埋敷设时的配置情况</td><td>平行</td><td>交叉</td></tr>
<tr><td colspan="2">控制电缆之间</td><td>—</td><td>0.5</td></tr>
<tr><td rowspan="2">电力电缆间及与控制电缆间</td><td>10 kV 及以下</td><td>0.1</td><td>0.5</td></tr>
<tr><td>10 kV 及以上</td><td>0.25</td><td>0.5</td></tr>
<tr><td colspan="2">控制电缆间</td><td>—</td><td>0.5</td></tr>
<tr><td colspan="2">热管道(管沟)及热力设备</td><td>2.0</td><td>0.5</td></tr>
<tr><td colspan="2">油管道(管沟)</td><td>1.0</td><td>0.5</td></tr>
<tr><td colspan="2">可燃气及易燃液体管道(沟)</td><td>1.0</td><td>0.5</td></tr>
<tr><td colspan="2">其他管道(沟)</td><td>0.5</td><td>0.5</td></tr>
<tr><td colspan="2">铁路路轨</td><td>3</td><td>1.0</td></tr>
<tr><td colspan="2">建筑物基础(边线)</td><td>0.6</td><td>—</td></tr>
<tr><td colspan="2">公路</td><td>1.0</td><td>—</td></tr>
<tr><td colspan="2">排水沟</td><td>1.0</td><td>—</td></tr>
</table>

注:1. 当电缆穿管或其他管道有保温层等防护设施时,表中净距应从管壁或防护设施的外壁算起。2. 电缆穿管敷设时,与公路、街道路面,杆塔基础,建筑物,排水沟的平行最小间距可按表中数据减半。

(10) 直埋敷设电缆采用置换土回填时,回填土的土质应对电缆外护层无腐蚀性。

(11) 直埋电缆在直线段每隔 50~100 m 处、电缆接头处、转弯处、进入建筑物处等,应设置明显的方位标志或标桩。标志桩一般露出地面 150 mm,一般采用 C20 混凝土制作。

(12) 直埋电缆回填前,应请建设单位、监理及质量监督部门做隐蔽工程验收,做好记录、签字。回填土应分层夯实。

3. 电缆沟内电缆敷设

电缆沟内电缆敷设的工艺流程:电缆沟检查验收→电缆支架制作安装→电缆敷设→挂标志牌。

(1) 电缆沟沟底应平整,并有 1‰的坡度坡向集水井,集水井间距应小于 50 m。

(2) 支架一般采用热镀锌材料制作。

(3) 支架安装前应做好定位放线。如土建施工时已预埋铁件,可采用焊接。如无预埋件,可采用膨胀螺栓固定。支架要横平竖直、牢固可靠、整齐美观。

(4) 支架层间的最小垂直净距:10 kV 及以下电力电缆为 150 mm,控制电缆为 100 mm。电缆支点的间距见表 5-16。

表 5-16 电缆各支持点间的距离 单位:m

<table>
<tr><td colspan="2" rowspan="3">电缆类型</td><td colspan="6">敷设方式</td></tr>
<tr><td colspan="2">支架上敷设</td><td colspan="2">钢索上悬吊</td><td colspan="2">井下</td></tr>
<tr><td>水平</td><td>垂直</td><td>水平</td><td>垂直</td><td>水平或倾斜(30°以下)巷道</td><td>立井井筒</td></tr>
<tr><td rowspan="3">电力电缆</td><td>全塑型</td><td>0.4</td><td>1.0</td><td>0.4</td><td>1.0</td><td rowspan="2">3</td><td rowspan="2">6</td></tr>
<tr><td>除全塑型外的中低压电缆</td><td>0.8</td><td>1.5</td><td>0.75</td><td>1.5</td></tr>
<tr><td>35 kV 高压电缆</td><td>1.5</td><td>2.0</td><td>—</td><td>—</td><td>—</td><td>—</td></tr>
<tr><td colspan="2">控制电缆</td><td>0.8</td><td>1.0</td><td>0.6</td><td>0.75</td><td>3</td><td>6</td></tr>
</table>

注:全塑型电力电缆水平敷设沿支架能把电缆固定时,支持点间的距离允许为 0.8 m。

(5) 电缆支架安装完成后，应按设计要求进行接地；所有金属支架和穿墙套管必须连成一个电气通路。

(6) 电缆敷设前应先设计排列图，按排列图施放电缆，防止交叉，浪费人力物力。电力电缆和控制电缆应分开排列；不同电压等级电缆在电缆沟支架上敷设时，高压电缆在上面、低压电缆在中间、控制电缆在下面；如两侧装设电缆支架，电力电缆与控制电缆应分别装在两侧支架上。电缆固定用扁钢做卡子，电缆与支架之间应用橡胶垫隔开，以保护电缆。

(7) 电缆敷设完毕后，用盖板盖好电缆沟；盖板应按设计要求进行密封，防止水、汽、油等侵入。

(8) 沿电缆敷设线路挂设标志牌。直线段 30～50 mm 处以及两端、拐弯处、交叉处应挂标志牌；标志牌应注明电缆编号、规格、型号、电压等级及起始位置。

4. 穿线管中电缆敷设

穿线管中电缆敷设的施工工艺：选择电线电缆→穿带线扫管→管内穿线。

(1) 穿带线扫管：用 $\phi1.2$～$\phi2$ 穿线钢丝，一头弯成半圆圈、绑扎布条，来回拉动带线，直到穿线管内干净为止。

(2) 管内穿线：检查穿线管两端头护口是否齐全，如有遗漏或破损应补齐、更换。按照设计核对穿线规格、型号，并把电缆绑扎在带线上。如电缆线芯较少可直接将导线前端的绝缘层削去，将线芯直接插入带线的盘圈内，并折回压实绑扎牢固。如导线根数较多或导线截面积较大，可将导线前端的绝缘层削去，将线芯错开排列在带线上，用绑扎线缠绕扎牢固，接头处要形成一个平滑过渡，便于穿线。穿线时应穿放相互配合、统一指挥，一端拉线、一端送线，号令一致。

(3) 同一交流回路的导线必须穿同一管内。不同回路、不同电压等级、交流与直流不得穿入同一管内。

(4) 断线：导线按要求穿完后，进行断线。接线盒、开关盒及灯头盒内导线预留 150 mm；配电箱内导线的预留长度应为配电箱体周长的 1/2；出户线的预留长度应为 1.5 m。

(四) 电缆附件安装

电缆头是电缆线路中最薄弱的部分，其安装质量的好坏是电缆线路能否安全运行的关键，应在施工作业时予以足够重视。

(1) 电缆终端头、接头的制作安装，应符合下列规定：

① 制作电缆终端和接头前，应熟悉安装工艺资料，选用的附件规格应与电缆匹配并应检查电缆绝缘状况。采用的附加绝缘材料除满足电气性能要求外，还应与电缆本体绝缘具有相容性；两种材料的硬度、膨胀系数、抗拉强度和断裂伸长率等物理性能指标应接近。橡塑绝缘电缆，应采用弹性大、粘接性能好的材料作为附加绝缘。

② 电缆终端及接头制作应遵守制作工艺规程。在制作电缆终端与接头时，从剥切电缆开始应连续操作直至完成，并应缩短绝缘暴露时间；剥切电缆时，不应损伤线芯和保留的绝缘层；附加绝缘的包绕、装配、热缩等应清洁。

③ 室外制作 6 kV 及以上电缆终端与接头，应在天气晴朗、空气干燥的情况下进行，其空气相对湿度宜不超过 70%。当湿度大时，可提高环境温度或加热电缆。制作塑料绝缘电力电缆终端与接头时，应防止尘埃、杂物落入绝缘内。

(2) 电力电缆接地线应采用铜绞线或镀锡铜编织线,电缆终端接地线截面积不应小于表5-17的规定。

表5-17 电缆终端接地线截面积

电缆截面/mm^2	接地线截面/mm^2
16及以下	接地线截面积可与芯线截面积相同
16～120	16
120及以上	25

(3) 电缆终端和接头的金属屏蔽层、金属套、铠装层的连接及接地方式,应符合下列规定:

① 三芯电缆接头及单芯电缆直通接头两侧电缆的金属屏蔽层、金属套、铠装层,应分别连接良好,并应相互绝缘。

② 电缆终端头处的电缆铠装、金属屏蔽层,应分别引出、相互绝缘,并应接地良好。

③ 跨接线及接地线的截面积应符合产品技术文件要求,且不应小于表5-17的规定。

(4) 直埋电缆接头的金属外壳及电缆的金属护层应做防腐处理。

(5) 三芯电力电缆终端处的金属护层应接地良好;塑料电缆每相铜屏蔽和钢铠应与接地线锡焊。电缆通过零序电流互感器时,其金属护层和接地线应对地绝缘。电缆接地点在互感器以下时,接地线应直接接地;接地点在互感器以上时,接地线应穿过互感器接地。单芯电力电缆金属护层接地应符合设计要求。

(6) 电缆线芯连接金具,应采用符合标准的连接管和接线端子,其内径应与电缆线芯紧密配合,间隙不应过大,截面积宜为线芯截面积的1.2～1.5倍。采用压接时,压接钳和模具应与压接导线相匹配。

(7) 电缆线芯连接时,应除去线芯和连接管内壁油污及氧化层;压接后应将端子或连接管上的凸痕修理光滑,不得残留毛刺。采用锡焊连接铜芯时,应使用中性焊锡膏,不得烧伤绝缘层。

(8) 电缆终端和接头应采取加强绝缘、密封防潮、机械保护等措施。6 kV及以上电力电缆终端和接头,应有改善电缆屏蔽端部电场集中的有效措施,并应确保外绝缘相间和对地距离。

(9) 装配、组合电缆终端和接头时,各部件间的配合或搭接处应采取堵漏、防潮和密封措施。塑料电缆宜采用自粘带、粘胶带、胶粘剂(热熔胶)等密封。塑料护套表面应打毛,粘接表面应用溶剂除去油污,粘接应良好。电缆终端、接头不应有渗漏。

(10) 电缆终端上应有明显的相色标志,且应与系统的相位一致。

(11) 控制电缆终端可采用热缩或冷缩型,也可采用塑料带、自粘带包扎,接头应有防潮措施。

(12) 控制电缆不应有中间接头。

(13) 同一台设备采用两条及以上电缆并联供电时,必须校对芯线的相位,一般应有两人以上确认。

（五）工程验收及移交

1. 验收前工作准备

工程验收时，应按下列规定进行检查：

（1）电缆型号、规格应符合设计规定；排列应整齐，无机械损伤；标志牌应装设齐全、正确、清晰。

（2）电缆的固定、弯曲半径、有关距离和单芯电力电缆的金属护层的接线、相序排列，应符合设计要求。

（3）电缆终端、电缆接头应固定牢靠；电缆接线端子与所接设备端子应接触紧密。

（4）电缆线路所有接地点的接地应与接地极接触良好，接地电阻值应符合设计要求。

（5）电缆终端的相色应正确，电缆支架等的金属部件防腐层应完好；电缆管口封堵应严密。

（6）电缆沟内应无杂物和积水，盖板应齐全；隧道内应无杂物，照明、通风、排水等设施应符合设计要求。

（7）直埋电缆路径标志，应与实际路径相符；路径标志应清晰、牢固。

（8）防火措施应符合设计要求，且施工质量应合格。

（9）隐蔽工程应有施工过程中的有签字的中间验收资料。

2. 交接验收资料要求

在电缆线路交接验收时，应提交下列资料和技术文件：

（1）电缆线路路径的协议文件。

（2）设计变更的证明文件和竣工图资料。

（3）直埋电缆线路的敷设位置图。平行敷设的电缆线路宜合用一张图纸，图上应标明各线路的相对位置，并应有标明地下管线的剖面图。

（4）制造厂提供的产品说明书、试验记录、合格证件及安装图纸等技术文件。

（5）电缆线路的原始记录内容应包括：电缆的型号、规格及实际敷设总长度及分段长度；电缆终端和接头的形式及安装日期；电缆终端和接头中填充的绝缘材料名称、型号。

（6）电缆线路的施工记录应包括：隐蔽工程隐蔽前检查记录或签证；电缆敷设记录；质量检验及评定记录；试验记录。

3. 工程验收移交

（1）工程完工后，应在施工单位自检合格的基础上，由建设单位组织设计、监理、施工单位进行交接验收。

（2）电缆经验收合格后，试送电运行 24 h，无异常现象时再进行移交。

第四节　电气设备的试验

电力系统包括众多的电气设备，有些电气设备的故障甚至会威胁到整个系统的安全供电。电力生产的实践证明，对于新安装和大修后的电气设备按规定开展检测试验工作，是鉴定电气设备本身及其安装和大修的质量，防患于未然，保证电力系统安全、经济运行的重要措施之一。

一、电气设备试验分类

按试验的作用和要求不同，电气设备的试验可分为绝缘试验和特性试验两大类。

1．绝缘试验

造成电气设备存在的绝缘缺陷，一种是制造时潜伏下来的；另一种是在工作电压、过电压、潮湿、机械力、热作用、化学作用等外界作用下产生的。

电气设备存在的绝缘缺陷，一般可分为两大类。

（1）集中性缺陷：如绝缘子的瓷质开裂；电机绝缘的局部磨损、挤压破裂；电缆绝缘的气隙在电压作用下发生局部放电而逐步损伤绝缘；其他的机械损伤、局部受潮等。

（2）分布性缺陷：如电机、套管等绝缘中的有机材料受潮、老化、变质等，使电气设备的整体绝缘性能下降。

绝缘内部缺陷降低了电气设备的绝缘水平，可以通过一些试验的方法，把隐藏的缺陷检查出来。试验方法一般分为以下两大类：

（1）非破坏性试验。在较低的电压下或用其他不会损伤绝缘的办法来测量各种特性，从而判断绝缘内部的缺陷。

（2）破坏性试验或称为耐压试验。这类试验对绝缘的考验是严格的，特别是能发现那些危害性较大的集中性缺陷。通过这类试验能保证绝缘有一定的水平和裕度，但可能在试验中给被试设备的绝缘产生一定的损伤。目前，耐压试验仍然是绝缘试验中的一项主要方法。

为了避免破坏性试验对绝缘损伤而增加修复的难度，破坏性试验往往在非破坏性试验后进行。如果非破坏性试验已表明绝缘存在不正常情况，则必须在查明原因并加以消除后再进行破坏性试验。

2．特性试验

通常把绝缘试验以外的试验统称为特性试验。这类试验主要是对电气设备的电气或机械方面的某些特性进行测试，如变压器和互感器的变比试验、极性试验，线圈的直流电阻测量，断路器的导电回路电阻测试，分合闸时间和速度试验等。

二、电气设备主要检测试验项目

电气设备的交接试验，应按现行国家标准《电气装置安装工程 电气设备交接试验标准》（GB 50150—2016）的规定执行。煤矿井下电气设备的交接试验应按现行国家标准《煤矿电气设备安装工程施工与验收规范》（GB 51145—2015）的相关规定执行。

电气设备一般有变压器、电压互感器、电流互感器、隔离开关、断路器、接地开关、母线、电容器、电抗器、放电线圈、避雷器、组合电器（组合互感器）、开关柜及电缆线路等，主要试验项目如下。

（1）电力变压器的试验项目，一般包括下列内容：

① 绝缘油试验；

② 测量绕组连同套管的直流电阻；

③ 检查所有分接的电压比；

④ 检查变压器的二相接线组别和单相变压器引出线的极性；

⑤ 测量铁芯及夹件的绝缘电阻；
⑥ 非纯瓷套管试验；
⑦ 有载调压切换装置的检查和试验；
⑧ 测量绕组连同套管的绝缘电阻、吸收比或极化指数；
⑨ 绕组连同套管的交流耐压试验；
⑩ 额定电压下的冲击合闸试验；
⑪ 相位检查。
(2) 真空断路器的试验项目，一般包括下列内容：
① 测量绝缘电阻；
② 测量每相导电回路的电阻；
③ 交流耐压试验；
④ 测量断路器的分、合闸时间，分、合闸的同期性，合闸时触头的弹跳时间；
⑤ 测量分、合闸线圈及合闸接触器线圈的绝缘电阻和直流电阻；
⑥ 断路器操动机构试验。
(3) 电流、电压互感器的试验项目，一般包括下列内容：
① 绝缘电阻测量；
② 测量 35 kV 及以上电压等级的互感器的介质损耗因数($\tan\delta$)及电容量；
③ 局部放电试验；
④ 交流耐压试验；
⑤ 绝缘介质性能试验；
⑥ 测量绕组的直流电阻；
⑦ 检查接线绕组组别和极性；
⑧ 误差及变比测量；
⑨ 测量电流互感器的励磁特性曲线(电流互感器进行该项目试验)；
⑩ 测量电磁式电压互感器的励磁特性(电压互感器进行该项目试验)；
⑪ 电容式电压互感器(CVT)的检测(电压互感器进行该项目试验)；
⑫ 密封性能检查。
(4) 隔离开关、负荷开关及高压熔断器的试验项目，应包括下列内容：
① 测量绝缘电阻；
② 测量高压限流熔丝管熔丝的直流电阻；
③ 测量负荷开关导电回路的电阻；
④ 交流耐压试验；
⑤ 检查操动机构线圈的最低动作电压；
⑥ 操动机构试验。
(5) 电抗器及消弧线圈的试验项目，一般包括下列内容：
① 干式电抗器试验项目
a. 测量绕组连同套管的直流电阻；
b. 测量绕组连同套管的绝缘电阻、吸收比或极化指数；
c. 绕组连同套管的交流耐压试验；

d. 额定电压下冲击合闸试验。

② 消弧线圈试验项目

a. 测量绕组连同套管的直流电阻；

b. 测量绕组连同套管的绝缘电阻、吸收比或极化指数；

c. 测量绕组连同套管的介质损耗因数($\tan\delta$)及电容量(35 kV 及以上油浸式消弧线圈)；

d. 绕组连同套管的交流耐压试验；

e. 测量与铁芯绝缘的各紧固件的绝缘电阻；

f. 绝缘油试验；

g. 非纯瓷套管试验(35 kV 及以上油浸式消弧线圈)；

h. 额定电压下冲击合闸试验(35 kV 及以上油浸式消弧线圈)。

(6) 橡塑绝缘电力电缆线路的试验项目，一般包括下列内容：

① 主绝缘及外护层绝缘电阻测量；

② 主绝缘交流耐压试验；

③ 检查电缆线路两端的相位；

④ 电力电缆线路局部放电测量。

(7) 电气设备和防雷设施的接地装置的试验项目，一般包括下列内容：

① 接地网电气完整性测试；

② 接地阻抗测试；

③ 场区地表电位梯度、接触电位差、跨步电压和转移电位测量。

三、电气设备试验的技术要求和安全措施

在进行高压电气设备试验的过程中，工作内容较为丰富，同时专业性较强，对检修能力要求较高。在具体实施的过程中主要是采用科学有效的检测与实验方法，对所使用的高压电气设备绝缘能力、运行状态进行稳定性试验和安全试验，根据检测结果分析高压电气设备在运行过程中存在的相关问题，从而为相关问题的解决提供有针对性的指导方向，以保障电气设备能够安全、可靠运行。这就要求在电气设备试验时达到相应的技术要求，采取相应的安全措施。

煤矿井下的电气试验安全措施按照《煤矿安全规程》的规定执行。

1. 技术要求

(1) 有周密的准备工作。拟订试验程序；准备好试验设备、仪器及仪表、电源控制箱；准备好绝缘接地棒、接地线、小线、工具等。

(2) 合理、整齐地布置试验场地。试验器具应靠近试品，所有带电部分应互相隔开，面向试验人员并处于视线之内。操作者的活动范围及与带电部分的最小允许距离，应满足规定要求。调压、测量装置及电源控制箱应靠近放置，并由 1 人操作和读数。

(3) 试验接线应清晰、明了、无误。

(4) 操作应有条不紊，试验接线应正确无误。在操作中除有特殊要求，均不得突然加压或失压；当发生异常现象时，应立即停止升压，并应立即进行降压、断电、放电、接地，而后再检查分析。

(5) 做好试验的善后工作。清理现场,以防在试品上遗忘物件;妥善保管试验器具,以备再次使用。

(6) 做试验记录。对试验项目、测量数据、试品名称和编号、仪器仪表编号、气象条件及试验时间等应进行详细记录,作为分析和判断设备状态的依据;整理试验报告,以便抄报和存档。

2. 安全措施

电气试验中的多数试验项目设在变电站等施工现场,由于试验项目对外引线、接地装置易触及附近的带电运行设备,加之施工现场人员嘈杂和堆放杂物等,这些均增加了试验工作的复杂性。同时在试验项目中,有些要施加高电压等措施,制定并落实完善的安全措施才能确保试验工作的安全、顺利开展。

(1) 现场工作必须执行工作票制度、工作许可制度、工作监护制度、工作间断和转移及终结制度。

(2) 在试验现场应装设遮栏或围栏,悬挂"止步,高压危险!"标示牌,并派专人监护。试品两端不在同一地点时,另一端还应派人监护。

(3) 高压试验工作不得少于两人,试验负责人应由有经验的人员担任。开始试验前,负责人应对全体试验人员详细布置试验中的安全事项。

(4) 因试验需要断开电气设备接头时,拆前应做好标记,恢复连接后应进行检查。

(5) 试验器具的金属外壳应可靠接地,高压引线应尽量缩短,必要时用绝缘物品支持牢固。为了在试验时确保高压电压回路的任何部分不对接地体放电,高电压回路与接地体(如墙壁、金属围栏、接地线等)的距离必须有足够的裕度。

(6) 试验装置的电源开关,应使用具有明显断点的双极闸刀,并保证有两个串联断开点和可靠的过载保护设施。

(7) 加压前必须认真检查接线、表计量程,确信调压器在零位及仪表的开始状态均正确无误,并通知有关人员离开被试设备,在取得试验负责人许可后,方可加压,加压过程中应有人监护。试验人员在加压过程中,应精力集中,不得与他人闲谈,随时警惕异常现象发生。操作人员应站在绝缘垫上。

(8) 变更接线或试验结束时,应首先降下电压,断开电源、放电,并将升压装置的高压部分短路接地。

(9) 未装接地线的大电容试品,应先放电再进行试验;进行高压直流试验时,每告一段落或试验结束后,将被试验设备对地放电数次并短路接地后方可接触。

(10) 试验结束时,试验人员应拆除自装的接地短路线,并对试品进行检查和清理现场。

第六章 凿井设备安装技术

凿井设备安装布置是井筒施工中最重要的环节之一。随着凿井机械化水平的不断提高，立井快速施工工艺普遍推广，大绞车、大吊桶、伞钻、下行整体模板等已成为立井快速施工的标配。目前，我国立井施工领域主要凿井设备有：凿井井架、凿井绞车、吊桶、中心回转抓岩机、伞钻、吊泵、空气压缩机、局部通风机和悬吊天轮等；主要凿井设施有：天轮平台、翻矸台、翻矸装置、锁口盘、吊盘以及整体下行模板等。

第一节 凿井井架及附属设备安装

凿井井架是凿井施工必备的重要结构物之一，供凿井提升容器和井内各种凿井设备与设施悬挂之用。随着凿井工艺和装备的不断变革，用于凿井的井架也有很大改进，从最初的木质井架发展到现今的金属井架。有些矿井在凿井期间采用了永久性的生产井架(井塔)，不仅简化了凿井过程，而且缩短了建井工期，降低了施工成本。

我国矿井凿井使用的井架多为立井亭式金属凿井井架，原有Ⅰ～Ⅴ型；随着矿井井筒深度的增加和井筒直径的增大，出现了Ⅵ、Ⅶ型等特大型凿井井架。立井金属凿井井架技术特征参数见表6-1。

表6-1 MZJ型凿井井架技术特征参数

井架型号	井筒直径/m	井筒深度/m	基础顶面至天轮平台顶面的高度/m	天轮平台平面尺寸/m	井架底脚跨距/m	翻矸台高度/m
Ⅰ	3.5～5.0	200	16.242	5.5×5.5	10×10	5.0
Ⅱ	4.5～6.0	400	17.250	6.0×6.0	12×12	5.8
Ⅲ	5.5～6.5	600	17.346	6.5×6.5	12×12	5.9
Ⅲ$_G$	5.5～6.5	600	19.846	6.5×6.5	12.83×12.83	8.4
Ⅳ	6.0～8.0	800	21.970	7.0×7.0	14×14	6.6
Ⅳ$_G$	6.0～8.0	800	25.870	7.0×7.0	15.30×15.30	10.5
Ⅴ	6.5～8.0	1 000	26.364	7.5×7.5	16×16	10.0
Ⅵ	8.0～10.0	1 400	26.678	9.05×9.05	17.55×17.55	10.4
Ⅶ	9.0～14.0	1 600	30.078	9×9/12×12	21×21	12.0

一、凿井井架的安装

立井金属凿井井架的安装主要包括井架构件安装及井架起立两项工作。立井金属凿井井架常用的安装及起立方法见表 6-2、表 6-3。

表 6-2　立井金属凿井井架常用的安装方法

安装方法	主要步骤	主要优缺点
分扇组装法	1. 在井口两侧地面各组装一扇井架； 2. 用抱杆、起重机或其他设备将两扇井架分次或同时起立并安装在井架的基础上； 3. 将在井口已组装好的天轮平台提升至两扇井架顶端并与之连接； 4. 组装两扇井架间的拉撑杆件； 5. 安装翻矸台、人行梯等其他构件	1. 占用井口时间长； 2. 高空作业多，施工安全性差； 3. 井架起立较容易
整体组装法	1. 在井口一侧将井架平卧并整体组装好； 2. 用与分扇组装法同样的方法将井架整体起立并安装在基础上； 3. 安装天轮平台、翻矸台等其他构件	1. 占用井口时间较分扇组装法短； 2. 高空作业较少，工作效率高； 3. 井架起立容易变形，故对井架补强要求高
整体滑动法（图 6-1）	1. 将井架在井口附近按上述两种组装方法之一组装，起立并树立在滑动平台或平车上； 2. 利用滑动平台或有轨平车及稳车设备等将井架整体滑动到井架基础上； 3. 天轮平台、天轮及翻矸台等可在滑动前一次安装好	1. 占用井口时间最短，一般可缩短至两天左右； 2. 对井口场地标高要求严（使井架滑至井口时，井架柱脚与基础标高相同）； 3. 除需要井架起立设备外还需要滑行设备； 4. 安装总工期长

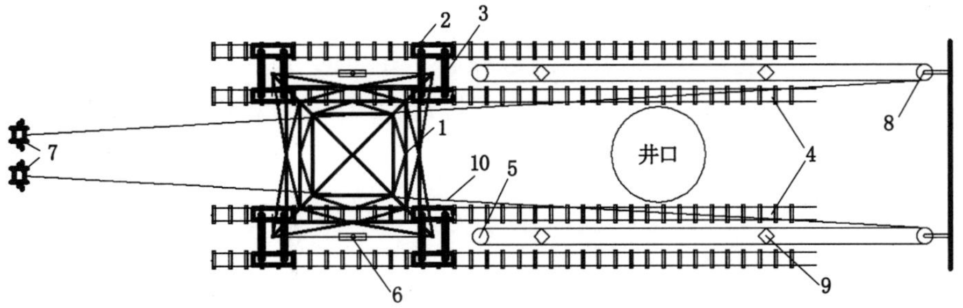

1—已组装的整体井架；2—平车；3—抬杠支座；4—滑轨；5—15 t 复式滑轮；6—反正扣紧绳器；7—5 t 凿井绞车；8—滑轮；9—井架基础；10—牵绳。

图 6-1　整体滑动法安装井架

表 6-3　立井金属凿井井架起立方法

起立方法		主要步骤	主要优缺点
半反转提升法	双抱杆法： 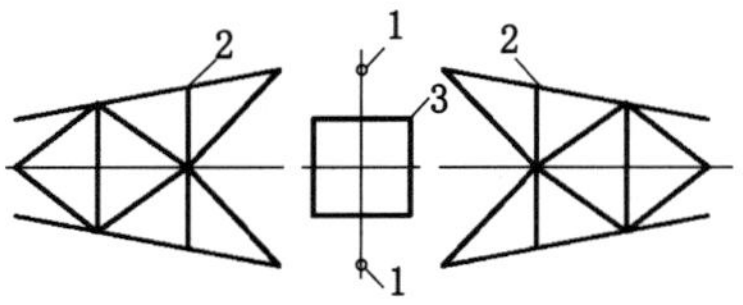 1—抱杆；2—井架的两大扇； 3—天轮平台。	1. 井架分扇（或整体）组装时，组装方向为顶部远离井筒方向； 2. 牵引钢丝绳系于井架重心以上 2～3 m 处； 3. 利用井筒附近的两根抱杆为提升架，用稳车、滑轮等将井架提起，为防止井架偏斜，各个提升稳车应同步； 4. 井架起立至接近直立位置时，将溜绳拉紧，防止井架因重心变换突然直立、向对面倾倒； 5. 为防止在提升过程中柱脚滑动，可用拌腿绳将之拉紧	1. 使用抱杆多，准备工作量大； 2. 适用于质量 100 t 以下的井架安装
	单抱杆法： 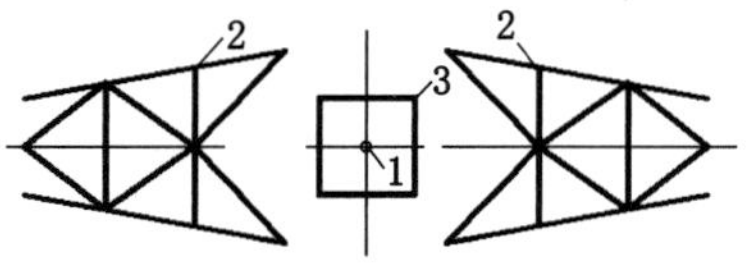 1—抱杆；2—井架的两大扇； 3—天轮平台。	用一根抱杆作为提升架，其余与双抱杆法相同	1. 较双抱杆法节省一套抱杆及装拆工作； 2. 要求提升设备能力大； 3. 提升效率较双抱杆法高； 4. 适用于质量不超过 60 t 的井架安装
滑动提升法	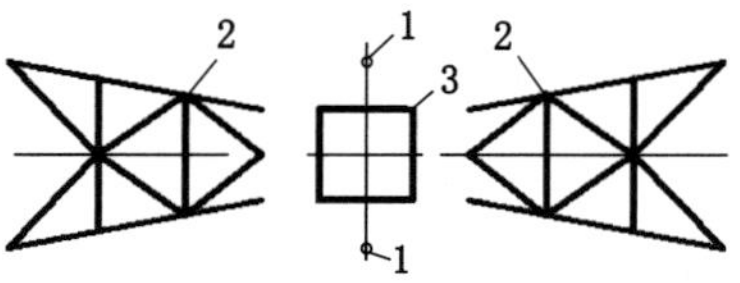 1—抱杆；2—井架的两大扇； 3—天轮平台。	1. 井架在地面组装方向与半反转提升法相反； 2. 牵引钢丝绳系于井架重心以上位置； 3. 利用井筒附近的两根抱杆为提升架，用稳车、滑轮等起重设备将井架头部提起； 4. 随井架头部提高，井架柱脚向井筒方向滑动，至井架直立后将其安装在基础上	1. 起重时井架、抱杆、提升滑轮、主牵引绳、锚桩等受力均较半反转提升法要小； 2. 提升时井架补强量小； 3. 不受场地标高限制； 4. 不受井架高度重量限制； 5. 施工比较容易

随着起重机械的快速发展，原来利用抱杆起立井架的方法，由于工期长、危险性高，逐步被淘汰。根据施工现场的情况，在组装及转运过程中，选择相应型号的汽车吊作为起重机械；人员上下由原来的攀爬改为汽车吊吊着安装吊篮上下施工；主钩头吊挂吊篮，副钩头吊挂作业人员保险绳。

1. 井架安装过程中的安全注意事项

(1) 安装前，技术人员应编制完善的安全施工措施；作业人员要认真学习贯彻并考核、签字。

(2) 起吊时，要统一指挥、统一行动。物体离开地面后，应再进行一次全面检查；各设备无异状后，才能继续提升。

(3) 所有作业人员要佩戴安全帽，高空作业要佩戴安全带。随身携带的工具要用系带系在身上，其他工器具应用保险绳拴挂在可靠的地方，避免坠落伤人。高空作业人员应配备对讲机与地面联系。

(4) 离井架 30 m 范围内，禁止非作业人员进入。

(5) 在有雷雨、大雾或风力大于 6 级时，不得进行井架的起立工作及高空作业。

2. 井架安装的质量要求

(1) 井架基础混凝土标号满足设计要求；地基允许压力按 0.25 MPa 计算，如情况不符，需按实际情况计算或处理。

(2) 井架中心线的实际位置与设计位置相差不得超过±5 mm。

(3) 井架腿与基础平面间成对放置垫铁，垫铁斜度为 1/20，操平找正后要焊在一起。

(4) 基础螺栓必须戴双帽。螺栓紧固后，露出的长度宜为 1～5 个螺距，外露长度应一致。

(5) 天轮平台水平误差不得超过 3 mm。

(6) 井架上必须设置避雷装置。

二、天轮平台的安装

天轮平台按照井架布置设计图在加工场地进行加工，所选用天轮、梁必须经过挑选，符合安装质量规范。天轮、梁与井架天轮平台梁连接的螺丝孔、天轮与天轮梁连接的螺丝孔必须配钻并对梁和天轮进行标号。

天轮平台的安装工序如下：

(1) 安装人员在井架上牢固焊接天轮平台中心架，测量技术人员在地面进行测量并将井筒中心线投送到天轮平台中心架上。

(2) 按标号顺序依照设计图安设天轮平台各梁及天轮、导向轮，并检查天轮、导向轮是否转动灵活。

(3) 连接螺栓与钢梁下面的部位加装偏口垫。

(4) 安装天轮平台防护栏。

三、翻矸仓的安装

在二层台搭设临时工作平台，在天轮平台梁上选择合适位置悬挂两台 5 t 滑轮，做好翻矸仓的安装准备。

1. 翻矸仓安装

(1) 利用吊车把翻矸仓主梁吊起，放置在设计图标定位置，将起缓冲作用的方木与翻矸仓主梁固定在一起。

(2) 安装翻矸仓副梁，并将副梁与翻矸仓主梁、井架杆件牢固连接。

(3) 在二层台铺设 70 mm 厚的木板或者 5 mm 厚的花纹钢板。

2. 溜槽安装

(1) 利用绞车提升钩头或者夺钩稳车提升钢丝绳(从提升天轮处下绳)提吊翻矸仓溜槽大端，利用吊车提吊翻矸仓溜槽小端，调整翻矸仓溜槽角度直至倾角符合要求。

(2) 将溜槽梁与翻矸仓主梁连接紧固，安装溜槽与撑架及托梁并紧固。

(3) 用吊车或者提升钩头将摇台提至二层台合适高度，用溜绳将摇台拉至翻矸仓溜槽内，安装摇台与溜槽的轴承装置。

(4) 组装后落下摇台时应以轴承为支点旋转，摇台应落在主梁方木上。

(5) 安装摇台起落绞车并悬挂导向滑轮，绞车缠绳并绕过导向滑轮与摇台提环连接。

(6) 安装翻矸仓防护栏。

3. 翻矸仓平台安装技术要求

(1) 翻矸仓U形螺栓应沉入木梁，不得突出木梁平面。

(2) 木板铺设时两排之间要错开一定距离，缝隙不得对正。

(3) 翻矸仓两轴承连线应与摇台门轴销连线同心。

(4) 利用稳车起吊摇台时应注意方位。

四、利用永久井架安装凿井设备

为缩短建井工期，通常利用永久井架进行凿井施工。

永久井架根据矿井深度、装备情况设计，尺寸因情况而异。井架一般较高，且分为多层。多利用第一层(一般高于井口标高26 m)布置天轮平台，在架腿+12 m处设置二层台、翻矸台，安装伞钻夺钩梁，安装时不能破坏井架，连接多用U形抱卡。天轮平台满足不了下行模板悬吊天轮、夺钩天轮的布置时，可将上述天轮布置在二层台位置并加装钢梁。

五、模板、井口锁口盘的安装

模板、井口锁口盘的安装一般包括以下内容和技术要求：

(1) 浇筑混凝土井壁的金属下行液压可收缩模板和井口锁口盘，按照设计图纸加工好，经验收合格后编号。

(2) 井架、天轮平台、翻矸台安装好后，开始挖掘井筒。井筒开挖达到模板高度后，开始组装模板(根据井口地表覆盖层地质情况，也可开挖模板的一层或二层高度)。

(3) 模板由上向下顺序逐层安装。每层按照编号顺序依次安装，安装好第一层后，把模板提升绳用卸扣与模板可靠连接，然后依次安装下层模板，最后一层安装模板刃脚。安装模板时，起吊可用汽车吊或提升钩头。

(4) 待模板安装完毕后，安装伸缩口板、伸缩油缸，连接液压油管，调试模板。

(5) 浇筑第一模混凝土前，将锁口钢梁放置的位置预留好。

(6) 井筒浇筑完第二模后，安装井口锁口盘；井口锁口盘包含锁口钢梁、井盖门、铺板(花纹钢板)等。测量人员将井筒中心线位置放出。安装人员依据井口锁口盘设计图纸，利用汽车吊将锁口钢梁和井盖门放置在设计位置，穿绕井盖门牵引绳后起落井盖门并调试合适，固定好后铺设花纹钢板。

(7) 钢梁与井壁接触面应铲磨平整，钢梁放好后用混凝土将缝隙封堵。钢梁间、钢梁与井盖门间用螺栓连接，螺栓尾部在下、螺母在上；紧固好螺母后，用电焊机将螺母与螺杆焊接牢固。

六、吊盘及中心回转抓岩机的安装

井筒掘砌40 m后，为了避免吊桶提升钢丝绳长距离无稳绳运行，要安装吊盘，同时安装中心回转抓岩机。

(1) 吊盘按照施工设计图加工,并经出厂验收合格。为了便于运输,个别组件可分体,运到施工现场后进行组装并进行加固。

(2) 在井架下利用汽车吊将吊盘组装并加固好后(此时应拆除井口锁口盘),在靠近井筒一边用提升钩头吊住,远离井筒一边用汽车吊吊住,慢慢吊起,向井筒位置移动。

(3) 待汽车吊无法再向井筒中心运送时,停止提升钩头和汽车吊的吊运;将稳绳、吊盘绳与吊盘连接牢固后,慢慢提紧稳绳和吊盘绳。

(4) 吊盘平稳后,摘掉提升钩头和汽车吊钩头。启动稳车集中控制装置,将吊盘放入井筒的合适高度。

(5) 吊盘安装完毕后,利用提升钩头将抓岩机主机提吊入井。夺钩绳钩头配合将抓岩机主机放置在下层盘的合适位置,并固定好。

(6) 主机安装好且初步调试正常后,利用提升钩头将抓头吊入井底;将吊盘落到合适高度,把抓头与抓岩机主机连接牢固;抓岩机抓头送风管及附属管路必须附在钢丝绳上并可靠固定。

(7) 调试抓岩机至工作灵活可靠,将井口锁口盘复位。

第二节 凿井绞车安装

凿井绞车主要用于煤矿、金属及非金属矿竖井井筒掘进时悬吊吊盘、水泵、水管、注浆管、风管等掘进设备,安装使用前必须经过验收合格后方可进行安装。

一、煤矿常用的凿井绞车

我国煤矿常用的凿井绞车有 JZ 单筒凿井绞车、2JZ 双筒凿井绞车、JZM 系列凿井绞车。

1. JZ 单筒凿井绞车

JZ 单筒凿井绞车的主要技术参数见表 6-4。

表 6-4 JZ 单筒凿井绞车主要技术参数表

项目		型号						
		JZ-10/800	JZ-16/1000	JZ-16/1320	JZ-16/1600	JZ-25/1320	JZ-25/1600	JZ-40/1800
钢丝绳最大静张力/kN(包括下放的钢丝绳自重)		100	160	160	160	250	250	400
滚筒容绳量/m		800	1 000	1 320	1 600	1 320	1 600	1 800
第一层钢丝绳速度/(m/s)	快速	0.075	0.075	0.075	0.075	0.075	0.075	0.075
	慢速	0.038	0.038	0.038	0.038	0.038	0.038	0.038
钢丝绳在滚筒上缠绕层数		7	8	9	10	10	10	11
钢丝绳直径/mm		32	40	40	40	52	52	60

表 6-4(续)

项目			型号						
			JZ-10/800	JZ-16/1000	JZ-16/1320	JZ-16/1600	JZ-25/1320	JZ-25/1600	JZ-40/1800
滚筒	直径/mm		800	1 000	1 000	1 000	1 050	1 050	1 250
	宽度/mm		1 250	1 415	1 500	1 520	1 500	1 768	1 758
	中心高度/mm		800	1 050	1 050	1 050	1 300	1 300	1 595
速比	减速机	快速	65.63	75.86	75.86	75.86	75.86	75.86	77.49
		慢速	126.19	152.78	152.78	152.78	152.78	152.78	157.14
	总速比	快速	401.04	499.09	499.09	499.09	531.03	531.03	577.70
		慢速	771.64	1 005.12	1 005.12	1 005.12	1 069.44	1 069.44	1164.70
电动机	型号		Y225M-8	YZR250M2-8	YZR250M2-8	YZR250M2-8	YZR280S-8	YZR280S-8	YZR315M-10
	功率/kW		22	37	37	37	45	45	75
	转速/(r/min)		740	720	720	720	717	717	579
	电压/V		380	380	380	380	380	380	380
外形尺寸	长度/mm		3 283	3 650	3 900	3 920	3 827	4 062	4 625
	宽度/mm		2 570	3 200	3 200	3 200	3 623	3 623	4 242
	高度/mm		1 770	2 240	2 240	2 240	2 500	2 500	3 166
总质量/kg (不包括钢丝绳及电气设备)			7 000	12 680	13 500	14 400	16 035	17 100	27 000

2. 2JZ 双筒凿井绞车

2JZ 双筒凿井绞车的主要技术参数见表 6-5。

表 6-5 2JZ 双筒凿井绞车主要技术参数表

项目		型号			
		2JZ-10/800	2JZ-16/1000	2JZ-16/1320	2JZ-25/1320
钢丝绳最大静张力/kN(包括下放的钢丝绳自重)		2×100	2×160	2×160	2×250
滚筒容绳量/m		2×800	2×1 000	2×1 320	2×1 320
第一层钢丝绳速度/(m/s)	快速	0.075	0.075	0.075	0.075
	慢速	0.038	0.038	0.038	0.038
钢丝绳在滚筒上缠绕层数		7	8	9	10
钢丝绳直径/mm		32	40	40	52
滚筒	直径/mm	800	1 000	1 000	1 050
	宽度/mm	1 250	1 415	1 500	1 500
	中心高度/mm	800	1 050	1 050	1 300

表 6-5(续)

项目			型号			
			2JZ-10/800	2JZ-16/1000	2JZ-16/1320	2JZ-25/1320
速比	减速机	快速	75.86	76.00	76.00	77.94
		慢速	153.00	153.00	157.14	
	总速比	快速	463.6	500.0	500.0	545.6
		慢速	1 006.6	1 006.6	1 100.0	
电动机	型号		YZR250M2-8	YZR280M-8	YZR280M-8	YZR315S-8
	功率/kW		37	55	55	75
	转速/(r/min)		720	725	725	727
	电压/V		380	380	380	380
外形尺寸	长度/mm		4 300	5 473	5 473	6 310
	宽度/mm		3 440	3 590	3 675	3 840
	高度/mm		1 740	2 240	2 240	2 500
总质量/kg(不包括钢丝绳及电气设备)			13 560	21 072	22 712	29 700

3. JZM 系列凿井绞车

JZM 系列凿井绞车的主要技术参数见表 6-6。

表 6-6 JZM 系列凿井绞车主要技术参数表

型号		型号			
		JZM-25/800	2JZM-25/800A	2JZM-25/1350	JZM-40/1350
钢丝绳最大静张力/kN(包括下放的钢丝绳自重)		250	250	250	400
滚筒容绳量/m		800	800	1 350	1 350
第一层钢丝绳速度/(m/min)	快速	6	3	3	6
	慢速	3			3
钢丝绳直径/mm		52	52	52	60.5
电动机	型号	JR92-8	JR92-6	JR280S-6(75)	JR280M-8(75)
	功率/kW	55	75	75	75
	电压/V	380	380	380	380
外形尺寸	长度/mm	6 368	6 368	6 368	7 660
	宽度/mm	3 102	5 612	5 612	3 790
	高度/mm	2 290	2 290	2 470	2 850
总质量/kg(不包括钢丝绳及电气设备)		19 652	37 000	38 200	37 000
形式		摩擦式	摩擦式	摩擦式	摩擦式

凿井绞车型号含义见图 6-2。

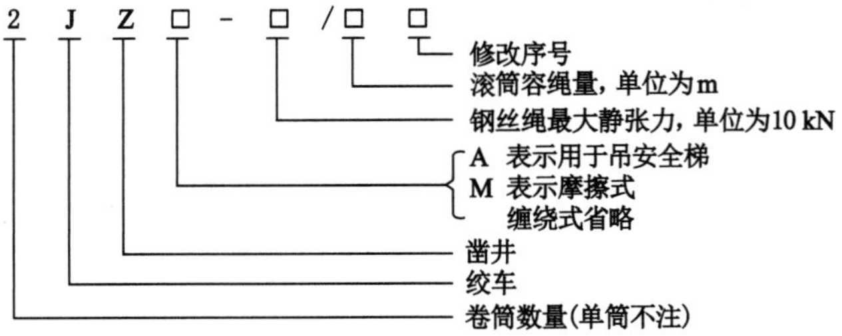

图 6-2 凿井绞车型号含义

例如，对于 2JZ-10/800 凿井绞车，2 代表双筒，J 指绞车，Z 指凿井，钢丝绳最大静张力为 2×100 kN，滚筒容绳量为 2×800 m。注意，双筒绞车容绳量为单筒绞车容绳量的 2 倍。

二、凿井绞车安装布置

凿井绞车安装布置主要包括凿井绞车布置参数的确定、凿井绞车地面布置、凿井绞车基础施工、凿井绞车安装等内容。

1. 凿井绞车布置参数确定

凿井绞车布置参数包括钢丝绳弦长、钢丝绳偏角、钢丝绳仰角以及与井筒间的距离。

有关参数的计算及要求见表 6-7～表 6-10。

表 6-7 凿井绞车布置参数计算公式

<table>
<tr><th colspan="2">布置参数</th><th>计算公式</th><th>公式符号</th><th>图示</th></tr>
<tr><td colspan="2">钢丝绳弦长 l</td><td>$l=\sqrt{(b-R_T)^2+(h-c)^2}$</td><td rowspan="4">$h$—天轮轴与地面距离，m；
l—钢丝绳弦长，m；
b—天轮中心与滚筒前沿的水平距离，m；
B—滚筒宽度，m；
β—钢丝绳仰角，(°)；
α—钢丝绳偏角，(°)；
c—滚筒主轴中心高出井口水平的距离，m；
D_T—天轮直径，m；
R_T—天轮半径，m；
P—提升中心至滚筒中心的横向距离，m</td><td rowspan="4">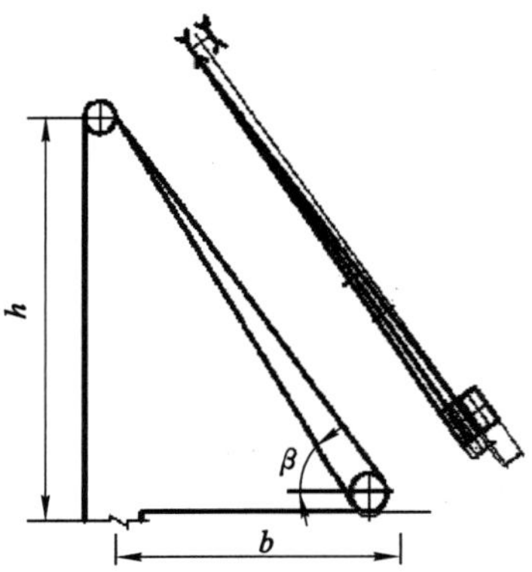
</td></tr>
<tr><td rowspan="2">钢丝绳偏角 α</td><td>天轮中心线与滚筒中心重合时</td><td>$\alpha=\cot\left(\frac{B}{2l}\right)$</td></tr>
<tr><td>天轮中心线与滚筒中心不重合时</td><td>$\alpha=\cot\left(\frac{P+B/2}{l}\right)$</td></tr>
<tr><td colspan="2">钢丝绳仰角 β</td><td>$\beta=\cot\left(\frac{h-c}{b-R_T}\right)$</td></tr>
</table>

表 6-8　凿井绞车布置参数规定最大值

名称	最大值
钢丝绳最大弦长/m	55
钢丝绳最大偏角/(°)	2
钢丝绳最小仰角(下绳)/(°)	30(2JZ 型绞车无规定)

表 6-9　凿井绞车与井筒间的距离计算方法及公式

方法	公式	说明
滚筒轴线至钢丝绳悬垂线间的最小水平距离 b_{min} (1) 按钢丝绳最大偏角允许值，算出最小弦长 l_{min} (2) 按 l_{min} 计算滚筒轴线至钢丝绳悬垂间的最小水平距离 b_1 (3) 按钢丝绳允许的最大出绳仰角计算另一最小水平距 b_2 (4) 取 b_1 及 b_2 中的较大值，即为凿井绞车滚筒轴线至钢丝绳悬垂线的最小水平距离 b_{min}	$l_{min}=(P+B/2)/\tan 2°$ $b_1=\sqrt{l_{min}^2-(h-c)^2}+D_T/2$ $b_2=\dfrac{h-c}{\tan\beta_{max}}+D_T/2$	β_{min}、β_{max}—允许最小与最大仰角，(°)； P—天轮绳槽中心线至滚筒中心横向距离，m； 2°—凿井绞车钢丝绳最大允许偏角； 其他符号意义同表 6-7
滚筒轴线至钢丝绳悬垂线间的最大水平距离 b_{max} (1) 按绞车的最大允许弦长计算最大水平距 b'_1 (2) 按钢丝绳允许的最小出绳仰角计算另一最大水平距 b'_2 (3) 从 b'_1 及 b'_2 中选较小值为绞车滚筒轴线至钢丝绳悬垂线间的最大水平距离 b_{max}	$b'_1=\sqrt{55^2-(h-c)^2}+D_T/2$ $b'_2=\dfrac{h-c}{\tan\beta_{min}}+D_T/2$	55—凿井绞车钢丝绳最大弦长，m
确定凿井绞车与井筒的相对位置布置范围值 b	$b_{min}\leqslant b\leqslant b_{max}$	以井筒中心为圆心，b_{min} 及 b_{max} 为半径画圆，两圆间即为绞车的布置范围

注：(1) 凿井绞车滚筒中心距天轮的水平距离，要满足凿井绞车钢丝绳最大偏角和最大仰角、最小仰角和最大弦长的要求；(2) 为满足施工需要，在凿井绞车与井架之间要预留一定的施工空间；(3) 凿井绞车布置要紧凑，占地面积要尽量小。

表 6-10　凿井绞车的安全距离

项目	安全间隙/mm
凿井绞车钢丝绳与其所越过的前一台绞车的最高部分的间距	≥300
悬吊设备的钢丝绳与侧面通过车辆最突出部分的间距	≥100
悬吊设备的钢丝绳与下面通过车辆最突出部分的间距	≥500

注：各凿井绞车的基础与提升机房的基础不得互相重叠。

2. 凿井绞车的地面布置

凿井绞车的地面布置原则、布置方法以及调整方法见表 6-11。

表 6-11　凿井绞车地面布置原则及方法

布置原则	布置方法	调整方法
1. 凿井绞车的位置尽量不影响永久建筑物的施工。 2. 凿井绞车相互间的距离应满足有关规定；钢丝绳的最大偏角、仰角、弦长都应符合有关规程和规范的规定。 3. 根据井架结构特点，提绞设备布置应使井架受力均衡，标准亭式井架可两面或四面对称布置。 4. 当两台或两台以上的凿井绞车悬吊同一设备或管路时，宜将绞车布置在同一侧，以便起落时统一指挥；对有集中控制设备的情况可不受此限。 5. 同侧布置的凿井绞车，宜联合成群布置，以便修建一个绞车棚，便于管理。 6. 当两个或两个以上的井筒在同一工业场地施工时，凿井绞车与提升机的位置要统一考虑，互相协调。 7. 凿井绞车的悬吊钢丝绳，在任何情况下都不能互相干扰。 8. 应注意保留井筒十字线测量基点的位置	1. 根据计算所得各凿井绞车与井筒中心线间的最近与最远距离，画出布置的最近、最远界限。 2. 凿井绞车布置在提升机与凿井绞车布置的最近界限之间，并画出提绞平面图、立面图。 3. 凿井绞车的滚筒中心尽量与天轮中心重合。 4. 用选定的凿井绞车基础平面轮廓模型，按规定原则逐个进行布置，一般基础间可连接。 5. 画出提绞立面图；在图上检查天轮平台梁是否与钢丝绳相碰，如相碰则要进行位置调整	悬吊钢丝绳与天轮平台主梁相碰时，可以按照下列方法调整： 1. 加垫梁，抬高天轮位置。 2. 加设导向轮。 3. 改变设备安装位置（包括抬高滚筒中心线的地面标高）。 4. 钢丝绳由天轮平台下面出绳。 5. 必要时改变井筒内悬吊设备的位置，移动天轮位置

3. 凿井绞车的基础施工

凿井绞车的基础施工一般按以下工序进行：

(1) 测量放线，确定基础位置。按照中心线、标高基点，根据图纸要求放出绞车基础的开挖轮廓线。

(2) 基础开挖。根据放出的绞车基础开挖轮廓线，依据图纸要求深度及现场地质情况进行开挖，待基础开挖结束后进行验收。

(3) 螺栓孔埋设、支模。根据现场中心线、标高基点进行基础的螺丝孔埋设及支模工作，模板要加固牢稳后方能进行浇筑工作。

(4) 浇筑混凝土。严格按照配合比施工，保证混凝土质量；浇筑时应对称下灰，避免偏移，振捣要均匀密实。

为了加快工期，也可用挖掘机挖出整体基础坑，浇筑连体基础，用潜孔钻钻出相应的底脚螺栓孔。对于冲积层砂土及湿陷性黄土层等强度较差的地表覆盖层，应将凿井绞车基础做成连体基础。

4. 凿井绞车安装

凿井绞车安装包括机械部分安装、电气部分安装以及凿井绞车缠绳。

(1) 机械部分安装

绞车机械部分的安装工序和要求如下：

① 测量放线，基础检查验收。按照中心线、标高基点，弹放十字中心线与标高中心线，与图纸所示螺丝孔尺寸、标高对照，对基础进行检查验收；基础孔中心位置偏差、深度偏差、垂直度、基础纵横位置应符合规定。

② 安放垫铁。垫铁应布置在地脚螺栓的两侧和承受负荷较大的部位下面，垫铁应露出稳车底座外缘；将稳车找平找正后，将垫铁用电焊机焊接加以固定。

③ 滚筒中心线应与提升中心线要重合。主轴轴心线与设计提升中心线的垂直度偏差

不得超过 0.3/1 000；滚筒中心线的位置偏差不超过 5 mm；主轴的水平度偏差不应超过 0.05 mm，主轴轴心线标高偏差不大于±50 mm。

④ 制动闸必须动作可靠，闸带与接触面不应小于 60%，制动能力符合设计标准；安全闸须能有效动作。

⑤ 所有稳车的十字联轴器的间隙严格控制在 2～4 mm；整体进场的稳车要检查十字联轴器的间隙，不合适应及时调整。

⑥ 减速器壳体无裂纹和变形，接合面配合严密，不漏油。润滑油符合设计要求，油量适中，油面超过大齿轮半径的 1/2，油压正常。

⑦ 轴的水平度不大于 0.2‰，轴与轴承的配合符合要求。齿圈与轮心轴必须紧固，轮缘、辐条无裂纹、无断齿，个别齿断角宽度不超过全齿宽的 15%。齿面无裂纹，剥落面累计不超过齿面的 25%，点蚀坑面积不超过下列规定：a. 点蚀区高度接近齿高的 10%；b. 点蚀区高度占齿高的 70%，长度占齿长的 10%；c. 点蚀区高度占齿高的 30%，长度占齿长的 40%。齿面出现的胶合区，不得超过齿高的 1/3、齿长的 1/2。齿厚的磨损不得超过原齿厚的 15%，开式齿轮齿厚的磨损量不得超过原齿厚的 20%。

(2) 电气部分安装

① 将各启动柜搬运到指定地点放好；根据厂家提供的使用说明书进行动力电缆、控制电缆的敷设；设备接地采用相应截面积的镀锌扁铁。

② 敷设好的电缆及时在电缆的两端做好标识。

③ 电缆按照规范进行接线，在接线以前用摇表遥测电缆的绝缘。

(3) 凿井绞车缠绳

① 凿井绞车缠绳要求每层钢丝绳紧密排列。

② 从第二层开始，在下层钢丝绳上加垫(80×8)mm 扁铁，间距不超过 300 mm 弧长。

③ 凿井绞车缠绳安装完毕后，应安装稳车群安全护栏及稳车棚。

第三节　其他凿井设备安装

除空气压缩机和矿井局部通风机外，其他凿井设备在相关章节已经介绍，本章重点介绍空气压缩机和矿井局部通风机。

一、空气压缩机

空气压缩机站包括以下四个部分：

(1) 空气压缩机：除机器本身外，还包括中间冷却器、油润滑系统等装置。

(2) 拖动装置：一般包括电动机，并附有启动和保护设备。

(3) 附属装置：包括风包、空气过滤器、冷却水系统、余热回收系统。

(4) 压缩空气管网：包括管路、管路附件及油水分离器。

按工作原理和结构类型的不同，空气压缩机的分类如图 6-3 所示。

(一) 煤矿常用的空气压缩机

在煤矿中，常用的空气压缩机的相关技术参数介绍如下。

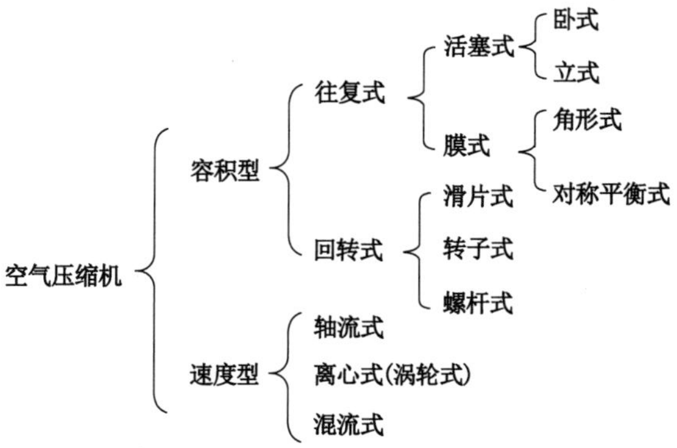

图 6-3　空气压缩机的分类

(1) 煤矿常用空气压缩机技术参数,见表 6-12。

(2) 国内活塞式空气压缩机型号含义,如图 6-4 所示。

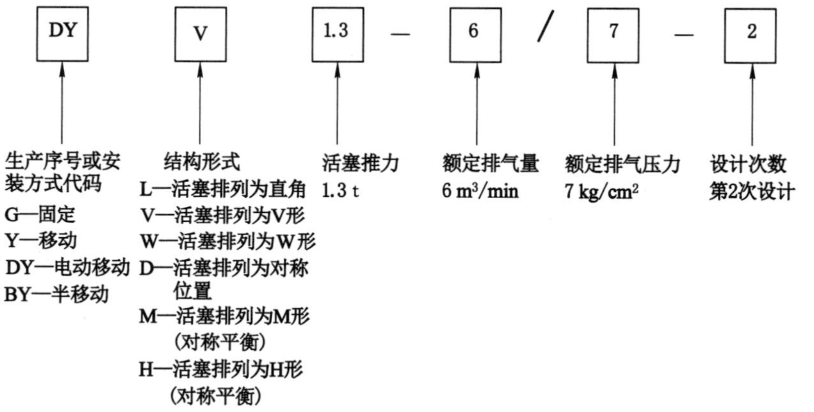

图 6-4　活塞式空气压缩机型号含义

(3) 国内螺杆式空气压缩机型号含义,如图 6-5 所示。

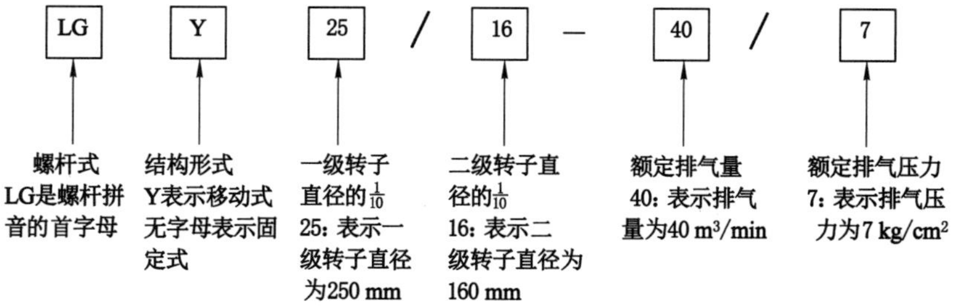

图 6-5　螺杆式空气压缩机型号含义

(4) 部分国外空气压缩机技术参数,见表 6-13。

表 6-12　煤矿常用空气压缩机技术参数

类别	型号	排气量/(m^3/min)	排气压力/MPa	轴功率/kW	曲轴转速/(r/min)	冷却水耗量/(m^3/h)	润滑油耗量/(g/h)	质量/kg	外形尺寸(长×高×宽)/mm	电动机或柴油机			
										型号	功率/kW	电压/V	转速/(r/min)
活塞式（移动）	YV-3/8	3	0.8	19	980	风冷	40	448	3 700×1 600×1 910	JO_2-72-6	22	380	970
	YV-6/8	6	0.8	37	980	风冷	70	606	3 950×1 600×1 910	JO_2-82-6	40	380	970
	YV-3/8-2	3	0.8	19	980	风冷	40	450	2 830×1 650×1 800	JO_2-72-6	22	220/380	970
	CYV-3/8-4	3	0.8	19	980	风冷	40	450	—	64 型 4110A	40 马力	—	1 000
	W-6/7	6	0.7	37	1 225	风冷	70	600	3 440×1 920×2 000	4135K-1	40 马力	—	1 050
	YW-9/7-1	9	0.7	76 马力	960	风冷	—	4 700	3 560×2 150×2 440	4146A 或 JQO_2-92-6	90 马力或 75 马力	380	980
	2VY-10/7	10	0.7	82 马力	1 500	风冷	100	2 000	3 800×1 700×1 950	6135C-1	120 马力	—	1 500
活塞式（固定）	1V-3/8	3	0.8	19	980	风冷	40	448	1 600×1 185×1 210	JO_2-72-6	22	380	970
	2V-6/8	6	0.8	37	980	风冷	70	606	2 000×1 185×1 210	JO_2-82-6	40	380	970
	L2-10/8-1	10	0.8	52	980	2.4	60	1 300	1 592×835×1 310	JO_2-91-6	55	380	980
	V-3/8-1	3	0.8	19	980	0.9	40	960	1 470×1 180×1 270	JO_2-72-6	22	380	970
	V-6/8-1	6	0.8	37	980	1.8	70	600	1 850×1 140×1 310	JO_2-82-6	40	380	980
	3L-10/8	10	0.8	60	450	2.4	70	1 700	1 700×900×1 800	JR115-6	75	220/380	975
	4L-20/8	20	0.8	120	400	4.0	105	2 650	2 200×1 150×2 130	JR127-8	130	380	730
	5L-40/8	40	0.8	230	428	9.6	150	5 000	2 500×1 260×2 430	TDK118/26-14	250	6000	428
	L5.5-40/8	40	0.8	230	600	—	—		2 738×1 492×2 008	TDK99/27-10	250	6 000	600
	L8-60/8	60	0.8	303	428	14.4	195	7 500	2 485×1 800×2 400	TDK116/34-14	350	6 000	428
	L8-80/8	80	0.8	—	600	—	—	6 000	2 500×1 830×2 390	—	450	—	—
	7L-100/8	100	0.8	530	375	18.0	255	12 000	2 950×1 850×2 890	TDK173/20-16	550	6 000	530
	L12-100/8	100	0.8	520	428	24.0	—	1 000	2 860×2 200×2 660	TDK113/20-16	560	3 000/6 000	428

表 6-12(续)

类别	型号	排气量/(m^3/min)	排气压力/MPa	轴功率/kW	曲轴转速/(r/min)	冷却水耗量/(m^3/h)	润滑油耗量/(g/h)	重量/kg	外形尺寸(长×高×宽)/mm	电动机或柴油机			
										型号	功率/kW	电压/V	转速/(r/min)
活塞式(固定)	2D8-40/15	40	1.5	295	500	—	—	8 000	4 480×1 750×2 690	TDK118/26-12	320	—	500
	3L-4.5/25-C	45	2.5	42	530	—	—	1 600	—	JR91-6	55	220/380	970
	L5.5-20/25	20	2.5	180	600	8.0	200	4 200	2 646×1 505×1 894	TDK99/27-10	250	6 000	600
活塞式(无基础)	ZL3.5-20/7	20	0.7	103	980	9.6	105	4 200	2 121×1 731×2 000	YW112-6/560	112	380	
矿用滑片式	HPY18-10/7-K	10	0.7	70	1470	3.0	120	400	2 592×1 000×1 616	BJO_2-92-4	75	380/660	1 480
	HPY19-15/7-K	15	0.7					682	3 850×1 100×1 640	BJO_2-93-4	100	380/660	
螺杆式	LGY20-10/7	10	0.7	—	3 776	风冷		3 000	3 810×1 890×2 330	6135C-1	120 马力	—	—
	LG20-10/7	10	0.7	—	3 776	风冷		1 750	2 550×1 450×1 570	JO93-4	75	380	—
	LG20-20/7	20	0.7	≤198 马力	4 640	风冷		3 170	3 250×1 600×1 750	JK122-2	185	380	—
	LG25-22/7	22	0.7	170	2 950	风冷		2 800	3 200×1 600×1 600	JK122-2	185	380	—
	LG31-60/7	60	0.7	400	8 800	20.0		—	—	—	—	—	—

注:1 马力≈735 W。

表 6-13 部分国外空气压缩机技术参数

国家	型号	结构	排气量 /(m^3/min)	排气压力 /MPa	轴功率 /kW	转速 /(r/min)	电动机型号	电动机功率 /kW	电动机转数 /(r/min)
日本	OPT-307	L型	43.3	0.7	190	585	F-NNR	190	600
日本	BTD2	对称平衡型	103.2	0.7	450	590	EFOU-KK	450	600
瑞典	ER8	L型	63.0	0.70～0.88	—	500	GA166	320	500
波兰	L33	L型	33.0	0.7	190	500	SCUDM1212a	200	485

（二）空气压缩机的选择

根据建井时期压风供应的特点，空气压缩机按如下原则选择，并进行相应的计算。

1. 空气压缩机选择的原则

(1) 为了适应建井时期巷道施工的复杂性，大量采用风动的钻装运机具以提高机械化水平和安全可靠性，因此压缩机选择数量要满足钻装运机具的用风要求。

(2) 各个施工阶段的风量供应变化较大，选择空气压缩机的能力和台数要全面综合考虑；备用风量应为计算风量的 20%～30%计算，备用空气压缩机不得少于一台。

(3) 在冻结法施工井筒时，井内温度常在 0 ℃以下，会影响风动工具的使用效果，应采取干燥和防冻措施。

(4) 压风设备服务期限短，机房建筑结构应相应简化；建筑材料应选用难燃或不燃材料。

(5) 优先选用动力平衡好、结构紧凑、运转维修方便、便于拆卸的空气压缩机。现大多选用无基础的风冷式螺杆空气压缩机。

(6) 应优先选用同一型号的空气压缩机。在压缩空气负荷不均衡时，为了适应负荷的波动并考虑经济性，可选用容量不同的空气压缩机，但同一压力参数的空气压缩机最好不要超过两种型号。

(7) 应充分利用永久空气压缩机设备。若没有条件，则尽量利用施工单位原有的空气压缩机设备。使用地点较为分散时，应采用移动式空气压缩机。

(8) 空气压缩机多采用电动机传动。当功率小于 150 kW 时，一般采用异步电动机驱动；功率在 150 kW 以上时，同步电动机或异步电动机均可使用，用同步电动机较多；在大功率且转速小于 600 r/min 时，一般采用同步电动机。电动机电压应与施工供电电压一致。

2. 矿井总耗风量的计算

$$Q = \alpha\beta\gamma \sum nkq$$

式中 Q——矿井总耗风量，m^3/min；

α——管网漏风系数，管路全长小于 1 km 时，α=1.1；全长等于 1～2 km 时，α=1.15；全长大于 2 km 时，α=1.2；

β——风动机械磨损使耗风量增加的系数，一般为 1.1～1.15；

γ——高原修正系数(见表 6-14)，海拔每增加 100 m，系数增加 1%；

n——同型号风动机具使用数量，台；

k——同型号风动机具同时使用系数，凿岩机同时使用系数，见表 6-15；

q——风动工具耗风量，m^3/min。

表 6-14 高原修正系数

海拔高度/m	0	500	600	700	800	900	1 000	1 100	1 200	1 300	1 400	1 500	1 600
修正系数	1.00	1.05	1.06	1.07	1.08	1.09	1.10	1.11	1.12	1.13	1.14	1.15	1.16

表 6-15 凿岩机同时使用系数

使用台数	≤10 台	11～30 台	31～60 台	60 台以上
同时使用系数	1.0～0.85	0.84～0.75	0.74～0.65	0.64

（三）空气压缩机的附属装置

空气压缩机的附属装置有风包及排气管路、空气过滤器和吸风管路、空气压缩机余热回收设备等设施。

1. 风包及排气管路

风包一般安装在空气压缩机房外部距墙 1.5～2 m 的阴凉和空气流流畅处，并固定在基础上。风包与空气压缩机之间的排气管路上应设闸阀和止回阀。当安设闸阀时，必须在空气压缩机与闸阀间安设安全阀。空气压缩机与闸阀或止回阀之间的管段上，应设置放气阀和通至室外的放气管。

2. 空气过滤器和吸风管路

目前，我国空气过滤器主要有金属网空气过滤器、填充纤维空气过滤器和自动浸油空气过滤器三种形式。对滤风器的要求除净化空气外，其阻力损失不宜超过 30 mm 汞柱；空气在滤风器中的流动速度应不超过 1～1.5 m/s；吸气管的长度一般不超过 10 m；空气在吸气管中的流速约为 400 m/min。经滤风器吸入的空气应尽量干燥，温度不可太高，进气温度每升高 3 ℃，空气压缩机工作效率将降低 1%。

3. 空气压缩机余热回收设备

空气压缩机余热回收是依靠余热利用设备，吸收空气压缩机废热把冷水加热，降低能源消耗。余热回收设备主要用于解决员工的生活以及工业用热水等问题，节省了能源的消耗，节约了大量成本。

空气压缩机润滑油在喷油螺杆式空气压缩机中有润滑、冷却、密封的作用及功能；这三种功能的正常发挥，是空压机正常运行的核心保证。为保证空气压缩机润滑油功能的正常发挥，空气压缩机运行工作温度的最佳范围为 60～85 ℃。

多数空气压缩机制造厂家出厂机组设定风扇运转温度为 85 ℃启动，75 ℃停止。螺杆空气压缩机的产气量会随着机组运行温度的升高而降低。温度每上升 1 ℃，产气量就下降 0.5%，温度升高 10 ℃，产气量就下降 5%。一般风冷散热的空气压缩机都在 88～96 ℃间运行，其降幅一般在 4%～8%。因此，若使空气压缩机组排气运行温度和油温均控制在最佳温度范围以内，可降低螺杆空气压缩机散热风扇运转时间、节约电能，还可更好地保证出气量。

空气压缩机从环境中吸入空气，经过压缩后将高压空气排出，这一过程不但提高了空气的压力势能，同时产生了大量的压缩热。根据统计，真正用于增加空气势能所消耗的电能，在总耗电量中只占约 20%，大约 80%的电能转化为热量。利用余热回收设备将这部分热量回收用于加热水，可有效节省能源费用。

（四）空气压缩机的安装

空气压缩机的安装包括准备、安装、试运转。

1. 空气压缩机安装的准备工作

空气压缩机在安装前应做好如下工作：

(1) 空气压缩机安装前须进行检修，确保达到设备完好标准(新设备除外)。

(2) 基础应符合设备技术文件的规定。

(3) 安装前宜采用“座浆法”把所有垫铁组安放到位。

(4) 空气压缩机主体宜整体吊装；如果必须拆分安装，应严格按设备大修标准进行组装。

2. 空气压缩机的安装要求

(1) 空气压缩机安装的纵、横向不水平度均不应超过 0.2/1 000，应在下列部位测量：

① 卧式压缩机：在机身滑道面或其他基准面上测量。

② 立式压缩机：应拆去气缸盖，在气缸顶平面上测量。

③ 其他形式压缩机：在主轴外露部分或其他基准面上测量。

(2) 压缩机的附属设备(如冷却水泵、冷却器、油气分离器、缓冲器、干燥器、储气罐、放空罐等)安装就位前，应按施工图核对管口方位、地脚螺栓孔和基础的位置是否符合要求，并检查各管路是否畅通。就位后，卧式设备的不水平度和立式设备的不垂直度应符合设备技术文件的规定；无规定时，均不应超过 1/1 000。

(3) 承受压力的附属设备，应按技术文件规定的压力进行强度和严密性试验。无规定时，强度试验压力应按额定压力的 1.25 倍进行。严密性试验压力应按额定压力进行。压力强度试验应以水为介质，设备在试验压力下维持 5 min，然后降压至额定压力。

3. 试运转

压缩机试运转前应符合下列要求：

(1) 对于地脚螺栓、管道连接、设备拆装后螺栓等紧固件，应全面复查是否紧固。

(2) 仪表和电气设备应调整正确，电动机的转向应符合压缩机的要求。

(3) 润滑油脂的规格数量应符合设备技术文件规定，供油情况应正常。

(4) 进气管路应清洁。

(5) 进水和排水管路应畅通。

(6) 盘动压缩机数转，应灵活无阻滞现象。

压缩机试运转注意事项如下：

(1) 空气压缩机试运转时，应先点动压缩机，检查各部位无异常现象后，再启动压缩机并逐渐升压运转。

(2) 在排气压力为额定压力 1/4 下应运转 1 h，为额定压力 1/2 下应运转 2 h，为额定压力 3/4 下应运转 2 h。

(3) 在额定压力下运转时间应按照设备技术文件的规定执行。无规定时，不应少于 24 h。

(4) 活塞式压缩机试运转时，油压不得低于 0.1 MPa。

(5) 曲轴箱或机身内润滑油温度：有十字头的压缩机不应高于 60 ℃，无十字头的压缩机不应高于 70 ℃。

(6) 各级排水温度不应高于 40 ℃。

(7) 压缩机的震动和声音应正常。

二、矿井局部通风设备

矿井建井期间，局部通风机和风筒构成其通风设备。通风机主要采用轴流式局部通风机，风筒有刚性风筒和柔性风筒两种。

(一) 局部通风机

凿井期间采用的轴流式局部通风机，主要是 FBD 系列隔爆型对旋式局部通风机。

1. FBD 系列通风机概述

FBD 系列通风机由两组工作电动机组成，两级叶轮相对旋转。一级叶轮为顺时针方向旋转，二级叶轮为逆时针方向旋转。空气由集流器进入一级叶轮获得能量后直接进入二级叶轮，经增压后送出。二级叶轮除增加气流能量外，还兼备了其他类型轴流式通风中静导叶的功能，在获得导向整直圆周方向速度分量的同时，既理顺了气流的能量，又降低了噪声。通风机性能参数见表 6-16。

表 6-16 FBD 系列通风机性能参数

型号	电动机功率/kW	风量/(m^3/min)	全压/Pa	全压效率/%
No5.0	2×7.5	130～290	650～3 100	>82
No5.6	2×11	200～361	710～4 000	>85
No6.0	2×15	250～477	780～4 600	>85
No6.3	2×18.5	300～520	790～4 800	>85
No6.3	2×22	320～560	810～5 000	>85
No6.7	2×30	420～700	1 180～6 400	>85
No7.1	2×37	450～790	1 300～6 700	>85
No7.1	2×45	470～850	1 400～6 900	>85
No7.5	2×55	500～900	1 450～7 200	>85

2. FBD 系列通风机特点

(1) 效率高：通风机叶片采用三元流体设计，呈机翼扭曲型，通风机高效工况区域面积大，运行永远处于高效的工作范围内。

(2) 噪声低：通风机采用对旋直联传动，与旧通风机相比，减少了导叶装置；在增加了通风机压力的同时，又理顺了空气流动方向、降低了空气摩擦声。机壳采用外包复式消声装置，整机运行噪声可控制在 85 分贝以下，具有超低噪声特性，对改变约束空间的噪声环境效果显著。

(3) 风压较平缓，喘振现象微小，在风压高、小流量区域同样运行稳定，满足矿井远距离供风的要求。

3. 安装技术要求

(1) 局部通风机应安装在井架周围、距井口 20 m 以外的合适位置，以有利于布置风筒又不影响运输设备的进出为原则。

(2) 通风机安放处地坪应硬化，通风机最低处距地坪不少于 0.3 m，周围要设置围栏，进风口外不得堆放物料和杂物。

(3) 放置通风机及配套设备的平台应平整牢固，且搭设有防雨设施。

(4) 通风机安放位置宜选在上风口，且避开粉尘和有害气体吸入。

(二) 风筒的选择

竖井施工经常用到的风筒有刚性风筒和柔性风筒两种。

1. 刚性风筒

刚性风筒主要有金属风筒和玻璃钢风筒两类。风筒一般是圆形的，必要时可制成矩形。金属风筒坚固耐用、通风阻力小，但价格高、质量大、易腐蚀，储存、搬运和安装不便，变形后不易修复，与碎石碰撞后易产生火花。因此，金属风筒主要用在立井施工后巷道工程较多的竖井段，多在立井施工完成后进入巷道施工前安装。20 世纪 80 年代，煤矿井下开始推广玻璃钢风筒，但由于运输不便、接头多、漏风大，现已很少使用。

刚性风筒在竖井段的安装一般是利用悬臂梁或者锚杆固定在井壁上。

安装风筒时，作业人员利用吊盘由上而下进行安装。风筒上下运输使用提升钩头，每隔 10～20 m 用风筒卡将其固定在悬臂梁或者锚杆上。两节风筒间要加橡胶风筒垫圈，用螺栓紧固严密，避免接头处漏风。风筒的最突出部分与提升设备的距离应符合安全规定。

2. 柔性风筒

柔性风筒主要有正压风筒和负压风筒两类。此外，根据用途可划分为抗冲击风筒、保温风筒、反光风筒等。

目前，大量用于煤矿的柔性风筒主要有橡胶风筒、塑料风筒和橡塑风筒。这些风筒是用以玻璃纤维布、玻棉交织布、化学纤维布、合成纤维布等为骨架材料，以橡胶、塑料或橡塑混合物为涂覆层的涂覆布制成的。

橡胶风筒使用较早，其阻燃、抗静电性、柔软性较好，但价格高、较笨重、易老化；塑料风筒克服了初期易硬化、防寒性差、不易修补的缺点，凭借加工制作工艺简单、无隔离剂污染、重量较轻、价格较低等优势逐步得到了推广应用。橡塑风筒克服了前两者的缺点，又具有独特的耐寒、耐热性能，得到了一定程度的推广应用。

柔性风筒多用于竖井施工和井巷施工期间的通风。

柔性风筒一般选用钢丝绳悬吊。风筒两侧要用镀锌铁丝与钢丝绳连接紧密。风筒每隔不超过 20 m 要固定在井壁上，防止风筒摆动，影响提升安全。

第七章　立井井筒主要装备的安装技术

生产矿井和新建矿井的生产能力,主要取决于井筒的提升能力。井筒装备是煤矿生产系统的重要组成部分,它不仅关系到提升的高速、安全运行,而且也直接影响着矿井工人的生命安全。根据生产的需要和矿井的具体情况,井筒装备的形式也不相同。随着科学技术的发展,一些先进的技术和工艺在井筒装备中得到不断推广和应用。

第一节　立井井筒装备的结构与类型

一、概述

煤矿一般有主井、副井、风井三个立井。主井运煤,副井运人、矸石和物料,风井是整个矿井回风的总干线。根据作用的不同,井筒内的装备也不同。

主井井筒装备的主要安装工作是安装箕斗的运行罐道以及信号电缆和通信电缆,有的矿井也要求安装梯子间安全通道。

副井井筒装备的主要安装工作是安装罐笼运行的罐道、梯子间安全通道、主排水管路、洒水管路和压风管路,另外还有动力电缆、信号电缆、通信电缆、安全监测电缆和光缆。某副井井筒装备的平、剖面如图 7-1 所示。

风井井筒装备的主要安装工作是安装梯子间安全通道。

井筒装备的合理设计和高质量安装,不仅可延长井筒使用寿命、减少大量维护工作量、节约大量钢材,而且也有利于保证生产的安全运行。

主井、副井、风井三种井筒装备中,副井装备内容较多、较为复杂,基本涵盖了主井、风井装备的内容,是最为典型的井筒装备。本章的内容主要以副井井筒装备为例,介绍井筒装备的构件加工制作与防腐、主要设施的安装工艺和方法、质量标准等。

二、立井井筒装备的主要设施及作用

立井井筒装备需要在立井井筒中安装罐道、罐道梁、导管梁、托管梁、梯子间、管路、电缆、井底金属支持结构、望板、淋水棚、井底导向罐道、防过放缓冲装置、防撞梁等。由罐道、罐道梁构成的提升容器运行的导向装置,也是立井井筒装备的主要组成部分。

1. 罐道梁

罐道梁主要用于刚性罐道中,起到承受提升容器运行过程中作用于罐道正面和侧面压力的作用。

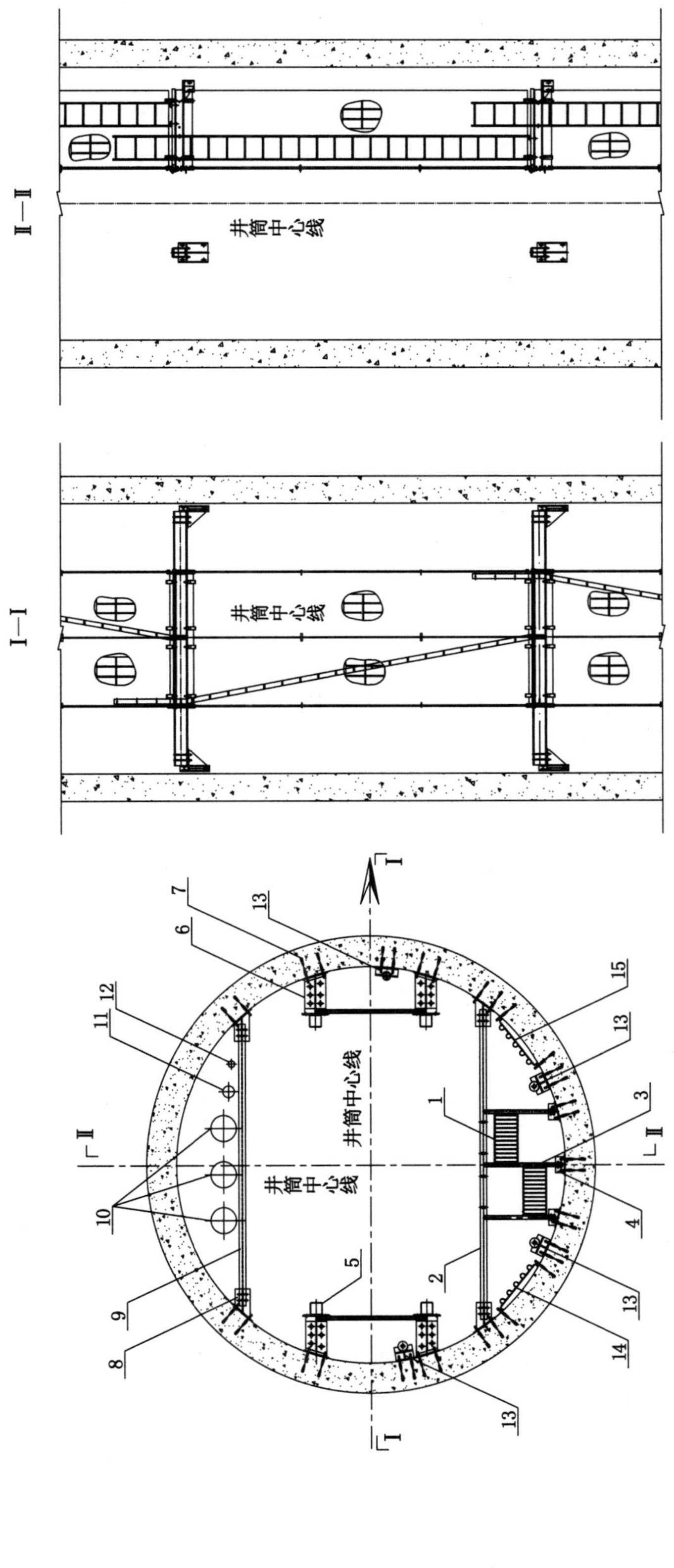

1—梯子间；2—梯子间大梁；3—梯子小梁；4—梯子小梁托架；5—冷弯方钢罐道；6—罐道固定托架；7—锚杆；8—导管梁托架；9—导管梁；10—排水管路；
11—压风管路；12—洒水管路；13—其他管路；14—通信电缆；15—动力电缆。

图7-1　某副井井筒装备平面、剖面示意

2. 罐道

罐道在井筒中的作用是为提升容器提供导向，消除提升容器在运行过程中产生的横向摆动和扭曲，以保证提升容器在井筒内安全、平稳运行。

3. 梯子间

梯子间是立井井筒中安设梯子用作安全通路、四周封闭的隔间，是地面与井底连接的行人安全通道；一般设置在副井井筒中。

4. 管线设施

管线设施主要有通信、动力电缆，以及排水、供风、供水及其他功能管路等。通信电缆用于井上、下信号的传输，动力电缆用于矿井电力输送，排水管路用于矿井排水，供风、供水管路为井下输送压力风、压力水等。此外，根据矿井生产需要，有时也将注氮、灌浆、供养等管路布置其中。

5. 淋水棚

淋水棚是为防止副立井井底淋水对作业人员带来侵害，确保立井井底有一个良好的安全生产环境而安装的移动式防淋水遮挡装置。

6. 井底金属支持结构

井底金属支持结构也叫井底套架，属立柱与横梁构成的框架结构，用于固定四角罐道、安全门等设施。

7. 井底防过放缓冲装置

当提升机运行到正常停车位置未停车并继续向上提升称为过卷；一侧发生过卷时，另一侧则会过放。《煤矿安全规程》规定：在过卷和过放距离内，应安设性能可靠的缓冲装置。缓冲装置应当能将全速过卷（过放）的容器或平衡锤平稳地停住，并保证不再反向下滑或者反弹。井底防过放缓冲装置是提升系统重要的安全设施。

8. 井底防撞梁

《煤矿安全规程》规定：在提升速度大于 3 m/s 的提升系统内，必须设防撞梁和托罐装置。防撞梁必须能够挡住过卷后上升的容器或者平衡锤；托罐装置必须能够将撞击防撞梁后再下落的容器或配重托住，并保证其下落距离不超过 0.5 m。

三、罐道梁和罐道类型

罐道与罐道梁是立井井筒装备的主要组成部分，下面简要介绍罐道梁和罐道类型。

（一）罐道梁类型

罐道梁是沿立井井筒纵向，间隔一定距离为固定罐道而设置的水平梁，梁的端部与井壁固定或互相连接构成水平网格结构。罐道梁的布置形式有简支梁、连续梁和悬臂梁。

罐道梁按材质划分为金属、预制钢筋混凝土和木材罐道梁三种。目前，钢筋混凝土和木材罐道梁在我国应用较少。金属罐道梁因强度高、占井筒断面小、使用寿命长、施工安装方便，得到了广泛应用。

金属罐道梁一般由型钢制成，主要有工字钢梁、组合梁、矩形管梁等。罐道梁主要用于刚性罐道中，主要承受提升容器运行过程中作用于罐道正面和侧面的压力。随着井筒深度的增加，工字钢梁侧向抗弯和抗扭能力过小，不能满足水平方向动载荷作用的要求，一般使用组合梁或矩形管梁代替，其强度和刚度均比工字钢梁大。

（二）罐道类型

罐道沿井筒纵向全深设置，按结构形式分为刚性罐道和柔性罐道。

1. 刚性罐道

刚性罐道是由刚性强的材料和结构组成的罐道，包括木罐道、型钢罐道、玻璃钢复合罐道等；型钢罐道又有型钢组合罐道、钢轨罐道、整体轧制异型钢罐道等。

（1）钢轨罐道

钢轨罐道一般采用 38 kg/m 或 43 kg/m 钢轨制作，强度较大、使用寿命较长；但随着提升速度的提高，承受侧向水平载荷的侧向刚性和截面系数较小，容易导致提升容器发生严重的横向摆动。因此，钢轨罐道多用于井筒较浅、提升速度较小、绳端载荷不大的井筒。

（2）型钢组合罐道

型钢组合罐道一般有球扁钢组合罐道和槽钢组合罐道两种。球扁钢组合罐道采用球扁钢和扁钢组合焊成；槽钢组合罐道一般采用 16# 、18# 或 20# 槽钢和扁钢焊成。型钢组合罐道刚性和截面系数较大，便于安装，应用广泛；但型钢组合罐道侧板焊缝长、热应力消除不理想，焊接变形难以控制，垂直度不易保证，易出现弯曲变形。组合罐道焊接段并非全封闭，井筒淋水容易使组件内、外两侧受淋水侵蚀，腐蚀速度快，且加工工作量较大、加工工期长，现多用冷弯方形型钢罐道、冷拔方管型钢罐道取代。

（3）整体轧制异型钢罐道

整体轧制异型钢罐道较为常用的有冷弯方形型钢罐道和冷拔方管型钢罐道，又称冷弯方管罐道和冷拔方管罐道。整体轧制异型钢罐道采用全封闭式，焊缝较少，加工周期短，可有效避免罐道变形、淋水进入，加工及安装过程中的垂直度也能得到有效控制，但相对型钢组合罐道其造价稍高。

2. 柔性罐道

柔性罐道又称钢丝绳罐道，一般由卡绳器、井上下支撑梁、井上下紧绳器、张紧液压装置和钢丝绳等构成。罐道绳的两端在井上和井底用专用装置固定和拉紧，井筒内不需设置罐道梁。柔性罐道的结构如图 7-2 所示。

用钢丝绳做提升容器的导向装置时，一般设 2～4 根罐道绳，钢丝绳罐道的布置方式主要有 3 种形式：

① 角式布置：罐道绳布置在提升容器的一个角上。

② 侧式布置：罐道绳布置在提升容器的侧面。

③ 综合布置：综合采用角式和侧式布置。

角式布置的罐道绳距提升容器的旋转中心较远，能承受提升钢丝绳的开捻力矩，适用于单绳提升机；侧式布置有较小的外形尺寸，适用于多绳提升机。

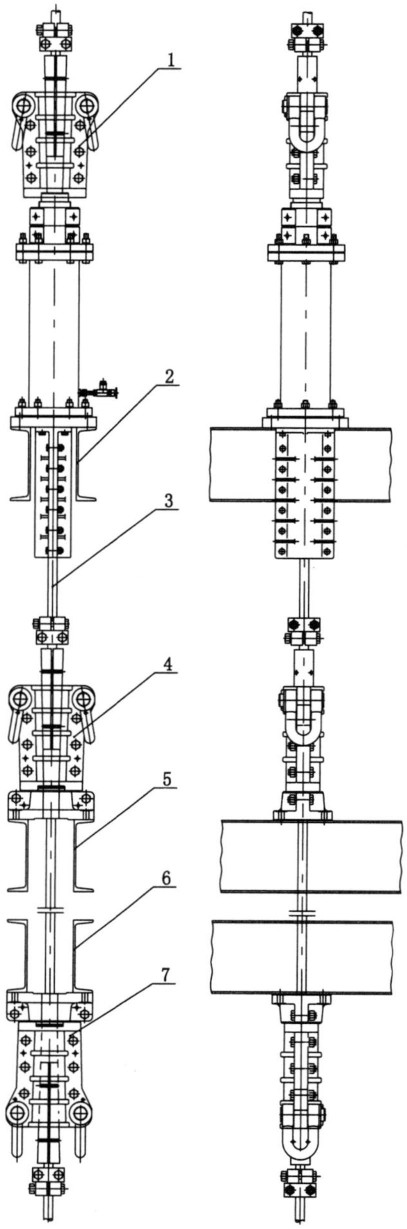

1—液压螺杆张紧装置；2—张紧装置承载梁；3—钢丝绳；
4—窜绳用备用固定装置；5—备用固定装置梁；6—固定装置梁；7—固定装置。
图 7-2　钢丝绳罐道结构示意

第二节　立井井筒装备的安装

一、井筒装备施工组织设计基本要求

井筒装备施工是一个协作配合的综合性工作，牵涉绞车、稳车、信号系统、吊盘施工系统，需要电、钳、焊、起重、技术、材料等各方面技术人员统一协调配合施工。井筒装备施工组织设计要把各个工种和各种设备、各个工序科学合理地组织在一起，保障安全、保质、高效地完成井筒装备的施工。井筒装备施工组织设计要注意以下几点：

（1）仔细审阅设计图纸，详细掌握井筒内装备的构件，认真核对各构件间的安装尺寸，将设计不合理、失误等缺陷解决在施工之前。做好图纸会审记录，并贯彻到施工队。

（2）设计人员在设计每个工序或步骤时，首先要考虑安全，再考虑施工，切实做到不安全不施工。

（3）科学合理高效地组织设备，尽量做到统一集中控制设备、信号，减少人员的劳动强度。

（4）根据设计院提供的永久井筒装备安装位置，设计吊盘布置、提吊盘绳出绳点、基准线位置，确保设计与永久井筒装备的构件安装位置不冲突；对天轮平台进行改绞时，尽量保证提吊盘绳出绳点位置准确。特别是在非标准段，永久井筒装备构件安装位置与标准段不同，注意避让。

（5）根据矿方提供的测量基准桩，对施工井口进行测量放线，放出井筒中心线和标高点，然后放出施工组织设计安装基准点。它是井筒装备安装的基准，设计和施工时一定要力求准确，才能保证井筒装备安装的施工质量。

（6）根据设计需提前准备的设备、材料、工器具等，如需从别的地方调入或指定厂家订做，必须提前谋划；施工用的工器具、设备要安排专业技术人员提前进行检修、试运，确保施工时正常使用。

二、立井井筒装备安装方法

主井井筒装备安装一般按从上向下安装一部分装备、再从下向上安装剩余部分装备的方法进行，即利用吊盘在井筒内先下后上一个循环完成井筒主要装备的安装。首先，从上向下利用第二层盘打眼安装锚杆，同时利用第一层盘安装托架及罐道梁。安装至井底非标段后，将所有非标段构件（包括望板、套架、井底导向罐道、装载溜槽支撑梁、井底防过放缓冲装置、防撞梁、撒煤溜槽等）安装完毕。然后，在井底将吊盘改为方盘，利用第一、二、三层盘从下向上安装罐道。最后，在提升系统形成后，利用提升容器辅助进行电缆安装。

副井井筒装备安装方法与主井类似，工序稍显复杂，一般利用吊盘在井筒内先下后上两个循环完成井筒主要装备的安装。首先，从上向下利用第二层盘打眼安装锚杆的同时，利用第一层盘安装托架、梁及梯子间。安装至井底非标段后，将所有非标段构件（包括望板、井底金属支持结构、四角稳罐道、淋雨棚、摇台梁、井底导向罐道、井底防过放缓冲装置、防撞梁等）安装完毕。然后，在井底将吊盘改为方盘，利用吊盘从下向上安装罐道、管路，安装完成后，吊盘下行，从上至下进行管路焊接。最后，进行电缆安装。

风井井筒装备安装通常工作顺序是：从上向下首先利用第二层盘打眼安装锚杆，同时利用第一层盘安装托架、梁及梯子间，直至工程结束。

综上所述，在立井井筒装备中，副井装备最为典型，基本包含了主井、风井装备的所有内容。下面以副井井筒装备为例，介绍立井井筒装备的施工方法。某立井井筒罐道及罐道梁平面、剖面如图 7-3 所示。

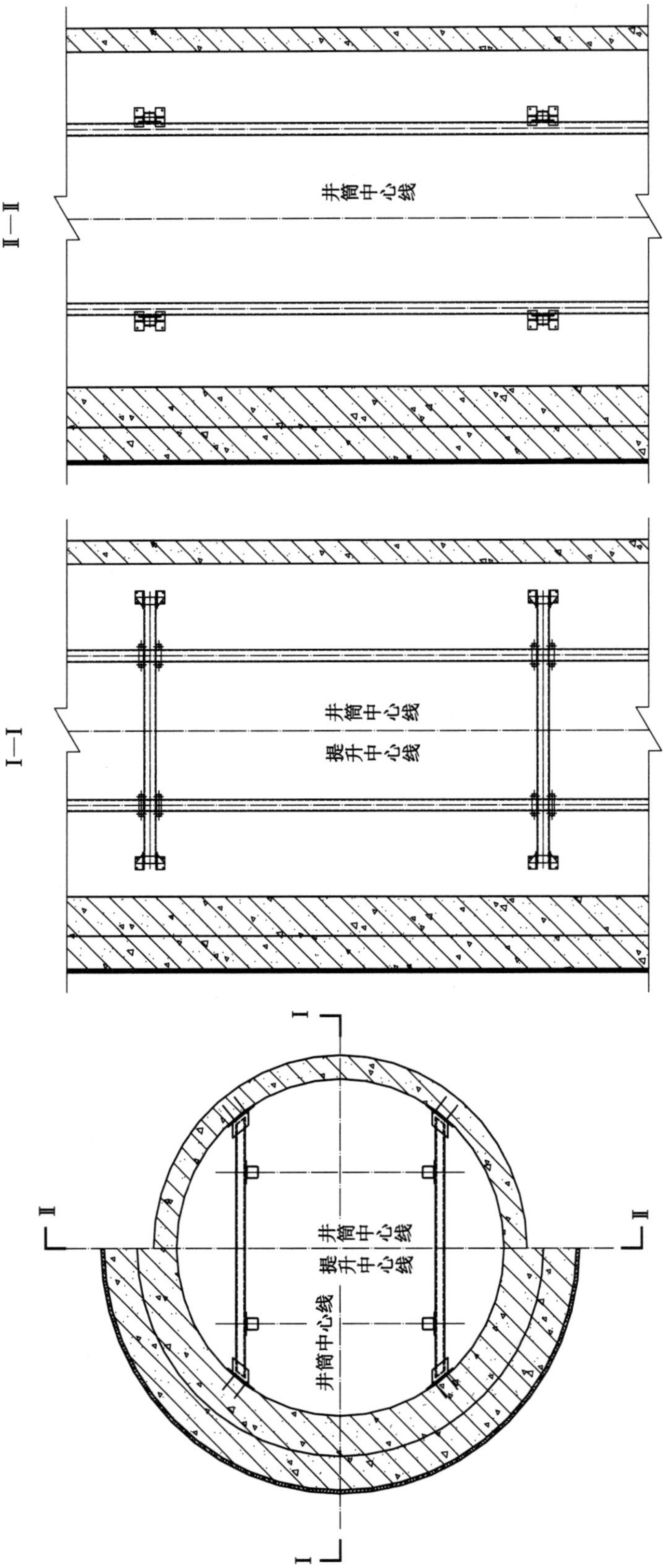

图7-3　某立井井筒罐道及罐道梁平面、剖面示意

三、立井井筒装备安装施工的一般程序

井筒装备安装施工过程中主要内容有：井筒内设计的所有构件以及吊盘、封口盘等临时设施的加工制作；井筒构件防腐；天轮平台临时改绞；地面临时设施布置、准备；检修所需设备、工器具的配备；吊盘悬挂入井；封闭井口；测量放线；井筒装备安装。

立井井筒装备安装的施工工序可总结为：施工准备→构件加工制作与防腐→测量放线，交接井口十字线及标高→临时设施布置→测量钢丝布置→吊盘自上而下安装标准段及非标段钢梁（导管梁、管座梁等）、梯子间等→安装井底及井窝内设施→改吊盘为方盘并自下而上依次安装罐道、管路→安装电缆→竣工验收及移交。

根据井筒装备安装施工的特点，一般可划分为以下六个阶段：

(1) 施工准备阶段：编制材料计划、施工组织设计，核对施工技术资料，准备工具、设施、仪表等，查看施工现场情况，清理运输路线和现场杂物。

(2) 构件加工制作阶段：材料到货验收合格后即可根据会审过的施工图纸进行构件的加工制作，要求按照设计图纸和规范进行加工。

(3) 构件防腐阶段：构件加工完验收合格后，进行构件长效防腐。

(4) 井筒装备临时设施布置阶段：按照井筒设施布置图，改造天轮平台、安装稳车等临时设施，挂吊盘，安装封口盘等。

(5) 井筒装备安装阶段：按照井筒装备安装图纸，自上而下打眼、注锚杆、安装托架、钢梁及梯子间等至井底后，安装井窝内设施；上提吊盘自下而上安装罐道、管路；最后安装电缆。

(6) 竣工验收和移交阶段：按照施工图纸安装完井筒所有设施并经过试验、自检合格后，把所有资料整理好、装订成册，通知甲方、监理进行工程的竣工验收和移交。

下文主要介绍前五个阶段。

四、施工准备

施工准备包括技术准备、机具准备、材料检验等内容。

1. 技术准备

(1) 准备好安装施工图纸、质量验收规范和标准。

(2) 编制施工组织设计；现场技术人员组织作业班组人员学习施工组织设计；组织人员熟悉图纸、施工顺序、安装质量要求及安全注意事项等，进行安全技术交底。

2. 机具准备

(1) 机械设备：提升绞车、稳车、天轮、钢丝绳、试压泵、台钻、测量钢丝绞车、切割机、套丝机等。

(2) 主要工具：电焊机、凿岩机、手拉葫芦、滑车、卸扣、钢丝绳套、撬杠、尖锥、扳手、线坠、手锤、大锤、气割设施等。

(3) 仪器仪表：锚杆拉力计、钢板尺、卷尺、万用表、兆欧表、试验仪器等。

3. 材料检验

(1) 所有钢材规格、型号和质量必须符合设计要求，并有出厂合格证。

(2) 紧固件、锚固剂等符合设计要求，并有出厂合格证。

4. 其他准备工作

(1) 平整井口周围施工现场；根据施工需要把各类加工材料运至井口附近；各种材料要分类堆放，并挂牌、编号标明。

(2) 将井筒施工用的风、水、电源引至井口。

(3) 准备好施工用的钢丝绳、钩头、绳卡、绳套；检查完好、确认安全可靠后，方可投入使用。

(4) 检查、检修施工设备，确认完好、工作正常，严禁设备带病工作。

(5) 施工现场备足消防器材，并有充足的消防供水。

(6) 编制好施工中使用的各种图表、记录表格等。

五、构件加工制作

加工制作的构件主要包括锚杆、垫片、垫铁、托架、罐道梁和罐道等。

(一) 托架的加工

托架的加工工序最为复杂，其能够涵盖其余加工件的制作过程。下面以托架的加工为例，阐述小型构件的加工。托架加工如图 7-4 所示。

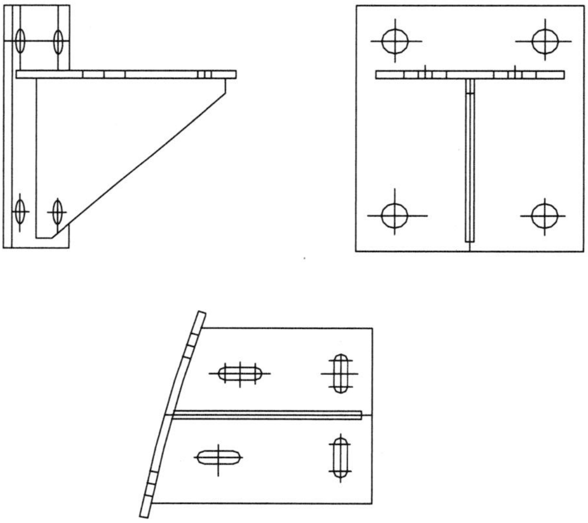

图 7-4　某立井装备托架加工示意

托架加工的一般程序：放样→下料→切割→制孔→组对、焊接→检查、矫正。

1. 放样、下料、切割

(1) 对于结构复杂的构件可采用 1∶1 放大样的方式进行下料。

(2) 放样样板用 0.25～0.5 mm 铁皮制作，且必须留有制作时焊接收缩余量及切割、刨边等加工余量；样板必须注明零件号、板厚、件数、正面、反面等，并留有放样人员标记；样板应妥善保管，以防生锈、严重变形等。

(3) 下料前必须对钢材按规范进行矫正。矫正后的钢材表面不得有明显的凹面或损伤，划痕深度不得大于 0.5 mm；钢材矫正后的允许偏差不得超过规范要求。

(4) 下料前必须对零件外形尺寸、零件件数以及材料的规格、类别等了解清楚。要保证合理下料，尽量避免钢材拼接。

（5）若钢材采用焊接拼接时，其位置应选择在构件受力较小的部位，同时应避开与其他构件的连接位置以及孔眼等关联位置；连接焊缝必须按构件材料的等级强度条件来确定，并做好焊缝测试记录。

（6）拼接构件应编号，放置在井筒中受力较小的部位，并在竣工图中标明位置。

（7）下料时如发现设计尺寸有误，应及时与设计人员联系协商，严禁擅自修改。

（8）划线后的钢材，必须按照所需的形状和尺寸进行下料切割。

（9）加工件焊接坡口可根据图纸要求用气割割出。对于所有割过的构件，必须将毛刺、熔渣清除干净，凸凹不平处应用磨光机磨光、磨平。

（10）材料切割后，必须进行矫正。

2. 制孔

（1）材料气割后，可根据材料外形大小以及加工场地实际情况选用摇臂钻床或磁力钻进行制孔。

（2）对孔距要求不高的构件，可采用划线钻孔。划线钻孔时，应找准基准线在构件上划出孔的中心并冲出定位孔，作为钻头定心用。划线工具应用划针、钢尺，以减少误差。

（3）对于超出误差范围的孔，必须经技术人员同意后，才可扩孔，或焊补后重新钻孔。扩孔后的孔径不得大于原设计孔径 2 mm。补孔应用与母材材质相同的焊条补焊，严禁用钢板填塞。

3. 组对、焊接

（1）从事电焊作业的焊工应持有特种作业资格证。如焊工停焊时间超过 6 个月，应重新考核。

（2）在恶劣天气（下雨、大风、高温等）下，如果没有措施禁止施焊。

（3）所有材料在对接时要严格依照下料的编号和组件图纸进行组对，严防对反、对错。严格依照设计的相关尺寸进行施工，严禁随便更改。

（4）电焊要按照正常焊接要求进行定位点焊。定位点焊所用的焊接材料型号应与正式焊接的材料相同，点焊高度不宜超过设计焊缝高度的 2/3 且不应大于 8 mm。

（5）点焊应点焊在构件的内焊道上，不得点焊在构件的外焊道上。严禁在焊缝区以外的母材上打火引弧。点焊焊缝的起弧和收弧处必须进行修理，修成斜坡形，不得有死角。点焊完毕后，全面检查各部尺寸。直线度、扭曲偏差、外形尺寸等符合要求后，方能正式焊接。

（6）第一遍焊缝用 $\phi3.2$ mm 焊条，应由技术水平高的焊工焊接，一定要保证全部焊缝焊透，焊缝要平整，严防气孔、夹渣、裂纹等缺陷产生。第一遍焊缝至关重要，是第二遍、第三遍焊缝的基础。若第一遍焊缝有缺陷，则不宜清根。

（7）在焊接第二遍焊缝前应用小尖锤敲击焊缝，以清除第一遍焊缝上的药皮飞溅物等。用钢丝刷或磨光机将毛刺清除后，才能焊接下一遍焊缝，否则将会产生气孔、夹渣等缺陷。若清除时发现焊接质量有缺陷，必须将此处焊缝清除后再焊。第二遍焊接时要保证焊缝高度均匀，不能断断续续。

（8）最后一遍焊接要保证焊缝饱满，焊缝的高度和角度要达到设计的要求。焊接完成后，按照《钢结构焊接规范》进行焊缝外观检查。

(9) 焊接完毕后,焊工应清理焊缝表面的熔渣及两侧面飞溅物,检查焊缝的外观质量,合格后记录在自检记录上。焊缝出现裂纹或焊缝质量不符合规定焊缝等级要求的,必须用磨光机清除;但焊工不得擅自处理,应由技术人员查清原因,找出修补工艺后方可处理。

4. 检查、矫正

(1) 首先进行外观检查,查验构件各主要几何尺寸、数量是否符合要求。

(2) 检查构件、组件的加工质量是否符合标准,熔渣是否清除干净。

(3) 对于有变形的构件,可以采用机械矫正或火焰矫正。采用火焰矫正时,加热温度要控制在 600～800 ℃。

(4) 矫正后的构件应按照设计尺寸进行修整,使之符合技术要求。

(二) 罐道的加工

罐道加工工序为:材料检验→端头处理→焊接→矫正。冷弯方管罐道加工如图 7-5 所示。

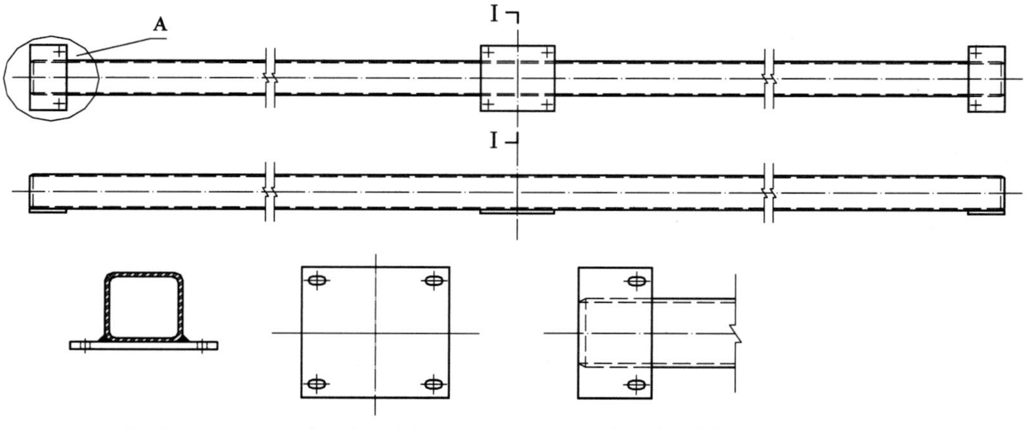

图 7-5　冷弯方管罐道加工示意

1. 材料检验

(1) 到货的罐道必须使用卡尺和钢尺检验厚度和长度,要满足设计要求。

(2) 使用方木或型钢将罐道分层支起,罐道两端及中心必须垫平以免罐道长时间放置产生变形。

2. 罐道端头处理

(1) 将罐道的一端使用磨光机进行打磨。打磨前应用拐尺校核端头平整度,确定需要打磨的长度范围及厚度。

(2) 按照校核的数据进行第一遍打磨,完成后应再次校核尺寸。用划针标出超差部分,再使用磨光机慢慢修整,直至罐道端面垂直度符合标准要求为止。

(3) 罐道一端打磨平整后,使用钢尺按照设计长度核对罐道尺寸;在罐道另一端头处各面均标出切割线,应大于设计尺寸 2～3 mm。

(4) 使用锯床或小号割嘴按照切割线将罐道截断。锯床使用前应找平找正,并牢固固定于地面，防止工作期间震动影响切割精度；锯条必须与罐道垂直相交。

(5) 锯床使用前应先用废料进行试锯。根据试锯的结果调整锯条的位置，无问题后方可正式切割罐道。

(6) 切割后的罐道端头按照同样的方式进行打磨处理，确保平整度达到规范要求。

3. 罐道连接板的焊接

(1) 罐道连接板以及封口板加工、焊接参照托架的加工方法进行下料、切割、制孔、焊接等。

(2) 与罐道焊接时应采用连续满焊，厚度应达到设计要求。

4. 罐道的矫正

(1) 罐道加工完成后，应进行外观检查。对其整体直线度、端头平整度、连接板的位置及变形量进行检查。

(2) 若变形量超过允许偏差，应加工专用的矫正装置对罐道进行矫正。

(3) 矫正后应按照设计要求校核罐道，不能满足设计要求时应再次进行修整，直至达到设计要求为止。

(三) 罐道梁的加工

罐道梁加工工序为：材料检验→切割→焊接→矫正。罐道梁的具体加工方法参照罐道的加工，不再赘述。冷弯方管罐道梁如图 7-6 所示。

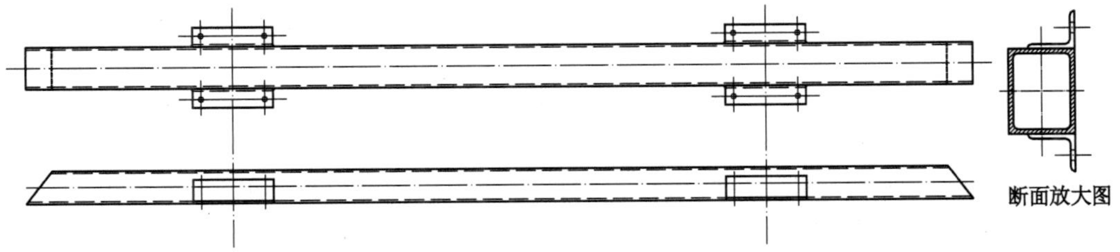

图 7-6　冷弯方管罐道梁示意

六、构件防腐

构件长效防腐施工工艺流程为：准备工作→表面预处理(表面处理、喷砂除锈)→热喷涂锌→封闭层、中间层、面层涂刷。

(一) 构件表面预处理

1. 施工环境要求

(1) 构件的防腐蚀工作宜在厂内进行；如在现场施工，应满足防腐蚀工艺的要求。

(2) 工作环境的相对湿度应低于 85%，钢结构基体金属表面温度不低于露点以上 3 ℃。

(3) 阴雨天气或潮湿天气及含盐雾气下的施工作业，应在室内或工棚内进行，不得在较大灰尘和雨、大风条件下施工。

(4) 施工现场不得堆放易燃、易爆物品，严禁吸烟，严禁将食物、饮料等带入施工现场。

2. 表面处理

构件在喷砂除锈之前，应进行表面处理：

（1）清除表面的焊渣、焊瘤等附着物。

（2）用汽油或金属清洗剂去除工件表面的油污。对于构件表面的小面积油污，用汽油擦干净即可；对于表面的大面积油污，必须用金属清洗剂和硬毛刷反复擦洗，直到去除油污并用清水冲干净，并做干燥处理。

（3）用磨光机打磨构件所有切割棱边角，以提高棱边处的涂层结合力。

3. 喷砂除锈

（1）采用 0.4～0.8 MPa 的压缩空气作为动力、选用 0.3～3.0 mm 粒径的石英砂或金刚砂作为磨料进行喷砂除锈。

（2）喷砂除锈时，喷嘴与被喷射构件表面的距离一般为 100～300 mm，喷射方向与被喷射构件表面法线之间的夹角为 0°～30°。

（3）喷砂后，工件表面用干燥的压缩空气吹净，并在 4 h 内进行热喷涂；当构件表面返锈时，重新进行表面预处理。

（4）喷砂除锈后，构件表面清洁度应达到 Sa2.5 级，钢材表面应无可见的油脂、污垢、氧化皮、铁锈和油漆涂层等附着物。

（5）喷砂除锈使用的压缩空气和磨料应保证干燥清洁。

（6）喷砂除锈完成后，不得裸手抚摸构件。

（7）现场焊缝和局部缺陷表面预处理时，清洁度应达到 Sa2.5 级，钢材表面应无可见的油脂、污垢、氧化皮、铁锈和油漆涂层等附着物，表面应具有金属光泽。

（二）热喷涂锌

1. 施工方法

（1）采用压力为 0.5～0.8 MPa、干燥、洁净的压缩空气进行热喷涂锌。

（2）每次施工前用一张洁净白纸在气罐出气口用压缩空气喷纸面 3 min，检查纸面无油、无水、无污染物为合格，合格后方可进行喷涂锌丝。

（3）热喷涂时，喷嘴与构件表面的距离应为 100～250 mm，喷枪尽可能与构件表面垂直，移动速度要均匀，以一次喷涂厚度达到 40～80 μm 为宜，同一层内相邻喷涂带之间应有 1/3 的重叠宽度；各喷涂层之间的喷枪走向应相互垂直，交叉覆盖。

2. 喷锌质量检查

（1）喷涂厚度应符合设计要求，涂层外观平整致密、结合状态良好。

（2）涂层外观应均匀一致，无气泡或底材裸露斑点，没有未附着或附着不牢固的金属熔融颗粒和影响涂层使用寿命及应用的缺陷。

（3）涂层最小局部厚度不应小于设计厚度。

（4）涂层的结合强度应不低于 10 MPa。

（三）封闭层、中间层、面层喷涂

1. 漆料配制

（1）单组分涂料使用时应搅拌均匀，不均匀的漆料不得使用。

（2）多组分涂料按涂料说明书配合比混合后应充分熟化，不得存在粒块状物质。

（3）超过使用期的漆料严禁使用。

（4）涂料开桶取料后，应立即密封保存。

2. 涂层喷涂

(1) 涂层的涂装应在清洁、通风良好的场所进行；风沙、雨雾、雪天时不得在露天施工；夏季施工严防暴晒。

(2) 利用喷枪对构件进行均匀喷涂，喷涂顺序依次为封闭层、中间层、面层。

(3) 多道涂层的涂装应根据涂料的固化时间安排每道涂层的间隔时间，保证上道涂层固化、干燥后，方可进行下一道涂层的喷涂。

(4) 在进行涂装施工前，每涂一道都应进行质量检查，不得有针孔、气泡、流淌、漏涂等缺陷和损伤。

3. 涂层质量检查

(1) 涂层表面应均匀一致，无针孔、气泡、流淌、皱纹、裂纹等缺陷。

(2) 涂层厚度应满足设计要求。

(3) 中间层厚度宜为 60～80 μm，面层厚度宜为 80 μm，涂层总厚度应不小于 250 μm。

(4) 按划格法进行现场试验检验。划格刀具刃口与涂层表面保持 90°切割后，涂层基体应完全切断；在划痕间距 3 mm 的格子状涂层表面上粘贴胶带，用 500 g 负荷辊子或手指压紧，手持粘胶带一端，以迅速、突然方式将粘胶带垂直涂层表面方向拉开，如涂层不剥落为合格。若要定量测涂层结合力，应按相应的国家标准执行。

七、井筒装备临时设施布置

临时设施布置应根据永久设备安装图进行设计。临时设施布置必须要做好临时设施布置图、天轮平台布置图、封口盘布置图、吊盘布置图、安装基准线布置图的设计；把设计的临时布置图叠加后，不应有重合部分。另外，还要与井筒内永久构件平面布置图叠加，也不应有重合的部分，且要有安全距离。

临时设施布置以井筒装备图为基准，以保证满足施工要求和安全要求为基准。临时设施布置前，要先校对所有图纸，保证提升设施不与井下构件有冲突。临时测量准线点的布置要利于永久装备的找正，位置合理，不应与井筒中其他构件相互接触。

(一) 临时设施的布置原则

立井施工临时设施的布置应遵循以下原则：

(1) 立井施工用各项设备的布置与选择，宜适应各个不同的施工阶段。

(2) 各盘口、井盖门与吊桶最突出部分之间的间距不应小于 200 mm。

(3) 管路及其卡子通过各孔口时，其周围间隙不应小于 100 mm。

(4) 吊盘突出部分与井壁间的间隙不应小于 100 mm。

(5) 钢丝绳在稳车滚筒上的偏角不应大于 2°。

(6) 稳车的能力应按所悬吊设备及其附属装置(包括钢丝绳在内)的最大静载荷计算。

(7) 悬吊设备的钢丝绳，应按《煤矿安全规程》的有关规定执行。

(8) 悬吊设备的钢丝绳长度，除保证设备到达井底所需的绳长外，应保留 5～10 圈的摩擦圈。

(9) 双绳悬吊时，应尽量采用编捻方向相反的钢丝绳。

(10) 井架天轮梁使用前，应验算其强度、挠度和稳定性，确保其符合要求。

(11) 钢丝绳与钩头、吊盘等设备连接时,在吊重物一端要用桃形环及绳卡卡固。

(12) 吊桶从井口到井底,不应受永久装备构件影响,且保证安全规程要求的吊桶安全运行距离,安全距离不应小于 350 mm。

某立井井筒装备安装稳绞装置平面布置如图 7-7 所示。

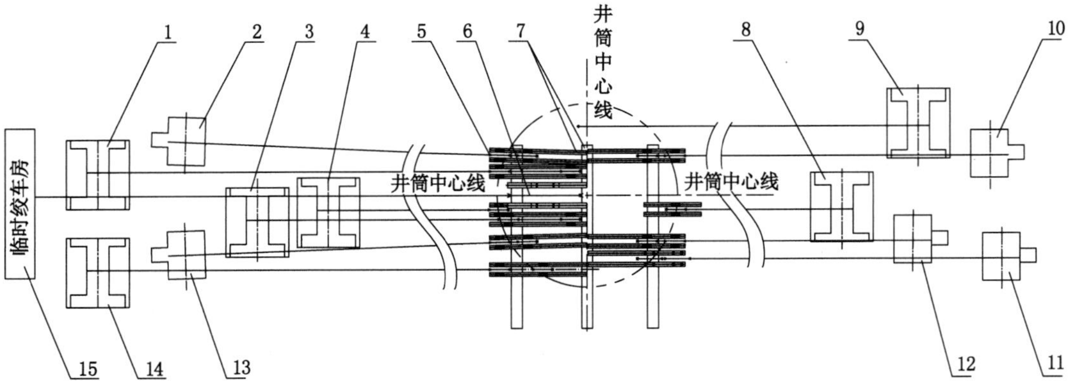

1—1# 稳绳稳车;2—1# 吊盘绳稳车;3—2# 稳绳稳车;4—5# 管子吊运稳车;5—稳车天轮;6—主提升天轮;7—天轮平台梁;8—2# 管子吊运稳车;9—1# 管子吊运稳车;10—2# 吊盘绳稳车;11—3# 管子吊运稳车(兼作井筒电缆敷设稳车);12—3# 吊盘绳稳车;13—4# 吊盘绳稳车;14—4# 管子吊运稳车;15—绞车房。

图 7-7 某立井井筒装备安装稳绞装置平面布置图

(二) 临时设施的选择及参数校验

1. 主提升绞车的选用

主提升绞车一般选用建井时期使用的主提升绞车,如其安装位置不能满足施工需要,则需重新进行安装。

2. 稳车的选用

稳车同样优先选用建井时期使用的稳车。稳车选用应根据提升高度、提升重量进行选择。一般选取 2 台稳车作为吊盘绳稳车,2 台稳车作为稳绳稳车。

3. 天轮选择

(1) 主提升天轮:根据施工需要,一般选取 1 台天轮即可。

(2) 吊盘绳悬吊天轮:选取 2 台,同时选取相同规格的过渡天轮 2 台。

(3) 稳绳悬吊天轮:选取 2 台,同时选取相同规格的过渡天轮 2 台。

(4) 管路安装天轮:根据设计选取。

(5) 电缆下放天轮:根据设计选取。

4. 钢丝绳的选择及校核

(1) 主提升钢丝绳

主提升钢丝绳一般选用多层股钢丝绳;优先选用建井时期主提升绞车所用的钢丝绳。根据提升高度和提升重量对钢丝绳进行测量、校核,其长度应满足使用要求,安全系数不得小于 9。

(2) 吊盘绳

吊盘绳一般选用多层股钢丝绳；优先选用建井时期所用的稳车钢丝绳。根据提升高度和提升重量对钢丝绳进行测量、校核，其长度应满足使用要求，安全系数不得小于 9。

（3）稳绳

施工时稳绳主要用于承担吊桶上下滑行的滑道，兼作吊盘绳。稳绳一般选用多层股钢丝绳。根据提升高度和提升重量对钢丝绳进行测量、校核，其长度应满足使用要求，安全系数不得小于 9，并应符合国家标准有关钢丝绳罐道的规定。

（4）分支绳

吊盘绳及稳绳均使用分支绳，分支绳一般选用与吊盘绳或稳绳相同规格的钢丝绳。根据提升重量，对分支绳进行校核，其安全系数不应小于 9。

5．钢丝绳的检验

（1）新钢丝绳的使用与管理，必须遵守下列规定：

① 钢丝绳到货后，应当进行性能检验。合格后应当妥善保管备用，防止损坏或者锈蚀。

② 每根钢丝绳的出厂合格证、验收检验报告等原始资料，应保存完整。

③ 存放时间超过 1 年的钢丝绳，在悬挂前必须再进行性能检测，合格后方可使用。

④ 钢丝绳悬挂前，必须对每根钢丝做拉断、弯曲和扭转 3 种试验，以公称直径为准对试验结果进行计算和判定。不合格钢丝的断面积与钢丝总断面积之比达到 6％的不得用作升降人员，达到 10％的不得用作升降物料；钢丝绳的安全系数小于规定时，不得使用。

（2）在用的缠绕式提升钢丝绳在定期检验时，安全系数小于下列规定值时，应当及时更换：

① 专为升降人员用的小于 7。

② 升降人员和物料用的钢丝绳，如升降人员时小于 7、升降物料时小于 6。

③ 专为升降物料和悬挂吊盘用的小于 5。

（3）主要提升装置必须有检验合格的备用钢丝绳。

（三）临时设施安装施工

临时设施安装主要包括：吊盘、封口盘的设计加工，天轮平台布置，主提升绞车、稳车安装及缠绳，吊盘、吊桶安装，电缆、风管敷设，照明、信号布置，封口盘安装，测量钢丝安装等。

1．吊盘、封口盘的设计加工

吊盘和封口盘的结构设计与计算，要以井筒装备设计图纸为依据。

（1）根据井筒装备施工工艺，吊盘一般设计为三层；一层盘用于安装托架、罐道梁，二层盘用于号眼、打眼、注锚杆，三层盘用于配合安装罐道。吊盘层间距根据罐道梁层间距设计，以便于施工。

（2）三层吊盘均设计为圆盘，其直径根据井筒直径及井筒装备布置确定；每层盘上均留有孔洞以便于吊桶的上下，并用圆钢制作铁篦子对吊桶通过孔进行封盖。吊盘立柱上要焊接圆钢制作的临时爬梯，人员通过爬梯可在三层吊盘之间上下。

（3）吊盘的主梁、圈梁及支梁、立柱一般选用工字钢或槽钢等型钢加工制作。吊盘所有的钢梁接头均采用先螺栓连接后焊接的形式配连，除吊桶通过孔外，吊盘其余部分采用花纹钢板铺盖。

(4) 所有吊盘绳及稳绳均通过两根分支绳固定在一层盘的主梁上，上、下层吊盘之间卡接钢丝绳作为软连接保护，保护钢丝绳位于立柱位置。

(5) 吊盘和封口盘的各梁及连接要进行强度计算和校核，以满足使用要求。

(6) 根据设计图加工各构件，并进行安装。

某立井井筒装备安装工程的吊盘、封口盘如图 7-8、图 7-9 所示。

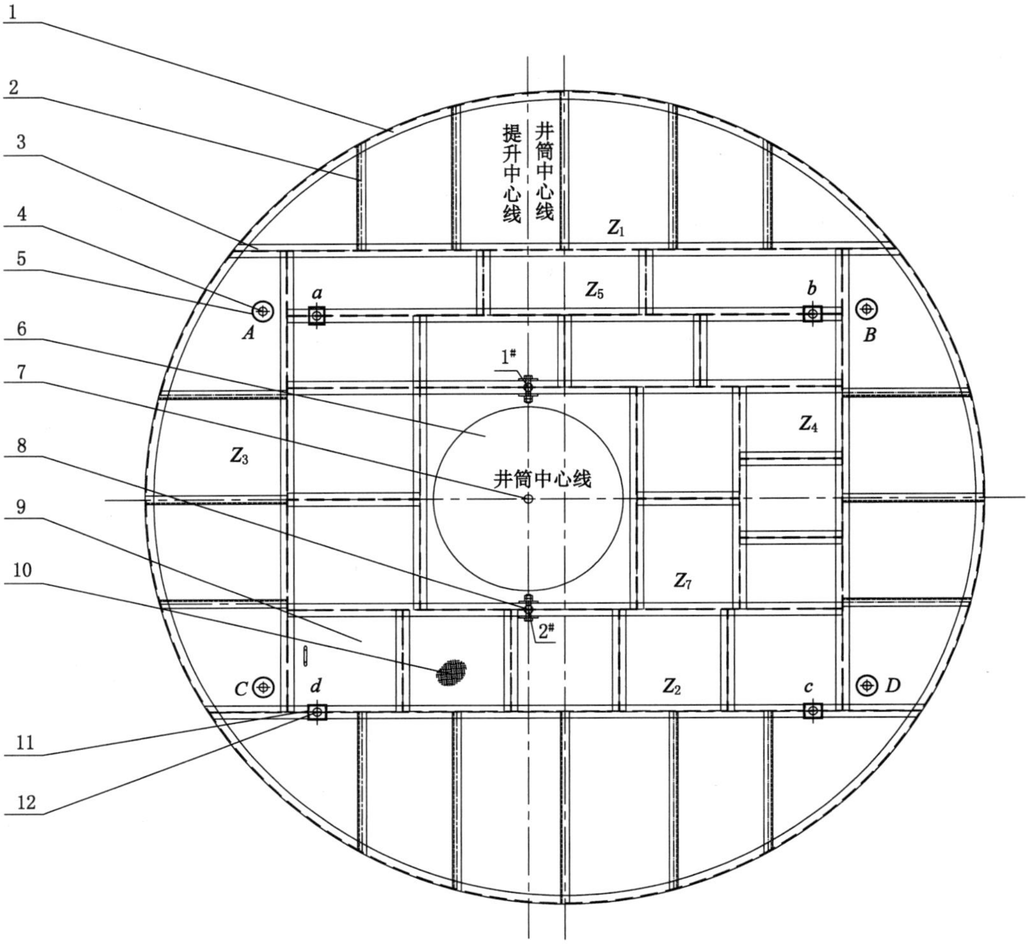

1—圈梁；2—次梁；3—主梁；4—测量钢丝点；5—测量钢丝绳保护管；6—吊桶开口；7—主提升绳点；8—稳绳点；9—爬梯口；10—吊盘铺板；11—立柱；12—吊盘绳点。

图 7-8 某立井井筒装备安装吊盘示意

2. 天轮平台布置

根据井筒装备施工图，进行天轮平台的设计、计算和布置。

(1) 根据各天轮支撑梁承担的载荷，进行选型计算，并满足有关规范的要求。

(2) 根据井架上所标识的井筒中心线位置在天轮平台上挂好十字线，对天轮平台按设计图进行安装。

(3) 按照天轮平台布置图，使用吊车将天轮支撑梁和天轮就位。

(4) 天轮平台所有焊缝均为连续满焊，受力的工字钢接头处均应加设钢板防止其受力

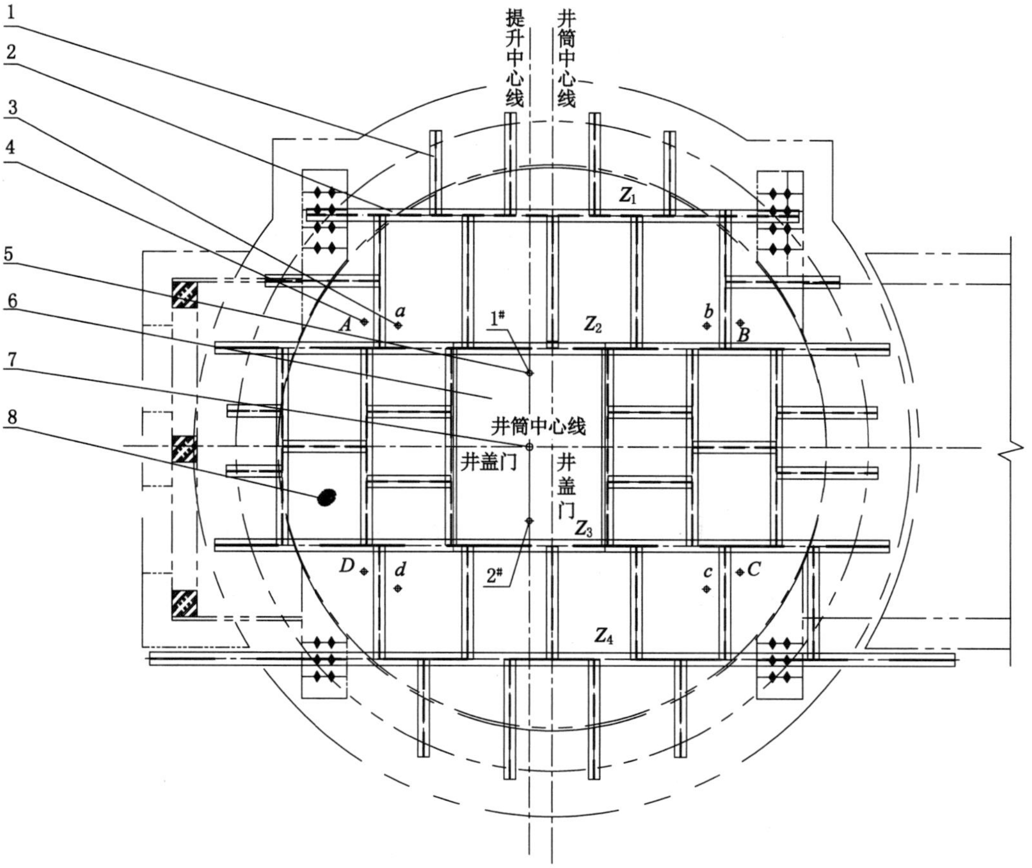

1—次梁；2—主梁；3—吊盘绳点；4—测量钢丝点；5—稳绳点；6—井盖门；7—主提升绳点；8—铺板。

图 7-9　某立井井筒装备安装封口盘示意

倾斜。

(5) 天轮平台布置时，要保证所有出绳点位置均在设计位置。

某立井井筒装备天轮平台布置如图 7-10 所示。

3. 主提升绞车、稳车安装及缠绳

根据井筒装备施工图及现场实际情况，要首先绘制出设备平面布置图及供电系统图。主提升绞车及稳车安装，优先选用建井时期的设备基础；若不满足使用要求，则需重新进行基础制作，以满足施工需要。

(1) 根据设备平面布置图，使用吊车将各设备逐台吊装就位。

(2) 对主提升绞车及稳车找平找正，使用钢板将设备与基础螺栓焊接牢固。若预留基础螺栓较少，则在设备四周打注锚杆进行加固。

(3) 在稳车群处布置临时配电点。按照供电系统图布置配电设备，根据设备负荷选取合适的电缆并进行敷设、接线；稳车群要进行良好的接地，接地电阻值不应大于 2 Ω。

(4) 施工时要求稳车既能集中控制，又能单台调整。

(5) 设备安装完毕后，将钢丝绳盘使用支架支起，放到对应的稳车前方。

(6) 检查稳车机械和电控部分，并加注润滑油脂；一切正常后开动稳车，将对应的钢丝

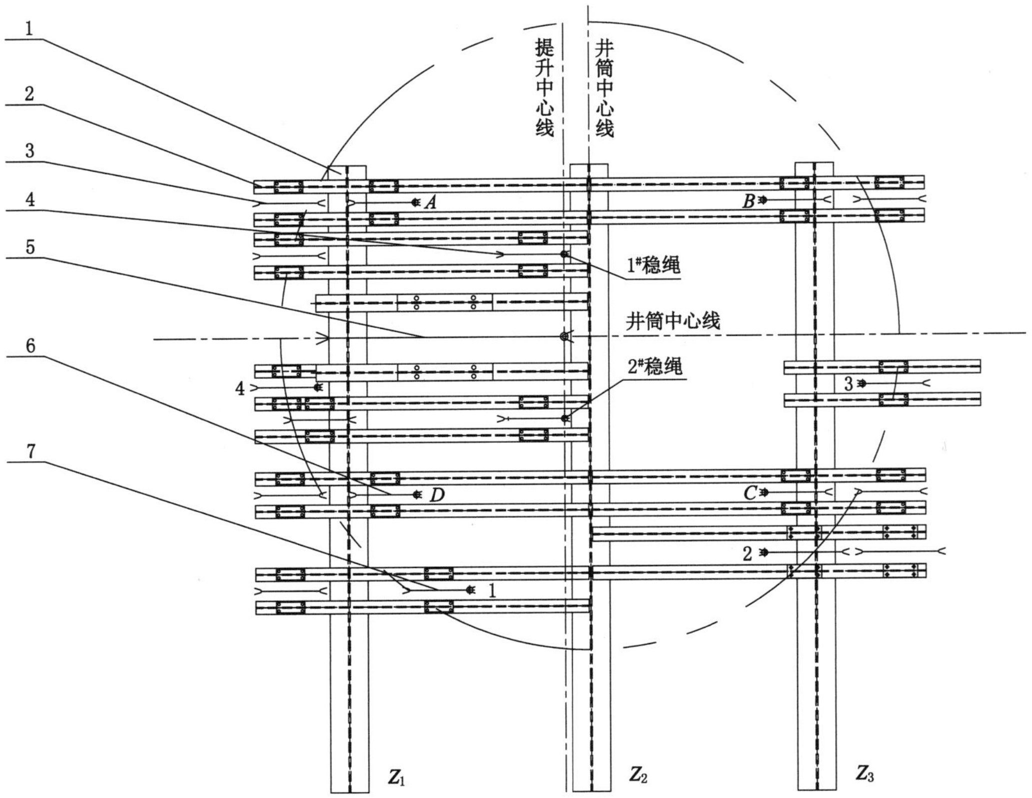

1—天轮平台大梁;2—天轮梁;3—过渡天轮;4—稳绳天轮;5—主提升天轮;6—吊盘绳天轮;7—构件吊运天轮。

图 7-10　某立井井筒装备安装天轮平台布置示意

绳缠绕到滚筒上。

(7) 根据现场实际情况,在合适位置处布置小绞车 1 台,用于井口构件运输。

4. 吊盘、吊桶安装

(1) 将工字钢横跨在井口作为吊盘临时支撑梁,工字钢强度要满足使用要求。

(2) 用吊车将三层盘放在搭设好的工字钢上,再将二层盘吊到三层盘上对齐。

(3) 用吊车将二层盘吊起,连接二、三层盘之间的连接立柱。

(4) 用吊车吊起组装好的二、三层盘,抽掉支承工字钢,下放连接好的两层吊盘;至二层盘到达井口合适位置时,重新将支承工字钢放回原位,使二层盘落到支承工字钢上。

(5) 二层盘落稳后,将吊盘绳与一层盘连接好;用吊车配合吊起一层盘,连接一、二层盘之间的连接立柱。

(6) 利用吊盘绳整体吊起三层吊盘,抽调支承工字钢,完成吊盘组装,将吊盘下放到井口以下合适位置。

(7) 将吊桶与主提升绞车钩头连接,利用绞车将吊桶吊起到达井口。

(8) 安装吊桶滑块及防护伞。

(9) 将吊桶吊入吊盘,观察吊盘开孔是否合适;如不合适,则及时进行修改。

(10) 将吊桶提出井口,临时放置于合适位置。

5. 电缆、风管敷设

(1) 井筒施工采用的动力电源为 660 V、通信电源为 127 V，电缆规格要根据井筒深度及负荷选用。电缆沿吊盘绳引至吊盘。

(2) 风源选用的压风机、风包应能满足施工需要，经地面压风管道敷设到井口。

(3) 井筒内采用的高压钢编胶管，要用铁丝固定在托架上，使其能随吊盘的下放向下延伸，并在井筒装备结束后随吊盘的上提进行回收。

(4) 为了拆卸方便，每根高压胶管长度不能太短，并采用快速接头连接。

6. 照明、信号布置

(1) 井口到各稳车采用声光语音信号联系。

(2) 井口到绞车房采用声光信号装置和语音对讲设备联系。

(3) 在吊盘上各布置 1 台隔爆开关、1 台照明信号综保、1 套信号装置。

(4) 吊盘上每层均布置照明，照明均用 127 V 电源，由吊盘上的照明信号综保供电。

7. 封口盘安装

(1) 根据布置图，将封口盘各构件运至井口进行安装。

(2) 封口盘必须安装牢固，表面除留通风孔外，其余部分均用花纹钢板铺实。

(3) 根据提升中心安装井盖门。井盖门应自由开启和关闭，不得出现卡阻和声音异常等现象。

(4) 井盖门安装好后，在井口合适位置布置井盖门小绞车。

(5) 封口盘布置好后在周围用钢网封堵，保证施工安全及通风量。

(6) 对封口盘上的钢丝绳、电缆和风管用胶垫进行封堵，防止磨损。

8. 测量钢丝安装

(1) 依据矿建施工期间的测量资料对井口定位点重新复核，放出井筒十字中心线和标高控制线。

(2) 为了保证安装精度，井筒内下放 4 根测量钢丝用于罐道及梁的定位。测量钢丝一般采用 ϕ3.0 mm 的钢丝绳。

(3) 根据设备布置图，在封口盘上安装 4 台测量钢丝小车，利用井底建井预留的工字钢梁固定测量钢丝。

测量钢丝布置如图 7-11 所示。

八、井筒装备安装

井筒装备安装利用吊盘进行，首先吊盘从上向下运行，利用第二层盘打眼安装锚杆，同时利用第一层盘安装托架及罐道梁，安装至井底非标段后，将所有非标段构件安装完毕。吊盘运行至井底后，改为方盘，利用第一、二、三层盘从下向上安装罐道、管路等。然后，吊盘再次下行，从上至下进行管路焊接，管路焊接完毕后，将吊盘提至井口，拆除吊盘及封口盘等临时设施。最后，在永久提升系统安装完成后，利用提升容器进行井筒电缆安装。

1. 锚杆安装

锚杆用于井筒内构件的固定，号眼、打眼、安装一般都在二层盘上进行。

(1) 用直尺测量出所需安装组件的标高，将吊盘退到合适位置并用木楔子固定牢固。

(2) 以测量钢丝为基准，严格按照施工图纸要求在二层盘上号出所有锚杆眼位。

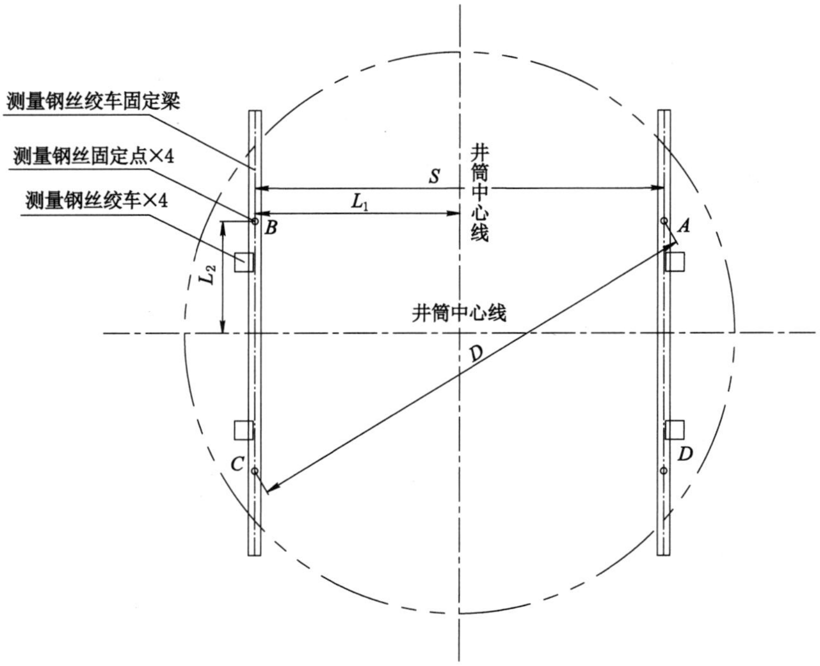

图 7-11 测量钢丝布置示意

(3) 施工人员在二层盘上使用风钻配合十字钻头打眼。打眼时风钻必须端平并垂直于井壁,以确保孔眼的方位指向井筒中心。

(4) 打眼深度必须严格控制在要求范围内。可在钻杆上定位,确保孔眼深度满足要求。

(5) 如打眼遇到井壁内的钢筋,可用气割将其割断并吹出熔渣后,打眼到设计深度。

(6) 将锚杆孔内的杂物清理干净、孔深合格后,将锚固剂送到孔底;用风动扳手将锚杆迅速向孔内推绞,直到规定深度;固化剂和树脂要搅拌均匀。

(7) 锚杆安装后,进行扶正检查;在孔口将杆体楔牢,防止锚杆固化前移位;30 min 内不准敲击或碰撞。

(8) 锚固力试验在锚杆安装 1 h 后在二层盘进行,试验标准详见安装质量标准。

2. 托架安装

(1) 梯子间梁、罐道梁、管子梁的托架安装

安装托架时,首先把托架与井壁贴合处清除干净,支承面必须保持水平,支座与井壁间的空间用玻璃水和水泥浇灌填实。如遇到井壁淋水较大的情况,应使用白铁皮制作的挡水装置放在托架正上方,防止水泥被水冲走,待水泥凝固后再将挡水装置拆除。

操平用的垫铁必须与托架焊在一起,锚杆用方垫圈与支座背板采用断续焊的方法焊在一起;所有的割焊处必须用防腐漆进行防腐处理,防腐漆的型号必须与构件一次防腐时一致。

(2) 直接固定罐道的托架安装

根据基准线,利用线绳直接在两侧井壁上分别确定上下两点,画出纵向中心线;利用连通器及水平尺在井壁上画出托架上平面水平线,用模板号眼,风钻打眼。

锚杆注好后先安装下托架，依据井壁上画出的十字中心线利用垫铁和水平尺将其找平，并利用基准线对其找正，将连接螺栓拧紧；最后将垫铁与托架、锚杆方垫与托架底板焊接，并用树脂胶泥将托架与井壁间的空隙充填密实。

上托架安装时，利用基准线找正，用水平尺或垂球检查垂直度。在同侧两个上托架找正好初步固定后，用卷尺检查托架水平距离应符合要求；用线绳拉线检查两个上托架，保证在同一平面；最后拧紧连接螺栓。

3. 罐道梁、梯子间梁的安装

罐道梁、梯子间梁均在一层盘上安装。梁的位置按照施工图纸要求，安装精度由测量钢丝来控制。

利用导平管将罐道梁操平找正、符合标准后，将梁一端与托架通过螺栓连接。梯子间大梁安装后，将小梁一端使用螺栓与梯子大梁连接，另一端使用U形螺栓固定在安装好的托架上。

4. 梯子间安装

梯子间大、小梁安装完成后，进行梯子间安装。

首先安装梯子台板，然后安装梯子，最后安装栅栏。安装梯子时，先将梯子下放到一层盘上方，缓慢下放主钩头的同时，人力将梯子推到梯子间大梁内，一、二层盘施工人员站在梯子间平台上，分别连接梯子扶手螺栓及底脚固定螺栓。

安装栅栏时，先安装两侧的栅栏，再安装靠近井筒中心一侧的栅栏。

5. 井底金属支持结构安装

井底金属支持结构也叫井底套架，属立柱与横梁构成的框架结构，用于固定四角罐道、安全门等设施。井底金属支持结构的一般结构如图7-12所示。

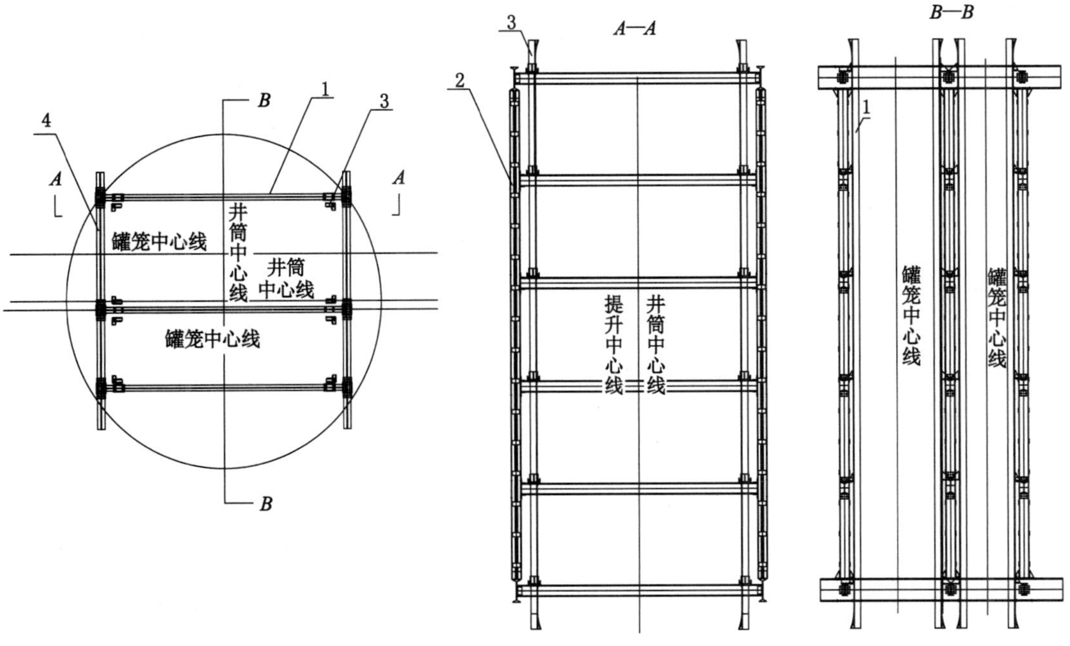

1—罐道梁；2—立柱；3—四角稳罐道；4—套架大梁。

图7-12　井底金属支持结构的一般结构示意

(1) 标高确定。依据井底进车侧轨面相对标高，确定井底金属支持结构上层梁底面的标高，在井壁上确定出梁底面标高的位置。

(2) 测量准线。吊盘下行施工完井筒装备标准段最后一层后，在该层罐道上用卡线板约束井筒测量基准线的位置。拆除井底测量钢丝固定梁，使测量准线自然下垂。

(3) 依据测量准线确定主梁中心线位置，根据梁面标高确定梁窝位置，用风镐凿梁窝，安装主梁。依据井筒测量基准线和梁面标高基准点，移动钢梁调整前后左右位置，利用垫铁操平找正钢梁；钢梁找正后用清水冲净基础后进行灌浆，灌注混凝土等级不低于设计等级。

(4) 吊盘下行，利用第三层吊盘施工摇台梁、底层主梁。依据测量基准线和标高基准点，放线、凿梁窝、下放钢梁、找平找正，进行灌浆。

(5) 安装立柱与横梁、四角稳罐道。四角稳罐道安装过程中，一定要保证角钢之间的设计间距，间距大小可通过支座调整垫片调整。

6. 防过放缓冲装置安装

(1) 防过放缓冲装置配套钢梁安装

钢梁采用梁窝固定，一般为三层布置，共 9 根。

① 在三层盘底部加装临时四层吊盘，用于安装防过放缓冲装置与井底防撞梁。三层盘与四层盘之间距离应满足四层盘施工防撞梁，以三层盘不能触碰防过放缓冲装置顶部为宜。

② 梁窝应在井窝内装备梯子间、罐道前凿好。按照设计图纸，将钢梁尺寸、水平度找好后，进行二次灌浆，二次灌注混凝土等级不低于设计混凝土等级。

③ 在安装钢梁的同时，要按照设计图纸，将固定缓冲装置的槽钢焊接到钢梁上。

(2) 防过放缓冲装置安装

在钢梁上搭设牢固可靠的工作平台，既要有足够的工作面，又要躲开安装缓冲装置位置。利用主提升绞车分别下放缓冲装置 8 根立柱，并贴紧立柱后焊接固定。最后连接缓冲装置的 4 根横梁。

7. 井底防撞梁安装

防撞梁一般采用梁窝固定。

① 依据测量准线确定主梁中心线位置，根据梁面标高确定梁窝位置，用风镐开凿梁窝，安装主梁。

② 依据井筒测量基准线和梁面标高基准点，用移动钢梁前后左右位置、增减钢梁下部垫铁数量的办法操平找正钢梁。用清水冲净基础后，进行二次灌浆，灌注混凝土等级不低于设计混凝土等级。

③ 按照设计图纸，将方木与钢梁用螺栓进行连接，最后拆除四层吊盘。

8. 刚性罐道及管路的安装

井窝内设施安装完毕后，将吊盘改为方盘，进行罐道及管路的安装准备。罐道及管路随吊盘上行一并安装。

(1) 罐道安装

在利用三层吊盘自下往上安装罐道时，吊盘上层人员负责罐道的吊装、就位、找正以及对安装位置的校验，并通知下层施工人员调整安装间隙。中间层人员负责找正及安装拧紧螺栓，并校验各相对尺寸。下层人员负责看守罐道头，对接罐道接口，保证罐道接口间隙及接头错位误差并将其固定。

① 罐道安装时，首先安装4个罐道头，罐道头标高要准确，各部相对尺寸正确。

② 安装时用3 mm厚的自制工具（或自制的带厚度刻度的扁铲），保证安装时罐道接口间隙；若罐道错口时，必须用大锤、倒链进行调整，调整到位后用已加工的开口垫片垫实，拧紧固定螺栓。

③ 每层人员必须对罐道间距进行校核，保证符合要求。

(2) 井筒管路以排水管安装

井筒管路一般有导管梁、托管梁、弯管座梁，导管梁、托管梁一般采用托架安装，托管梁也可采用梁窝固定，弯管座梁均采用梁窝固定。

① 管路起吊时，要根据管路规格型号，使用专用抱卡吊挂。

② 管路吊装到位后，工作人员在吊盘上安装固定。安装时，注意将管道中心线和导管梁上标定的安装位置对齐，以免管子歪斜。

③ 管座按设计位置安装。

④ 提升吊盘从下往上安装直至结束。

9. 钢丝绳罐道安装

钢丝绳罐道安装一般在井筒及井上、下其他设施安装完毕后进行。

(1) 根据设计图纸，利用井口绞车将支撑梁吊装就位，找平找正后，进行固定安装。

(2) 将井下支撑梁利用稳车下放至井底，进行井底支撑梁的安装。

(3) 将钢丝绳缠绕至稳车上，钢丝绳头绕过临时天轮到达井口；在井口处安装钢丝绳配重，防止钢丝绳下放过程中摆动过大。对于井下重锤张紧的罐道，可利用重锤块作为配重；对于井上液压张紧的罐道，可利用钢丝绳固定装置作为配重。

(4) 开动稳车，将钢丝绳下放至井底，预留出多余钢丝绳后，在井口使用座卡将钢丝绳锁住。

(5) 在井底进行钢丝绳固定装置的安装。对于重锤张紧的罐道，固定装置安装完成后，进行重锤的安装。

(6) 井底固定装置安装完毕后，在井口将剩余钢丝绳从稳车上抖出，并将多余钢丝绳截断。

(7) 利用小绞车将固定装置吊装就位，在井架上进行固定装置安装。安装时，利用手拉葫芦对钢丝绳张紧；对于井口采用液压张紧的罐道，同时进行张紧装置的安装，并按设计要求对钢丝绳拉紧。

(8) 第一根罐道安装完毕后，根据设计位置，改动天轮位置，进行下一根罐道的安装。

按照上述方法安装所有罐道。

10. 管路的焊接

管路安装完毕后，吊盘下行进行管路焊接。管路焊接要保证质量，严禁有气孔、裂纹、夹渣及融合性飞溅物，焊缝高度不得低于管子壁厚。焊接后的管路要及时防腐。

11. 管路试压

排水管应做水泵额定压力下的排水试验；洒水、消防、给水及煤水管应做灌水试验；充填、泥浆和水采高压管路应按设计规定做加压试验；压风管路及玻璃钢瓦斯管应按额定压力做送风试验。

12. 电缆安装

立井井筒电缆安装一般在井筒装备安装完毕后进行，电缆敷设采用稳车进行。立井井筒电缆主要有通信电缆和动力电缆两种。电缆一般采用电缆卡固定在电缆支架上，电缆支架一般与托架同时安装。

(1) 根据电缆设计安装位置，在井口锁口合适位置处安装电缆导向轮，便于电缆下放；在井口锁口合适位置处安装凿井天轮，用于稳车钢丝绳导向。凿井天轮及电缆导向轮安装时，应保证天轮与电缆导向轮出绳点在同一竖线上，使稳车钢丝绳及电缆提升、下放时在同一直线上，便于电缆绑扎。

(2) 将电缆支架安装固定在井口与稳车之间合适位置，使用吊车将电缆放置于支架上，电缆端头由支架上方引出。在电缆支架处利用木板制作临时制动装置，用于控制电缆下放速度。

(3) 在井筒内第一、二层梯子间梁处搭设两层施工作业平台。将稳车钢丝绳及电缆分别绕过凿井天轮、电缆导向轮，并在钢丝绳头上安装固定导向头。将稳车钢丝绳与电缆端头使用麻绳绑扎牢固，将电缆及钢丝绳一同下放至井筒；同时，利用电缆盘两轮沿前后制作的临时制动装置，控制电缆下放速度，避免电缆下放过程中产生弧垂。

(4) 电缆下放过程中，每间隔一定距离(与井筒电缆托架层间距相同)使用 $12^{\#}$ 铁丝将电缆与钢丝绳绑扎在一起；钢丝绳绑扎长度不小于 100 mm，电缆与钢丝绳共同绑扎长度不小于 200 mm。

(5) 当电缆下放至井底后，由施工人员将电缆头拉出井筒，敷设井底水平段电缆。

(6) 从井口第一层电缆托架处开始，依次将固定电缆的铁丝解除，使用电缆欧姆卡将电缆固定至电缆支架上。电缆卡卡固时，必须在电缆与欧姆卡之间加垫防护胶皮，并保证电缆顺直。

九、井筒装备安装技术要求

1. 构件加工制作技术要求

(1) 钢材的型号、规格和质量应符合设计要求。

(2) 构件的防腐蚀性应符合设计要求。

(3) 罐道梁及托架制作的允许偏差应符合表 7-1 的规定。

表 7-1 罐道梁及托架制作的允许偏差

序号	项目		允许偏差	检验方法
1	罐道梁	罐道梁的直线度	0.5/1 000	尺量检查
		缺口板的缺口宽度及两缺口底边距离	±0.5 mm	
		上下缺口板焊接位置的错动	0.5 mm	用直角尺和钢尺检查
		同一根梁安装两根罐道时缺口板中心距	±0.5 mm	尺量检查

表 7-1(续)

序号	项目			允许偏差	检验方法
2	其他梁	井上下连接部分钢梁	直线度	0.1/1 000	拉线和尺量检查
		管子及管座梁			
		楔形罐道梁			
		防撞绳固定梁			
		井上下防撞梁			
		尾绳保护梁			
3	托架支承面的平面度			0.1/1 000	尺量检查

(4) 罐道制作应符合表 7-2 的要求。

表 7-2　罐道制作要求

序号	项目		允许偏差	检验方法
1	钢轨罐道	直线度	1.0/1 000 且不大于 5.0 mm	拉线和尺量检查
		长度	±1.0 mm	尺量检查
		端面垂直度	1.0/1 000 且不大于 1.0 mm	直角尺、垂线和钢尺检查
2	组合罐道	直线度	1.0/1 000 且不大于 7.0 mm	拉线和尺量检查
		长度	±1.0 mm	尺量检查
		断面尺寸	±1.0 mm	尺量检查
		端面垂直度	1.0/1 000 且不大于 1.0 mm	直角尺和钢尺检查
3	木罐道及楔形罐道	直线度	1.0/1 000	拉线和尺量检查
		断面尺寸	±2.0 mm	尺量检查

2. 树脂锚杆固定托架安装技术要求

(1) 树脂锚固剂的技术性能、型号、规格应符合设计要求。

(2) 锚杆杆体的规格、型号、强度及防腐蚀性应符合设计要求。

(3) 锚杆安装锚固力试验在锚杆安装 1 h 后，按设计规定值进行试验。当设计无规定时，每根锚杆锚固力的试验值不得低于 50 kN，凡不合格的锚杆应重新安装和试验，直至合格。

(4) 固定在井壁上的托架应紧贴井壁，充填密实。

(5) 组合罐道的固定螺栓规格、型号、穿向应符合设计要求，紧固可靠，螺栓露出螺母 1～5 个螺距。

(6) 直接固定罐道的托架立面上的螺栓孔中心线与井筒十字中心线的距离偏差，应符合下列规定：装钢罐道托架时的允许偏差为±2.0 mm；装木罐道托架时的允许偏差为±3.0 mm。

(7) 直接固定罐道的托架立面的垂直度偏差不应超过 2.0/1 000。

(8) 树脂锚杆及托架安装的允许偏差应符合表 7-3 的规定。

表 7-3　树脂锚杆及托架安装的允许偏差

序号	项目		允许偏差	检验方法
1	锚杆杆体	杆体的直线度	2.0 mm	尺量检查
		杆体端面尺寸	±1.0 mm	
		杆体挡圈焊接位置	±2.0 mm	
2	锚杆安装	锚杆眼孔深度	10.0 mm	尺量检查
		锚杆锚固深度(其挡圈应进入井壁)	±5.0 mm	
3	托架安装	托架支承面的水平度	3/1 000	水平尺检查
		同一根梁的两端托架水平支承面位于同一平面的高差	5.0 mm	用长钢尺和水平尺检查
4	托架层间距	装钢罐道的托架	±7.0 mm	尺量检查
		装木罐道的托架	±12.0 mm	

3. 罐道梁安装技术要求

(1) 罐道梁操平时,可在梁与托架间用不同厚度的防腐蚀铁垫板调整,垫板尺寸应等于或大于梁(包括梁下连接板)与托架的接触尺寸,不得用零碎垫板;每组垫铁的层数不得超过三层,并用螺栓或焊接方法固定。

(2) 罐道梁与托架连接采用焊接时,操平找正后按设计要求进行焊接;罐道梁与托架连接采用螺栓固定,且螺栓孔为长形孔时,孔上应加盖方垫圈;罐道梁与托架连接选用高强螺栓时,用力矩扳手拧紧,不需点焊。

(3) 堵梁窝的混凝土强度等级,对于混凝土和钢筋混凝土井壁,不应低于井壁混凝土的设计强度等级;对于其他井壁,不得低于 C25;梁窝表面不应有蜂窝和孔洞现象。

(4) 罐道梁安装的允许偏差应符合表 7-4 的规定。

表 7-4　罐道梁安装的允许偏差

序号	项目		允许偏差	检验方法
1	罐道梁缺口板中心线与设计中心线应一致	钢罐道的梁	±1.0 mm	施工时根据测量垂线尺量检查,竣工后检查施工记录
		木罐道的梁	±1.5 mm	
2	同一提升容器两罐道梁缺口板中心的水平间距	钢罐道的梁	±2.0 mm	施工时根据测量垂线尺量检查,竣工后检查施工记录
		木罐道的梁	±3.0 mm	
3	罐道梁的水平度		1.0/1 000	用水平尺检查
4	层间距	装钢罐道的梁	±5.0 mm	水平尺检查
		装木罐道的梁	±12.0 mm	尺量检查
5	每节罐道长度内累计	装钢罐道的梁	±15.0 mm	
		装木罐道的梁	±24.0 mm	
6	梁埋入井壁深度		−70.0 mm	

4. 罐道安装技术要求

(1) 同一提升容器的两罐道接头位置不得位于同层梁上。

(2) 组合罐道固定螺栓的规格、型号应符合设计要求，紧固可靠，螺栓露出螺母 1～5 个螺距。

(3) 罐道安装应符合下列规定：罐道安装的允许偏差应符合表 7-5 规定；对于罐道接头间隙，钢罐道应为 2.0～4.0 mm，木罐道应为 0～5.0 mm。

表 7-5　罐道安装的允许偏差

序号	项目		允许偏差	检验方法
1	罐道的垂直度	钢轨罐道	±5 mm	施工时根据测量垂线尺量检查，竣工后检查施工记录
		组合罐道	±7 mm	
		木罐道	±8 mm	
2	罐道面的水平间距	钢轨罐道	±5 mm	尺量检查（在两层梁中间处检查）
		组合罐道	±7 mm	
		木罐道	±8 mm	
3	同一提升容器相对两罐道中心线的重合度	钢轨罐道	4 mm	按检查点数抽查 10%，拉线和尺量检查
		组合罐道	6 mm	
		木罐道	4 mm	
4	罐道接头位置	罐道卡或压板固定的罐道接头位置与梁中心	50 mm	
		螺栓固定的罐道接头位置与设计位置的偏差	10 mm	
5	罐道接头错位	钢轨、组合罐道接头错位	1 mm	
		木罐道的接头错位	2 mm	

(4) 罐道固定应符合下列规定：钢轨罐道与罐道卡子斜面接触良好，卡子前爪与轨腰间隙、卡子内侧与钢轨底外侧间隙均为 10～20 mm；木罐道螺栓螺母拧紧后嵌入罐道面净深不小于 15 mm。

5. 管子梁、管座梁、管路的安装质量标准

(1) 管子梁、管座梁的水平度允许偏差为 3/1 000。

(2) 管子梁、管座梁中心线与设计中心线的偏差为±1 mm。

(3) 管道位置的允许偏差为 30 mm。

6. 四角罐道的安装技术要求

四角罐道安装的允许偏差和检验方法应符合表 7-6 的规定。

表 7-6　四角罐道安装的允许偏差和检验方法

序号	项目	允许偏差	检验方法
1	罐道的垂直度	5 mm	施工时根据测量垂线尺量检查，竣工后检查施工记录
2	同一提升容器两罐道面的水平间距偏差	5 mm	尺量检查（在两层梁中间处检查）
3	罐道接头错位	1 mm	拉线和尺量检查，按检查点数抽查 10%

7. 防撞梁安装技术要求

(1) 防撞梁十字中心线与设计中心线的偏差为 3 mm。

(2) 防撞梁的标高允许偏差为±5 mm。

(3) 防撞梁的水平度为 3/1 000。

(4) 防撞梁的垫木安装必须固定牢靠,垫木螺栓拧紧后应嵌入垫木面,其净深度不小于 10 mm。

8. 电缆支架的安装质量标准

(1) 电缆支架的中心线与设计中心线的偏差为±20 mm。

(2) 电缆支架的水平度为 3/1 000。

(3) 电缆支架的层间距允许偏差为±5 mm。

9. 钢丝绳罐道安装技术要求

(1) 钢丝绳的型号、规格和质量应符合设计要求。

(2) 钢丝绳罐道的上、下端应连接牢固,符合设计要求。

(3) 拉紧钢丝绳用的张紧液压装置应在安装前进行检查试验,其性能应符合设计产品技术文件要求。

(4) 钢丝绳的张紧力应符合设计要求。

(5) 安装井下固定梁,用于封堵梁窝的混凝土强度等级应符合规定。

(6) 钢丝绳罐道及固定装置安装的允许偏差应符合表 7-7 的规定。

表 7-7 钢丝绳罐道及固定装置安装的允许偏差

序号	项目	允许偏差	检验方法
1	井上、下固定装置(或固定梁)安装位置偏差	3.0 mm	尺量检查
2	井上、下钢丝绳的固定位置的偏差	3.0 mm	
3	重锤悬挂的高低偏差	±400 mm	
4	井下固定梁安装标高偏差	±5.0 mm	
5	井下固定梁埋入井壁内深度偏差	−70 mm	

第八章　矿井其他设备安装技术

本章主要阐述矿井主排水设备、压风设备、井口井底设备、架空乘人装置以及抽采设备的安装技术。上述设备安装后的平稳运行，有利于提升煤矿生产效率，减小安全生产事故，对于整个煤矿的安全生产和经济效益都有着很大的影响。为了确保机电设备安全稳定性以及性能发挥、使用寿命，煤矿设备安装技术在整个煤炭生产环节中发挥着极其重要的作用。

第一节　矿井主排水设备的安装

在矿井建设和生产过程中，涌入矿井的水可以用单位时间涌入矿井内的体积来度量，称为绝对涌水量。矿井主排水设备担负着排出井下积水的重要任务，是矿井防治水的重要组成部分，是保证矿井安全的关键环节。

矿井排水系统设施分为固定式和移动式。固定式排水设备根据其服务范围又分为主排水设备、区域排水设备和辅助排水设备，其中主排水设备主要由水泵、闸阀、逆止阀、底阀或引水装置、水管、压力表、电机、电缆、启动控制开关、电控设备及环形管路等组成。井下水泵房设备布置如图 8-1 所示。

矿井主排水设备的安装主要包括施工准备、施工方法以及试运转等内容。

一、施工准备

矿井主排水设备安装的准备工作主要有技术准备、器具材料准备、设备基础检查验收、非标构件加工、设备开箱检查清点和测量放线等。

1. 技术准备

准备好安装施工图纸（包括设备图、安装图）、规范、标准；编制施工措施，现场技术人员组织作业班组人员学习施工措施，并组织作业人员熟悉图纸、设备结构性能，将安装质量要求及安全事项交代清楚。

2. 器具材料准备

(1) 主要机具：电焊机、倒链、千斤顶、线坠、铁锤、撬杠、活扳手、弯管机、平板车、钢锯、钢丝绳、各种钳工工具和电工工具等。

(2) 主要材料：平斜垫铁、毛斜垫铁、润滑油、道木、棉纱、8# 铁丝、10# 铁丝、起吊钢丝绳套、电缆标志牌、扎带、塑料带、电缆卡子、塑料胶带、接线鼻子。

(3) 仪器仪表：水准仪、水平仪、千分表、塞尺、温度计、钢板尺、卷尺、转速表、绝缘摇表、万用表、兆欧表、试验仪器等。

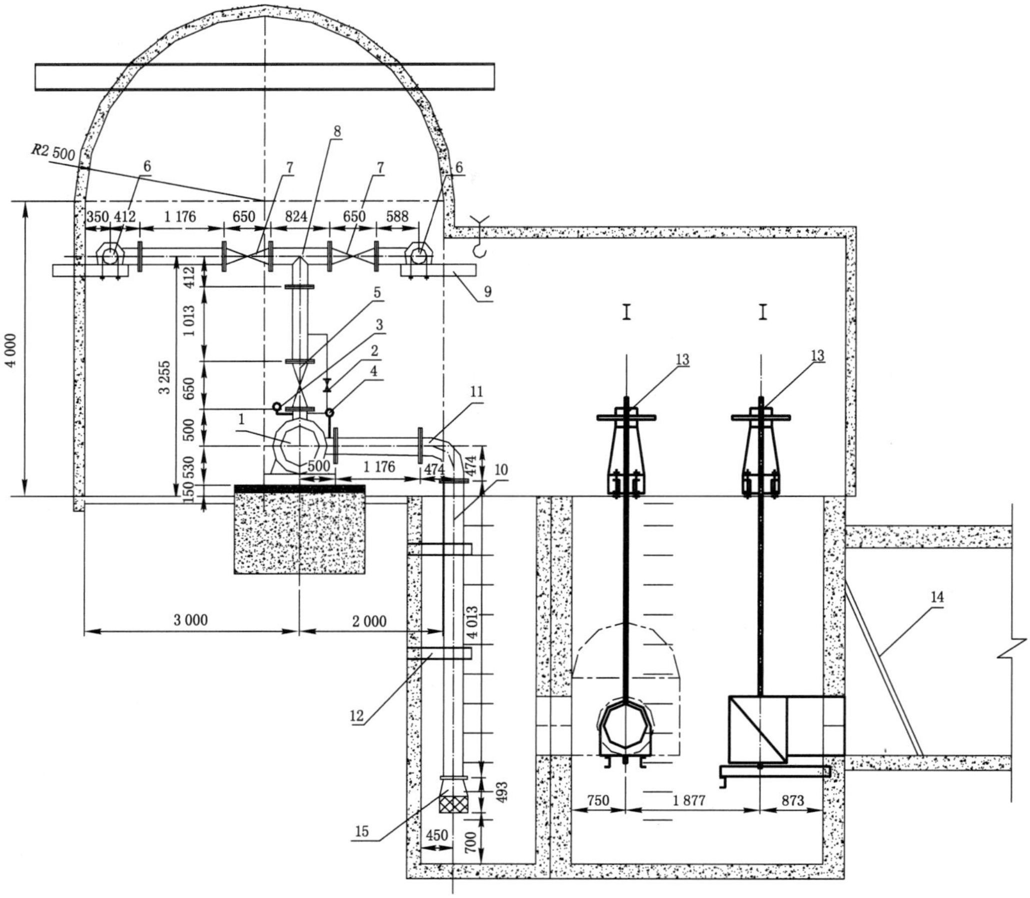

1—矿用耐磨多级水泵；2—真空射流装置；3—压力表；4—真空表；5—逆止阀；6—环形排水管路；
7—防爆电动、手动两用闸阀；8—等径三通；9—排水管路支撑梁；10—吸水管路；11—弯头；
12—吸水管路支撑梁；13—配水闸门；14—网纹钢板；15—底阀。

图 8-1 井下水泵房设备布置示意

3. 设备基础检查验收

（1）检查基础外观，不得有裂纹、蜂窝、空洞、露筋等缺陷。

（2）按施工图纸要求对基础尺寸和位置进行复测，其允许偏差应符合下列要求：① 纵横中心线位置允许偏差为±20 mm；② 基础标高偏差在 0～20 mm 之间；③ 基础平面外形尺寸允许偏差为±20 mm；④ 基础平面水平度每米范围允许偏差不大于 5 mm，全长范围允许偏差不大于 10 mm。

（3）基础复查合格后，由矿建单位向安装单位办理中间交接手续。

（4）对泵房硐室进行验收，以确保预留吊架梁窝和吸水管托梁的位置尺寸符合设计和安装要求，并要校核预留地脚螺栓孔、电缆沟、电缆孔、预埋件的位置、尺寸是否满足设计要求。

4. 非标构件加工

根据施工图按照设计要求和质量标准在地面加工异径三通、等径三通、连接短管、90°弯头(可以根据现场实际配制),以及法兰和管子的焊接。

5. 设备开箱检查清点

(1) 设备和器材到达现场后,要在建设单位和监理单位有关人员参加的情况下进行开箱检查,并认真记录。

(2) 按照设计图纸、订货合同及技术协议核对设备的规格、型号、件数是否符合要求,并根据设备布置图临时在设备上标明名称、安装序号和安装位置等。

(3) 根据设备装箱清单检查包装是否完整,零件是否齐全,备品是否足数,有无出厂说明书及图纸资料文件。

(4) 检查设备在运输过程中有无受潮和损坏等。对于受潮设备要及时烘干处理。对于损坏的零部件可向厂家联系补发或更换,或者采取当地采购或现场修复等措施。检查泵体与电机是否完好,泵体进、出水口是否有杂物等。

(5) 开箱后的设备应清除灰尘,擦拭干净。若设备不立即安装,应放置在清洁干燥的环境中妥善保管。保管好设备的质量合格证及说明书,认真做好设备检查验收记录并经有关人员签字。

6. 测量放线

(1) 由建设单位、监理单位及施工单位三方共同对设备基础、巷道硐室腰线、中心线进行验收,符合设计要求三方签字后方可投入使用。

(2) 工程测量人员根据测量仪器给定的巷道中心线、腰线,并根据施工图纸标定出泵和电机的十字中心线和安装标高基准。

(3) 基础面处理:设备基础表面要进行麻面处理,以保证二次灌浆时浇灌的混凝土与原设备基础结合处的强度。基础面和地脚螺栓孔内的油污、碎石、泥土、积水等清理干净。

二、施工方法

1. 设备下放运输

利用吊车将泵房主排水设备吊装至井口轨道平板车上,用手拉葫芦及钢丝绳封车紧固,通过罐笼运送至井底,通过运输大巷依次将设备逐件运抵泵房内施工位置。

设备下放顺序一般为:电机→管子、散料→泵体→电动阀门三通弯头等。

2. 设备安装

设备安装程序一般为:底座安装→泵体安装→电机安装→电动阀门管路及管件安装。

(1) 底座安装

安装前,根据设计图纸要求给出设备安装中心线和标高,按水泵、电机底座情况及质量要求布置垫铁组,并对垫铁位置进行基础面研磨。水泵底座垫铁基础面研磨好后放上垫铁组,在预埋的起吊梁上挂设 2 台 5 t 手拉葫芦将水泵底座吊起并慢慢放在基础上。最后,将地脚螺栓与水泵底座连接,符合要求后紧固地脚螺栓。

(2) 泵体安装

按照施工图纸位置和顺序,将水泵用平板车沿轨道运至适当的位置,之后利用泵房顶部预埋的起重锚盘挂设手拉葫芦将水泵整体吊放在基础垫铁平面上,穿好地脚螺栓,在水泵轴端和水泵出水口法兰盘加工平面上,找出中心点,即水泵轴中心线,然后利用法兰盘加工平面上中心找出泵轴中心线的垂线,即横向基础,并做标记。在架设的泵轴中心线上分别坠下两个线坠，调整水泵位置，使泵轴端中心点与泵出水口法兰盘加工平面上的中心点与线坠确定的平面重合，即纵向找正。由架设的泵出水口中心线吊下两个线坠，使泵出水口法兰盘加工平面上的中心点与线坠重合，即横向找正。水泵找正后，即可精平，利用方框水平仪在泵出水口法兰盘加工平面上测量，调整垫铁高度至允许偏差范围。紧固地脚螺栓，将垫铁点焊牢设备并吊装到位后利用平斜垫铁对设备进行操平找正，然后进行设备基础一次灌灰，待一次灌灰的混凝土凝固强度达到设计要求后，再对设备进行精找。自检合格后，通知负责人及监理对水泵进行验收，验收合格后进行电机的安装。

(3) 电机安装

电机与泵通过联轴器连接在一起，因此电机的调整要根据定位后的泵来进行。调整主要是根据两者的两轴心径向位移、轴窜量是否符合标准。

先利用手拉葫芦把电机底座放在电机基础上，并与地脚螺栓连接好。将手拉葫芦悬挂在电机基础正上方的起重梁上，利用手拉葫芦将电机吊起，转正方向后慢慢放在电机基础上，再对电机操平、找正。对于对轮的找正，应分别在电机与水泵的两个对轮上放置百分表，根据百分表读数并利用手拉葫芦、千斤顶、大锤等限量调整电机的位置；当百分表的读数在允许偏差范围内时，对轮操平找正完成，则电机的操平、找正完成。自检合格后，通知负责人及监理对电机与水泵进行验收，验收合格后进行电机与水泵基础的二次灌浆。

(4) 闸阀、管路、管件安装

闸阀、管路、管件的安装应按照设计图纸要求进行。

① 弯头、三通、异径管加工

依据部件图中相关尺寸数据，合理划线后切割；然后，依据方向及角度正确组对后焊接成一体。

② 闸阀及管路安装

安装顺序为：逆止阀→等径三通→电动闸阀→法兰短袖。在水泵上方的起重梁上挂设手拉葫芦，按逆止阀方向进行整体吊装，吊装找正后，将其与逆止阀法兰与泵体法兰利用螺栓固定；然后，依次吊装出水管电动闸阀并根据实际尺寸将泵体管路直接与环形管路焊接。

三、试运转

(1) 水泵启动前检查

① 确保电机的旋转方向与水泵同向。

② 用手转动水泵的联轴器，确保水泵的转动部分灵活。

③ 检查全部仪表、阀门是否正常。

④ 先按降压启动按钮，待一定转数后按运行按钮，达到额定转数后打开出口管上的闸阀，压力表指针应指到所需额定值。

(2) 水泵运转与停泵

① 要随时观察水泵轴承温度，最高温度不得高于 60 ℃。

② 随时观察电机电流是否在额定范围内。

③ 运转过程中如发现故障应立即停泵。

④ 水泵停泵时，应先关闭出口管路上的闸阀和进水口管路上的真空表旋塞，然后切断电机电源。

(3) 电机试运转必须符合的规定

① 滑动轴承温度不超过 70 ℃，滚动轴承温度不超过 80 ℃。

② 电机温升不超过出厂技术文件规定。

③ 电机轴承密封性必须达到转动部位不漏油、静止部位不渗油的要求。

四、安装质量标准及要求

矿井主排水设备的安装要满足《煤矿设备安装工程质量验收规范》(GB 50946—2013)的有关规定。

1. 水泵、电机安装

(1) 垫铁材料和规格应符合质量标准有关规定。

(2) 垫铁每组层不宜超过 3 块；放置平垫铁时，薄的宜放在中间。

(3) 机械设备调整完成后，每组垫铁均应压紧，用手锤逐组轻击听音检查。

(4) 安放基础螺栓应垂直。螺栓拧紧后，应露出螺母 2～4 个螺距。

(5) 在放置垫铁的部位，垫铁与基础螺栓应接触良好；灌浆时，必须捣固密实。

(6) 泵轴的窜量必须符合设计技术文件的规定。

(7) 泵轴纵向水平度小于 0.5/1 000。

(8) 泵与电机对轮连接，两轴的同轴度的径向位移不超过 0.05 mm、倾斜不超过 0.2/1 000。

(9) 泵与电机的轴线应重合，其允许偏差为 0.06 mm。泵与电机联轴器间应有 7 mm 间隙。

(10) 两联轴器外圆表面直尺间隙允许偏差为 0.08 mm。

2. 管路、管件安装

(1) 管道外壁错边量不大于 5 mm。

(2) 管路焊缝余高不大于 5 mm。

(3) 管道标高不大于 15 mm。

(4) 水平管道弯度不大于 80 mm。

(5) 立管垂直度不大于 30 mm。

(6) 法兰盘焊接座应保证法兰盘与管面垂直。

(7) 阀门安装连接应牢固、紧密，启闭灵活。

(8) 管路吊支架安装应位置正确、牢固、无歪斜。

3. 保护接地安装

(1) 接地母线应沿巷道壁敷设，用 M10 膨胀螺栓固定，距离巷道底板 200～300 mm。

(2) 机头硐室内同接地母线连接的引线采用截面不小于 25 mm^2 的裸铜线；机身巷道内的引线可采用截面不小于 50 mm^2 的耐腐蚀铁线。

(3) 接地母线与局部接地极的连接，可用镀锌螺栓和铜线鼻加防松装置连接，如图 8-2、图 8-3 所示。

(4) 机头硐室处的局部接地极，可采用镀锌钢管。钢管直径不小于 35 mm、长度不小于 1.6 m，管上至少钻 20 个直径不小于 5 mm 的透孔；垂直埋入地板，埋设于潮湿地方，外露地面 100 mm。也可用直径不小于 22 mm、长度为 1 m 的 2 根钢管制成，每根管上钻 10 个直

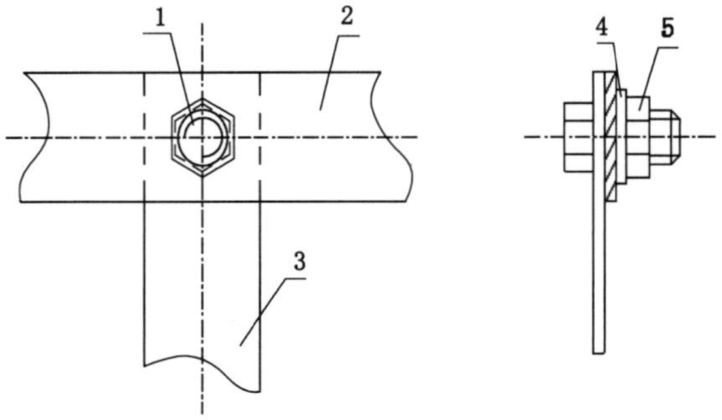

1—螺栓；2—接地母线；3—连接导线；4—弹簧垫；5—螺帽。

图 8-2　扁钢和扁钢连接示意

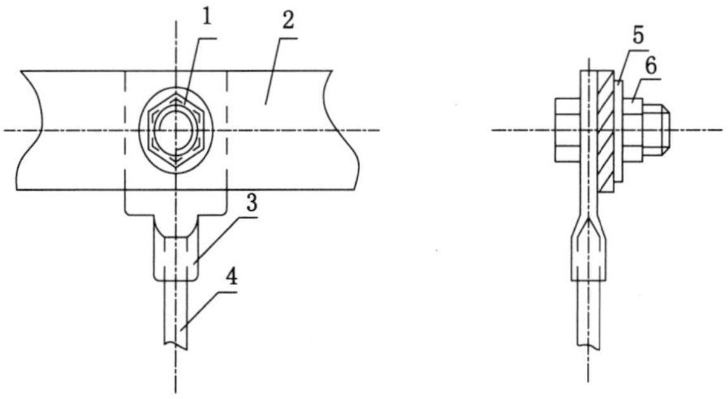

1—螺栓；2—接地母线；3—接头；4—耐腐蚀铁线；5—弹簧垫；6—螺帽。

图 8-3　耐腐蚀铁线和扁钢的连接示意

径不小于 5 mm 的透孔；2 根钢管相距不得小于 5 m，并联后垂直埋入底板，垂直埋入深度不得小于 0.75 m。露出地面部分应有防护帽，贴红色反光标。

(5) 接地极应统一编号、建立台账、挂牌管理，由专人负责定期检查和摇测；从任意一个局部接地装置处所摇测的总接地网的接地电阻不得超过 2 Ω。每季度摇测一次，并有详细记录。

4. 试运转

(1) 主排水泵试运转时间为 8 h。

(2) 主排水泵在设计负荷下连续运转 2 h 后，滚动轴承温度不高于 80 ℃。

(3) 各紧固连接部位无松动。

(4) 运转中无异常声音。

(5) 各静密封部位不泄漏。

(6) 泵的安全保护装置灵敏、可靠。

(7) 泵的径向震动应符合设备技术文件规定。

(8) 泵的压力等性能指标必须达到设备技术文件规定。

(9) 填料的温升正常，盘根处允许泄漏量为 10～20 滴/min。

(10) 电机的电流不得超过额定值。

五、安全措施

1. 入井须知

（1）所有入井人员均须戴安全帽、穿胶靴等配备劳动保护用品，并携带矿灯。禁止穿化纤衣物和携带烟火及易燃物品。

（2）施工人员要服从指挥人员统一指挥，坚守岗位，明确岗位安全责任。严禁“三违”现象发生，严禁一人单独作业而无人监护。

（3）施工场地的各种施工人员要协调配合，严禁脱岗。所有施工人员要分工明细，熟悉本岗位工作，严格按照作业规程操作。

（4）加强文明施工管理，强化组织纪律。

（5）参加施工人员要强化安全意识，增强自保安全意识，加强互保、联保安全管理。

（6）高处作业及临近井筒作业必须佩戴安全带，安全带必须系在牢固物件上。

（7）在施工地点严禁打闹说笑和大声喧哗，严禁睡觉。

（8）井下无通风时，严禁施工。

2. 施工临时用电使用注意事项

（1）施工现场临时用电安装要严格按照临时用电有关安全规定。用电设备及电源应有专人负责维护；井下用电接线严禁失爆；电气设备的金属外壳必须进行保护接地。

（2）所有的临时电气设备均要有良好的电气性能及安全性能。

（3）停送电操作要及时通知相关人员和跟班负责人，确认安全无误后，方可操作。井下严禁带电检修电气设备。

3. 设备吊装注意事项

（1）根据吊装重量，合理选择吊装索具。绳索应尽可能绕绑吊装锚索，并使其受力均衡。

（2）设备吊装前应进行试吊工作。将物体吊离地面 50 mm 时停止吊装，检查吊装绳索及顶板锚索受力情况，确认安全可靠后方可继续进行吊装。

（3）设备吊装过程中，应由专人负责对顶板锚索进行观察；发现问题，立即停止吊装，并采取有效措施进行保护处理。

4. 下料注意事项

（1）每次下料时物料要绑扎牢固，正确可靠。

（2）电动阀门装置等易震坏设备装卸时，设备之间要留有一定间隙，防止碰撞。

（3）在平板车上装设备时要放置衬垫木板。

（4）井下接料和卸料时，人员要精力集中，坚守岗位，安全接料、卸料。

（5）在大巷中人工运送物件时，要特别注意前后是否有电机车、矿车及其他障碍，要有专人负责观察，发现异常及时发出信号。

（6）推车时，在弯道及岔道、风门、硐室口处要有专人负责观察，发现异常及时发出信号。

第二节 矿井压风设备的安装

压缩空气是煤矿中的主要动力之一，矿山钻孔（凿岩）、巷道支护（喷锚）、部分运输装载等采掘运输机械都用压缩空气作为动力。为了保证煤矿生产、建设中所用的各种风动工具的正常运转，在煤矿中都按实际需要分别在工业广场、采区井口设空气压缩机房。

煤矿空气压缩机房一般安装在地面井口附近。空气压缩机（简称“空压机”）压缩的空气通过地面管道送入井下，沿井下巷道送到采掘工作面，带动风动工具进行工作。

一、空压机的分类

空压机按照工作原理分为活塞式、螺杆式、叶片式空压机；按照布置方式分为固定式和移动式空压机。活塞式空压机按气缸的布置又分为立式、卧式、角式（L 型、V 型、W 型）空压机；按压缩次数分为一级、二级、多级空压机；按冷却方式分为风冷和水冷空压机。

（1）国产矿用固定活塞式空压机多为二级、L 型、水冷，排气压力为 784.5 kPa、排气量为 20～100 m^3/min。移动活塞式空压机多为二级 V 型、W 型、风冷，排气压力为 784.5 kPa、排气量为 3～12 m^3/min。目前，我国煤矿使用固定活塞式空压机为 L 型空压机。4L 型空压机结构，如图 8-4 所示。

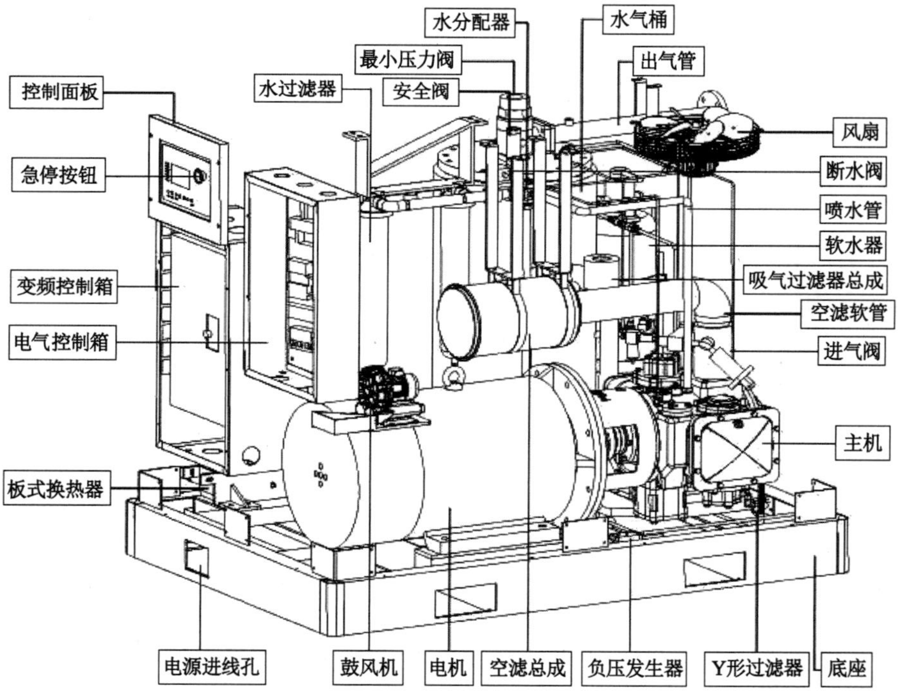

图 8-4 4L 型空压机的结构组成

4L 型空压机的结构由以下六部分组成：

① 压缩机构：由气缸、吸气阀、排气阀和活塞等部件组成。

② 传动机构：由三角皮带轮、曲轴、连杆、十字头和轴承等部件组成。

③ 润滑机构：由齿轮液压泵、注油器和滤油器等装置组成。

④ 冷却机构：由中间冷却器、气缸的冷却水套、冷却水管、后冷却器和润滑油冷却器等装置组成。

⑤ 调节机构：由减荷阀、压力调节器等部件组成。

⑥ 安全保护装置：由安全阀、油压断电器、断水开关和释压阀等组成。

(2) 螺杆空压机因安装方便、维护简单，在煤矿新建项目中就广泛采用。螺杆空压机组宜单排布置；压风机房通道的宽度应根据设备操作、拆装和运输的需要确定，净距不宜小于表 8-1、表 8-2 的规定。

表 8-1　压力小于 10 MPa 的空压机组压风机房通道净距　　单位：m

名称		空压机额定容积流量 $Q/(m^3/min)$		
		$Q<10$	$10 \leqslant Q<40$	$Q \geqslant 40$
压风机房的主要通道	单排布置	1.5		2.0
	双排布置	1.5	2.0	
空压机组之间或空压机与辅助设备之间的通道		1.0	1.5	2.0
空压机组与墙之间的通道		0.8	1.2	1.5

表 8-2　压力大于或等于 10 MPa 的空压机组机器间通道净距　　单位：m

名称		空压机额定容积流量 $Q/(m^3/min)$		
		$Q<3$	$3 \leqslant Q<6$	$Q \geqslant 6$
压风机房的主要通道	单排布置	1.5		2.0
	双排布置	1.5	2.0	
空压机组之间或空压机与辅助设备之间的通道		1.0	1.5	2.0
空压机组与墙之间的通道		1.0	1.2	1.5

二、空压机设备安装程序

空压机设备安装程序，见表 8-3。

表 8-3　空压机设备安装程序

序号	安装项目	内容
1	基础施工	空压机的地基基础，由土建施工单位按设计图纸和产品要求施工
2	地基基础检查与验收工作	1. 埋设基准标高点和固定挂线架； 2. 挂安装基准线，检查地基标高和基础螺栓孔的位置
3	垫铁布置	1. 测算垫铁厚度，按质量标准规定摆放垫铁； 2. 用水准仪配合水平尺对垫铁进行找正，并处理垫铁窝及地基上的麻面
4	设备开箱检查	1. 按装箱单和设计说明书，清点检查设备及零部件的完好情况和数量； 2. 穿地脚螺栓，并戴螺帽

表 8-3(续)

序号	安装项目	内容
5	空压机主体就位	1. 选择适用起吊工具将空压机主体放在垫铁平面上(地脚螺栓先放入孔内); 2. 穿地脚螺栓,并戴螺帽
6	空压机主体找正、找平	1. 找标高; 2. 用多台方水平尺配合,分别放在一、二级气缸壁上,找平空压机主体; 3. 利用安装基准线,找正空压机主体的横向和纵向位置
7	电机	1. 在空压机三角皮带轮和电机三角皮带轮上拉线,进行找正; 2. 找正后,将垫铁组点焊成为一体; 3. 进行二次灌浆
8	空压机机体内零部件	1. 安装传动部分零部件:曲轴、连杆、十字头; 2. 安装压气部分零部件:活塞、活塞环、气缸盖及吸、排气阀盖(吸、排气阀待负荷试运时安装); 3. 安装润滑部分零部件:齿轮泵,柱塞泵和油管
9	风包	1. 测算垫铁厚度,并将垫铁摆放在基础平面上; 2. 风包吊装就位,并进行找平、找正; 3. 二次灌浆
10	冷却水泵站	1. 测算垫铁厚度,并将垫铁摆放在基础平面上; 2. 安装单级离心水泵,找正、找平后进行二次灌浆
11	管路及附属部件	1. 安装吸风管、排风管、冷却水管、油管等; 2. 安装油压表、风压表、安全阀、压力调节装置
12	基础抹灰	用压力水清洗基础表面后,进行基础面抹灰工作
13	水压试验	对安装完毕的机体、管路、风包进行水压试验(试验压力为工作压力的 1.5 倍)
14	设备粉刷	对设备和管路粉刷,涂油漆
15	空压机试运转	1. 对空压机和水泵站进行空负荷、半负荷、全负荷试运转; 2. 对压力表、安全阀、压力调节装置进行调整
16	移交使用	1. 清扫机房; 2. 整理图纸资料; 3. 移交生产单位

三、空压机安装工艺及技术要求

1. 设备验收

(1) 依据图纸及装箱清单,在甲方、监理、制造厂家及施工单位参与下,按清单进行检查;并对箱号、数量、包装情况,设备名称、规格、型号,装箱清单、设备技术文件资料及专用工具,设备有无亏损件、表面有无损坏和锈蚀等情况做好记录。

(2) 验收合格后,交还甲方。甲方应对设备及其零部件和专用工具进行妥善保管,不得使其变形、损坏、锈蚀或丢失。

2. 基础验收

(1) 向土建施工单位(矿建单位)索取基础质量合格证书及基础沉降测量记录等。

(2) 对基础外观进行检查，不允许有裂纹、蜂窝、空洞、露筋等缺陷。

(3) 根据安装及土建图纸要求，进行放线复测，对其标高、中心线、预留孔的大小、高度进行验收。

(4) 甲方、监理、土建单位(矿建单位)和安装单位验收人员签字，确认验收记录。

3. 机身安装

(1) 机身就位后，其主轴、气缸中心线应与基础上的墨线相重合，允许偏差为 5 mm；标高应符合设计要求，允许偏差为±5 mm。

(2) 按下列要求调整机身和轴向的水平度：

中心列向水平度要在滑道前、中、后三点位置上测量；轴向水平度在机身轴承座处测量；均以两端为准，中间为参考。

① 机身的列向及轴向不水平度均不得超过 0.05 mm/m。

② 机身的列向水平度应根据各列的列向水平度综合考虑调整，在要求范围内宜高向气缸端部。

③ 轴向水平度的倾向：对于采用悬挂式或单独立轴承的电机，在要求范围内宜高向气缸端部；对于采用双独立轴承的电机，则应相反。

(3) 在吊装、找正以及拧紧地脚螺栓时，均应放上"横挡"，并将其固定螺栓拧紧；各"横挡"应编号，以免在拆装中相互装错。

(4) 在拧紧地脚螺栓时，机身的水平度及各"横挡"的松紧程度不应发生变化；否则，应松开地脚螺栓，重新调整各组垫铁。用 0.3～0.5 km 的手锤敲紧垫铁，使其无松动且受压均匀；斜楔对垫错开部分应不大于垫铁总面积的 1/4；拧紧机身与中体的连接螺栓。

(5) 主轴就位后，应在主轴径上复查轴向水平度，其允许偏差不应大于 0.01 mm/m。对机身分布在电机两侧的压缩机组，其两侧主轴与电机对中后的径向位移不应大于 0.03 mm、轴向倾斜不应大于 0.05 mm/m。

(6) 松开主轴承润滑油管接头，卸下主轴承上盖和上瓦，初步调整机身水平。将水平仪放在主轴承和滑道上，当机身和中体的水平度不超过 0.05 mm/m 时，让机身与中体完全与斜铁接触，使之均匀地承受其全部重量；然后，将地脚螺栓紧固，再重复检查其各自的水平。如果紧固前后水平的变化在 0.005 mm 范围内，认为合格，即可将斜铁用电焊点住。

4. 气缸的安装

用内径千分尺测量各气缸的圆柱度，并作详细记录，如偏差超过规定，应根据实际情况研究处理。

(1) 气缸与中体连接时，要对称均匀地拧紧连接螺栓；气缸的支撑件必须与气缸接触良好，并且受力均匀。

(2) 采用激光准直仪找正时：

① 激光发射装置在使用中，光点在 20 m 距离内的飘移值不得大于 0.10 mm/h，激光光斑应为一正圆形。

② 激光发射装置和光电接收靶，应安放牢固。

③ 激光发射装置在接通稳压电源点燃激光发射器后，如光束闪耀可调大输出电流，稳定后尽量调小，一般以 3～5 mA 为最佳。

④ 使用激光发射装置的施工现场周围 2 m 以内不得进行电焊和气焊。

⑤ 应避免振动、气流和气温等对激光光束的影响。

⑥ 调节安放在主轴承座孔的光电接收靶的中心应与主轴承座孔几何轴线重合。光电接收靶的中心与激光光束轴的偏差，不得低于《产品几何技术规范（GPS）几何公差 形状、方向、位置和跳动公差标注》（GB/T 1182—2018）规定的 9 级公差值。

⑦ 调节安放在中体滑道内的光电接收靶的中心与滑道轴线重合，而光电接收靶的中心与激光光束轴的同轴度偏差，不得低于《产品几何技术规范（GPS）几何公差 形状、方向、位置和跳动公差标注》（GB/T 1182—2018）规定的 9 级公差值，倾斜方向应与中体一致（宜高向气缸端部）。对中偏差值超过规定时，应使气缸做平行位移或刮研气缸与中体连接处止口面来调整，不得采用加扁铁或增加外力的办法强制调整；处理后的止口应保持接触均匀，接触面积应达到 60%以上。气缸安装完毕后，中体与机身、气缸与中体间均应打上定位销。

（3）在测量气缸镜面的同心度时，可随带复查填料座孔与气缸的同轴度。在同轴度倾斜的误差超过规定时，可通过拂刮气缸与缸座、缸座与中体连接的止口平面的调整来达到要求。

（4）连接气缸的螺栓拧紧时，需对称均匀进行，防止造成气缸偏斜；在气缸找正时，切勿使用强偏垫、借以外力强制定心等不正确的方法来修正。

5. 十字头和连杆安装

（1）用渗透法检查十字头上、下滑板及连杆大头瓦轴承合金的浇铸质量。油道应清洗、吹净，确保畅通。

（2）检查、刮研十字头上、下滑板背面与十字头体的接触面。要求接触均匀，接触面积达 50%以上。

（3）检查、刮研十字头上、下滑板与中体及中体滑道接触面。要求接触均匀，接触面积达 50%以上；刮研时，应边刮研边复测滑板与滑道间隙，以免刮偏。

（4）十字头滑板与滑道的间隙，在全行程的各个位置上均应符合机器技术文件的规定。

（5）用角尺及塞尺测量十字头在滑道前后两端与上、下滑道的垂直度，其值应符合机器技术文件的规定。

（6）调整十字头的中心位置。下滑道受力的十字头应将中心调到高于滑道中心线 0.03 mm；上滑道受力的十字头应将中心线调到低于滑道中心线，其值为滑道与十字头的间隙值加 0.03 mm。

（7）连接十字头与活塞杆时，应达到下列要求：

① 以法兰连接的，应检查十字头连接器的调整垫与活塞杆后端的接触是否均匀。

② 以螺纹连接的，十字头连接器端面与锁紧螺母的接触面相配研，并接触均匀。

③ 十字头和活塞连杆连接处端面与滑道的不垂直度在 100 mm 长度上不应大于 0.02 mm。

（8）连杆的定位，一般以小头瓦的轴向间隙为准，定位端的两侧轴向间隙应均匀相等。检查大头瓦的轴向间隙可用塞尺塞、也可将百分表挂于曲柄上，测杆触头靠在大头瓦的一侧端面上拨动连杆，读出的侧间隙值即为轴向间隙。

6. 活塞组件安装

为了便于推动，将活塞杆、活塞杆保护套和气缸工作表面涂上少量润滑油，并将活塞杆保护套装入活塞杆局部。借助吊车将活塞和活塞杆水平吊起对准气缸中心缓慢推进；当活塞装入气缸时，使各组活塞环的开口相互错开，直到通过填料、刮油环达到十字头连接处为止。

(1) 活塞体、活塞杆安装

制造厂出厂时，活塞体与活塞杆已按规定连接紧固成一体，现场安装时一般不需解体和重新安装。如需要解体重新组装时，连接紧固方式应采用活塞杆加热紧固法，其紧固方法按下述步骤进行：

① 旋动活塞螺母使其与活塞体接触后用扳手把紧，重复旋紧动作不少于两次；已确认螺母与活塞体全部接触贴实时，应在活塞体初始刻线对齐的螺母位置上进行标记。

② 将随机提供的电加热棒插入活塞杆端中心长孔中；通电加热使活塞受热伸长后，旋动活塞螺母，使螺母上标记的位置旋至与活塞体上的终结刻线对齐。

③ 停止加热，待活塞杆温度降至室温后，取出电加热器并将螺母翻边扣于活塞体上，紧固完成。

(2) 活塞环安装调整

① 安装活塞环时，在气缸内做漏光检查，保证活塞环在环槽中能自由转动；压紧活塞环时，环应全部沉入槽内，相邻活塞环的开口位置应相互错开。活塞环轴向间隙与活塞环开口间隙应符合压缩机各部位装配间隙的要求；活塞环和活塞环槽的侧间隙及活塞环在自由状态和工作位置的开口间隙，可按铸铁活塞环在工作位置时的间隙要求进行检查与调整，其开口间隙一般为 $0.005D$(D 为气缸直径)、侧间隙一般为 $(0.008\sim0.01)b$(b 为活塞环轴向宽度)。

② 同组各活塞环的开口位置应相互错开，并应避开气缸阀腔孔位置。活塞导向套与镜面应均匀接触，接触面积应达 60%以上；上部间隙应比下部间隙小，差值为平均间隙的 5%左右。

③ 在气缸的前、中、后三个位置上检查活塞环与气缸镜面贴合的严密度，允许间隙不大于 0.05 mm，且不得超过两处；每处弧长所对中心角不得超过 45°，并不得在活塞环开口处 30°角的范围内。

④ 在活塞进气缸安装 120°片式支承环时，支承环处于活塞正下方位置。

(3) 活塞装入

① 活塞在推入气缸前，应在活塞杆尾部套入保护套，防止安装时刮伤填料密封环。

② 活塞体与气缸镜面径向间隙应符合压缩机各部位装配间隙的要求。

(4) 活塞杆紧固

活塞杆与十字头，如采用力矩扳手紧固，则应分阶段紧固至设计要求的力矩值；如采用液压扳手紧固时，其安装程序如下：

① 将压力体、密封圈、压力活塞、锁紧螺母组装后装入活塞杆尾部，与活塞杆台肩靠紧，并将锁紧螺母退至与压力活塞平齐的位置。

② 将调整环旋入定位环上，使其径向孔对准定位环上任一螺孔，并拧入螺钉装于活塞杆尾部。

③ 将止推环(两半)装在活塞杆尾部外端，用弹簧(或卡箍)箍住。

④ 盘车使十字头移动，将活塞杆尾部引入十字头颈部内；用棒形扳手拧动调节环使定位螺母旋入十字头螺纹孔内，直至调节环与十字头颈部端面接触；然后，将锁紧螺母旋紧至

十字头颈部端面。连接过程中应防止活塞转动。

⑤ 盘动压缩机，分别用压铅法测量前后止点间隙，其数值应符合压缩机各部位装配间隙的要求。

⑥ 在前后止点间隙偏差较大时，应重新调整。旋松锁紧螺母、旋出定位螺圈、拆卸定位螺圈上螺钉，按需要的调整方向调整调节环，使其开口对准另一螺孔重新拧入螺钉；再次将定位螺圈及锁紧螺母旋紧，并测量活塞止点间隙。重复调整直至止点间隙符合规定。

⑦ 活塞前后止点间隙合格后，应退出锁紧螺母，将定位螺圈上的螺钉拆卸、涂上厌氧胶后拧入，最后旋紧锁紧螺母。

⑧ 液压紧固步骤：

第一步：将液压拉伸器拧入活塞杆尾部上紧，直至拉伸器的紧固圈与法兰面接触。

第二步：通过拉伸器上的高压接头，用棒形扳手、锤敲击拧紧锁紧螺母，直至其端面与法兰面接触，然后卸压。

第三步：1 h后，按第二步操作要求进行第二次拉伸。

第四步：1 h后，进行与第二步相同的第三次拉伸。

第五步：取下液压拉伸器，此时液压连接全部完成。

⑨ 活塞在气缸内的运行死点是压缩机安装过程中的一个重要控制关键点。死点的调整合适与否，直接影响着压缩机的运行安全。安装调整死点时，盘动转子测量活塞在气缸内的运行死点位置；同时，检测活塞杆在气缸内的跳动，确保活塞杆的跳动不超出要求偏差，最大不能超过0.064 mm。

7. 填料、刮油环安装

(1) 填料和刮油环应全部拆开清洗和检查。拆洗前，各组填料应在非工作面上打上标记，以免装错。

(2) 平填料环的密封面、填料盒的密封面，各密封面间的接触面积应不小于80%；平填料环、刮油环与活塞杆的接触面积不应小于该组环内圆周面积的70%，且应均匀分布。

(3) 刮油环组装时，刮油刃口不应倒圆，刃口方向不应装反。

(4) 填料和刮油环组装后，应检查其与活塞杆的间隙，不允许有倾斜、偏心现象。填料外环端面压紧，弹簧的初始高度应相等、弹力应均匀。

8. 电机安装

(1) 电机的底座水平度偏差应小于0.10 mm/m，相对于机身的中心位置偏差应小于0.50 mm。若电机轴承座与定子架共用一个底座，应在轴承与底座间加绝缘垫片（螺栓、定位销等也均应采取绝缘措施），以防止感应电流通过轴承破坏油膜。

(2) 在电机底座与定子架、轴承座之间应加上厚度为2～4 mm的调整垫片组，以便维修调整。

(3) 安装转子前，应仔细检查电机内部，不得有金属物件及杂物。

(4) 电机的转子与轴装配时，其配合尺寸应符合技术文件的规定。

(5) 电机轴与主轴的对中偏差：径向位移不应大于0.03 mm，轴向倾斜应不大于0.05 mm/m。

(6) 带有刚性联轴器的机组，在电机轴和主轴找正后，应对螺栓孔进行精铰加工。螺栓与螺孔采用过盈配合，可采用0.3/1 000D(D为螺栓直径)的过盈量。

(7) 电机的空气间隙偏差应小于平均间隙 5%；轴向定位应按机器技术文件的规定或机器上标定的位置，使定子与转子的磁力中心线相互对准。

(8) 同心度找正时以变速器为基准，进行变速器与电机、变速器与压缩机的轴中心找正。两机同心度的允许偏差、两轴间间距，应符合冷态找正的技术要求。压缩机联轴器用先进的激光对中仪找正，找正精度可达 1/1 000 mm。

9. 吸、排气阀安装

(1) 清洗并检查阀座与阀片贴合面的严密性。用煤油试漏时，中低压段气阀每分钟渗漏不得超过 20 滴、高压段气阀每分钟渗漏不得超过 10 滴为合格。

(2) 同一气阀的弹簧初始高度应相等、弹力应均匀，阀片和弹簧应无卡住和倾斜现象。

(3) 气阀调整装置和阀片升程，应符合机器技术文件的规定。

10. 循环油系统安装

(1) 循环油系统应按机器技术文件规定和设计要求进行安装。

(2) 循环油系统的管道、阀门、过滤器、油箱和冷却器等应用化学和机械方法进行除锈、除污、清除杂物。循环油系统的接口、接管焊口应采用氩弧焊进行底层焊接，焊口的内表面焊渣必须清除干净。

(3) 循环油系统的管道、阀门、过滤器、油箱和冷却器等清洗完毕后，应充填和涂润滑油进行保护。

(4) 齿轮油泵清洗后应检查。其间隙值应按下列要求进行检查调整：端部轴向总间隙为 0.08～0.20 mm，径向间隙为 0.10～0.25 mm。

(5) 回油管应有 3/1 000 的坡度。管道安装后，应先试压再用化学或机械方法除去管内锈蚀，水冲洗后用压缩空气吹干。

(6) 管道、阀门均应进行严密性试验和强度试验，安全阀应整定合格。

四、空压机试运转

每台空压机安装竣工前，应进行试运转。试运转前，应对设备及其附属装置进行全面检查。符合要求后，方能进行试运转。

1. 设备试运转前应具备的条件

(1) 主机及附属设备就位、找平、找正、检查及调整等安装工作全部结束，并有齐全的安装记录。

(2) 二次灌浆达到设计强度要求，基础抹面工作已结束。

(3) 与试运转有关的工艺管道及设备具备使用条件。

(4) 保温、防腐等工作已基本结束。

(5) 与试运转有关的水、气等公共工程及电气、仪表系统满足使用要求。

(6) 润滑系统应畅通，油压、油量和油温均应保持在规定范围内，无不正常现象。

(7) 安全联锁装置和调压、调速、换向等各种操纵装置，应灵活可靠，执行机构的推动力、行程和速度应符合设计要求。

2. 试运转的准备工作

(1) 在有关人员参加情况下，审查安装记录、审定试运转方案及确认试运转流程。

(2) 试运转现场应具有必要的消防设施和防护用具，设备上不利于安全操作的外露转动部位应装设安全罩。

(3) 设备的入口处装设过滤网。

(4) 各系统的阀门和机构等动作，应进行数次试验，确保正确、灵活可靠。

3. 单机试运转

(1) 单机试运转分无负荷试运转和有负荷试运转两个阶段进行。安装和试运转方案根据随机技术文件另行编定。

(2) 单机试运转前应先使驱动电机与设备转动部分脱开，进行电机试运转。先确定电机转向是否正确后，再进行 2 h 的电机试运转。

(3) 电机试运转合格后，再进行单机无负荷和有负荷的试运转。

4. 电机带压缩机空负荷试车

(1) 试车前应具备的条件

① 机组试运转有关的工艺配管完毕，并经吹扫、试压检查合格。

② 试运转有关的电气仪表、自控联锁等必须投入使用。

③ 复测同心度，连接两单机联轴器。

④ 各相关阀门按试运转要求操作到位。

(2) 启动电机进行试运转，试运转时对机组进行全面检查。

① 机组应无异常声响，震动正常。

② 电气仪表自控保护装置运行良好。

③ 附属设备工艺管道运行良好，无异常震动和泄露。

④ 电机温度符合要求，压缩机轴瓦温度及轴位移符合要求。

(3) 空压机带负荷试车

① 带负荷试车必须在空负荷试车合格后进行。

② 打开进口阀的同时要逐渐关闭排气阀。首先将排气压力调为额定压力的 1/4 运转 1 h，再调为额定压力的 1/2 运转 2 h，再调为额定压力的 3/4 运转 2 h，最后调到额定压力运行 8 h。

③ 在运行过程中，根据其性能曲线严格控制流量；同时注意各监控数值的变化情况，并每半小时做一次机组试运转记录。

(4) 正常停车

① 用手操动逐渐打开排气阀，同时逐渐关闭进口阀；最后进气阀门关小到 10°～15°，出口排气阀完全打开。

② 按下停车按钮，注意此时电动油泵不应停止。

③ 注意机组停车时间。

④ 机组停机后，应按照制造厂家技术要求进行盘车。

(5) 试运转中重点检查的项目

① 有无异常噪声、声响等现象。

② 轴承温度应符合设备的技术文件或规范规定，轴承温升不超过 40 ℃、最高温度不超过 80 ℃。

③ 其他主要部位的温度及各系统的压力、电流、电压、流量等参数是否在规定的范围内。

④ 对承体上的轴向、垂直、水平三个方向进行测量。

⑤ 检查各设备紧固部位有无松动现象。
⑥ 如有异常现象应立即停机检查、处理。
(6) 试运转结束后,应及时完成的工作
① 断开电源及其他动力来源。
② 卸掉各系统中的压力及负荷;
③ 检查各紧固部件。
④ 拆除临时管道及设施,将正式管道复位。
⑤ 整理试运转记录。
5. 空压机运转故障处理
空压机运转时常发生的故障原因和处理方法见表 8-4。

表 8-4　空压机运转时常发生的故障原因和处理方法

序号	故障类别	故障原因	处理方法
1	润滑油压力突然降低,小于 98.1 kPa	1. 曲轴箱的润滑油不足; 2. 液压表失灵; 3. 液压泵管路堵塞或调油阀失灵	1. 应立即加油; 2. 换油压表; 3. 检修管路及油阀
2	油管压力逐渐下降	1. 油管路连接部位不严密; 2. 运动机构轴衬磨损过大	1. 将螺母拧紧或加垫; 2. 检修轴衬
3	润滑油温度过高	1. 润滑油供应不足; 2. 润滑油质量不好、散热不佳; 3. 润滑油太脏增加机械磨损	1. 检查油路漏损、加油; 2. 换合格润滑油
4	气缸油路供油不良	1. 注油点止逆阀不严; 2. 注油泵给油少	1. 清洗油管及逆止阀; 2. 调整给油量
5	冷却水系统漏水	1. 管路漏水; 2. 缸垫不严	1. 检查修理管路; 2. 更换气缸垫
6	安全阀故障	1. 不能适时开启,不能打开; 2. 关闭不严	1. 清洗检修安全阀; 2. 调整弹簧
7	主轴承过热	1. 轴向配合间隙太小; 2. 供油不良	1. 调整间隙; 2. 调整供油量
8	声音不正常	1. 死点间隙不够,热膨胀后发生冲击; 2. 活塞螺母松动; 3. 缸内有水; 4. 气阀松动; 5. 掉入损坏零件碎片; 6. 连杆螺钉松动; 7. 阀片损坏	1. 调整死点间隙; 2. 拧紧; 3. 检查冷却系统严密性; 4. 拧紧气阀螺母,压紧制动圈和螺钉; 5. 清除; 6. 调整间隙、拧紧; 7. 检查及更换

表 8-4(续)

序号	故障类别	故障原因	处理方法
9	阀部件工作不正常	1. 气缸内有水冲击; 2. 弹簧疲乏; 3. 阀座变形,阀片翘曲; 4. 弹簧卡住阀片,关闭不严; 5. 结焦渣过多,影响开启	1. 检查冷却水系统的严密性; 2. 更换; 3. 研磨、更换; 4. 更换弹簧; 5. 清楚
10	填料箱不严密	1. 供油量不足磨损,回油路堵塞; 2. 密封圈磨损,活塞杆磨损; 3. 密封元件不能同活塞杆合抱	1. 调整供油量; 2. 更换; 3. 换件
11	排气量不够	1. 吸气阀温度高,进排气阀不严密; 2. 活塞环泄露; 3. 密封填料箱泄露; 4. 安全阀不严; 5. 局部不正常漏气; 6. 滤风器堵塞; 7. 压力调节机构失灵	1. 修理吸气阀; 2. 检修活塞环与槽间隙,更换活塞环; 3. 修理填料箱; 4. 修理安全阀; 5. 根据密封部位,采取密封措施; 6. 清洗; 7. 检查调节杆是否松动、压簧是否变形

第三节　矿井井口井底设备的安装

矿井井口井底设备是矿井提升的关键设备,对提升容器在井筒的安全运行起着十分重要的作用。井口设备主要包括:摇台、液动单式阻车器、液动复式阻车器、销齿推车机、液动安全门、操车液压控制系统、井口卸载装置、井口防过卷保护装置等。井底设备主要包括:井底金属支撑结构、罐笼安全承接装置、摇台、液动单式阻车器、液动复式阻车器、销齿推车机、集中液压站、操车集中控制系统及提升信号、液动安全门、井底装载设备、井底防过放缓冲装置等。

一、井口井底操车系统安装

(一)井口井底操车系统

煤矿操车系统是保证煤矿运输效率和安全的重要基础。单个矿井操车系统设备包括井口、井底两套系统设备。煤矿井底进出车操车设备安装平面、剖面图如图 8-5、图 8-6 所示。矿井操车主要安装工作量见表 8-5。

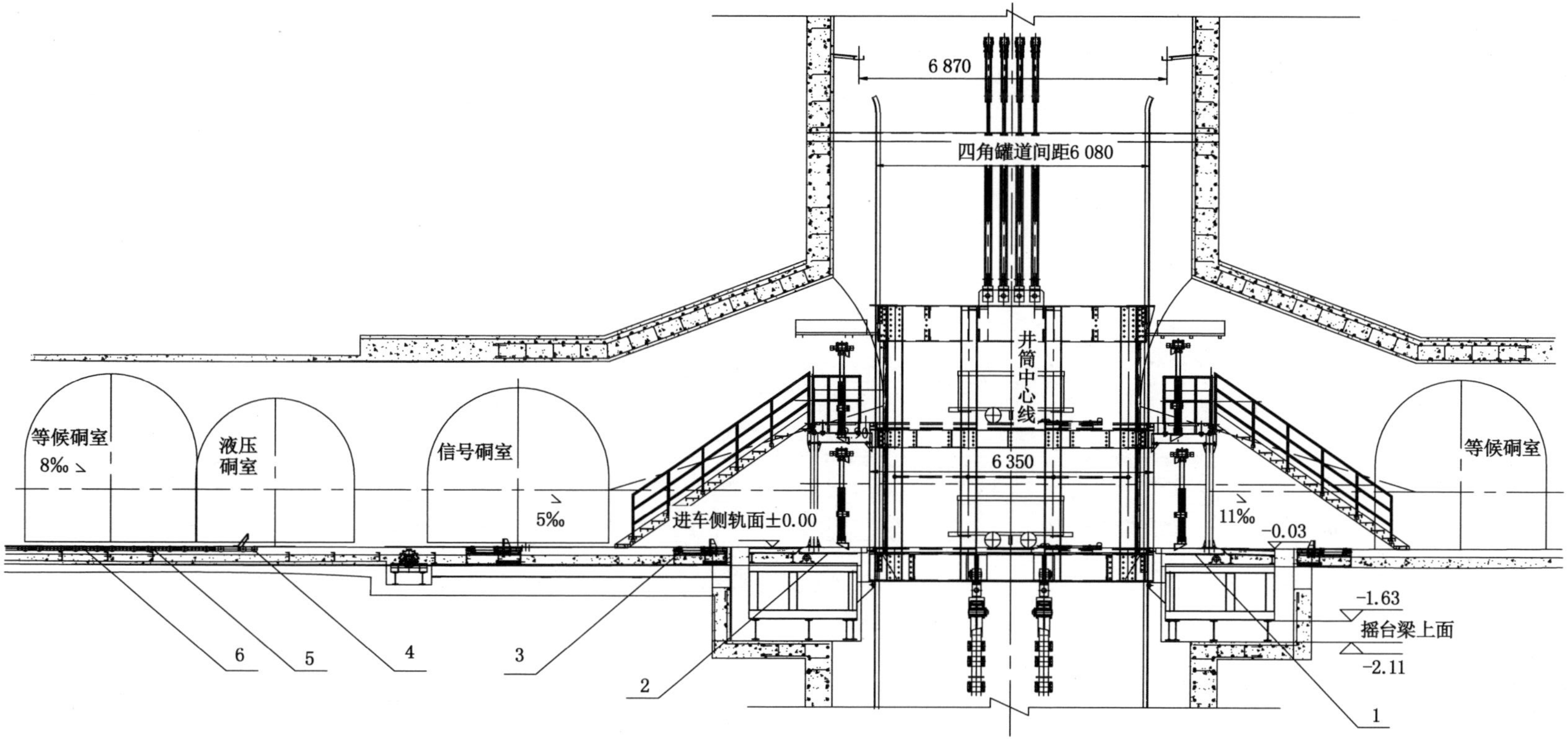

1—窄罐出车搭接摇台；2—窄罐进车搭接摇台；3—液动单式阻车器；4—推车机驱动装置；5—推车节；6—中间节。

图8-5　煤矿井底进出车操车设备安装剖面示意

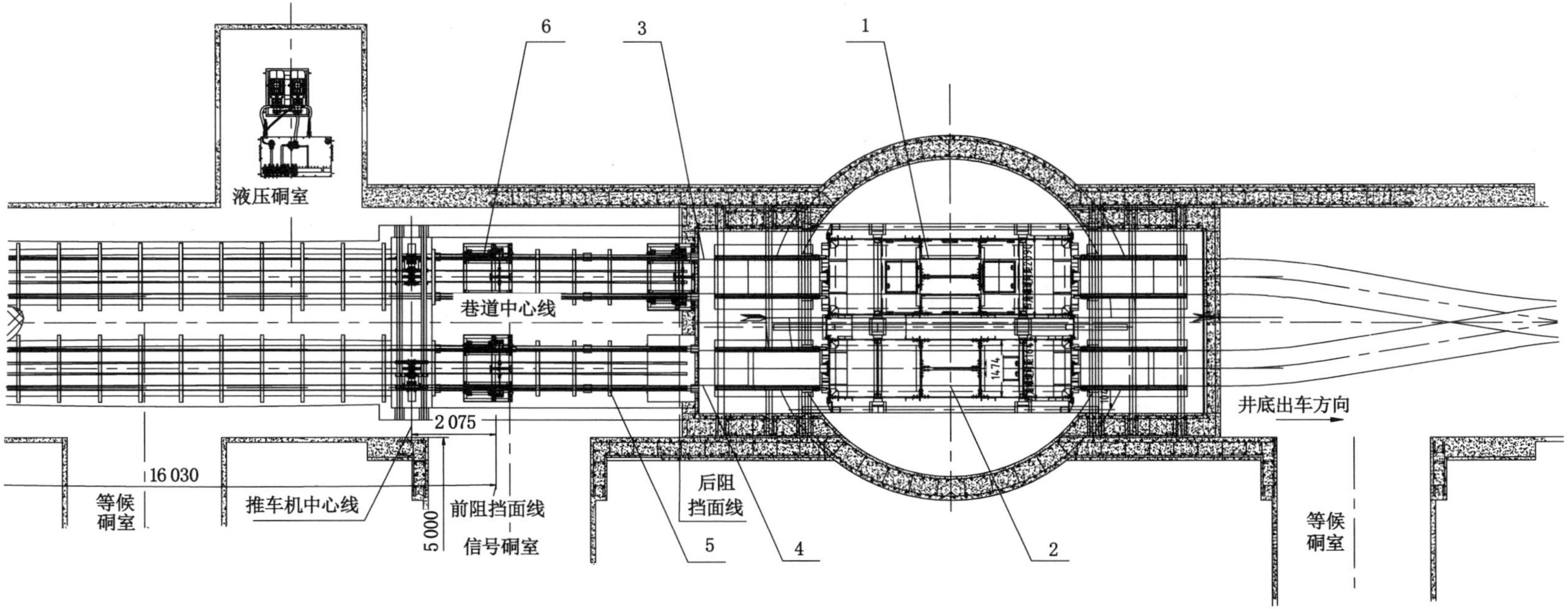

1—窄罐罐内滑道；2—宽罐罐内滑道；3—窄罐摇台前段推车机滑道；4—宽罐摇台前段推车机滑道；5—摇台后段推车机滑道；6—滑道用槽钢。

图8-6 煤矿井底进出车操车设备安装平面示意

表 8-5　矿井操车主要安装工作量

序号	名称	规格	数量	备注
1	液压单式阻车器	ZDY-6/30	8 台	
2	液动复式阻车器	ZFY-6/30	2 台	
3	液动销齿推车机	TSX-6/12	4 台	
4	锁罐摇台	ZHT-11149K01-02	2 套	
5	锁罐摇台	ZHT-11149Z01-02	2 套	
6	链式安全门	AQY-11149KD	4 套	
7	推车机滑道及支架		4 套	
8	操车集中液压站	YZC-630	2 套	
9	操车电控装置	KXJ127 矿用隔爆型兼本安型 PLC 控制箱	2 套	
10	液压管路		2 套	
11	液压扳道器	KWPY-300/400/600	2 套	

（二）安装施工前准备

安装施工前要做好施工组织措施编制、材料计划编制、加工件制作等工作。

1. 施工组织措施编制

依据施工图纸及现场的实际情况，参照有关标准及规范，编制施工组织措施，并及时上报审查及甲方审批。

2. 材料计划编制

依据施工图纸，合理编制材料计划，及时上报相关部门，安排采购。

3. 加工件制作

依据施工图纸，及时将工件加工单下达、加工。

（三）安装施工工艺

1. 施工工序

基础验收→放基准线→摇台支撑梁安装→换层摇台安装→前基础垫梁安装→前阻车器安装→推车机液压马达安装→后阻车器安装→后基础垫梁安装→推车机滑道及推车节安装→复式阻车器安装→轨道铺设及液压扳道器安装→行人平台及安全门安装→液压站及管路安装→电控系统安装→联合铺板→调试→验收、移交。

2. 基础验收

设备安装前，甲方、基础施工单位、安装单位及相关技术人员应对设备的基础进行验收，包括基础的外形尺寸、标高、十字中心线及与安装关联的尺寸等。基础外观不得有裂纹、蜂窝、空洞、露筋等缺陷，其允许偏差见表 8-6。凡与设计图纸及实物不符合的地方应及时上报有关单位处理。

表 8-6　设备安装允许偏差

项目		允许偏差/mm
纵、横中心线		±20
基础各不同平面的标高		−20
基础外形尺寸		±20
基础上平面的水平度(每米)		5
基础上平面的水平度(全长)		10
基础垂直度(每米)		5
基础垂直度(全高)		10
预埋垫板	标高	+20
	中心位置	±5
	水平度	2
预留梁窝	中心位置	±20
	深度	0～+20

3. 推车机安装施工方法

以井底推车机为例说明推车机安装方法，井口推车机安装与此类同。

(1) 放基准线

根据施工图纸和井筒十字中心线放出窄罐笼中心线、宽罐笼中心线及罐笼边缘线等。

(2) 摇台支撑梁及摇台安装

根据施工图纸和测量工具安装找正摇台支撑梁。将找正的支撑梁使用的垫铁焊牢固后，用比基础混凝土等级高一级的混凝土封堵梁窝。

(3) 阻车器安装

根据施工图安装找正前基础垫梁，垫梁的坡度为8‰，找正时注意垫梁的标高，使用电焊将垫铁与预埋钢板焊接牢固。将阻车器就位，依据所挂设的罐笼中心线及井底基准标高点进行抄平、找正。

(4) 液压马达安装

此推车机为液压马达驱动式，其核心部件为液压马达。安装时应将液压马达固定可靠，推车机滑道中心线应与液压马达及罐笼中心线一致，使用电焊将液压马达支架与预埋钢板焊接牢固。

(5) 推车机滑道和推车节安装

安装找正后基础垫梁，垫梁的坡度为8‰，找正时注意垫梁的标高，使用电焊将垫梁与预埋钢板焊接牢固，将推车机滑道放在基础垫梁相应位置，找正滑道间距，使用螺栓连接牢固，从滑道最后端将推车节、中间节、调车节等安装在滑道内，使用销轴将其连接起来。根据设计图纸尺寸安装并调整推车节的起爪装置。

(6) 轨道铺设及液压扳道器安装

将轨道放在基础垫梁相应位置,找正轨道间距,使用螺栓连接牢固。根据施工图纸安装找正液压扳道器,使用垫铁将扳道器底座和预埋钢板之间的缝隙塞实,使用电焊将垫铁焊接牢固。

(7) 安全门、液压站及油路安装

安全门安装:先将安全门支架按照设计的标高及中心位置定位好,然后将安全门吊架固定在支架上,最后安装安全门及其门下导轨支架。

液压站及油路安装:按照设计,将液压站就位,并操平找正。在液压站就位时应注意保护液压站上部的各个阀件,谨防碰坏。在进行管路安装前应将各油管用压风吹干净,管路两端封堵,敷设时不得进入任何杂物和灰尘,并在管路两端分别标示管路标号。敷设好后再用液压油冲洗一次即可将管路接入系统中。

(8) 联合铺板

当所有设备安装完毕后,即可进行联合铺板。所铺的花纹钢板应先除锈、刷防锈漆防腐;整个车场基本轨外铺设至轨面,操车装置轨道内铺设至轨底下 20～30 mm,行程开关处应留活动盖板,钢板与型钢应点焊牢固可靠。在需要检修的部位应开人孔,用活折页盖门。

4. 电气设备安装的施工方法

(1) 配电开关安装

配电开关安装在井底配电硐室内。安装前用 10# 槽钢按设计位置加工好基础。安装开关时,均用尼龙线、水准仪进行抄平、找正,使误差控制在允许范围之内。设备水平度应不大于 2/1 000。

(2) 电缆敷设

敷设电缆时,应根据电缆的大小及长度分别敷设在电缆桥架上。先敷设动力电缆,再敷设控制、信号电缆。电缆不得有绞拧、死弯现象,转弯处的电缆弯曲半径要符合规定。电缆走向的标志牌要清晰明确。

(3) 接地装置安装

接地装置均按照施工图纸要求和有关规范安装。接地线的连接点及连接点的工艺等均要严格按照《煤矿电气设备安装工程施工与验收规范》(GB 51145—2015)和相应规范要求施工,接地电阻不大于 2 Ω;各电气设备的辅助接地线全部固定至设备底座的镀锌扁铁上,然后把镀锌扁铁再引至巷道水沟中的辅助接地板上。

二、井口卸载曲轨及井口防过卷装置安装

1. 井口卸载曲轨及防过卷装置

卸载曲轨的主要作用:当箕斗运行到曲轨位置时,卸载闸门下部的卸载滚轮进入曲轨,箕斗继续向上运动,卸载滚轮按曲轨轨迹运动,将卸载闸门向后打开;卸载完毕后,箕斗向下运动,卸载滚轮按曲轨返回,将卸载闸门向前关闭。卸载曲轨安装如图 8-7 所示。

井口防过卷装置的主要作用:当绞车失控、提升容器以较高的速度过卷,过卷 0.5 m 先碰到过卷开关,则紧急断电停车;如果过卷开关失灵,提升容器再提升 1.0～1.5 m,安装在提升容器上的碰撞梁与井架防撞梁相碰撞,托管逆止器随即动作、抓捕碰撞梁,从而起到防

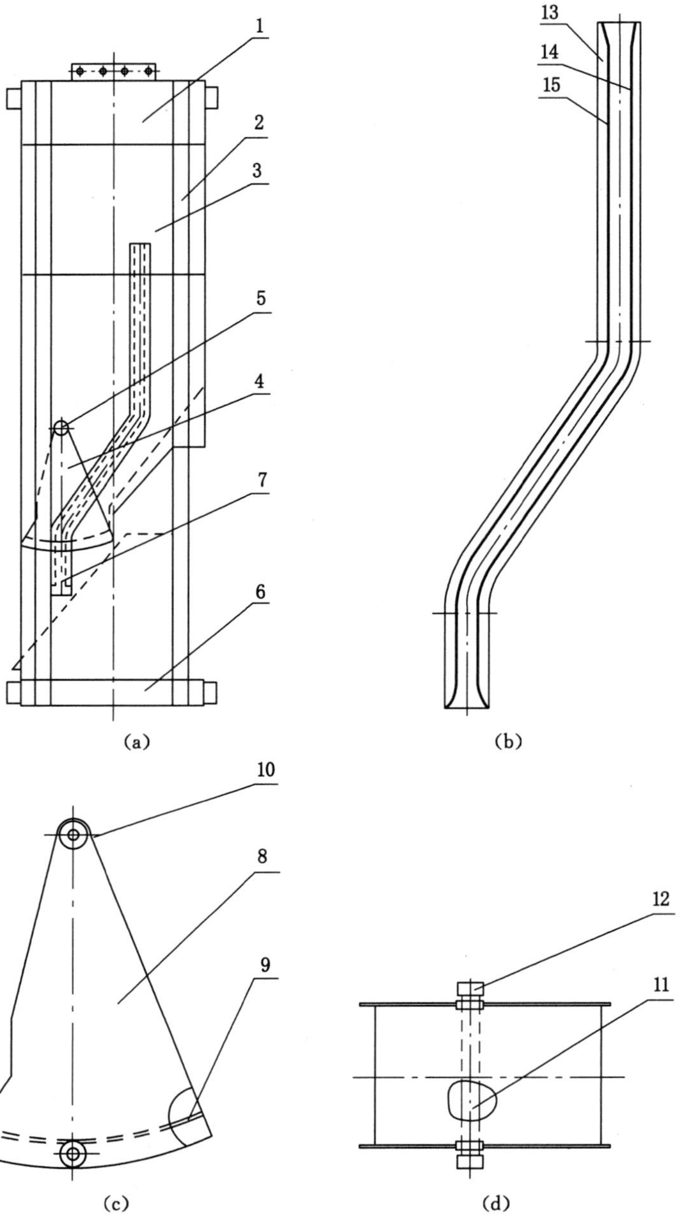

1—井架；2—立井主支撑梁；3—卸载曲轨上端；4—箕斗卸载口；5—轴；6—井架横梁；7—卸载曲轨入口；8—车厢门；9—门钩；10—销轴座；11—销轴；12—翻卸轮；13—曲轨母板；14—左曲轨；15—右曲轨。

图 8-7 煤矿井口卸载曲轨安装示意

止提升容器断绳后下落的作用。井口防过卷装置的平面如图 8-8、图 8-9 所示。

2. 安装方法

(1) 在井口布置 1 台 55 kW 调度绞车，缠绕 6×37-1770-ϕ15.5 钢丝绳 550 m。在井架天轮平台起重梁及井口板梁上分别挂设 1 台 10 t 滑车作为 55 kW 调度绞车的提升滑车。此调度绞车主要用于曲轨和过卷设备构件物料安装、起吊。

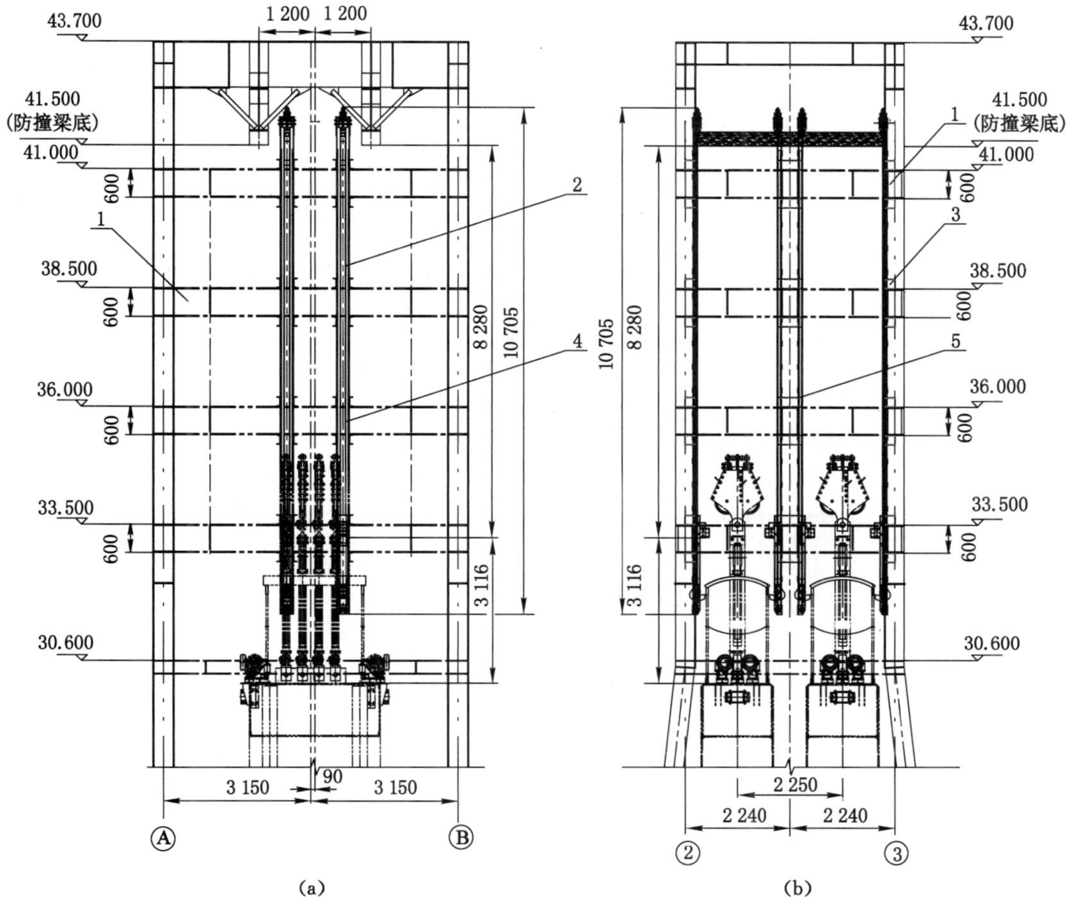

1—托罐缓冲器安装梁；2—托罐缓冲器；3—托罐装置安装梁；4—托罐装置；5—11#矿用工字钢。

图 8-8　煤矿井口防过卷装置立面示意

(2) 卸载曲轨和井口防过卷装置的安装，均利用施工完毕的永久提升系统，即利用箕斗和井口调度绞车配合安装。施工人员利用箕斗作为施工平台，利用地面调度绞车作为提升设备，对应生产厂家施工图纸结合井架固定梁的施工位置进行安装。一般情况下，卸载曲轨母板和卸载曲轨以及防过卷装置在永久井架组装时均固定在相应位置的横梁上，随后利用永久提升作为施工平台进行定位固定。

三、井底金属支撑结构安装

井底金属支撑结构一般为提升容器运行轨道的改向和固定装置，利用井筒装备施工期间的提升设备、施工平台、各种动力源等和井筒装备同步进行安装施工。煤矿井底金属支撑结构平面如图 8-10 所示。

矿井井筒装备标准段施工完毕后，利用 3 层吊盘施工井底金属支撑结构。

(1) 先进行四角罐道支撑梁安装，将 2 个方吊盘下落至施工位置，并将 2 个方吊盘调整至同一标高，利用地面两台 55 kW 调度绞车下料，将两层边钢梁下放到施工位置，吊盘第一

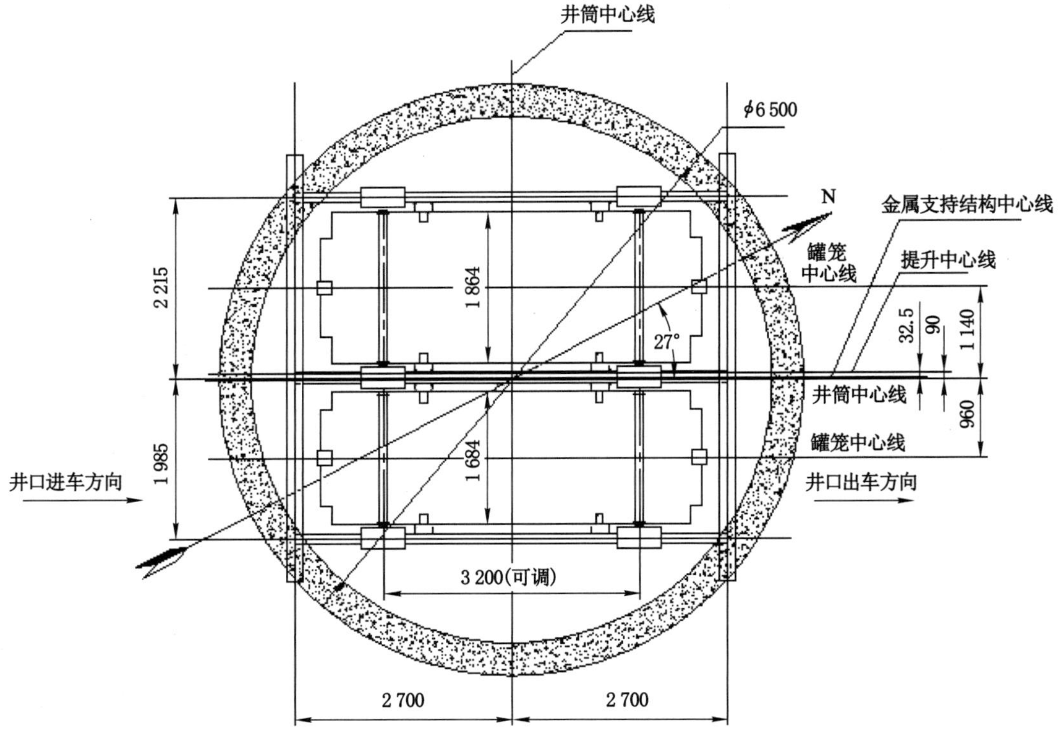

图 8-9　煤矿井口防过卷装置平面示意

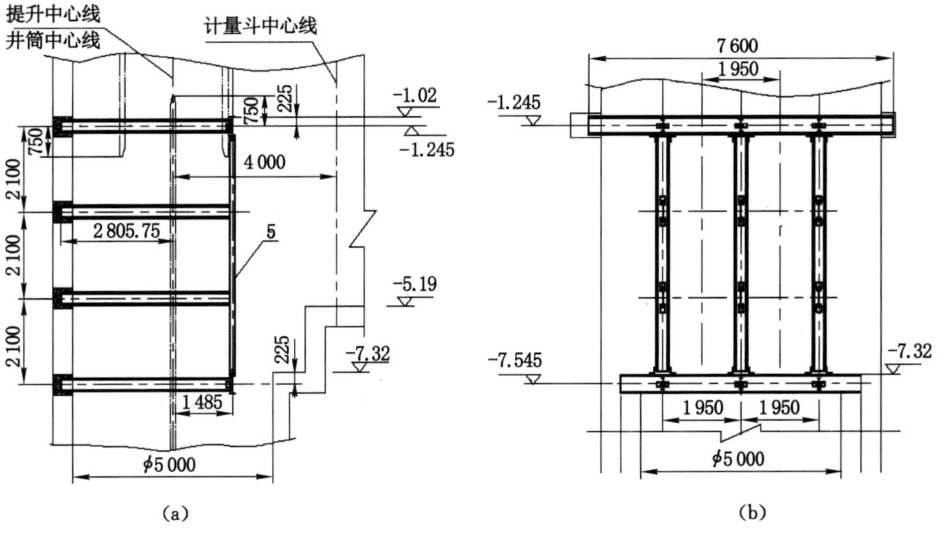

图 8-10　煤矿井底金属支撑结构平面示意

层和第三层施工人员同时将两层四角罐道支撑梁操平找正，并支护好梁窝模板；利用罐笼下放梁窝浇筑物料，对 2 层支撑梁梁窝进行浇筑。施工完毕后，将吊盘下落 10 m，安装第三层四角罐道支撑梁，第三层四角罐道支撑边梁施工方法与第一、二层四角罐道支撑梁方法相同。

(2) 将第三层吊盘落至第二层四角罐道支撑梁位置，吊盘调平稳固后，在第一层和第三层吊盘上同时进行第一层和第二层四角罐道支撑梁梁窝凿除工作；第一、二层四角罐道支撑梁梁窝开凿完毕后，将吊盘下落 10 m，在第三层吊盘上进行第三层四角罐道支撑梁及防撞梁梁窝开凿工作。

(3) 直至支撑梁安装完毕。

四、计量装载设备安装

原煤从采掘工作面转运至主井底煤仓后，由转载带式输送机将煤炭转载到计量装置进行称重计量，计量完毕后由溜槽、卸载口将煤炭卸载至提升箕斗，提升至地面。

井筒装备施工期间，装载设备已经倒运至装载硐室，计量斗已用倒链分段悬挂在吊装梁下。构件由主井井口吊装运至主井底，再用手拉葫芦将构件倒运到安装位置。

计量装载设备安装顺序如下：溜槽闸门安装→高段直溜槽安装→第一段高直溜槽安装→第二段高直溜槽安装→第三段高直溜槽安装→闸门前溜槽安装。

安装前在溜槽上部检修平台正上方挂设 8 台 2 t 手拉葫芦，依据图纸设计尺寸将溜槽闸门段找正安装完毕，与计量斗支架焊接固定牢固，然后从下至上依次安装直段溜槽，安装一段临时焊接固定一段，最后安装闸门前溜槽段。

五、井口及井底设备安装技术要求

1. 摇台安装技术要求

(1) 主轴轴心线与设计横向中心线水平距离允许偏差：±5 mm。

(2) 主轴纵向中心线与提升中心线的重合度允许偏差：±5 mm。

(3) 相邻梁梁面标高允许偏差：±5 mm。

(4) 梁的水平度允许偏差：1/1 000。

(5) 梁轴心线的水平度：1/1 000。

(6) 支撑梁埋入井壁内的深度的允许偏差：−70 mm。

(7) 摇台轨道头与罐笼轨道搭接左右摆动的允许偏差：3 mm。

2. 阻车器安装技术要求

(1) 纵向中心线与提升中心线的重合度允许偏差：3 mm。

(2) 横向中心线与井筒横向中心线距离允许偏差：±5 mm。

(3) 轨面标高允许偏差：±3 mm。

(4) 两轨面相对高低差允许偏差：2 mm。

(5) 接头处轨面的高低差和内侧错动允许偏差：1 mm。

(6) 轨道接头间隙允许偏差：3 mm。

(7) 阻车器的操作机构连接可靠，动作灵活。

(8) 阻车器的车挡(阻爪)开闭位置正确，两车挡动作协调一致。

3. 销轴式推车机安装技术要求

(1) 机体纵向中心线与设计中心线重合度允许偏差:3 mm。

(2) 机体横向中心线与井筒横向中心线的距离允许偏差:±5 mm。

(3) 机体纵向水平度允许偏差:1/1 000。

(4) 主动轴从动轴的水平度允许偏差:0.5/1 000。

(5) 推车机主动轴标高允许偏差:±3 mm。

(6) 两轨道相对高低差允许偏差:2 mm。

(7) 机头和机尾的链轮与中间架中心线的重合度允许偏差:3 mm。

(8) 轨道接头处轨面高低及内侧错动允许偏差:1 mm。

(9) 轨道接头处的间隙允许偏差:3 mm。

4. 安全门安装技术要求

(1) 安全门横向中心线与井筒横向中心线的水平距离允许偏差:3 mm。

(2) 安全门纵向中心线与井筒纵向中心线的重合度允许偏差:±3 mm。

(3) 导轨(滑轨)的标高允许偏差:±5 mm。

(4) 导轨(滑轨)侧面的垂直度允许偏差:0.5/1 000。

(5) 导轨(滑轨)的水平度允许偏差:0.5/1 000。

(6) 安全门的安装必须紧固牢靠,连接紧固件齐全。

(7) 安全门装配后,滑轮与传动机构应灵活,不得有卡死现象,调整张紧轮使链条张紧,开、关门运行正常无跳动。

5. 液压站及管路安装技术要求

(1) 油泵、阀门、油箱、油管必须清洗干净,油管排列整齐美观,接口不渗(漏)油,阀门动作灵活可靠。

(2) 管路在敷设前首先用高压空气吹干净管内杂物和水分,并将管路两端封堵,敷设时不得进入任何杂物和灰尘。

(3) 液压站在启动前应向油箱加足够、清洁的抗磨 YBN-46 液压油。启动后油液进入了管路和系统执行元件,油面会下降,油箱需再一次补油。用油必须符合出厂技术文件的规定,油液必须洁净。

6. 电气设备安装技术要求

(1) 电气开关的基础槽钢安装时,误差不能超过 2‰,外表面要刷涂防腐漆。

(2) 开关的相互距离要保持一致,保护好开关表面的油漆。

(3) 电缆敷设时要横平竖直,留有适当的弯曲半径。接线工艺要达到《煤矿电气设备安装工程施工与验收规范》(GB 51145—2015)的要求。所有电缆必须带 MA 标志,电缆挂牌要用专用的记号笔标明电缆的走向。

(4) 接地电阻值不得大于 2 Ω。

(5) 电路中的各种保护必须起作用。

(6) 送电无异常,仪表、声光、信号齐全、清晰、正确。

(7) 控制器安装调整应稳固,手柄操作灵活;操作手柄在各个不同位置时,触头分合顺序均符合设计要求;控制器的接线柱触头压力均匀,接触良好。

(8) 电机接线正确，符合设计电压要求，电机接线端子与导线端子必须连接紧密，不受外力作用；连接紧固件的锁紧装置完整齐全；电机接线盒裸露的不同相导线间和对地最小距离必须符合产品规定，否则应进行绝缘处理。

(9) 电机试运转时，滚动轴承温度不超过 80 ℃，电机温升不超过出厂技术文件或铭牌规定，电机轴承密封性必须符合转动部位不漏油、静止部位不渗油要求。

(10) 基础螺栓的安装必须符合规定。

(11) 电机的外壳必须符合规定。

(12) 控制、保护信号屏台的二次回路及各线圈绝缘电阻严禁小于 1 MΩ。电器线圈温度正常，接线头不过热。声光信号正确、清晰。

(13) 控制、保护、信号屏台的安装盘与基础型钢连接应固定牢靠，盘间接缝平整；盘面及盘后标志牌、标志框应齐全、正确、清晰。

(14) 控制、保护、信号屏台内电器及二次接线应电器完整、齐全，调整参数符合设计。二次接线正确，固定牢靠，导线与电器或端子排的连接紧密。电缆标识牌连接牢固、标识清晰。

(15) 二次接线必须与设计线路相符，连接可靠。电缆标识牌齐全，标志正确，字迹工整、清晰、不脱色。

(16) 控制电缆的型号、规格必须符合设计要求。

(17) 二次接线宜采用截面不小于 1.5 mm^2、电压不低于 500 V 的铜芯绝缘电线；连接活动部件的二次配线截面应不小于 2.5 mm^2。电子元件回路、弱电回路在满足电压降、载流量和机械强度的情况下，可采用截面不小于 0.5 mm^2、电压不低于 500 V 的铜芯绝缘电线；二次回路的配接线应有规律配置，整齐美观，导线不得有接头，每个端子接线不得超过两根，弱电导线与强电导线应分开绑扎。

(18) 接入盘、柜、台内的控制电缆芯线安装时，穿过盘、柜、台洞孔处应固定牢靠；多根电缆排列整齐，避免交叉。橡胶绝缘芯线应外套绝缘保护，铠装电缆的钢带应进入盘、柜、台内，绝缘芯线穿盘护套齐全；电缆芯线均应通过端子排与盘内电器连接，每个端子接线不得超过两根。

7. 卸载曲轨安装技术要求

(1) 卸载曲轨中心线至罐道中心线的距离允许偏差为±3 mm。

(2) 卸载曲轨槽底至提升中心线在下部端头及弯曲处的距离允许偏差为±3 mm。

8. 金属支撑结构安装技术要求

(1) 罐道梁与立柱的连接应紧固牢靠，紧固件齐全，并应符合设计要求。

(2) 对于井上下连接部分的立柱安装，其全长范围内垂直度最大偏差为 5.0 mm。

(3) 罐道梁安装允许偏差应符合《煤矿设备安装工程质量验收规范》(GB 50946—2013)的要求。

(4) 四角罐道安装允许误差应符合表 8-7 的规定。四角罐道与立柱的连接件应齐全，结合紧密牢固。

表 8-7　四角罐道安装允许误差

序号	项目	允许偏差	检验方法
1	罐道的垂直度	5 mm	施工时根据线坠垂线尺量检查，竣工后检查施工记录
2	同一提升容器两罐道面的水平间距偏差	5 mm	尺量检查(在两层梁中间处检查)
3	罐道接头错位	1 mm	拉线和尺量检查，按检查点数抽查 10%

9. 井口防过卷及井底防过放装置安装技术要求

(1) 井架上安装的提升容器过卷承托托爪的标高应符合设计要求。

(2) 托架悬挂钢丝绳的规格型号应符合设计要求。

(3) 井架上安装的同一提升容器防过卷装置的各承托爪的标高差应小于 5.0 mm。

(4) 制动钢框架组装应符合厂家技术文件要求，应牢固可靠。

(5) 阻尼制动轮及井口制动钢框架的悬吊钢丝绳连接装置安装应牢固可靠。

(6) 阻尼制动轮上钢丝绳缠绕应均匀，单层缠绕长度保证提升容器过卷或过放到位后阻尼制动轮上钢丝绳剩余不得少于 5 圈。

(7) 悬吊制动框架的钢丝绳头的卡结绳卡应与钢丝绳规格相符，每个绳头绳卡不应少于 3 个。

10. 计量装载设备安装技术要求

立井提煤箕斗装载设备安装的允许偏差见表 8-8。

表 8-8　立井提煤箕斗装载设备安装的允许偏差

<table>
<tr><th>序号</th><th colspan="2">项目</th><th>允许偏差</th><th>检验方法</th></tr>
<tr><td rowspan="2">1</td><td rowspan="2">装载设备的纵向中心线与设计中心线的重合度</td><td>计量斗及其卸载溜槽</td><td>5.0 mm</td><td rowspan="4">拉线和尺量检查</td></tr>
<tr><td>回转溜槽及其拉杆或滑道</td><td>10 mm</td></tr>
<tr><td>2</td><td colspan="2">回转溜槽和拉杆的主轴轴心线与井筒中心线的水平间距</td><td>±5.0 mm</td></tr>
<tr><td>3</td><td colspan="2">不通过式装载设备的滑道面与井筒中心线水平间距</td><td>±10 mm</td></tr>
<tr><td>4</td><td colspan="2">回转溜槽和拉杆主轴轴心线的水平度</td><td>1.0/1 000</td><td>用水平尺检查</td></tr>
<tr><td>5</td><td colspan="2">滑动面的垂直度</td><td>2.0/1 000</td><td>吊线和尺量检查</td></tr>
</table>

非工作时，计量斗卸载溜槽与箕斗突出部分的间距不应小于 40 mm，回转溜槽外缘与箕斗突出部分的间距不应小于 150 mm。

第四节　矿井架空乘人装置的安装

架空乘人装置主要用于矿井斜巷、平巷运输人员。它通过电动器带动减速器上的摩擦轮作为驱动装置，采用架空的无极循环的钢丝绳作为牵引承载。钢丝绳主要靠尾部张紧装置进行张紧，沿途依托绳轮支撑，以维持钢丝绳在托轮间的挠度和张力。抱锁器将乘人吊椅与钢丝绳连接并随之循环运行，从而实现运送人员的目的。架空乘人装置主要由驱动装置、尾轮及张紧装置、乘人部分、钢丝绳、托(压)轮部分、电控部分及综合保护装置组成。煤矿架空乘人装置运行如图 8-11 所示。

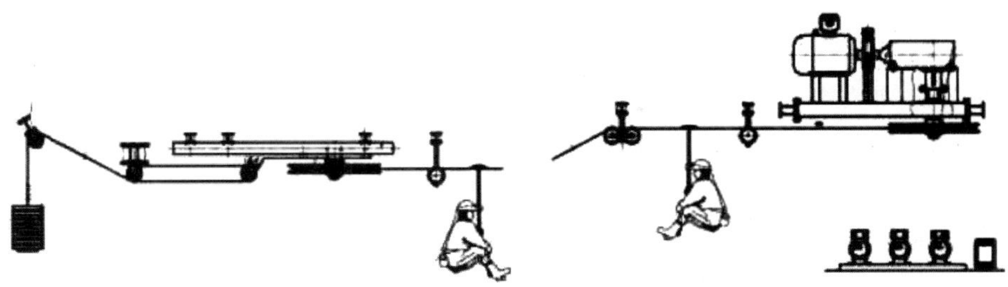

图 8-11　煤矿架空乘人装置运行示意

一、架空乘人装置分类及主要技术参数

1. 架空乘人装置的分类

(1) 按运行方式分为：双侧运行、单侧运行。

(2) 按抱索器结构分：固定抱索器、摩擦式可摘挂抱索器、卡钳式可摘挂抱索器。

(3) 按制动方式分：电液制动器制动、液压站制动。

(4) 按张紧方式分：液压张紧、重锤张紧。

(5) 按调速方式分：变频调速、直流调速、液压调速、恒速。

2. 架空乘人装置主要技术参数

架空乘人装置主要技术参数见表 8-9。

表 8-9　架空乘人装置主要技术参数

项目	RJY 型	RJHY 型	RJKY 型
抱索器	G 型固定抱索器	H 型活动抱索器	K 型可摘挂抱索器
驱动功率/kW	18.5～90.0		
最大倾角/(°)	45	16	28
最大运距/m	3 000	4 000	
运行速度/(m/s)	≤1.2	≤3	≤1.2
最大运量/(人/h)	800	1 000	
水平转弯	能		
水平转弯夹角/(°)	≥160	≥90	
水平转弯半径/m	≥8	≥6	
静态上下车	不能	能	不能
绕行头尾轮	能	不能	
吊椅摘挂	不摘	摘	
最小巷道断面尺寸/m	≥2.3×2.2		

二、架空乘人装置的组成

(1) 单轮驱动装置

单轮驱动装置既能架空又能落地安装,适用各种抱索器运行;其中G型抱索器可以绕驱动轮和尾轮运行。该驱动装置主要包括防爆主电机、防爆液力推杆制动器、轮边制动器、联轴器、硬齿面减速机、驱动轮及机架。主要特点为:结构紧凑、运行平稳、双重制动、安全可靠。齿轮采用高强度低碳合金钢经渗碳淬火而成,齿面硬度达HRC58-62;齿轮采用数控磨齿工艺,精度高,接触性好,精度达到6级;运转平稳、噪声低、体积小、重量轻;传动效率高达95%(蜗轮蜗杆为70%);使用寿命长,寿命是蜗轮蜗杆减速机的2倍以上。单轮驱动装置如图8-12所示。

图 8-12 单轮驱动装置

(2) 双轮驱动装置

双轮驱动装置一般采取落地安装,输送功率大,拖动能力强,运送距离长,适用于H型、K型抱索器运行。但不能绕驱动轮和尾轮运行。双轮驱动装置如图8-13所示。

图 8-13 双轮驱动装置

(3) 静态上、下车装置

在架空乘人装置运行不停车的状态下,静态上、下车装置能使人在静止状态中上、下车,确保人员在上、下车时的人身安全,架空乘人装置在1.2~3.0 m/s的高速状态下运行时更适用。静态上、下车装置如图8-14所示。

(4) 变坡点掉绳保护装置

图 8-14　静态上、下车装置

使用多托绳轮组(双托轮或四托轮),受力均匀,可自动调节定位,适用于不同的变坡情况。上变坡点设有掉绳保护装置(即捕绳器),一旦钢丝绳掉道发生,捕绳器捕绳后猴车自动停车,能确保人员人身安全。变坡点掉绳保护装置如图 8-15 所示。

图 8-15　变坡点掉绳保护装置

(5) 托压轮装置

适当安装托压轮装置能使钢丝绳不易掉道。轮衬具有耐压、耐油、耐磨、阻燃、防静电等性能。托压轮装置如图 8-16 所示。

图 8-16　托压轮装置

(6) 尾轮装置

尾轮装置一般采取架空安装，结构简单、运行平稳，如图 8-17 所示。

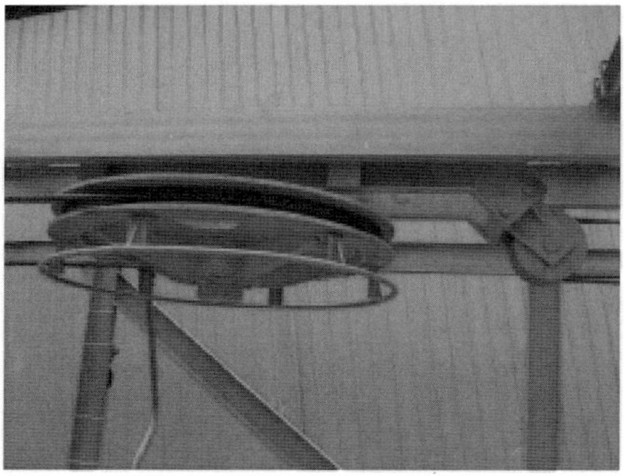

图 8-17　尾轮装置

(7) 吊椅防过摆装置

吊椅防过摆装置能减小吊椅摆动，防止吊椅过托轮时被托轮挂住，如图 8-18 所示。

图 8-18　吊椅防过摆装置

(8) 张紧收绳装置

张紧收绳装置能自由调节迂回轮和重锤位置，并根据索道的负荷，自动调节钢丝绳的拉力，确保架空乘人装置有足够的牵引力，避免索道打滑和飞车的现象发生。张紧收绳装置如图 8-19 所示。

(9) 弯道运行装置

弯道运行装置适合巷道水平转弯夹角 120°～180°单个弯道或"S"形多个弯道的架空乘人装置运行，转弯半径为 8～12 m。弯道运行装置如图 8-20 所示。

(10) 紧急停车装置

在架空乘人装置运行的沿途中，设置突发事件的紧急停车装置，以确保乘人安全。紧急停车装置如图 8-21 所示。

(11) 伤员救护装置

图 8-19　张紧收绳装置

图 8-20　弯道运行装置

图 8-21　紧急停车装置

伤员救护装置能快速地将伤员送出井外救治，如图 8-22 所示。

(12) YLBZ 电力液压轮边制动器

YLBZ 电力液压轮边制动器是以引进德国 EMG 公司全套设计与制造技术生产的 BEd 隔爆型电力液压推动器作为驱动装置的“常闭式”安全制动装置(根据需要亦可生产“常开式”)。该制动器通过制动驱动轮上的制动盘来实现架空乘人装置的安全制动，具有制动力

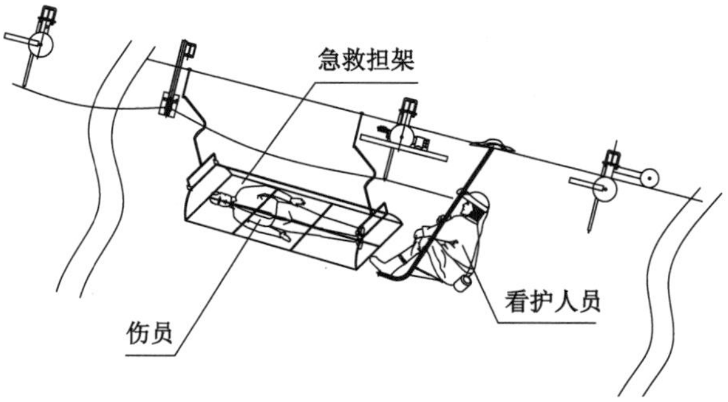

图 8-22　伤员救护装置示意图

矩大、制动平稳、安全可靠、维修方便、节能、无噪声、使用寿命长、摩擦材料性能稳定、制动衬垫更换方便等优点。另外，推动器若装上相应的铺件，能实现制动时间可调。YLBZ 电力液压轮边制动器如图 8-23 所示。

图 8-23　YLBZ 电力液压轮边制动器

(13) YLBZ 液压轮边制动器

YLBZ 液压轮边制动器通过制动驱动轮来实现架空乘人装置的安全制动。其严格按照《液压缸试验方法》(GB/T 15622—2005)设计、生产、制造。采用常闭式设计，液压站驱动施力于碟形弹簧而释放，碟形弹簧液压缸性能优良，安全可靠，结构紧凑，造型美观；设置限位开关，进行联锁保护；无石棉摩擦片，性能稳定，安装结构形式新颖独特，更换方便；制动块动作采用连杆结构，确保制动器松闸时摩擦片平面各处与车轮端面间隙均等；消除了以往松闸状态摩擦片附贴制动轮现象。YLBZ 液压轮边制动器如图 8-24 所示。

(14) 电控系统

电控系统由驱动电机的控制开关、制动油泵控制开关以及 XJ1-1.5/127 型矿用隔爆兼

图 8-24　YLBZ 液压轮边制动器

本质安全型电气控制箱、TH1-0.5/24 型矿用本质安全型电气操作台、外围传感器和信号开关等部分组成。主电控箱采用三菱/西门子 PLC，实现可编程控制，操作台配有液晶触摸屏，采用中文和模拟图形动画显示。PLC 可编程电控箱、液晶触摸屏操作台、下车语音提示箱等如图 8-25 所示。

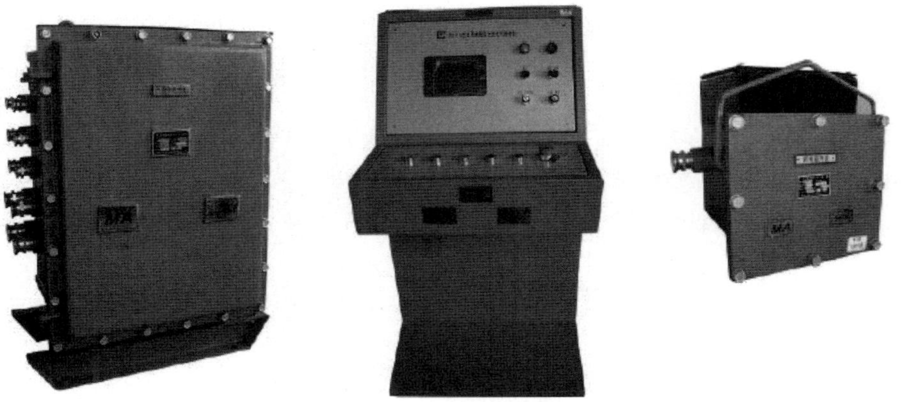

(a) PLC可编程电控箱　(b) 液晶触摸屏操作台　(c) 下车语音提示箱

图 8-25　电控系统相关设备

三、架空乘人装置安装准备工作

架空乘人装置安装进场前，要仔细阅读施工图纸及产品使用说明书，会审施工图纸，勘察施工现场；编制架空乘人装置安装的施工安全技术措施，组织施工人员，并对施工人员进行技术交底。

1. 施工器具、设备、材料准备

(1) 主要设备：手拉葫芦、千斤顶、电焊机、磨光机、切割机、汽车起重机等。

(2) 测量工具：水准仪、水平仪、框式水平仪、游标卡尺、斜塞尺、钢板尺、卷尺、百分表、线坠等。

(3) 仪器仪表:绝缘摇表、万用表、兆欧表、百分表等。

(4) 主要施工材料:铁楔子、紫铜皮、氧气、乙炔、电焊条、铜焊条、煤油、润滑油、钢丝绳、棉纱、方木、木板、大石子、黄沙、水泥等。

(5) 其他:铁锤、撬杠、扳手、手钳、剁斧等钳工工具,剥线钳、验电器、放电器、刀子等电工工具。

(6) 对所有施工工具、设备做到认真检查,不合格的严禁使用。

(7) 施工现场使用的电源、水源、风源,应给予指定地点,由专人负责。

(8) 临时使用的非标工具或运输工具,需提前进行加工。

2. 技术准备

(1) 进行测量布点工作,根据给出的基准点及施工图纸绘出架空乘人装置的安装中心线标高及腰线。

(2) 根据施工图纸及安装基准线尺寸检查是否与设备安装基础尺寸相符;如果不符要及时报知建设单位处理解决。

四、主要施工工序及施工方法

架空乘人装置安装施工工序:测量放线→托轮横梁加工→设备及构件运输→托轮横梁安装→驱动装置、迂回装置的横梁安装→驱动装置与迂回装置安装→托绳轮/压绳轮、钢丝绳、重锤安装→钢丝绳放绳、插接及张紧→电控系统安装→试运转(单机、空负荷、带绳、乘人)。

1. 测量放线

(1) 根据给出的基准点及施工图纸,绘出架空乘人装置的安装中心线标高及腰线,并对给出的中心线及腰线进行复核,复核无误后再进行安装。

(2) 根据图纸尺寸标出横梁锚杆孔位置,标出机头及机尾驱动装置基础孔。

2. 托轮横梁加工

(1) 先将横梁起吊至轨道上,保持横梁不接触地面;然后摘掉天车钩头,按井下测量的尺寸进行截取。

(2) 横梁表面采用手工除锈,除锈等级符合《钢结构工程施工质量验收标准》(GB 50205—2020)。施工环境相对湿度不应大于85%。经除锈后的工件要用砂轮打磨,除去工件表面所有焊瘤、飞溅以及火焰矫正部位的硬化层,才能进行下道工序。除锈合格后的钢材表面,如在涂底漆前已返锈,需重新除锈。

(3) 除锈完毕后再将横梁吊到轨道上进行刷漆防腐,各刷两遍环氧富锌底漆、面漆。刷漆前将需涂装部位的铁锈、焊缝药皮、焊接飞溅物、油污、尘土等杂物清理干净。钢材除锈经检查合格后,在表面涂完第一道底漆,一般在除锈完成24 h内涂完底漆。

(4) 油漆应按设计要求配套使用,第二遍底漆干燥后,再进行面漆的涂刷,保证涂层厚度达到设计要求。油漆在涂刷过程中应均匀,不挂流。调和油漆时,要控制油漆的黏度、稠度;兑制时要充分搅拌,使油漆色泽、黏度均匀一致。

(5) 表面涂装施工时和施工后,对涂装过的工件进行保护,防止飞扬尘土和其他杂物。涂装后要进行检查、处理,涂层应颜色一致、色泽鲜明光亮,不起皱皮、不起疙瘩。

(6) 待第一遍干燥后,再刷第二遍;第二遍涂刷方向与第一遍涂刷方向垂直,便于漆膜厚度均匀一致。涂刷完毕后，在构件上按梁号编号标注。

(7) 横梁的加工、除锈和防腐可同步进行。待所有横梁加工、除锈、防腐完毕并干燥后，将横梁摆放整齐待入井安装。

3. 设备及构件运输

(1) 将托轮横梁装入花架车(或胶轮平板车)，利用手拉葫芦及钢丝绳扣绑扎牢固(每10根利用铁丝绑扎为一捆，并穿设绳扣，每车4捆)，入井运输至立井(斜井)井底，利用井底运输设备将花架车拉运至安装架空乘人装置巷道。如巷道底部有轨道则将矿车拉运至巷道底部，在巷道顶部锚杆(盘)处挂设手拉葫芦，卸掉花架车(或胶轮平板车)上的一捆工字钢，将剩余工字钢绑扎牢固后，沿上山轨道将花架车上提50 m，利用同样方法逐捆将工字钢卸车完毕。然后，依靠人力搬运将工字钢按照安装位置散开。如巷道底部无轨道则将矿车拉运至机头部位，人力向下逐根拖拽横梁至安装位置，期间需做好防滑措施。机身部件(如托绳轮等)也需装矿车进行人力搬运散料。

(2) 将机头设备及电控设备装入平板车上，利用8# 铁丝将设备与平板车可靠连接后，运输至安装巷道口。

(3) 将机尾设备装入矿方平板车上，用1 t手拉葫芦及钢丝绳扣将设备与平板车锁紧，运至机尾位置，利用手拉葫芦将设备摆至空闲位置，并放置牢固。

(4) 机头、机尾工字钢梁一般较长，如副井提升容器过小，无法装入立井罐笼，并且现场明斜井下料不便，可利用副井井口布置的40 kW及以上调度绞车进行下料。施工人员在副井井架标高+8 m处敷设5 t滑轮一台，在副井井架底部敷设3 t导向滑轮一台；将工字钢两端中部位置割孔，在上端安装5 t卸扣穿设6×37-$\phi15.5$ mm钢丝绳扣，利用40 kW调度绞车将工字钢吊起稳好后，下放至副井井底(每次一根)。由副井井底施工人员利用下井口布设的25 kW调度绞车钢丝绳牵引，利用卡环与工字钢下端相连接，并将调度绞车张紧；通知井口调度绞车慢落，井下调度绞车张紧，将工字钢拉出井筒。利用同样方法将多根工字钢依次拉出，并放置于平板车上，利用手拉葫芦及钢丝绳扣将其固定牢固，运至巷道安装位置并卸车。

(5) 将托绳轮、压绳轮装入矿车，利用副井罐笼运至井底。施工人员将矿车推至上山巷道巷道口，利用调度绞车进行下料。施工人员携带对讲机作为联络信号，矿车每行走8 m，停止一次，直至将托绳轮、压绳轮散料完毕。

4. 托轮横梁安装

(1) 托轮的横梁安装全部采用架空式横梁安装。单托轮、托压轮可采用11# 矿用工字钢作横梁，双轮托压轮必须采用11# 矿用工字钢作横梁，横梁的底面与底板平行。安装钢梁时，以巷道腰线为基准线，根据设计高度和设计间距确定横梁的安装位置，中线垂直、腰线平行。

(2) 具体安装方式须根据巷道实际情况确定，如图8-26所示。但无论采用何种方式，安装必须保证横梁底面与巷道底面、巷道腰线平行，横梁的长度方向必须水平且与安装中心线垂直，并划出中线标志。

(3) 若巷道允许使用焊机，则将横梁与描杆(支撑座)之间焊牢。

(4) 机头机尾横梁标高尺寸偏差不大于±10 mm。

(5) 托轮横梁标高尺寸偏差不大于±15 mm。

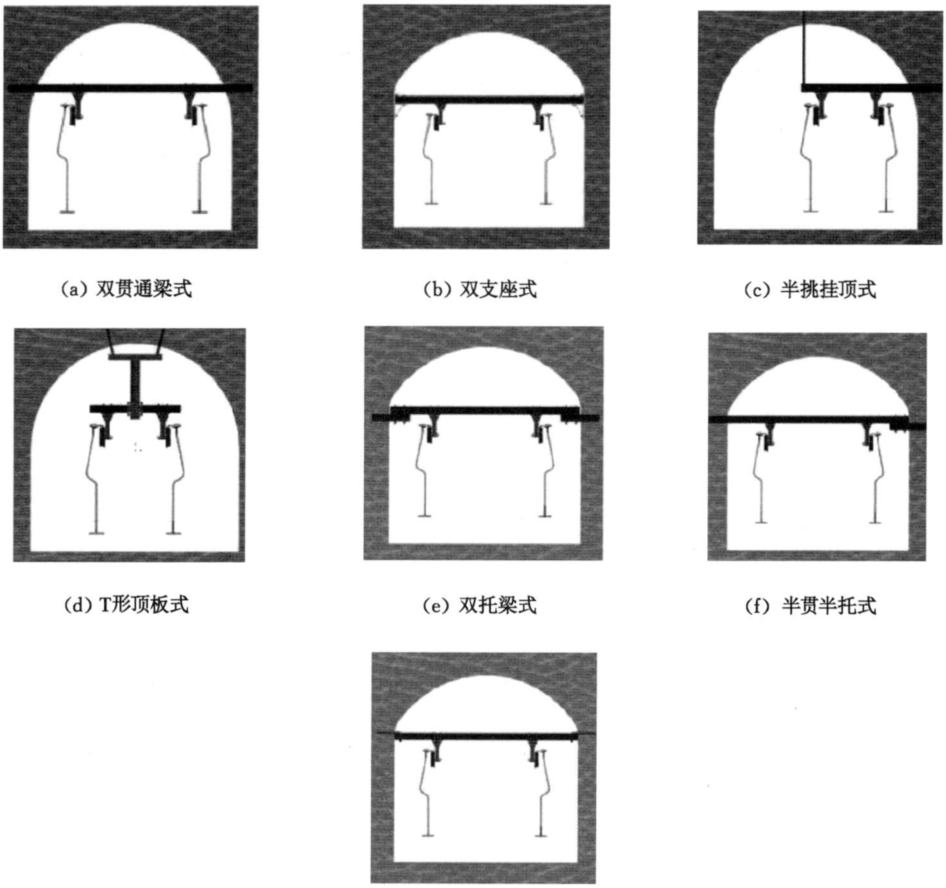

(a) 双贯通梁式　(b) 双支座式　(c) 半挑挂顶式

(d) T形顶板式　(e) 双托梁式　(f) 半贯半托式

(g) U形锚杆式

图 8-26　托轮横梁安装方式

(6) 全部横梁水平度为 3/1 000。

(7) 工字钢在巷道截面图上应水平于底板，在巷道侧视图上应垂直于巷道面。常见的工字钢梁安装不合理的状态如图 8-27 所示。

(8) 托轮中间梁采用扣挖梁窝方式固定。根据事先画好的梁窝位置，人力使用风镐、配合人字梯进行扣挖；待梁窝扣挖完毕后，利用 1 t 手拉葫芦及巷道内原有的软硬楔（一种可重复多地点安装使用的吊装器具）将梁吊起，利用钢砖（密度较大的耐火砖）将梁找平。机身安装横梁时，以巷道腰线为基准线，根据设计高度和设计间距确定横梁的安装位置（一般横梁下平面距底板 2 900 mm）。横梁底面与巷道腰线平行，横梁的长度方向必须水平且与安装中心线垂直。如无吊装点时可利用加工的马凳作为安装横梁的施工平台，施工所用平台必须由人监护，防止意外发生。斜巷断面发生明显变坡时，横梁底部距离轨道的间距根据现场实际情况确定。利用该施工方法依次将横梁安装完毕。

(9) 托轮中间梁采用安装短梁座方式固定。首先采用从上往下依次安装托座，待托座安装完毕后，依次量取每根托梁的长度。然后由地面工厂统一加工托梁，托座全部安装完毕后再从下往上依次安装托梁。安装横梁时，施工人员将梁一端托起后，放置于人字梯上；施工人员站立于人字梯上，将一端的锚杆与托板固定，将横梁一端先放置于托板上，另一端

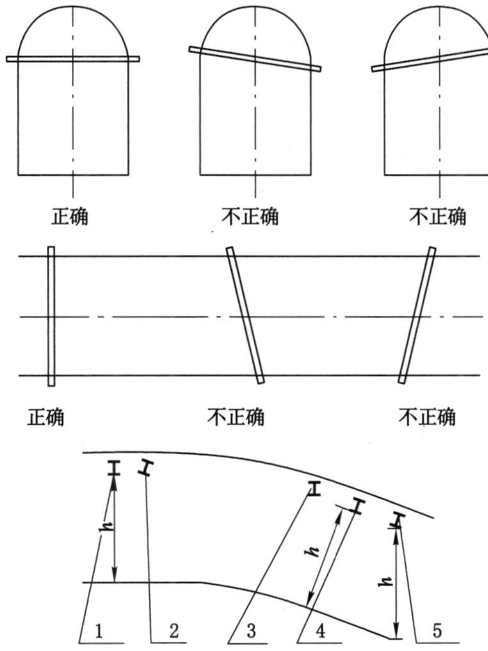

说明：正确的方式为 1，2、3、4 均为错误的安装方式，5 为高度测量方式错误。

图 8-27　常见的工字钢梁安装不合理状态

放置于人字梯上，然后将另外一端放置于托板上；待中间横梁全部安装完毕后，对横梁进行检查、校核并粘贴反光序号标志；检查无误后，将横梁与托板焊接。

5. 驱动装置、迂回装置的横梁安装

(1) 驱动装置一般由两根横梁固定，在任何情况下，两根横梁底面必须平行于巷道底面(或腰线)，横梁的长度方向一定要在水平面内，且与安装中心线垂直。在水平巷安装时，两根横梁底面必须在同一水平面内；在斜巷上安装时，两根横梁底面必须在与腰线平行的同一平面内。

(2) 若驱动装置为落地安装方式，则必须按照设计图做好设备基础；基础中心线与乘人装置安装中心线必须一致。

(3) 迂回装置一般由三根横梁构成，根据图纸中尺寸安装。

(4) 如果机头、机尾上方空间足够，可在机头上方与横梁平行方向预装两根工字钢(比横梁宽)以便于机头、机尾的吊装，也方便后续的维修。

(5) 驱动装置、迂回装置横梁需按设计图中的高度和间距在巷道侧壁用红漆标识位置，掏梁窝时保证每端埋入坚硬岩石壁的横梁长度不小于 600 mm。横梁埋入后，钢梁底面与轨面平行，固定前按高度和间距要求进行检查，满足要求后固定横梁。在顶板上两根横梁中心对称线的上方打两组起吊锚杆，一组在减速机的正上方，另一组距离 1 m；锚杆露头处用于固定挂鼻或滑轮，如顶板高度达到要求时，挂设吊装鼻用于直接悬挂手拉葫芦来起吊。起吊后，机头部分用驱动部安装夹板及长螺栓固定于驱动部横梁上，调整至驱动部中线与架空乘人装置中心线重合；紧固前用垫板调整夹板与横梁之间的缝隙，使驱动部的平直度不大于 1/1 000，以免机头横梁的不直度和两根横梁的平行度误差影响机头部分。沿横梁调整机头的左右位置，使驱动轮中心线与设备总图中的乘人装置中心线重合。

6. 驱动装置安装

(1) 机头驱动设备操平、找正时严格按驱动轮→减速机→电机的顺序进行。

(2) 核对减速机、电机、工作制动器型号是否与图纸要求相符。

(3) 施工人员利用爬梯在巷道顶部挂设 2 台 2 t 手拉葫芦，使用 ϕ15.5 mm 钢丝绳扣将驱动轮吊起。在工字钢横梁上临时敷设木板，作为施工平台。将驱动轮吊至安装位置后，穿设螺栓将其固定；在驱动装置底板减速机输出轴位置画上中心线。在安装时，将底板上的中心线与横梁中心线对齐；根据图纸安装尺寸、标高及巷道十字中心线使用垫铁、手拉葫芦、千斤顶进行操平、找正并穿上螺栓，调整永久垫铁。减速器与主驱动轮之间联轴节端面间隙用卷尺及塞尺检查，利用百分表检查径向位移及倾斜，待各项参数均符合质量标准后，经矿方工程检查合格后将螺栓紧固。

(4) 利用爬梯在巷道顶部一侧挂设 2 台 2 t 手拉葫芦，将减速机吊起，高于施工平台 800 mm 后，在另一侧挂设 2 t 手拉葫芦与减速机连接。在 2 台 2 t 手拉葫芦下落的同时，另一侧的 2 t 手拉葫芦上提，将减速机吊至安装位置。

(5) 电机吊装方法与减速机相同。

7. 迂回装置(机尾)安装

(1) 在导轨安装时先确认迂回轮架上两对滚轮的最大间距，再将一根导轨固定在横梁上。固定位置为导轨内侧表面到安装中心线的距离(作为滚轮间的最大间距)的一半加上约 2 mm 的滑动间隙(取两端和中间多点测定)，将另一根导轨安放在横梁上，要求离中心线的距离比另一根远一点，以不妨碍吊装迂回轮为准且不固定。

(2) 两侧导轨安装的中心线直线度不大于 1/1 000，两中心线相对于架空乘人装置中心线的平行度不大于 0.5/1 000，两中心线的高度差为 3 mm。

(3) 利用原巷道上方预布设的梁，挂好两套吊装用的手拉葫芦。将迂回装置吊起，移动另一根未固定的导轨；将滚轮放入导轨内调整好间隙后，再将两根导轨与横梁用螺栓紧固。迂回装置中的滚轮在轨道内要滚动灵活。

8. 安装张紧小车、滑轮组和重锤及单滑轮

(1) 张紧部分由重锤、滑轮组、蜗轮卷绳筒组成。滑轮组的扩力作用减少了重锤的重量，具有体积小、调整方便等特点。张紧绳两个绳头的一端用于吊挂重锤组，另一端卷入蜗轮卷绳筒；主钢丝绳伸长重锤高度不足时，可摇动卷绳装置直接把重锤提起。张紧部分采用架空式安装，在机尾张紧硐室内横担一短 11# 矿用工字钢梁来悬挂重锤。张紧横梁为两根 11# 矿用工字钢并焊，下面与轨面平行，张紧梁埋入巷道壁内不小于 600 mm。两根梁固定后安装改向滑轮组、蜗轮滚筒、悬吊滑轮。张紧钢丝绳为直径 18 mm 的 6×19 钢丝绳，一端连接重锤吊架，然后绕过悬吊滑轮、改向滑轮组和机尾部分的改向滑轮组，回到蜗轮滚筒上固定钢丝绳另一端。

(2) 按设计图要求安装好滑轮组、单滑轮。张紧钢丝绳头与张紧小车滚筒固定可靠，滚筒定位插销必须插牢。

9. 托绳轮/压绳轮、牵引钢丝绳、机尾张紧重锤安装

(1) 托绳轮/压绳轮安装

① 托轮有标准单托轮、托压轮和双轮托压轮三种。标准单托轮用于直线段钢丝绳托

绳，托压轮用于小于5°的小变坡点，双轮托压轮用于5°～12°的巷道变坡点，如变坡角度大于此值，则用两排或三排双轮托压轮实现最大30°的巷道变坡角度。

② 横梁安装、找正完毕后，在横梁上挂设1 t手拉葫芦，将托绳轮吊起，施工人员站在人字梯或马凳上，依次将托绳轮安装就位。安装托轮与吊架组件时，应将横梁上的安装中心线标记至托轮轮衬中心线，其距离为钢丝绳间距的一半，并使托绳轮轮槽圆周面与横梁垂直；托轮固定后，两端面必须在竖起平面内，并确保安装后的钢丝绳在托轮轮槽中心。

托轮横梁采用托梁固定的方式，如图8-28所示。

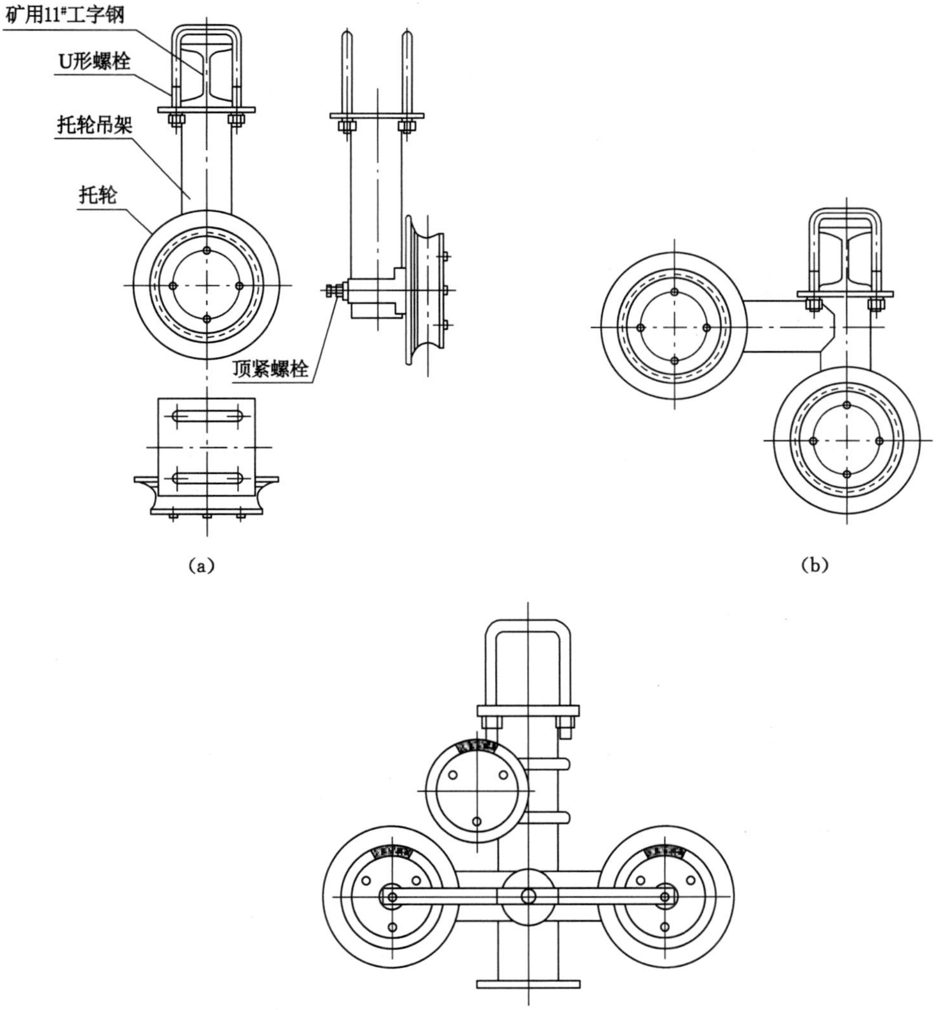

图8-28　托轮横梁固定方式

③ 托压轮、双轮托压轮横梁的中心线与乘人装置中心线应保证垂直，用U形螺栓吊挂各托轮。左右粗调各托轮位置，使托轮轮槽中心位于设备总图中左右钢丝绳中心线上，误差不大于±5 mm；左右精确调整托压轮和双轮托压轮位置，以满足设备总图中钢丝绳间距要求。

④ 压绳轮(变坡点除外)轮槽表面只接触钢丝绳即可,不需要压紧钢丝绳;钢丝绳通过托压时,钢丝绳必须从托压轮轮衬轮槽中心线通过。直线段钢丝绳从头到尾必须为直线,不能有人为弯曲变坡现象。将钢丝绳架上并空运行 24 h 后,检查各托绳轮是否位于轮槽中心。

⑤ 变坡点托压轮,必须调整托压绳轮各轮安装高差,使钢丝绳通过变坡点成弧线,而不能为折线。

⑥ 变坡点与驱动轮出绳处的有效距离不小于 6 m。

(2) 各轮安装精度

① 安装后在同侧的所有托绳轮和压绳轮,其钢丝绳与托轮和压轮槽中心线应重合,并应在同一竖直平面内,其偏差不大于 2 mm。

② 安装后在内侧的所有托绳轮和压绳轮,各轮槽顶面高差不应大于 2 mm。

③ 所有托压轮轴均需保证处于水平状态,否则会造成钢丝绳向轮体内侧或外侧掉落而损坏架空乘人装置或发生人身伤害事故。

(3) 安装转弯装置

① 依据转弯装置横梁安装图检查转弯装置横梁的安装是否符合设计要求,对于不符合要求的必须整改。

② 在横梁上做好安装中心线的标记。

③ 安装吊架及转弯轮固定板。

④ 安装转弯轮及双压绳轮。

10. 钢丝绳放绳、插接及张紧

(1) 钢丝绳放绳

① 钢丝绳敷设方案应根据现场实际情况确定,利用平板车及液压绞车将钢丝绳运至巷道机尾后,利用放线架将钢丝绳架起。

② 在液压绞车提升绳上挂设矿车,将矿车下放到机尾位置,利用 6×37-ϕ15.5 mm 钢丝绳扣及绳卡将乘人装置钢丝绳挂设在矿车上,利用液压绞车将乘人装置钢丝绳提至机头位置。在敷设钢丝绳过程中,液压绞车速度保持在 0.5 m/s,将乘人装置钢丝绳拉至超出驱动轮位置 10 m。在机头驱动位置,利用 ϕ15 mm 钢丝绳扣及绳卡将乘人装置钢丝绳锁紧。拆除乘人装置钢丝绳与矿车连接,在机头驱动位置挂设 5 t 滑轮一台,将乘人装置钢丝绳头穿过滑轮。液压绞车钢丝绳下方至机头位置,将乘人装置钢丝绳及矿车相连接。

③ 放钢丝绳时,不得让钢丝绳发生扭曲变形,不能让钢丝绳呈螺旋状扭转,否则,钢丝绳将会在运行时产生自旋现象,并无法消除。先将整卷钢丝绳平放在能旋转的支架上,然后将绳头固定在上端机头/机尾的横梁上,拉着钢丝绳中部渐渐往下接至下端机尾/机头,整个过程必须利用钢丝绳滚筒的旋转来放绳。在斜巷往下放绳时,一定要给钢丝绳滚筒加装可靠的制动装置,以防止钢丝绳滚筒旋转过快而使钢丝绳扭曲变形,从而发生架空乘人装置损坏或人身安全伤害。

④ 在机头施工的同时,剩余施工人员在巷道中,每隔 100 m 在横梁上挂设 3 t 滑轮一台,将已敷设好的乘人装置钢丝绳挂设在滑轮上。挂设完毕后,拆除机头乘人装置钢丝绳锁紧装置。

⑤ 利用液压绞车及矿车将乘人装置钢丝绳下放至机尾位置后 30 m 位置停止下放。在

机尾位置将乘人装置钢丝绳两端分别锁紧，拆除乘人装置钢丝绳与矿车连接装置。利用同样的方法将敷设好的钢丝绳挂设在滑轮上，将矿车提至巷道口。

(2) 插接钢丝绳

① 对乘人装置钢丝绳进行编接。钢丝绳的接头编接长度为钢丝绳直径的 1 000 倍，编接长度 25 m；编接后的接头一般为不变径接头，接头的绳径不大于原直径的 10%。

② 插接前必须用葫芦将钢丝绳预张拉，确定钢丝绳实际所需长度。将尾轮置于导轨的最前端，在机头处将钢丝绳的一端固定，另一端用手拉葫芦固定，再用葫芦收绳至拉紧状态，然后确定钢丝绳的实际需要长度。

③ 如果受现场条件限制，导轨长度不够长时，采用下述方法将钢丝绳预张紧，可以使钢丝绳在运行过程中基本不会再伸长或伸长量很小。接绳前将钢丝绳的两端头分别用葫芦拉紧，葫芦的拉紧力不超过钢丝绳破断拉力的 1/6(因钢丝绳的安全系数为 6)；每次拉紧时间为 20 h 以上，拉紧天数在 2 d 以上。注意固定钢丝绳端头的绳卡不能太紧或太松，若太紧则容易损伤钢丝绳，太松则卡不紧。

④ 牵引钢丝绳的插接工艺要遵守牵引钢丝绳的插接工艺标准以及国家相关标准要求。

(3) 钢丝绳张紧

钢丝绳编接完毕后，拆除锁紧装置。利用倒链配合作业将乘人装置钢丝绳挂设在托绳轮上，施工人员利用吊链及人字梯调整压绳轮。施工完毕后，装设重锤装置配重块；重锤安装应按设计值安装重量，其重锤块应交错排列组装，防止松动；当上下调节重锤高度时，应防止重锤从吊架上滑出伤人。

11. 电控系统安装

(1) 操作台安装

操作台应垂直安装，倾斜角度不得大于 5°；要安装在防雨、防水、防潮及无腐蚀性气体的地点，还应考虑便于操作和维修；声光装置的安装位置能清晰可见。

(2) 导线连接

各导线连接点必须在防爆分线盒中分接，并用接线端子相连，按图纸的要求套上号码管；引出线的密封装置应符合隔爆规范要求。

(3) 速度传感器安装

将速度传感器安装在离驱动轮较近的地方，并与托轮配套使用。在托轮上装有多个 5 mm×5 mm 的磁钢(一般为 10 个)，与传感器的距离在 3～5 mm；运行后，磁钢数量可根据欠速或过速情况进行增减。

(4) 全程急停开关及拉线安装

开关可根据井巷长度的不同情况适当地增加，一般是每 150～200 m 安装一个。钢丝绳拉线距地面 1.2 m 左右，应考虑到沿线的任何一个地方都能直接抓到钢丝绳拉线。

(5) 越位保护装置安装

该装置安装在距驱动轮或尾轮中心算起大于轮直径三倍以上并靠近下车点的地方；要使用矿用隔爆型行程开关；利用吊椅乘人与不乘人的重量差来触发该装置。

(6) 主线路安装

主电源线由总电源电磁启动器 A_0 的 X_1、X_2、X_3 引入，从 D_1、D_2、D_3 引出驱动电磁启动器 A_2 的 X_1、X_2、X_3，工作闸电磁启动器从 A_2 的 X_1、X_2、X_3 引出到 A_1 的 X_1、X_2、X_3。

(7) 通信装置

按说明书安装声光通信装置,保证接线正确,符合有关要求。

(8) 电缆敷设

利用人工进行电缆敷设。敷设完毕后,将电缆挂设在电缆挂钩上,并进行接线。

(9) 接地装置安装

明敷接地线支持件间距在水平直线部分一般为 0.5～1.5 m,在垂直部分为 1.5～3 m,转弯部分为 0.3～0.5 m;沿建筑物墙壁敷设时,离地面 250～300 mm,与墙壁间有 10～15 mm 间距。

(10) 低压防爆开关安装

防爆开关底座采用角钢加工,利用手拉葫芦将开关依照设计分别布置于底座上。安装时,必须将地面平整,确保安装后无倾斜现象。

(11) 二次回路接线要求

按图施工,接线正确。导线与电气元件间采用螺栓连接或压接等,均应牢固可靠。电缆芯线和所配导线的端部均应标明其回路编号,编号应正确,字迹清晰且不易脱色;配线应整齐、清晰、美观,导线绝缘应良好、无损伤。

(12) 电气设备安装注意事项

① 设备到货时,应认真开箱检查,确认设备型号、规格符合设计要求。设备应无损伤,附件、备件应齐全,产品技术文件完备。

② 设备应存放在干燥的场所。对有特殊保管要求的装置性设备电气元件,应按技术文件规定要求进行保管。设备在搬运和安装时,应采取防震、防水、防潮、防止框架变形和漆面受损等安全措施,必要时可将装置内易损元件拆下包装运输。

③ 施工前,由专人对设备喇叭嘴及电缆外径等尺寸进行测量,定制符合防爆要求的密封圈。

④ 根据施工图纸及随机技术资料,制作各接线线号,以备施工使用。

12. 试运转

(1) 试车

在断电状态下,打开电力液压制动器,对驱动系统试车。首先人工盘动驱动轮数圈,无异常情况后,再进行电动试车。

(2) 空载试运行

在确认电机、制动器、减速器、驱动轮、悬挂的钢丝绳,尾轮、尾轮张紧机构能正常使用后,即可进行空载试运行。

① 对电控系统进行调试,检查各连接线,确定无误时,可接通控制电源。把转换开关转换到“调试”挡位,对 PLC 控制系统进行调试;确定系统的输入、输出及保护装置等动作绝对准确时,再接通主电源进一步配合机械部分进行综合调试。调试无误后,方可进行电机空转,电机空转时间不得低于 4 h。

② 电机空转结束后,对电机和减速机对轮进行连接,进行电机、减速机试运转;试运转时间不得低于 8 h。

(3) 带绳试运转

电机和减速机试运转结束后,进行带绳试运转。

① 钢丝绳插接好后,为了加强接头的牢固性以及消除自旋应力,应让钢丝绳空载运行 72 h。按以下步骤让钢丝绳空载运行:重锤加至 100 kg 让钢丝绳正、反方向各运行一周,重锤加至 150 kg 让钢丝绳正、反方向各运行两周,重锤加至 200 kg 让钢丝绳正、反方向各运行四周;通过依次逐渐增加重锤质量,在 6～8 h 内让钢丝绳受拉力 3～4 t,每加一次重锤,让钢丝绳正、反方向运行。

② 当钢丝绳内应力基本消除、自旋不是很明显时,让钢丝绳正方向继续运行一段时间(保证空载运行 72 h)。也可根据实际运行需要,确定重锤质量。

③ 钢丝绳消除内应力、拉应力基本平衡后,才能安装试运活动抱索器和吊椅。

④ 从机头的下行侧和机尾的上行侧各安装 4 把空吊椅,间距为 1 m。先慢速点动直至设计运行速度,进行空载试运行,空载试运行时间为 4 h;然后以相同的运行方式,以设计 4 倍、2 倍和 1 倍的吊椅设计间距安装吊椅,进行试运行(切记机头、机尾应同时安装),运行时间为 4 h。

⑤ 吊椅安装试运行一周圈后,再卸下首次在机头、机尾处安装的 4 把吊椅中的 3 把,以保证吊椅安装均匀。

⑥ 重载运行时采取模拟乘坐人员的有效载荷,进行重载试运行;重载试运行载荷按设计值的 1/2、2/3 和额定有效载荷分级进行。

⑦ 各种调试方法和结果均应做好记录。

(4) 安装抱索器和吊椅

吊椅安装在固定抱索器上。安装固定抱索器时,必须采用专用扭矩扳手(扭矩≥30 N·m)。

① 抱索器锁紧在钢丝绳上后,不允许产生任何情况下的滑动;抱索器的抗滑力不得小于吊椅总载荷(吊椅自重与乘人之和)或线路最大变坡点沿绳索切线方向分力的 3 倍。

② 为延长绳索的使用寿命,应不定期地移动抱索器的夹紧位置,移动距离不小于 400 mm。移动位置的间隔时间为(0.05～0.5)L 天(L 为索道长度),短线取大值、长线取小值。

③ 钢丝绳在运行一段时间后,直径会减小,长度会伸长。因此,应及时调整抱索器的夹紧力及张紧装置,调整重锤高度时刻保持悬挂状态。一般在试车运行 8 h 调整一次,此后一周后应重新检查和调整。

④ 架空乘人装置在运行一段时间后,驱动轮、尾轮及托轮的衬垫磨损到 10 mm 后,必须及时更换;否则,抱索器及吊椅在经过托绳轮时会产生跳动、摆动甚至掉绳等现象。

(5) 乘人试运转

① 乘人试运行前调试时,可采用吊椅上加挂 75 kg 重物,以检查沿途有无脱绳、阻卡现象;如有脱绳、阻卡现象应及时调整处理。

② 乘人试运行时,乘坐人员应由多到少,逐步增加乘员人数。沿线设专人观察,发现有阻卡、脱绳、绳轮不转等现象时,及时处理。

③ 驱动部应设专门司机,下乘人点要专人管理。

④ 乘员乘坐时应保证设计要求的乘人间距,不得拥挤、扎堆或两人共用一个吊椅。

⑤ 乘坐中途发现脱绳或其他紧急情况,要及时拉动沿途紧停开关,并下车处理或报告有关人员。

⑥ 架空乘人装置的安装、调试、运行应严格执行《煤矿安全规程》及有关规定。

五、架空乘人装置安装质量标准

1. 架空乘人装置安装标准

(1) 架空乘人装置机头、机尾混凝土基础牢固可靠，不得出现开裂现象；驱动轮转动灵活，无异常摆动和异常响声。主运行钢丝绳应使用表面无油的钢丝绳，其插接长度不得小于钢丝绳直径的 1 000 倍。重锤上下活动灵活，不卡、不挤、不碰支撑架，配重安全设施稳固可靠，重锤地坑内无积水。

(2) 吊椅中心至巷道一侧突出部分的距离不得小于 0.7 m，双向同时运送人员时钢丝绳间距不得小于 0.8 m，固定抱索器的钢丝绳间距不得小于 1.0 m。乘人吊椅距底板的高度不得小于 0.2 m，在上下人位置处不大于 0.5 m。乘坐间距不应小于牵引钢丝绳 5 s 的运行距离，且不得小于 6 m。除采用固定抱索器的架空乘人装置外，应设置乘人间距提示或保护装置。

(3) 固定抱索器最大运行坡度不得超过 28°，可摘挂抱索器最大运行坡度不得超过 25°。运行速度超过 1.2 m/s 时，不得采用固定抱索器；运行速度超过 1.4 m/s 时，应当设置调速装置，并实现静止状态上下人员，严禁人员在非乘人站上下。

(4) 架空乘人装置横梁严格按照设计距离进行安装，横梁需进行防腐，横梁应编号管理。

(5) 各乘人站上下人平台处应设置信号通信装置，且钢丝绳距巷道壁不小于 1 m，路面进行防滑处理。

(6) 架空乘人装置回风巷照明灯安装在机头、机尾横梁上，机头为 4 盏照明灯，机尾为 2 盏照明灯；进风巷道可全线安装照明灯具。

(7) 架空乘人装置机头位置悬挂岗位责任制、司机操作规程牌板(1 000 mm×800 mm)。

2. 架空乘人装置具备保护装置

(1) 要有超速、打滑、全程急停、防脱绳、变坡点防掉绳、张紧力下降、越位等保护，安全保护装置发生保护动作后，需经人工复位，方可重新启动；应有断轴的保护措施。

(2) 减速器应设置油温检测装置。减速机运行时，温升不得超过 35 ℃，外壳温度不得超过 75 ℃；当油温异常时能发出报警信号。

(3) 驱动系统必须设置失效安全型工作制动装置和安全制动装置，安全制动装置必须设置在驱动轮上。

3. 架空乘人装置与轨道、胶带同巷道布置要求

(1) 倾斜巷道中架空乘人装置与轨道提升系统同巷布置时，应设置电气闭锁，两种设备不得同时运行。

(2) 倾斜巷道中架空乘人装置与胶带输送机同巷布置时，应采取可靠的隔离措施。

六、架空乘人装置安装安全注意事项

(1) 凡参加本工程的施工人员，均应熟悉工程施工方法和施工内容，并按要求贯彻施工。

(2) 在施工过程中，所有人员分工具体、职责明确。在整个施工过程中要切实遵守现场程序，服从命令、听从指挥；禁止擅自离岗，严禁施工人员单独作业而无人监护。

(3) 整个施工过程中，要做到文明施工，施工用具物料摆放有序。

(4) 入井必须佩戴安全帽、矿灯、自救器。乘坐时必须遵守矿井乘坐制度。

(5) 施工现场应设警戒线，非施工人员严禁入内。巷道口施工时，严禁向巷道下方掉落物件。

(6) 施工过程中，发现问题要及时汇报处理，并按规定进行施工现场检查和施工工艺检查，并做好记录。

(7) 每班都要开班前会，布置当班工作内容和安全注意事项，坚持交接班制度。

(8) 钢丝绳严禁与导电电线、电焊接地线等接触。绑扎有棱角的物件时，应加防割绳装置，且固定牢固，以防物件坠落伤人。

(9) 在巷道内施焊必须有矿方审批的措施，现场必须配备灭火器材。氧气瓶、乙炔瓶安全距离不小于 5 m；乙炔瓶严禁倒置，气瓶上严禁沾染油脂；氧气瓶、乙炔瓶必须绑扎牢固，防止在斜巷施工中气瓶下滚。电焊机用电应遵守“临时用电”制度，必须配专职人员停、送电。

(10) 所有施工人员注意使用物件、物品放置牢固。必要时要采取防滑措施，防止上方施工备件滑移影响下方作业。

(11) 在斜巷作业时，禁止上下同时进行作业。如果必须进行时，在每一个施工点下方，必须采取可靠挡栏安全设施，防止施工点上方备件、备品滚动伤人；每个施工点必须设置专人监护工作，负责施工安全。

(12) 依靠人力对物件搬运时，必须有一人指挥，人员搬运物件行走时，注意脚下。搬运过程中，通知正在施工的人员，在得到可以通行的回复后，方可通过。设备搬运到位后，必须放置牢靠。

第五节　矿井抽采设备的安装

瓦斯是易燃易爆气体，煤矿开采过程中会释放大量瓦斯气体，很容易使矿井瓦斯浓度超限，给安全生产带来风险。煤矿单位一般采取地下移动式瓦斯泵站或地面永久瓦斯泵站对井下瓦斯进行抽采，以此降低矿井当中瓦斯浓度，给施工作业创造必备的安全环境，因此瓦斯抽采泵站是煤矿必备的附属设施。

一、瓦斯抽采泵站构成

瓦斯抽采泵站的真空泵通过架设和埋地的瓦斯管路吸取井下瓦斯，在地面回收利用。瓦斯泵型号根据不同矿井下瓦斯的释放浓度进行选型，多采用 2BBG3 水环真空泵，瓦斯管路采用 DN500 无缝钢管(或螺旋焊接钢管)。设计当中一般采用一用一备或者两用两备，设计安装两台或四台瓦斯泵。移动式瓦斯抽采泵站如图 8-29 所示。

瓦斯抽采泵站安装一般由机械安装分部、瓦斯管道安装分部、循环水系统安装分部、动力配电安装分部、集中控制安装分部、接地防雷系统安装分部六个分部工程，其中以机械安装为主，其他附属部分都是为了瓦斯泵可以正常运行而设计安装的。

(1) 机械安装分部

机械安装分部包括手动行车安装、瓦斯泵及电机减速机安装、瓦斯泵进出口管道安装、

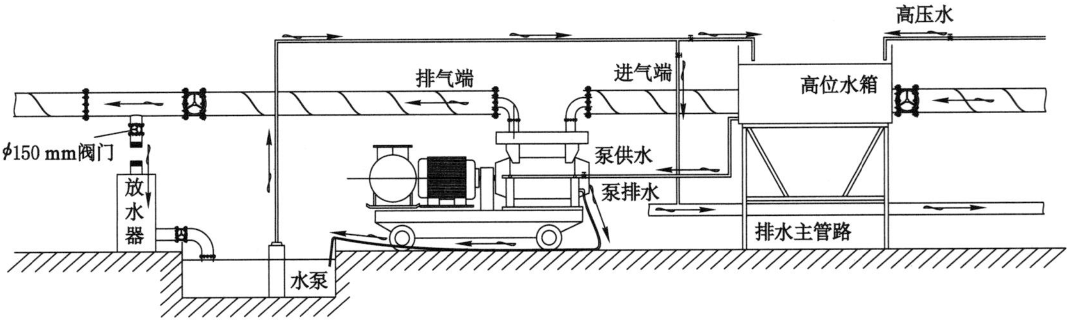

图 8-29　移动式瓦斯抽采泵站示意

手动及电动阀门安装、钢网式回火器安装、防爆防回火器安装等。

(2) 瓦斯管道安装分部

瓦斯管道安装分部任务较为单一，管路的走向根据现场的实际情况设计，有埋地和架空两种方式。

(3) 循环水系统安装分部

循环水系统安装分部由循环冷水泵安装、循环热水泵安装、冷却塔安装、进水软化装置安装、水泵进出口管路及阀门、循环主水管路安装、瓦斯泵和减速机循环冷却水进出分水管及管件安装。

循环水系统主要通过冷水泵从冷水池提供瓦斯泵、减速机的冷却水和瓦斯泵的循环用水。循环回水通过回水管路流入热水池，再由热水泵抽送至冷却塔，进冷却塔冷却后流入冷水池。运行的过程中水量消耗很大，设计由自来水补水入冷水池；补水必须要经过软水装置软化才可使用，未经软化的水进入瓦斯泵及减速机会产生水垢，影响设备使用和损害设备。

(4) 动力配电安装分部

动力配电安装内容包括变压器安装、直流屏安装、成套高压柜安装、成套低压柜安装、动力配电穿线管敷设安装、动力电缆穿管敷设安装、就地按钮箱安装、动力接地安装。高压进线电源进入瓦斯抽采泵站高压进线柜，高压电源进线柜分配到各瓦斯泵电机及变压器，变压器分配到低压配电柜，低压配电柜分配到各低压设备。其中直流屏主要供高压配电柜仪表、综合保护、断路器、合分闸开关用电。

(5) 集中控制安装分部

集中控制安装分部包括操作台安装、控制柜安装、控制电缆导管敷设安装、控制电缆敷设安装、控制二次接线、孔板流量计安装、各类仪表安装。

(6) 接地防雷系统安装分部

接地防雷系统安装由避雷针安装、避雷接地安装组成。

二、瓦斯抽采泵站安装方法

下面主要对机械安装、瓦斯管道安装和循环水系统安装进行介绍。

（一）机械安装

1. 瓦斯泵及电机、减速机安装

(1) 瓦斯泵及电机就位。

瓦斯泵进场时，如到货车辆能够倒入泵房，则要求倒车入泵房，由手动行车直接下货并就位。如不能则需要二次倒运进泵房，这时需要 25 t 吊车在泵房外把泵吊到泵房门口；然后吊车在泵房外起吊泵一端，室内起吊设备配合室外 25 t 汽车吊将泵另外一端慢慢拉起，并在泵底放置圆形钢管作为滑动件，慢慢将泵移入泵房，再用行车就位。瓦斯泵及电机就位时地脚螺栓需要挂装在泵和电机基础槽钢螺栓孔，放入预留地脚螺栓孔内。

(2) 瓦斯泵及电机初次找正。

瓦斯泵地脚固定方式有地脚螺栓和底柱。采用地脚螺栓固定需要垫铁找正，找正的水平度及平行度必须符合规定要求；确保泵在纵向、横向、垂直方向都达到安装规范要求；垫铁垫点要在垫垫铁前磨平。采用底柱固定时无垫铁安装，但需要用垫铁进行找正；找正前底柱与泵角螺栓连接要拧紧，找正后待地脚孔二次灌浆牢固后可撤除垫铁。泵在找正时要控制好泵体高度，使泵与电机轴同线；电动基础槽钢基础与基础距离不能太大也不能太小，太大电机垫铁高度会超出标准要求，太小不利于电机二次灌浆。

(3) 电机找正要以找正后泵的联轴节为基准。先用百分表找正减速机，以减速机高速端联轴节为基准，用百分表找正电机；必须保证泵与减速器、减速器与电机同心度符合规范要求。找正后进行地脚螺栓孔一次灌浆，在一次灌浆中要防止振捣造成地脚螺栓的倾斜。

(4) 瓦斯泵进出口管道、阀门安装完毕后，泵及电机同心度、水平度都可能发生较小变动，需要对瓦斯泵及电机进行二次找正。采用百分表、水平仪找正要精确到位，然后将电机垫铁间焊死。二次找正后，即可二次灌浆。一般在具备条件时，可先行试运行瓦斯泵，在泵运行达到理想效果后再二次灌浆。

(5) 一、二次灌浆采用的混凝土等级一定要符合设计和规范要求。

(6) 最后对瓦斯泵及电机进行微调。瓦斯泵与电机全部安装并灌浆后，如果发现泵及电机的同心度、水平度不满足规范要求，或者泵运行不理想，可再次进行微调。微调主要以泵为参照调电机及减速机，可通过拧螺栓使电机、减速机与基础槽钢间垫铜皮进行找正。

2. 瓦斯泵及电机、减速机安装技术规范要求

(1) 整体安装的泵纵向水平偏差不应大于 0.10/1 000，横向水平偏差不应大于 0.20/1 000，并应在泵的进出口法兰面或其他水平面上测量；解体安装的泵在纵向和横向的水平偏差均不应大于 0.05/1 000，并应在水平中分面、轴的外露部分、底座的水平加工面上进行测量。

(2) 驱动机轴与泵轴、驱动机轴与变速器轴以联轴器连接时，两半联轴器的径向位移、端面间隙、轴线倾斜均应符合设备技术文件规定。当无规定时，应符合《煤矿设备安装工程质量验收规范》(GB 50946—2013)的规定。

(3) 气水分离器安装时应符合：水平偏差不应大于 1/1 000；与泵连接的管路不宜过长；法兰结合面应紧密；气水分离器的进水孔与外部供水管应连通，其管路应保持畅通。

3. 瓦斯泵进出口管道安装

瓦斯泵进出口管路一般为 DN500 螺旋焊接钢管，与瓦斯抽采泵站室外进出气瓦斯管路

相连。需要特别强调的是，在安装瓦斯泵进出管路时，以泵为基准，即泵安装固定好后才可进行进出口管道安装，具体实践安装过程介绍如下：

(1) 由于瓦斯泵进出口管路需要穿墙，所以在安装前要核查土建墙壁上预留孔是否正确；如与安装有矛盾，需要土建及时修改并重新开孔。

(2) 根据图纸实际测量管道材料，然后安排工人在地面合理下料。

(3) 泵进出口穿墙管路至阀门处，使用泵房内行车进行吊装焊接。

(4) 安装瓦斯泵进出气瓦斯管路上的控制阀门。

(5) 室外阀门至室外瓦斯进出气的瓦斯管路连接需要使用吊车安装，安装过程与吊车位置要合理安排。

4. 手动及电动阀门安装

手动及电动阀门到现场不能及时安装时，要妥善保管，避免生锈、损毁。电动阀门的电动装置在吊装安装过程中要避免碰撞；安装后不能及时接电时，要保护好电动装置接线腔，避免进水，按照设计图位置进行吊装固定。

5. 钢网式防回火器、防爆防回火器安装

钢网式防回火器安装于瓦斯进气管路上，安装比较简单，具体同管道阀门相似。防爆防回火器安装具体施工过程及要求如下：

(1) 对防爆防回火器设备外观进行检查，配件要齐全，合格证、检测报告要齐全。

(2) 防爆防回火器罐体较大，在室外存放时需要用油布等覆盖保护，防止罐外油漆刮损，罐内受潮生锈。存放地点尽量在基础边上，避免二次倒运。防爆防回火器在倒运与吊装安装过程中要避免擦碰。

(3) 复核基础位置，尺寸要符合要求。防爆防回火器基础可预留螺栓孔或预埋铁，安装当中为了方便施工，一般要求土建预埋铁。预埋螺栓安装时需要二次灌浆。预埋铁安装时只需要在防爆防回火器调正后，地脚直接与预埋铁焊接即可。但这样施工的话在防爆防回火器拆除时很不方便，需要切割，有可能损毁地脚。防爆防回火器结构简单、无精密配件，为单一罐体配一放水阀、一放空阀、一液位计、一防爆片，使用过程当中很少发生损坏。即使在瓦斯泵操作不当或发生其他意外时，也仅仅导致防爆片会发生爆破。因此，对于永久瓦斯抽采泵站，防爆防回火器地脚直接焊接在预埋铁上是允许的。

(4) 防爆防回火器安装要严格按图纸施工、位置正确。进出气防爆防回火器一般不区分，在图纸位置不明或有错误时，要根据“高进、低处”原则安装。

(5) 防爆防回火器垂直度、水平度要符合要求。防爆防回火器调正时需要采用垫铁调整，具体方法同瓦斯泵调整；但防爆防回火器因在使用过程中只受进出气的力量冲击，几乎不会产生震动，所以调整的要求不需要特别严格。防爆防回火器调整安装后方可进行进出管路的连接。

(6) 采用基础地脚螺栓的螺栓孔二次灌浆要密实、无松动；如采用预埋铁安装，要求焊接部位牢固，焊接点要做好防腐处理。平、斜垫铁要垫实，厚度和位置符合要求。

(二) 瓦斯管道安装

室外瓦斯管道多采用DN600～DN1000无缝钢管(或螺旋焊接钢管)，由进气管和排气管组成，施工主要分为架空、埋地两部分。管道防腐处理采用机械除锈，先刷两遍环氧富锌底漆，再刷两遍环氧富锌面漆，颜色为红色。管道安装的连接形式有法兰连接和焊接，碳钢管焊接材料选用 T422 焊条。管道安装根据管道安装流程图、平面图，采用有关图集进行，对进场人员首先进行技术、质量、安全、工期、工程特点、注意事项的书面交底，并根据图纸设计要求检查材料、管件、阀门等。

(1) 与管道有关的土建工程已检验合格，满足安装要求，并已办理交接手续。

(2) 与管道连接的机械已找正合格，固定完毕。

(3) 管道组成件及管道支承件等已检验合格。

(4) 管子、管件、阀门等，内部已清理干净，无杂物；对管内有特殊要求的管道，其质量符合文件的规定。

(5) 对于防腐管道的吊装，不得采用绳索直接捆扎吊装，应预先找好力点，用软木板或厚橡皮包扎后方可进行。

(6) 在管道安装前有关脱脂、内部防腐与衬里等工序应进行完毕。脱脂后的管道组成件，安装前必须进行严格检查，不得有油迹污染。

(7) 法兰、焊缝及其他连接件的设置应便于检修，并不得紧贴墙壁、楼板或管架。

(8) 管道穿越道路、墙或构筑物时，应加套管或砌筑涵洞保护。

(9) 管线安装的水平弯曲：当 $D_g \leqslant 100$ mm 时为 1/1 000 且不大于 20 mm，$D_g > 100$ mm 时为 1.5/1 000 且不大于 20 mm；立管垂直度为 2/1 000 且不大于 1.5 mm；坡度按图纸设计要求进行，正负偏差不得超过设计值的 1/3，严禁出现倒坡现象。

(10) 焊接钢管对口时，原焊接缝必须错开 100 mm 以上；支管外壁距纵向、环向焊接不小于 5 mm。

(11) 对口质量好坏，直接影响整个施工质量。错边量应控制在管壁厚度的 10%以内且不大于 1 mm，坡口要用角向磨光机打磨光滑。

(12) 凡泵设备连接的管道接口，不得强行对口，其焊口要进行应力处理；泵设备法兰口应加装垫片盲板，以防杂物进入。

(13) 螺纹接口的管道，螺纹表面裂纹、毛刺、断丝、缺丝不得超过全长的 10%，松紧度以合格管件徒手拧紧不松为宜。管道与管件连接处的多余物要用锯条钢丝刷清理干净，外露丝扣 3～4 丝为宜。

(14) 法兰连接安装一定要保持平衡，其安装中垂线偏差应控制在 1.5/1 000 且不大于 2 mm，螺栓孔的中心偏差不超过孔径的 5/100；紧固螺栓尤其是铸铁阀件应对称均匀、缓慢进行，松紧度适宜，丝扣外露长度保持一致为 2～3 丝扣。

(15) 埋地管道试压防腐后，应及时回填土，分层夯实。

（三）循环水系统安装

循环水泵主要有离心泵和潜水排污泵两种。当设计循环水用量较小时采用潜水泵，用水量较大时则设计使用两种型号的离心泵。

(1) 离心泵安装

① 泵的清洗和检查应符合下列要求：整体出厂的泵在防锈保证期内，其内部零件不宜拆卸，只清洗外表。当超过防锈保证期或有明显缺陷需拆卸时，其拆卸、清洗和检查应符合设备技术文件的规定。当无规定时，应符合下列要求：拆下叶轮部件应清洗洁净，叶轮应无

损伤;冷却水管路应清洗洁净,并应保持畅通;管道泵和共轴式泵不宜拆卸。

② 解体出厂的泵的清洗和检查应符合下列要求:泵的主要零件、部件和附属设备、中分面和套装零件、部件的端面不得有擦伤和划痕;轴的表面不得有裂纹、压伤及其他缺陷。清洗洁净除水分后,应将零件和设备表面涂上润滑油,按装配的顺序分类放置。泵壳垂直中分面不宜拆卸和清洗;在架设的泵轴中心线上分别坠下两个线坠,调整水泵位置,使泵轴端中心点与泵出水口法兰盘加工平面上的中心点与线坠决定的平面重合,即纵向找正。由架设的泵出水口中心线吊下两个线坠,使泵出水口法兰盘加工平面上的中心点与线坠重合,即横向找正。水泵找正后,即可精平,利用方框水平仪在泵出水口法兰盘加工平面上测量,调整垫铁高度至允许偏差范围内为止。紧固地脚螺栓,将垫铁点焊牢设备吊装到位后利用平斜垫铁对设备进行操平找正,然后对设备基础进行一次灌灰,待一次灌灰的混凝土凝固强度达到设计要求后,再对设备进行精找。

利用手拉葫芦将电机吊放到基础垫铁平面上,穿好地脚螺栓,同时拧上联轴器连接螺栓。用钢板尺紧靠两联轴器的径向面,以水泵轴半联轴器为基准,检查电机半联轴器的四周(检查上、下、左、右四个点),用移动电机和加减垫铁的方法调整,直至达到质量标准要求,同时用塞尺检查两联轴器的倾斜度和端面间隙。复测水泵的水平度,水泵与电机的同轴度,经验收合格后,方可进行二次灌浆。

③ 安装高转速泵或大型解体泵时,应测量转子叶轮、轴套、叶轮密封环、平衡盘、轴颈等主要部位的径向和端面跳动值,其允许偏差应符合设备、技术文件的规定。

④ 转子部件与壳体部件之间的径向总间隙,应符合设备技术文件的规定。

⑤ 叶轮在蜗室内的前轴向、后轴向间隙、节段式多级泵的轴向尺寸均应符合设备技术文件的规定,多级泵各级平面间原有垫片的厚度不得变更。高温泵平衡盘(鼓)和平衡套之间的轴向间隙:单壳体节段式泵应为0.04～0.08 mm,双壳体泵应为0.35～1.0 mm;推力轴承和止推盘之间的轴向总间隙:单壳体节段式泵应为0.5～1.0 mm,双壳体泵应为0.5～0.7 mm。

⑥ 叶轮出口的中心线应与泵壳流道中心线对准;多级泵在平衡盘与平衡板靠紧的情况下,叶轮出口的宽度应在导叶进口宽度范围内。

⑦ 滑动轴承轴瓦背面与轴瓦座应紧密贴合,其过盈值应在0.02～0.04 mm的范围内;轴瓦与轴颈的顶间隙和侧间隙均应符合设备技术文件的规定。

⑧ 滚动轴承与轴和轴承座的配合公差、滚动轴承与端盖间的轴向间隙以及介质温度引起的轴向膨胀间隙、向心推力轴承的径向游动间隙及其预紧力,均应按设备技术文件的要求进行检查和调整。当无规定时应按《煤矿设备安装工程质量验收规范》(GB 50946—2013)的规定执行。

⑨ 组装填料密封径向总间隙应符合设备技术文件的规定。当无规定时,应按照厂家技术文件要求进行施工;填料压紧后,填料环进液口与液封管应对准或使填料环稍向外侧。

⑩ 机械密封、浮动环密封、迷宫密封及其他形式的轴密封件的各部间隙和接触要求均符合设备技术文件的规定。当无规定时,应符合《煤矿设备安装工程质量验收规范》(GB 50946—2013)的规定。

⑪ 轴密封件组装后,盘动转子转动应灵活;转子的轴向窜动量应符合设备技术文件的

规定。

⑫ 组装双层壳体泵的内壳、外壳时，应按设备技术文件的规定保持对中；双头螺栓拧紧的拉伸量和螺母旋转角度应符合设计规定。

(2) 潜水泵安装

瓦斯抽采泵站设计当中采用潜水排污泵作为循环水泵的情况很少，如采用则选择的是自耦装置的潜水泵，自耦装置便于潜水泵维修、更换时提升。安装时自耦装置的水平度与垂直度要符合要求，泵与自耦装置接触应紧密。潜水泵往往较重，一般要配套制作龙门架，挂上葫芦作为提升装置；自耦装置潜水泵安装提升链条，靠链条放下与提升潜水泵。

(3) 冷却塔安装

① 冷却塔材料主要为塑料制品，冷却塔安装过程中应注意防火，严禁在塔体及其附近使用电焊(或气割)等明火，在场人员禁止吸烟。如动用明火，应采取相应的安全措施。

② 冷却塔基础应保持水平，要求支柱与基面垂直，各基面高差不超过±1 mm。中心距允许偏差为±2 mm。

③ 塔体拼装时，螺栓应对称紧固，不允许强行扭曲安装，拼装后不得漏水、漏气。

④ 冷却塔塔脚与基础预埋钢板需直接定位焊接，预埋钢板应水平、牢固。

⑤ 冷却塔零部件在运输、存放过程中，其上不允许压重物，不得暴晒，且注意明火。

⑥ 冷却塔进出水管及补充水管应单独设置管道支架，避免将管道重量传递给塔体。

⑦ 风机叶片应妥善保管，防止变形。电机及传动件应上油，在室内存放。

⑧ 为避免杂物进入喷嘴、孔口，组装前应仔细清理。

⑨ 冷却塔安装完毕后，应清理管道、填料表面、集水盘等污垢及塔内遗物，并进行系统清洗。

(4) 风机组装

① 风机叶尖与风筒内壁径向间隙应保持均匀，其间隙为 $0.0075D$(D 为风机直径)，但最小间隙不应小于 8 mm。

② 叶片安装角度应一致。

③ 风机接线盒应密封、防腐；引线须下弯，以防水、气进入盒内。

④ 检查风机转动是否平稳，声音是否正常，从塔顶往下看叶片应顺时针旋转。

⑤ 试运转时，当电流超过额定电流时应立即停机，宜控制在 0.90～0.95 的额定值。

⑥ 安装完成后，用油布覆盖风机，以防脏物进入和日晒雨淋。

(5) 进水软化装置安装

因瓦斯泵的循环水在使用过程中发生损耗，所以需要间断地对冷水池进行补水。补水一般来源于自来水，水质硬度相对较大，补水前需要对自来水进行软化处理。

软水器是应用离子交换技术，通过树脂上的功能离子与水中的钙、镁离子进行交换，从而吸附水中多余的钙、镁离子，达到去除水垢(碳酸钙或碳酸镁)的目的。

① 软水器不需要特殊基础，可以直接安装在房间水泥地面上，附近应设有排水沟，且排水管的排水量应和软水器的排水量相匹配。

② 储盐罐应安放在靠近树脂罐的地方，两者间距不大于 200 mm，并尽量缩短吸盐管的长度。

③ 软水器与加热设备直接相连时，应保持 3 m 以上的距离并安装单向阀。

④ 储盐罐的放置应便于再生剂的补充。

⑤ 设备附近应当留有操作及检查的空间。

⑥ 软水器管道安装：

a. 进出水管都采用 PPR 管热熔连接，连接处要密封好，无渗漏。

b. 按照控制阀口径连接进出水管。

c. 进出水管应装有手动阀门，进出水管之间应装有旁通阀，出水管应安装取样阀，进水管道安装 Y 形过滤器。

d. 尽量缩短排水管的长度，减少弯度，控制阀与排水道距离不超过 2 m。

e. 排水道与排水管连接时，必须使排水管与排水道的水面保持一定的空间，防止活水被虹吸返回软水器。

f. 排水管道中不得安装各类阀门。

g. 盐水管的连接一定要保持良好的密封性，否则会影响软水器的再生效果。

h. 在盐水罐的预留孔位上安装溢流口，并配接塑料管，引至排水道。

i. 各种管道都必须设独立的支架，不允许将管道的重力、应力传给控制器。

⑦ 软水器树脂的装填：

a. 树脂装填前应将中心收集管（带布水器）放置树脂罐中央（此时应用胶带封住中心管，防止石英砂和树脂进入中心管）。

b. 将石英砂按规定的量从中心管周围的空隙投入树脂罐，并使之在罐底铺平。

c. 上述操作使中心管始终保持在树脂罐中央位置。

d. 取下中心管的封口胶带。

e. 将控制阀的承插口对正中心管，小心地顺时针转动控制器，直至控制器旋紧在罐体接口上。

⑧ 设备试运行：

a. 缓慢打开进水阀至 1/4 开启处，此时可以听到空气从排水管排出的声音。

b. 待空气排净后，开启全部进水阀。

c. 接通电源，旋转手动再生旋钮，按步骤将旋钮转至盐箱补水给盐箱补水。

d. 加入再生用盐，将盐加满。

e. 待盐溶解后（一般为 4 h）旋转手动再生旋钮，启动再生一次。

f. 从取样阀放出水样进行水质分析，合格后即投入运行。

(6) 水泵进出口管路及阀门安装

① 离心泵水平吸水管的安装要保证在任何情况下不产生气囊，吸水管道上必须采用异径渐缩管。管路的水平向中心线必须向水泵方向上扬，坡度应大于 0.005，必要时可采用较大的坡度。

② 水泵吸水管路的连接口必须严密，不能出现任何漏气现象。

③ 对于吸水井（室）的吸水喇叭管的安装，应注意吸水喇叭口必须有足够的淹没水深，以避免出现漩涡吸入空气；还应保持适当的悬空高度，可使进水口流速均匀，减少吸水阻力。当吸水井（室）内设有多台泵吸水时，各吸水管之间及吸水管与井（室）壁间要有适当的间距，避免相互干扰。

④ 水泵泵体与进出法兰的安装，其中心线允许偏差为 5 mm。

三、瓦斯抽采系统试运转

1. 前期准备

(1) 检查各设备是否安装正确、完好，循环水能否满足真空泵运行要求，动力配电是否连接安全可靠，各项电气检测是否合格。

(2) 检查土建各构筑物及资料，确保每个构筑物通过闭水试验。

(3) 进行机械设备、仪表装置的单台试机，确保每台设备能够正常运行；同时要求对瓦斯抽采泵站内的各设备进行全面检查，熟悉各设备的电气控制和运行参数，查看各仪表、阀门是否正常。在进行设备操作前要求阅读设备的使用说明书，严格按照说明书进行操作。

(4) 熟悉设备的操作过程和注意事项，了解瓦斯的流向以及瓦斯抽采期间各管道内气流的方向。

(5) 确保调试进行的必要条件：瓦斯抽采泵站调试时必须要求水电的 24 h 正常供应；在调试期间，瓦斯抽采泵站内严禁有明火出现，调试人员不得在瓦斯抽采泵站内吸烟。

(6) 与各相关单位密切配合，复查电气设备包括传感器安装情况及存在的问题，将所有内外线路核对清楚。

(7) 清理现场，内外线路捆扎清楚，控制室及高低压配电室内打扫干净。

(8) 单机调试时，各现场设备、按钮箱边及开关室应有人守候，如果发生异常情况，立即按下紧停/停止按钮。

2. 系统调试

(1) 将上位机、PLC 及网络系统、控制电源安装连接好。

(2) 将集控室内 380/220 V 电源上电，先在编程器上进行各种工作方式的模拟调试。

(3) 将集控室内 DC24 V 电源接通，将 PLC 上电，并把已调好的系统程序灌入 PLC。

(4) 检查各浓度、压力、温度、流量等仪表的接入信号，以确保现场仪表的信号传至集控室。

(5) 确定现场仪表与集控室显示数据实际位置一致后，对各个变送器和分析仪表进行调零。

(6) 模拟量回路调试完毕后，进行模拟量的人为输入数据报警模拟试验。

(7) 报警模拟试验完成后，进行各个设备调试的单机调试。首先在 PLC 上检查各个设备的电源合、分闸信号，集中/就地信号、紧停信号等启动条件是否进入 PLC。

(8) 就地控制调试：合上各回路的进线断路器，将各系统工作方式分别转至“就地手动”方式，进行单机调试；测试各设备接触器的吸合情况，并观察各设备的运行反馈信号、闸阀的正转或反转到位信号是否进入 PLC、是否在上位机上有各设备的运行状态显示及控制情况。

(9) 集中控制调试：单机调试完毕后，将各系统工作方式分别转至“集中控制”方式；在集控室按工艺流程闭锁顺序按下各设备的启/停按钮，进行系统空载联锁调试；并观察上位机各设备的运行状态显示及控制情况是否正确。

3. 对系统的设备进行空载试车

通过对循环水泵、冷却塔风机、水环真空泵、防爆闸阀等的空载试车，可检查各动力设备运行状况、质量性能、稳定性及安装质量，为带负荷试车做准备。

试运行顺序：首先对循环水系统进行试车，待确认循环水系统能够正常运行后进行水环真空泵的运行；水环真空泵试运行从泵房内第一台开始，依次逐台进行试车。

水环真空泵、循环水泵空转前，检查设备各部位安装是否正确及有无漏装、缺少部件等情况；待检查无问题后开通设备，检查设备稳定情况，有无抖动等现象；设备转速是否满足设计要求，是否均匀；检查设备安装质量，如地脚螺栓有无松动，检查各传动部位情况，如润滑油是否需要添加，噪声是否正常等。以上内容均应做好记录，如发现问题应及时处理。

4. 对系统设备进行带负荷试车

对循环水泵进行供水运行，同时开动冷却塔风机，检查循环水泵和风机工作状况，检查系统管路及其配件安装质量，有无漏水现象等；对水环真空泵进行带负荷试车，检查真空泵的工作情况，并检查系统管路及其配件安装质量，有无漏水、漏气现象等。

启动前应先用手转动泵联轴器或皮带轮数周，以确认泵内无卡住或其他损坏现象后方可启动；启动前还应根据泵上的旋转箭头方向，确认电机的转向，然后按以下顺序进行：

① 关闭进气管路上的闸阀。

② 机组注水：打开供水管路上的阀门，注入适量的水，当液体从自动排水阀流出时关闭供水管路上的阀门，直到排水结束。

③ 轴封液供给：轴封液供给外部供水温度以 20 ℃左右为宜，流量为 0.5～2 L/s，压力为 1.2 MPa（绝对压力）。

④ 启动电机，打开供水管路上的阀门，逐渐增加供水量，直到达到要求为止；当达到系统需要的压力时，打开进气管路上的闸阀，泵开始正常工作；运转过程中，注意调节填料压盖，不能有大量水往外滴的现象发生。

⑤ 停车步骤：关闭进气管路上的阀门→停止供水→关闭电机→关闭水环真空泵配套电机→扳动转子，检查转子是否能自由旋转，有无擦碰现象→检查水冷供水系统是否处于工作状态，冷却器是否漏水→电机合闸后，若电机不转，应迅速、果断地拉闸，以免烧毁电机，查清原因后，再启动电机。电机正常工作后，转子旋转方向应符合电机外壳上的方向牌指示，不得反转。为了避免电机在启动过程中过热，可连续启动两次，两次启动间隔不少于 5 min。如发现问题及时处理，当系统一切正常后投入运行。

第九章　机电设备安装实例

机电设备安装施工工法是煤炭安装施工企业在工程实践的基础上，通过研发、系统总结、整理编制而成的施工技术，是施工企业的专有技术和核心竞争力。它在施工工期、质量、安全、经济效益等方面，具有明显的先进性。通过新技术、新工艺、新材料、新设备的应用，其工艺技术达到国内先进水平，具有很好的推广应用价值。

第一节　立井井筒机电安装施工工法

一、概述

生产矿井和新建矿井的生产能力主要取决于井筒提升的通过能力。井筒装备是煤矿生产系统的重要组成部分，它不仅关系提升能否高速、安全运行，而且也直接影响着作业人员的生命安全。

在矿山生产中，副井担负全矿上下人员及运送矸石、材料、设备等任务，主井担负提升产品(煤或矿石)的任务。副井内罐笼及主井内箕斗都沿着井筒内钢罐道高速运行，罐道固定在罐道梁或托架上。井筒内还有梯子间、管路、电缆等。井筒内设施多、安装复杂并且精度要求高。

近年来，由于深部资源的开发，井筒深度不断地增加，从而激发井筒装备安装施工方法的一系列创新。立井井筒装备的安装施工，是立井施工中一项非常细致的工作，安装质量直接影响着井筒装备使用的可靠性。选择合理的井筒安装作业工艺，可以加快安装速度，提高安装质量，缩短安装工期，确保安全生产。

传统的施工工艺采用逐层分段施工，即首先用单层盘或二、三层盘从上往下逐层施工井筒内梁、托架、梯子间等，再用吊盘从下往上施工井筒内罐道、管路及其他设施。该施工方法最大的缺点是工期长，而且吊盘频繁起落，安装质量难以保证，施工安全管理难度大。

鉴于此，某公司创新试用六层吊盘从下往上一次成井的施工方法，经过上百对矿井的施工实践证明，该施工方法具有安全、优质、施工速度快和工时利用率高的优点。

二、工法特点

(1) 六层吊盘施工时，各工序之间紧密衔接，最大限度地实现了多工序立体交叉平行作业，从而实现了快速施工。根据井筒安装特点，设计的六层吊盘自下而上，每次提升一个安装层位。六层吊盘的最上一层为保护盘，第二至第六层吊盘为工作盘，可实现多盘立体交叉平行作业，可一次施工完井筒装备所有构件的安装、检查；一个提升段高安装完成后，转入下一个段高循环，从而实现一次完工。

(2) 吊盘沿着已安装好的罐道运行，解决了从上往下分段施工无法解决的吊盘在井筒内扭转的问题，从而加快了安装速度，保证了安装精度。

(3) 吊盘上部井筒内由于还没有安装构件，井筒是空的，绞车的速度可以提高，既加快了下料速度，又解决了下长料时在井筒内被挂住或插入已安装好的梁内空间的安全隐患。第一层为保护盘，其他层都是封闭施工，为安全施工提供了有力保障。

(4) 吊盘本体高度为 20～30 m，并沿四根已安装好的罐道运行，即使稳车不同步也不会出现吊盘严重倾斜现象。六层吊盘容积大，吊盘提升一层后，其他工序还能利用吊盘检查。每道工序施工完后可以互检，专职安全质量检查员再检查验收。六层吊盘为保证安装质量提供了有利条件。

(5) 井筒装备采用六层吊盘进行同步安装，既提高了施工作业能力，又缩短了井筒装备安装时间，还解决了制约井筒装备单层作业施工速度慢的问题。采用立井井筒机电安装施工工法，施工速度大幅度提高。

(6) 深井井筒装备的六层吊盘采用四台 16 t 稳车提升。如果井筒较深、电缆与尾绳较重，利用两台 16 t 稳车下放电缆和尾绳，安全系数达不到规定要求。利用吊盘盘放和敷设质量小于 25 t 的井筒电缆和尾绳，不仅能够满足安全系数，而且缩短了电缆和尾绳敷设时间，还解决了钢丝绳旋转及电缆和尾绳搅在一起难以分开的难题。用此方法敷设电缆和尾绳的速度比用稳车下放敷设的方式提高了 1 倍。

(7) 当利用永久井架或井塔进行井筒装备在井口金属支持结构(上部套架)安装时，若存在井口施工空间较小及井架结构问题，不能用吊车在井口外整体组装及分段组装，则可利用六层吊盘从下到上先施工上部套架，在其四周固定立柱和框架，然后拆除三至六层吊盘，利用一层吊盘和二层吊盘从上到下安装上部套架中间梁和上部套架内的罐道。

(8) 六层吊盘与钢丝绳连接轴采用轴销测力装置，并在吊盘钢丝绳上加装测速装置，不但可以保证吊盘钢丝绳同速运行，确保吊盘不倾斜，还能保证吊盘钢丝绳受力均匀，防止单根吊盘钢丝绳受力过大。通过吊盘钢丝绳测速装置显示吊盘在井筒内的深度，作为绞车司机确认吊盘位置的一个辅助参考，并使测速装置与提升绞车控制系统相连，既能使绞车的运行速度可根据吊盘位置调整，加快构件下料速度，又能防止绞车运行到吊盘位置后过放，消除了绞车在井筒装备施工期间的过放隐患，达到本质安全型施工。

(9) 劳动组织采用固定工序循环作业和专业工种计件工资制，充分发挥了工人的主观能动性。

三、适用范围

(1) 立井井筒机电安装施工工法适用于各类矿山立井井筒装备的安装。

(2) 适用于井筒直径≥3 m 的立井井筒装备的安装。

(3) 对立井深度无限制，井筒越深、直径越大，越能充分发挥快速施工优势。

(4) 适用于井塔和井筒装备同时交叉施工的工程。

(5) 适用于井口套架无法利用吊车吊装或无法整体吊装的工程项目施工。

四、工艺原理

立井井筒机电安装施工工法的核心是按“六层吊盘从下往上一次成井”工艺组织快速

施工。主要的原理是多层立体交叉平行作业。虽然井筒内构件较多，但正常段每一层的结构、安装位置、材料型号及数量都基本一样，在工程设计上为流水作业提供了可能性。

以罐道梁层间距 4 m 为例，一个循环要安装两根罐道（罐道长 12 m，每提升一层为 4 m）、一层罐道托架或罐道梁、一层梯子间、一层托管梁或管子梁、一层电缆支架，下放、焊接排水、压风和洒水等管路都不在同一层施工。为了在一个循环内变单层施工为多层同时作业，选用了六层吊盘作业，每层吊盘的位置在井筒装备每一层梁下 1 m 左右，罐道和管路分别在三、四、五、六层吊盘施工，托架、罐道梁、梯子间、电缆支架等在三层吊盘施工，打锚杆孔、装锚杆、拉力试验在二层吊盘进行，一层为保护盘。

井底下部装备采用第七层软盘从井筒下部套架顶梁开始从上往下施工。井筒装备正常段采用六层吊盘从下到上一次成井施工，电缆和尾绳采用吊盘敷设。井口套架在整体吊装难以施工时采用六层吊盘安装。通过井筒吊盘钢丝绳测力提升、测速运行和确定吊盘位置，防止绞车过放，实现了本质安全施工，确保了工程质量和进度。

五、工艺流程及操作要点

（一）工艺流程

（1）立井井筒装备施工工艺流程如下：

六层吊盘从下往上施工工艺流程：施工准备→提起六层吊盘→井筒装备安装。

（2）各层吊盘平行施工工艺流程如下：

① 二层吊盘：施工准备→定锚杆孔位、打锚杆孔→安装锚杆→锚杆拉力试验。

② 三层吊盘：施工准备→安装托架及梁→安装梯子间及电缆支架。

③ 四至六层吊盘：施工准备→安装焊接管路→安装罐道。

（3）立井井筒装备施工每天三个班组作业，每个班各作业 8 h，可施工两个循环。施工作业循环见表 9-1。

表 9-1　施工作业循环表

序号	内容	所需时间/min	时间顺序															
			1 h				2 h				3 h				4 h			
			15 min	30 min	45 min	60 min	15 min	30 min	45 min	60 min	15 min	30 min	45 min	60 min	15 min	30 min	45 min	60 min
1	交接班及起吊盘	15	—															
2	定锚杆孔位及打孔	60		—	—	—	—											
3	安装锚杆	45			—	—	—											
4	做锚杆拉力试验	15						—										
5	安装托架及梁	75		—	—	—	—	—										

表 9-1(续)

序号	内容	所需时间/min	时间顺序															
			1 h				2 h				3 h				4 h			
			15 min	30 min	45 min	60 min	15 min	30 min	45 min	60 min	15 min	30 min	45 min	60 min	15 min	30 min	45 min	60 min
6	安装梯子间及电缆支架	90						—	—	—	—	—	—					
7	安装管路	60			—	—	—	—										
8	安装两条罐道	90							—	—	—	—	—	—				
9	焊接管子	150			—	—	—	—	—	—	—	—	—	—				
10	验收	15													—			

(二) 操作要点

1. 井底装备的施工

(1) 井筒装备中包括井底套架、防过放缓冲装置、防撞梁及望板等装置，有的井筒装备设计中间有一根或多根梁，有的与套架中间梁相垂直，几乎每层都不一样。当采用六层吊盘无法施工时，通常在六层吊盘下用四根钢丝绳悬吊第七层软吊盘(加工成圆盘)，再施工这部分装备。悬吊第七层软盘的钢丝绳长度，应大于从套架顶梁至尾绳保护梁的距离。

(2) 下放吊盘时，风管、动力电缆、通信电缆、滑道绳、夺罐道及夺管路稳车绳等随吊盘同步下落。每 160 m 左右卡一次基准线，并用长钢尺测量距离，每隔 100 m 在井筒上做好标高标记，等吊盘第一层落到井底马头门位置时，暂停稳固，将第一层吊盘用来做下放井底操车设备及井下装载设备的平台。

(3) 设备下放完后，上提吊盘，先施工套架上面的四层罐道梁，包括梯子间、托管梁、罐道、弯管座等，以便下部装备施工结束后施工正常段装备。

(4) 用第七层软盘自上而下施工井下套架顶梁至井底水窝所有构件。

(5) 井底装备安装完毕后，拆除第七层软盘，提出井口。

2. 井筒装备的施工

各层盘的工作内容如下：

(1) 一层为保护盘，设有打点室、配电点，放置乙炔瓶。上面有两名工人，一名把钩工、一名信号工，主要负责下放材料，指挥吊盘的起落及地面稳车升降，把构件放到安装位置。

(2) 二层为工作盘，放置风锤、氧气瓶、锚杆拉力计等。上面安排四名工人，主要负责以下工作：① 从下层梁往上层梁测量层间距标高；② 用模具板定锚杆孔，并打孔；③ 装树脂药包，用煤电钻安装锚杆，并做拉力试验；④ 协助四、五、六层工人安装罐道。

(3) 三层为工作盘，放置大锤、钢卷尺等钳工工具。上面安排六名工人，主要负责以下工作：① 安装罐道托架、梯子间托架、托管梁托架、电缆支架等；② 安装罐道梁、管子导向梁、托管梁、梯子大梁、小梁等；③ 安装梯子、踏板，挂拦壁网等。

(4) 四、五、六层为工作盘，每层放置一台电焊机。上面安排五名工人，主要工作内容为安装、找正罐道和管路，焊接管路。

3. 高程控制

井筒深度通常有几百米，有的超过千米，每根罐道的长度只有 10～12 m，规范要求两罐道间隙为 2～4 mm，如几十根罐道从井下接到井口的累计误差太大，则井口第一层梯子间和罐道就很难安装。在施工中，常按以下方法控制整体标高。

第一种方法：在下放吊盘卡大线时，用长钢尺测量距离，每下放 100 m 左右在井壁上作出一个标记。

第二种方法：落吊盘卡大线时，用 50 m 长钢尺从吊盘第一层到第六层分段测量距离，并在井壁上作出标记，从井口一直测量到井底。

施工中，罐道接头每到一个标记点进行核对，若有误差，在下一个挡距内用罐道间隙来调整消除。

4. 井筒装备电缆敷设

若电缆设计位置在梯子间或托管梁内时，直接把电缆卡在钢丝绳上利用稳车下放，然后在吊盘和梯子间卡电缆。

若电缆设计位置不在梯子间，则把电缆盘放在吊盘上，电缆从井口开始连卡三道，然后电缆随吊盘从上往下一边放一边卡，直至卡完。利用吊盘敷设电缆时间短、质量好，安全可靠性高。

电缆采用稳车下放时，应选用不旋转钢丝绳，钢丝绳安全系数大于 6。钢丝绳与电缆每间隔 12 m 采用钢制特殊电缆夹固定牢靠，中间每隔 4 m 用麻绳绑扎牢固。电缆头要有不小于 80 kg 的重锤导向，作为电缆下放过程中的导向。

电缆采用吊盘下放时，电缆按六、五、四层吊盘的顺序进行盘放，电缆在吊盘上摆放形式为圆形。电缆盘放时，要根据电缆弯曲形式顺势摆放，防止电缆打绞。电缆在每两层吊盘中间要与吊盘立柱绑扎牢靠，在一至三层吊盘上将电缆卡在电缆支架上。

5. 扁尾绳下放

扁尾绳盘放在吊盘上，要把尾绳端头与尾绳连接装置连接好，并固定在套架底框梁上，利用吊盘下落把尾绳敷设在井筒中，为以后挂绳挂罐做好准备。若圆尾绳直接盘到稳车上下放，则应按以下方法操作：

(1) 尾绳按六、五、四层吊盘的顺序进行盘放，尾绳在盘面的摆放形式 S 形，尾绳盘放时要保证不转圈。

(2) 尾绳在每两层吊盘中间要与吊盘立柱绑扎牢靠。

(3) 盘放尾绳时，每两层尾绳之间要用木板隔开，防止尾绳搅乱缠绕。

(4) 尾绳下放过程中，要用麻绳将尾绳绑扎在井筒内梯子间钢梁或托架上。

6. 井口套架安装

对于井塔式提升形式，井上套架安装无法采用整体组装和吊装时，可采用六层专用吊盘进行安装；对于井口范围较小，无法使用吊车整体吊装或组装井口套架时，也可采用六层专用吊盘安装。

首先，利用第六层吊盘安装井口套架底框梁，利用六层吊盘从下到上安装套架四周框架立柱和横梁，从上到下安装套架中间梁和罐道；到下部后拆除三到六层盘，用二层吊盘安装套架中间梁和罐道；最后，拆除吊盘。

7. 六层专用吊盘测力测速及防绞车过放技术的应用

为了达到本质安全型施工，保证施工过程设备安全运行，在井筒装备施工中，六层专用吊盘钢丝绳连接轴采用轴销式测力装置，用于测定吊盘钢丝绳受力大小，以便及时调整，使钢丝绳受力不均匀度小于15%。

在井筒装备施工期间，吊盘在井筒内的位置是变化的，下过卷开关无法安装。为了确定吊盘在井筒内的具体位置，防止绞车提升过放，在六层吊盘钢丝绳上连接的测速装置可显示吊盘在井筒内的深度，作为绞车司机确认吊盘位置的一个辅助参考。测速装置与提升绞车控制系统相连，既能根据吊盘位置调整绞车运行速度，加快下料速度，又能防止绞车运行到吊盘位置后过放，消除了绞车在井筒装备施工期间的过放隐患。

（三）劳动组织

利用六层吊盘进行立井井筒机电安装施工，可加快安装速度，保证安全施工，提高安装质量，缩短安装工期。劳动组织采用固定工序循环作业和专业工种计件工资制，以充分调动工人的积极性。例如，山东省某煤矿副井井筒装备安装，比传统方法提前36天完工，施工人员在高峰时只需要49人，劳动组织表见表9-2。

表9-2　立井井筒机电安装劳动组织表　　单位：人

工种	施工阶段		
	施工准备	井筒施工	大临设施拆除
安装工	4	12	4
电工	4	6	2
起重工	3	6	4
电焊工	6	6	4
绞车工	2	6	2
信号把钩工		9	
专职安全员	1	1	1
瓦检员	2	3	1
合计	22	49	18

六、材料与设备

根据六层吊盘安装立井井筒装备各环节施工的要求，并考虑能充分发挥施工设备的使用效率，经工程实践总结，立井井筒机电安装主要设备、材料见表9-3。

表 9-3　立井井筒机电安装主要设备、材料表

序号	设备名称	规格型号	备注
1	主提升绞车	FTKD-P-E-2.0	
2	稳车	JZ-16/800、JZ-10/600	
3	电焊机	BX3-500	
4	圆形小罐笼	ϕ1 100 mm×2 200 mm	
5	六层吊盘		
6	集中控制台		
7	光学经纬仪	J2	
8	光学水准仪	S3	
9	手动葫芦	2 t、3 t、5 t	
10	主提升钢丝绳		根据工程需要选型
11	吊盘钢丝绳		根据工程需要选型
12	夺罐道及管子钢丝绳		根据工程需要选型
13	罐道钢丝绳		根据工程需要选型
14	压风机	6～9 m^3/min	螺杆式

七、质量控制

（一）质量标准

按行业标准《煤矿设备安装工程质量验收规范》(GB 50946—2013)中的有关规定执行，主要内容如下：

(1) 罐道及罐道梁的加工(如组合罐道)

罐道梁的加工要求：罐道梁的直线度允许偏差为 0.05%，缺口板的缺口宽度及两缺口底边距离、同一根梁安装两根罐道时缺口板中心距允许偏差均为±0.5 mm，上下缺口板焊接位置的错动允许偏差均为 0.5 mm。

罐道的加工要求：组合罐道的直线度允许偏差为 0.1%且不大于 7 mm，组合罐长度、断面的垂直度允许偏差均为±1 mm，端面垂直度允许偏差为 1%。

(2) 罐道梁及罐道的安装

罐道梁的安装要求：钢轨罐道的罐道梁缺口板中心线与设计一致、偏差为±1 mm，同一提升容器两罐道梁缺口板中心线的水平间距偏差为±2 mm 等。

罐道的安装要求：组合罐道垂直度为±7 mm，同一提升容器两罐道面的水平间距偏差为±7 mm，同一提升容器相对两罐道中心线的重合度偏差小于 6 mm。

（二）工程质量管理体系

施工人员按以上标准进行施工；四根钢线是井筒各构件安装的基准线；六层吊盘在不同高度、不同位置为钢线施工及检查提供了保证。

每班具体做法如下：每班质检员全程跟班监督及检查，每层作业盘上的各道工序施工完成后进行自检，合格后由技术员和队长进行队检；一个小班施工结束后，由队长、监理工程师及甲方代表对小班施工的所有项目进行全面检查验收;合格签字认可后,作为移交资料。

八、安全措施

(一) 安全机构

由项目经理领导,以安全副经理及专职安全员为主,安全网员、班组兼职安全员、青年岗员组成"专管成线,群管成网"的安全机构。通过层层把关,把不安全的因素及安全隐患消除在每道工序中,从而大大降低事故发生的概率。这也为在保证施工质量的前提下,采用数道工序平行作业、进行快速施工提供了有力保证。

(二) 安全技术措施

(1) 开工前,应组织有关人员对所有施工场所进行全面检查,发现问题及时处理。对所有吊具、索具、设备及临时防护设施进行认真检查。所有提升绳按要求进行试验,缠绳时要逐根检查,并在检查记录上签字。不合格不得使用。

(2) 吊盘设计时应对关键部位进行选型计算,吊盘立柱增加保险绳连接,组装后认真检查各连接点。每天交接班时,要对吊盘进行安全检查,确保吊盘处于安全状态。

(3) 下井人员必须穿戴合格的安全带、胶靴、矿用安全帽及合格的矿灯。

(4) 严禁施工人员酒后上岗,身体不适不能下井,除电焊工外其他人员不得带明火及火种下井。

(5) 井盖门随开随关。封口盘范围内杂物要及时清理,井口、现场保持整洁干净。

(6) 禁止吊盘和绞车同时运行。起落吊盘后信号工应及时通知绞车工吊盘起落高度,绞车司机随时在深度指示器上和提升绳上做标记。

(7) 井筒施工期间,井口信号室与井下吊盘信号室、绞车房应设有声光信号发射装置,井口房信号室与绞车房、井下吊盘信号室应设通信联络装置。

(8) 所有电气设备的金属外壳必须有良好的接地装置。

(9) 井筒作业、地面运输、提升和下料等工作,应设专人统一指挥,所有人员必须服从命令,听从指挥。

(10) 吊盘在井筒作业时,上下人和下料时应通知下层盘施工人员做好准备。

(11) 井口提升孔两端口应设可以开闭的栏杆,栏杆下部密封长度不低于300 mm,以防坠物、坠人。

(12) 提升机在不同阶段应采用不同速度,严禁超速运行。

(13) 人员上下罐时,应等罐停稳,井盖门关闭后上下。上下人员和物料时,当钩头起升1 m高度时,需停车检查钩头和吊挂物,牢固后再打开井盖门下放。

(14) 乘罐时,罐内人员头、手不得伸出罐外,不得人货混装。

(15) 井筒内安装尽量减少烧焊作业;需烧焊作业时,应编制符合《煤矿安全规程》要求的井筒烧焊专项措施,并报矿方有关单位审批后执行。

九、环保措施

生活区要做到以下几点:

(1) 生活区要保持清洁,生活垃圾要集中放置和处置,生活污水要统一排放到矿方安排的地方。

(2) 办公室图表资料张贴整齐,字迹清晰,表格齐全。

(3) 改善施工驻地环境,做好绿化。

施工现场要做到以下几点:

(1) 施工现场挂设"五牌两图"和应急救援预案流程图。

(2) 建立文明施工责任制,明确负责人;采用挂牌作业,做到现场清洁整齐。

(3) 施工过程中要经常整理打扫。工程结束后,施工现场要彻底打扫干净,不留污物,做到工完料净场地清。

(4) 施工现场临时设施、设备和材料按施工平面图布置堆放整齐,标示明确。

(5) 施工机械安装、运行、维修时要保证污染物不外泄。

(6) 现场要有足够的灭火器材。

十、效益分析

按照立井井筒机电安装施工工法组织施工,其速度、工效及质量都有很大的提高,以山东某煤矿副井井筒装备为例分析如下:

副井井筒装备所有构件重 6 201 t、玻璃钢重 77 t,总造价为 1 170 万元。井底装备安装定额为 6 035 个工日,项目部施工人员有 87 人,实际井底装备安装用了 21 d,为 1 827 个工日,是定额工日的 30.27%。井筒正常段装备安装定额为 10 321 个工日,实际井筒正常段安装用了 35 d,实际用了 3 045 个工日,是定额工日的 29.5%。采用该工法施工取得了良好的经济效益和社会效益。

十一、工程实例

【实例 1】

某煤矿副井井筒井深 949 m,井筒直径为 6 m。正常段装备有梯子间 183 层,层间距为 5 m。井筒内布置有 180 mm×180 mm×10 mm 方钢罐道四趟,ϕ325 mm×20 mm 排水管路两趟,ϕ194 mm×6 mm 压风管路一趟,托管梁 20 道,MYJ42/8.7/15kV3×120 mm^2 动力电缆四根,信号、通信、监控电缆三根。井下部装备有井底金属支持结构及四角稳罐罐道、井底防扭结梁及防砸护板、井底防过放缓冲装置及井底望板、淋水棚等工程。该工程用立井井筒机电安装施工工法施工,从 2006 年 4 月 20 日开始安装井底下部装备,于 5 月 5 日结束下部装备安装,仅用时 21 d(五一劳动节休息三天除外)。5 月 6 日开始安装井筒正常段,于 6 月 9 日结束井筒正常段安装,用时 35 d。每小班平均安装两层梁(含托管梁),包括这两道梁之间的梯子间、罐道、管路及电缆托架等。一个圆班安装六层梁,平均日成井近 30 m。没有发生任何事故,经建设单位及监理验收评为优良工程。

【实例 2】

郑州市某煤矿主井,井深 255 m,井筒直径为 4 m。正常段装备有梯子间 48 层,间距为 5 m。井筒内布置有 30 kg/m 的钢轨罐道四趟,动力电缆两根;井下部装备有井底金属支持结构及稳罐罐道、计量斗、检修平台、井底防撞梁、防过放缓冲装置等。用立井井筒机电安装施工工法施工,从 2006 年 2 月 2 日开始安装,仅用 20 d 完成全部施工任务。

【实例 3】

山东临沂某煤矿副井井筒，井深 717.5 m，井筒直径为 6 m。正常段装备有梯子间 121 层，层间距为 6 m。井筒内布置有 180 mm×180 mm×10 mm 方钢罐道四趟，ϕ273 mm×20 mm 排水管路两趟，ϕ194 mm×6 mm 压风管路一趟，ϕ133 mm×6 mm 洒水管路一趟，托管梁 12 道，MYJ42/8.7/15kV3×120 mm^2 动力电缆两根，信号、通信、监控电缆三根；井下部装备有井底金属支持结构及四角稳罐罐道，井底防扭结梁及防砸护板，井底防过放缓冲装置及井底望板、淋水棚等。该工程用立井井筒机电安装施工工法施工，从 2006 年 4 月 8 日开始安装井底下部装备，于 4 月 22 日结束下部装备安装，用时 15 d；4 月 23 日开始安装井筒正常段，于 5 月 25 日结束井筒正常段安装，用时 30 d(五一劳动节休息三天除外)。每一个圆班平均安装四层梁(含托管梁)，包括这两道梁之间的梯子间、罐道、管路及电缆托架等，平均日成井近 24 m。没有发生任何事故，经建设单位及监理验收评为优良工程。

第二节　立井井筒罐道及罐道梁快速更换施工工法

一、概述

立井提升时容器沿罐道运行，罐道分为刚性罐道和柔性罐道，在煤矿中以刚性罐道为主。我国 20 世纪 70～80 年代投产的煤矿，随着矿井开采时间的增加，由于井筒中环境劣化、锈蚀及罐耳的磨损等原因，罐道发生损坏。在淋水、进回风等影响下，罐道梁、梯子间、管路等构件锈蚀严重。为确保安全运行及矿井的正常生产，需要拆除和更换井筒罐道及罐道梁，以确保提升容器的安全运行和井筒装备构件的安全使用。

由于井筒是整个矿井的咽喉，不允许长时间停产，给更换增加了难度。立井井筒装备安装时，是利用在井筒中悬挂的施工吊盘，由提升机下放构件进行安装的。如果再用这种施工方法进行井筒装备的更换，在正常生产的矿井中就不具备悬挂吊盘进行施工的条件。

如果在井筒中安装施工吊盘，必须将提升容器拆除，这项工作极其复杂、难度大、安全隐患多，重新安装不但施工工期长，而且现场窄小无法布置设备，并且影响矿井正常生产。此外，生产辅助用的永久建筑、运输系统、道路、栈桥、管线等占据了临时凿井绞车的安装空间，使凿井绞车的安装极为困难。

更换立井井筒罐道和罐道梁的方法有多种，如采用常规方法施工，不仅施工工期长而且费用也相当高。近年来某单位通过摸索、实践，根据井筒条件、罐道及罐道梁和其他构件特点，总结出一套成熟的立井井筒罐道及罐道梁快速更换施工工法。该工法的关键技术，通过了中国煤炭建设协会组织的技术成果鉴定，具有很好的推广运用价值。

二、工法特点

立井井筒罐道及罐道梁快速更换施工工法具有以下特点：

(1) 施工操作简单、速度快

立井井筒罐道及罐道梁或其他构件更换时，只需在罐笼(箕斗)上方安装三层施工平台，在地面布置一台凿井绞车，即可进行立井井筒构件的更换。该工法每小班可更换罐道 8 根，或更换 2 根罐道梁，施工速度快。

(2) 矿井正常生产

立井井筒装备构件的快速更换不影响矿井生产，每天在 8 h 内可更换 2 层，其余时间矿井可正常提升，保证矿井正常生产。该方法施工安全、便捷，在矿井井下发生突发事件时，能及时恢复到运行状态，使事件得以较快地处理，保证矿井的安全生产。

(3) 施工安全

由于在上层施工平台上安装了临时罐耳，保证了施工平台在罐道中随原有提升容器安全运行。由于有施工平台，人员在施工平台上进行构件更换工作时有安全保障。

(4) 经济合理

由于在立井井筒罐道及罐道梁更换过程中只需安装三层施工平台和一台凿井绞车，节省了临时提升机、临时吊盘和悬挂吊盘的凿井绞车，省去了设备和材料的租赁费、临时设备基础施工费用及临时设备、材料的吊装、运输等费用，只发生少量的设备租赁费和人工费；可节省施工准备工期和后期恢复工期 15～20 d；矿井可正常生产，经济效益和社会效益较好。

(5) 施工安排灵活

更换立井井筒罐道及罐道梁，可全天、半天或每天一个班间歇更换，既可集中更换也可每天逐段更换，施工安排灵活简便。

(6) 应用范围广

该工法可用于立井井筒罐道、罐道梁、管路等构件的更换，适用性强、应用范围广。

三、适用范围

该工法适用于立井井筒罐道、罐道梁、管路、梯子间、电缆、托架等构件的更换。

四、工艺原理

在立井提升容器(罐笼或箕斗)上设置三层组合式施工平台，在地面布置起吊机具，将需要更换的新罐道、罐道梁等构件固定在施工平台上。通过永久提升机下放罐笼或箕斗，带动平台和构件到需要更换的位置；人员在平台上利用手拉葫芦或凿井绞车提升构件，进行更换；将旧的构件通过施工平台提升到井口。

五、工艺流程及操作要点

(一) 工艺流程

施工准备→临时施工平台安装组装→新井筒装备构件吊装到平台上固定→提升罐笼(箕斗)运行到需更换的构件处→拆除旧构件并将其分别固定到临时施工平台上→安装新构件→将拆除的构件升井→拆除影响矿井正常提升的施工平台→矿井正常生产。

(二) 操作要点

1. 施工准备

(1) 构件加工编号

首先对立井井筒需要更换的罐道、罐道梁及其他构件，根据实测距离和长度进行加工编号；并在井口对罐道、罐道梁堆放排序，保证施工时能方便快速地找到需要安装的罐道及罐道梁。

(2) 稳车、调度绞车布置

在井口的一侧选用一台JZ-10/800A型凿井绞车作为拆除及安装罐道及罐道梁吊装之用,稳车采用井口远程控制和就地控制方式。注意检查钢丝绳磨损情况,如出现断丝、破股等情况应及时更换;缠绳时,每层加垫扁钢(6 mm×200 mm×1 200 mm)6块,防止钢丝绳排列不整齐而出现钢丝绳相互挤压的现象。在井口布置JD-11.4型调度绞车一台,缠6×19-ϕ15.5-1670的钢丝绳150 m。通过井口立架上方挂设的5 t滑车导向,作为井口吊装罐道及罐道梁和其他构件用。具体设备布置如图9-1所示。

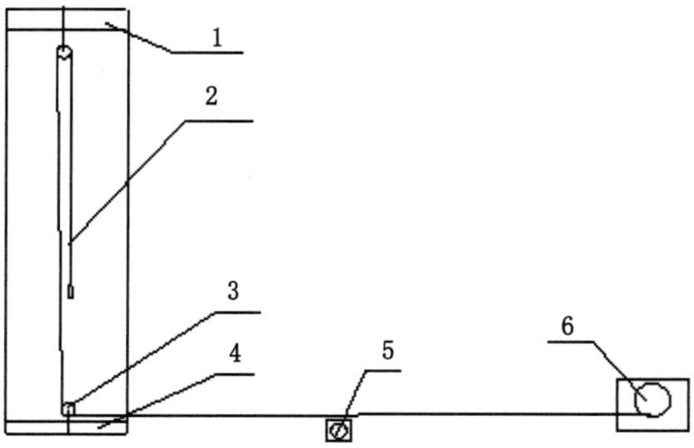

1—立架防撞梁;2—罐道及罐道梁提升绳;3—导向滑车;4—立架底梁;5—井口调试小绞车;6—凿井绞车。

图9-1 井口凿井绞车和调度绞车布置示意

(3) 施工平台加工、组装

根据罐笼(箕斗)尺寸加工三层分片组合式施工平台一套。为了便于安装,施工平台沿提升钢丝绳分为两片,两片间通过联系梁用螺栓连接固定;施工平台立柱与罐笼上平面采用焊接固定,平台最上平面用绳卡与主提升绳连接可靠。平台上的铺板与连接梁之间焊接牢固,不得出现漏焊;罐笼(箕斗)正常运行时,铺板不得出现震动及撞击的声音。

罐笼(箕斗)上方要设置罐道及罐道梁固定挡板;在各层施工平台固定罐道及罐道梁的位置上焊接角钢,用来挡住准备安装和拆除的罐道及罐道梁,防止在运行中摆动;在第一层施工平台上焊接好临时罐耳,便于施工平台沿罐道滑行。在各层吊盘上安装防护栅栏,栅栏与立柱之间焊接牢固。施工平台的层间距与罐道梁层间距相同。

根据井筒罐道梁布置情况,还需在施工平台上增加活动伸缩平台一套。采用伸缩梁和钢挑板搭建,伸缩梁铰接在罐笼(箕斗)顶部和施工平台上。

在副立井井筒罐道及罐道梁更换时,如果副立井井口立架高度较低,无法保证罐笼(箕斗)的正常提升高度,需将上层平台加工成分段活动平台并与下层平台用螺栓连接,便于每班施工时安装和拆除上层平台。施工平台如图9-2所示。

罐笼(箕斗)各层施工平台的作用:罐笼(箕斗)内存放乙炔瓶,罐笼(箕斗)上平面放氧气瓶;上面三层平台边侧和罐笼(箕斗)顶部平台用于捆绑固定罐道和罐道梁及其他大长型构件;各施工平台上堆放小型构件和设备及拆除的小型构件;施工平台栏杆用于安全防护;施工人员站在各施工平台上进行罐道及罐道梁更换。施工平台立柱上要焊接好供施工人员上下的临时爬梯。

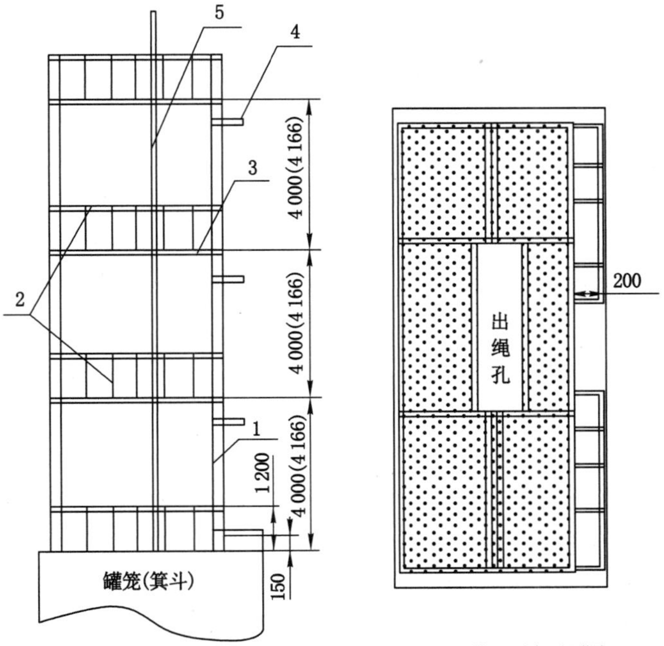

(a) 施工平台立面图　　(b) 施工平台平面图

1—平台立柱;2—平台栏杆;3—平台板及支撑件;4—固定罐道及罐道梁角钢;5—罐笼(箕斗)主提升钢丝绳。

图 9-2　施工平台示意

(4) 电力、通信布置及控制

更换罐道及罐道梁采用矿灯照明。施工前沿罐道梁托架敷设一趟 2 mm×1.5 mm 的电话线,并用棕绳固定在托架的锚杆上。电话线不得过松,以防罐笼(箕斗)运行时,与罐笼(箕斗)相碰。更换罐道及罐道梁时,同时配备一副对讲机,实现双信号通信。

立井井筒罐道及罐道梁和其他构件更换需要焊接时,需在井口增加一台 JZ-10/800A 型凿井绞车。布置一台带检漏继电器的 KBD-80 开关,选用一根 3×25+1×15 mm 的电缆从井口开关引入。利用凿井绞车带动电缆下放,用于电焊机的电源接入。

更换罐道及罐道梁需要升降施工平台时,施工平台上的信号工通过电话(对讲机)向井口的信号工发送提升机的升降信号,井口信号工向井口信号室内的信号工发送提升机的升降信号进行升降提升机。发送信号要清楚、准确,升降提升机要平稳,速度控制在 1.5 m/s 以内。

罐道及罐道梁升降时,由施工平台上的信号工通过电话(对讲机)发送升降信号,由井口信号工控制井口凿井绞车的升降。

(5) 井筒内杂物的清理

施工前,应将立井井筒内罐道梁、托架上的杂物清理干净,防止施工时坠落伤人。

(6) 基线设置

根据工程施工需要在井口布置罐道梁和罐道及其他构件安装用的基准线,具体基准线数量根据更换罐道及罐道梁的位置和数量确定。

2. 拆除及安装

首先对旧的罐道及罐道梁进行拆除,然后安装新的罐道及罐道梁;所有构件安装完毕后进行检查，合格后方可使用。

（1）构件下井

将罐笼（箕斗）上平面下降至与井口平齐的位置，利用井口调度绞车将需要安装的罐道或罐道梁分别吊起装入施工平台；然后，将罐道或罐道梁分别用钢丝绳索固定在施工平台上的角钢处，罐道或罐道梁中间与中层施工平台用棕绳绑扎牢固；更换罐道梁时，需把伸缩梁铰接到施工平台上并将伸缩平台的挑板放在平台上。开动永久提升机下落罐笼（箕斗）带动施工平台和罐道或罐道梁至需要更换的位置。将地面凿井绞车上缠绕的钢丝绳及钩头同时下放至该位置。如需要焊接，则用凿井绞车将动力电缆下放到与施工平台相同的高度，接好电焊机。

拆除旧罐道或罐道梁的氧气瓶和乙炔瓶分别放在施工平台最下层和罐笼（箕斗）内。

（2）罐道梁的拆除和更换

罐道梁的拆除及更换计划每班 8 h 拆除和安装 2 根。作业前做好准备工作，将准备安装的罐道梁运至井口不影响通行且方便吊运的位置。拆除旧罐道梁前，把铰接在施工平台上的伸缩梁抽出，铺好钢挑板，用螺栓连接成临时伸缩平台。先将作业层托架和罐道梁上的杂物清理干净；清理时不得将杂物随意丢弃，应放到事先准备好的杂物桶内，升井后倒入指定的垃圾堆放处。用凿井绞车挂好被拆除的旧罐道梁，拆卸掉罐道卡或螺栓；同时用氧气把罐道梁两头的连接螺栓割掉，开动凿井绞车提起旧罐道梁，放在施工平台上固定牢靠。

将吊装用的凿井绞车绳钩头与新的罐道梁连接好，将新罐道梁吊住，拆除新罐道梁与施工平台的连接；用凿井绞车将新罐道梁吊到安装位置，找正后与托架连接紧固，并将新罐道梁与罐道连接好。

拆除临时伸缩平台，开动永久提升机把罐笼（箕斗）下放到另一罐道梁拆换位置，用同样方法拆换下一道梁。两道梁拆除完，收好施工临时伸缩平台，开动永久提升机把罐笼（箕斗）提到井口，卸下旧罐道梁、钢挑板等，一小班作业结束。

（3）罐道的拆除和更换

罐道的拆除及安装计划每班 8 h 拆除和安装 8 根。作业前做好准备工作，将预安装的罐道运至井口不影响通行且方便吊运的位置。拆除旧罐道前，先将作业层托架和罐道梁上的杂物清理干净；清理时不得将杂物随意丢弃，应放到事先准备好的杂物桶内，升井后倒入指定的垃圾堆放处。

罐道拆除或更换时，每层施工平台上限两个人作业。将准备拆除旧罐道最上面一层的罐道板与罐道梁的连接罐道卡或螺栓拆除，将吊装罐道的凿井绞车绳钩头与旧罐道用卸扣连接好，开动提起凿井绞车使其受力，停车后，拆除旧罐道其他处的连接。

若连接螺栓锈蚀严重，可用气割割除，割除后将其冲出并用铁皮接住，防止坠入井筒内砸坏电缆等构件；再将旧罐道提出放在罐笼（箕斗）上，下端要放在挡板内、上端用棕绳固定在施工平台的横梁上。拆除的废旧螺栓不得随意丢弃，要集中进行收集存放。

将吊装用的凿井绞车绳与新罐道连接好、吊住，拆除新罐道与施工平台的连接；用凿井绞车将新罐道吊到安装位置与罐道梁连接，穿好螺栓；根据安装基线检查罐道的位置偏差，并进行调整，合格后将螺栓拧紧。

开动永久提升机把施工平台吊装到另一根罐道拆换位置，拆换下一根罐道，依次把带下井的新罐道更换完为止。新罐道换完后，把施工平台提到井口，卸下旧罐道，装上新罐道，即可进行下一个循环作业，直到换完一个提升期间的全部罐道。

(4) 施工平台拆装到另一提升侧的罐笼(箕斗)上，如果两侧提升容器不一样宽时，根据实际宽度进行施工平台改制，用同样方法组装施工平台、拆换罐道及罐道梁。

(5) 安装罐道及罐道梁时，施工人员要将工器具用短绳系在施工平台的栅栏上，防止坠入井筒内；穿螺栓时，应将螺栓拿稳，防止坠落；人员在施工平台上作业时应戴好安全帽，系好安全带，配齐防护用品。

(6) 构件安装完后，要再次检查旧构件的绑扎情况；确认稳妥固定后，通过信号将旧构件上提到井口；用井口的调度绞车将旧构件提出井口，装车运到旧构件堆放处。

(7) 罐道梁和罐道也可以在同一小班内更换。待竣工验收后，在井口拆掉施工平台及其他辅助设施。

(三) 劳动组织

本工程劳动组织根据矿井检修安排，在不影响生产情况下一般是单班 6～8 h 工作，其中提升机司机一般由矿方负责。劳动组织表见表 9-4。

表 9-4　立井井筒罐道及罐道梁快速更换劳动组织表

序号	工种	人数/人
1	钳工	2
2	电工	2
3	电焊工	1
4	起重工	1
5	信号工	1
6	把钩工	1
7	小绞车工	1
8	技术员	1
9	辅助工	2
10	管理人员	2
合计		14

六、材料与设备

立井井筒罐道及罐道梁快速更换技术主要使用施工平台 1 套、JZ-10/800A 型稳车 1 台、JD-11.4 型调度绞车 1 台和矿井永久提升系统等设备。

(1) 稳车布置

稳车的规格型号应根据提升钢丝绳上的最大载荷来确定。选择时载荷不得超过凿井绞车最大提升能力的 80%，钢丝绳的偏角不得超过 2°30′。

(2) 施工平台安装

施工平台要根据罐笼(箕斗)的形状和外形尺寸进行加工。罐笼(箕斗)顶部 150 mm 处要在方便罐道及罐道梁安装附近设置固定挡板,各层平台下要有固定角钢;除罐笼(箕斗)顶与平台立柱采用焊接连接外,各平台和立柱及立柱之间采用螺栓连接,便于组装和拆除。

(3) 施工设备

施工用的主要设备、材料见表 9-5。

表 9-5　立井井筒罐道及罐道梁快速更换主要设备、材料表

序号	设备名称	规格型号	单位	数量	备注
1	吊车	12 t	台	1	地面吊装
2	稳车	JZ-10/800A	台	1	
3	调度绞车	JD-11.4 kW	台	1	
4	滑车	H5×1D	只	4	
5	卸扣	5 t、3 t、2 t	只	各 4	
6	施工平台	三层	套	1	根据设计
7	钢丝绳	6×19-28-1770	m	800	根据井深
8	钢丝绳	6×19-15.5-1670	m	150	
9	交流电焊机	BX1-500	台	2	焊接时用
10	钢丝绳套	ϕ15 mm,2 m、3 m、4 m	根	2	
11	气割工具		套	2	
12	电焊线	50 mm^2	m	100	
13	钢卷尺	30 m	把	1	
14	钢卷尺	5 m	把	4	
15	角尺	500 mm×300 mm	把	4	
16	活口扳手	12″	把	6	
17	活口扳手	15″	把	2	
18	梅花扳手	30～32	把	4	
19	棕绳	ϕ20 mm	m	150	
20	手拉葫芦	5 t	个	2	
21	对讲机		对	2	
22	防爆电话		台	2	
23	尖锥		把	4	
24	手锤		把	4	
25	大锤	18 磅	把	2	

七、质量控制

罐道及罐道梁的更换安装质量必须符合《煤矿设备安装工程质量验收规范》(GB 50946—2013)的规定。质量保证的主要措施如下。

1. 组织保证措施

(1) 施工部设立工程质量检查小组。设专职质检员，对施工过程实行质量检查控制，严把每一道工序的质量关。

(2) 配合建设单位进行施工质量的监督检查。

2. 技术保证措施

(1) 开展质量教育，提高员工素质。广泛开展“质量第一”普及教育和职工专业技术教育活动，组织员工学习规程、规范、质量标准等，把各项工程的施工技术安全措施、质量保证措施作为重点进行编制并组织职工学习。

(2) 对持证上岗的工种，做好技术培训。对合格证超期的工人，必须重新考试，合格后方准上岗。

(3) 施工前对质量进行预控。认真学习图纸，领会设计意图，进行技术交底，明确质量标准；做好施工技术安全措施的编制与贯彻工作，对将要施工的工程关键部位、关键工序，分析作业条件，预计可能出现的问题，对其进行预防性控制。

(4) 施工中控制质量。严格执行检查验收制度，对于每一道工序的施工质量均进行跟班检查，并做好原始记录，并在下一道工序施工前通知建设方进行检查验收，及时办理签证手续。对出现的不合格项，要按照不合格控制程序处理。

(5) 及时进行质量分析、总结。对成功的经验及时推广；对施工中出现的质量问题，要分析原因，提出解决办法及整改意见，整改落实到位。

(6) 加强施工技术管理，严格执行各项技术制度。

八、安全措施

立井井筒罐道及罐道梁更换工程每天一班施工，时间一般为 8 h，项目经理和安全人员要跟班管理。工程施工期间，严格遵守《煤矿安全规程》，按照各项安全规定执行。

(1) 在整个施工期间，井上、下口周围设立安全警戒区，并安排专人看护，防止非施工人员进入施工现场。现场设立明确的行走路线指示图，以保证整个工程施工可以安全进行，每班要及时清理干净井口周围杂物。

(2) 施工现场应准备好瓦斯检测仪，施工时分别在井上口、作业层、井下口测量瓦斯浓度。当瓦斯超限时停止施工，施工人员立即撤出作业地点，同时向矿方值班人员汇报。

(3) 使用伸缩活动平台和施工平台前，确保各连接点及吊挂点安全可靠。

(4) 所有设备每班施工前检查一次，发现问题及时处理，处理不好不得施工；安装凿井绞车紧急停车装置，实现本质安全。

(5) 施工平台各层上的材料、工具放置整齐，固定好，防止掉到下层平台；工具和零件必须手递手传递，严禁抛扔。

(6) 施工前要先检查锈蚀严重的罐道梁，安全后才准挂手拉葫芦或上人工作。

(7) 施工平台带罐道及罐道梁下井时，要固定牢固，防止坠入井筒引发生产事故。

(8) 井筒至井口、井口至车房的信号要由专人发送，信号不清严禁开车。

(9) 施工作业前必须根据永久提升机的提升能力和主提升绳的安全系数进行校核，确保提升机的净张力差在许可值范围内，否则要在另一侧提升容器内加装适当的配重；同时，确保主提升绳的安全系数符合要求。

(10) 施工项目部每周召开安全隐患排查和风险预警专题会，每天召开班前会。将工作中的注意事项告知每位工人，在施工中加以防范，派专职安全员全程盯防。施工项目部成立平行作业协调小组，每天参加矿方组织的工程协调会，确保施工安全和施工顺利进行。

九、节能环保

在施工过程中，严格遵守国家和行业(地方)有关节能、环境保护法规中所要求的各项排放指标规定，减少施工噪声，减少大型设备使用时间，以降低空气污染程度。

稳车全部采用集中控制和变频技术，以减少岗位人员及对电网的冲击，同时节省电能消耗，减少污染物的排放和能源的消耗。

十、效益分析

采用该工法更换立井井筒内罐道及罐道梁和其他构件，与国内其他技术相比，具有施工人员少、机索具少、更换构件速度快、可操作性强、安全可靠性高、质量容易控制、不影响矿井正常生产等优点，经济效益和社会效益突出。

(1) 采用常规方法施工费用

采用立井井筒装备安装的施工方法进行井筒罐道及罐道梁的拆除，需增加临时提升机、稳车、施工吊盘、吊桶和器材租赁费用(一个月约 7 万元)，设备基础及设备安装与拆除费用(60 万元)，总计 67 万元。如矿井为缠绕式提升机，则可利用矿方提升机进行提升，减少提升机安装和拆除费用，总计费用约为 26 万元。如采用常规施工方法，则施工期间设备用电量多、准备期长，施工期间三个班进行施工，矿井需停止生产，影响矿井出煤，社会效益较低。

(2) 采用立井井筒罐道及罐道梁快速更换工法费用

施工平台加工和安装费用 3.5 万元、临时凿井绞车布置拆除费用 2 万元、设备材料租赁费用每月 5 000 元，按一个矿井全部更换需 3 个月计算，设备费用总计 7 万元。施工期间设备用电量少、施工延续时间长，矿井可正常生产出煤，社会效益较好。

(3) 结论

通过对两种方法比较，施工人员工资支出费用基本相同，施工质量和安全均有保障。但是用立井井筒罐道及罐道梁快速更换工法可节约 60 万元。如用矿方缠绕式提升机则节约 19 万元。该工法施工准备时间短，延续时间较长，但不影响矿井正常生产，而且节能环保、社会效益显著。

十一、应用实例

【实例 1】

河南神火集团某煤矿主井井筒罐道及罐道梁拆除更换工程：井筒直径为 3 500 mm、井深 252 m，拆除旧罐道并安装新罐道 90 根，更换罐道梁 5 层，罐道梁缺口板 65 层。工程于 2009 年 9 月 17 日开工，每天施工时间为 8 h。施工中采用在箕斗顶部安装三层组合式施工平台，上层平台安装临时罐耳；在地面布置一台 10 t 稳车，用于罐道及罐道梁构件拆除和安装时的吊装。由于采用了新工艺，比合同工期 11 d 提前 1 d 完工。在井筒装备构件更换施工期间矿井正常安全生产，罐道和罐道梁更换后运行正常。

【实例 2】

大屯煤电公司某煤矿 2# 副井井筒罐道、罐道梁、玻璃钢梯子间拆除更换工程：井筒直径为 6 800 mm、井深 687 m，玻璃钢复合材料梯子间 166 层，冷弯方钢罐道四趟，井筒为进风井，有淋水，罐道磨损严重，要更换罐道 96 根、玻璃钢梯子间 166 层、罐道梁 332 根。2009 年 11 月 8 日开始更换，每天施工时间为 8 h。施工中采用在罐笼顶部安装三层分片组合式施工平台，上层平台安装临时罐耳，每层平台距离为 4 m，与罐道梁层间距相同，在地面布置一台 10 t 稳车用于罐道及罐道梁、梯子间构件拆除和安装时的吊装。由于采用了新工艺，在井筒装备构件更换施工期间实现了安全生产，确保了矿井正常生产，工期减少 6 d。罐道和罐道梁更换后，运行正常，梯子间更换符合矿方要求。

【实例 3】

山东鲁泰集团某煤矿是一座设计年生产能力为 90 万 t 的矿井，主井井筒直径为 4 500 mm，由于井筒内罐道和罐道梁锈蚀，罐道磨损严重。2007 年 2 月 20 日开始更换 38 kg/m 钢轨罐道共 1 120 m，Ⅰ25 工字钢罐道梁共 67 层。施工中采用在箕斗顶部安装三层施工平台的方法，每层平台间距为 4.166 m，与罐道梁层间距相同，在地面布置一台 10 t 稳车用于罐道及罐道梁的拆除和安装时的吊装。在更换罐道及罐道梁期间，主井井筒为施工、生产两用，施工时间为每天 12 h、矿井生产时间 12 h。该工程在春节期间进行施工，不影响矿方正常维修和运煤，在整个施工过程中无安全事故发生。在罐道及罐道梁更换过程中，由于采用了新技术和新工艺，比合同工期提前 3 d 完工。罐道和罐道梁更换后，均运行正常，为矿井安全生产奠定了基础，也产生了良好的社会效益和经济效益。

副井井筒直径为 5 000 mm，布置有 91 层Ⅰ25 工字钢罐道梁，四趟钢轨罐道，每趟 387 m。由于井筒沉降引起罐道梁、钢轨罐道、消防洒水管路井筒在井筒内偏移，罐道最大偏移 69 mm、罐道梁最大偏移 55 mm、管路最大偏移 200 mm，罐道和罐道梁的偏移影响了罐笼的安全运行，需对罐道和罐道梁进行调整；井底有 120 m 罐道及连接的罐道梁锈蚀、变形、磨损需更换。井筒内管路和梯子间由于井筒沉降变形，部分管路锈蚀严重，需更换梯子间 20 层；原 D108×6 mm 洒水管路拆除更换为 D159×6 mm 管路，共 400 m。原井筒增加的电缆需在梯子间大梁上焊接支架重新固定，共 6 趟。2009 年 10 月 14 日进行更换施工，施工过程中确保了罐笼在井筒内的安全运行。在检修更换罐道及罐道梁期间，副井为生产与施工两用，施工时间为每天 8 h。施工中采用在罐笼顶部安装三层分片组合式施工平台，每层平台距离为 4.166 m，与罐道梁层间距相同，在地面布置一台 10 t 稳车用于构件拆除和安装时吊装。由于井口立架高度较低，罐笼顶部装上三层施工平台后过卷高度不够，每班施工前后安装和拆除上层平台。该工程在施工期间不影响矿方正常生产，整个施工过程中无安全事故发生。在罐道及罐道梁更换过程中，采用了新技术和新工艺，比合同 60 d 工期提前 12 d 完工，罐道及罐道梁更换后，运行正常。

第三节　利用吊盘敷设深井井筒电缆及扁尾绳施工工法

一、概述

矿井井筒内一般布置有 3～5 趟动力电缆，4～6 趟通信、控制、检测电缆。通常情况下，电缆敷设采用在井口利用钢卡将电缆固定在稳车钢丝绳上，敷设到位后施工人员在提升容器上进行电缆卡设。该方法施工速度慢、安全风险高、劳动强度大，尤其对于800 m以上的深井动力电缆敷设，由于电缆的质量大，必须投入大型稳车设备，存在施工费用投入大、安全风险高、悬吊钢丝绳易受力旋转增加施工难度等问题。

针对深井井筒电缆敷设问题，某施工单位成立了课题组，开展了利用井筒装备施工用的吊盘进行井筒内电缆敷设以及提升设施扁尾绳敷设的工艺研究，形成了利用吊盘敷设深井井筒电缆及扁尾绳施工工法。该工法不但解决了以往电缆敷设的难题，而且为后续缠绳挂罐（箕斗）工程的早日完成创造了条件。

该工法先后成功应用于山东新巨龙能源有限责任公司某煤矿主井井筒装备安装工程、肥城矿业集团某煤矿副井井筒装备安装工程、大屯煤电公司某煤矿混合井井筒装备工程，取得了显著的经济效益和社会效益。该工法关键技术于2012年7月通过中国煤炭建设协会组织的技术鉴定，成果达到国内先进水平。

二、工法特点

利用吊盘敷设深井井筒电缆及扁尾绳施工工法具有以下特点：

(1) 施工工艺简单易行

利用井筒装备安装施工时的吊盘和稳车，将电缆或尾绳放在吊盘上，边下放、边敷设，操作简便易行。

(2) 施工工期缩短

利用原有施工设备，减少了新施工设备的安装时间。与电缆固定在稳车钢丝绳上敷设相比较，敷设一根电缆可节省施工工期1 d。

(3) 施工质量有保证

施工人员在吊盘上进行电缆卡设，施工条件好，可以保证卡固牢靠。

(4) 施工安全有保障

利用施工吊盘敷设电缆、稳车及钢丝绳安全系数高。4台吊盘稳车用变频调速控制技术，吊盘运行平稳。施工人员在吊盘上卡设电缆，降低了施工人员的劳动强度，有利于保证施工安全。

(5) 技术经济合理

施工时利用原有施工设备，减少了新施工设备的投入费用。经多项类似工程验算及实践，井筒装备安装施工用吊盘盘面均可满足电缆盘放强度要求，无须专门对吊盘盘面进行加固。与电缆固定在稳车钢丝绳上敷设相比较，可减少钢制电缆固定卡的费用投入，缩短施工工期，减少人工费用的投入。

三、适用范围

利用吊盘敷设深井井筒电缆及扁尾绳施工工法，适用于非金属或金属矿山新建矿井井筒的电缆、扁尾绳敷设，特别是在深井井筒中敷设优势更加明显。

四、工艺原理

根据工程结构特点，利用井筒装备安装施工用吊盘敷设井筒内电缆、扁尾绳，由于井筒装备中已安装好的构件(电缆支架、井口板梁)分担了电缆、扁尾绳的重量,从而改善了稳车、钢丝绳的受力情况,减少了设备投入、保证了施工安全、节省了施工成本。

五、工艺流程及操作要点

以肥城矿业集团某煤矿副井井筒内电缆、扁尾绳敷设为例,说明利用吊盘敷设深井井筒电缆及扁尾绳施工工法的流程和操作要点。

(一) 工艺流程

将井筒装备吊盘停在井口→吊盘加固→在井口将电缆或扁尾绳支好→将电缆或扁尾绳盘放在吊盘上→下放吊盘的同时安装电缆→收尾处理。

(二) 操作要点

1. 施工技术准备

施工前组织施工班组学习电缆、扁尾绳敷设的安全技术措施和安装标准,掌握施工工艺。核对厂家到货的电缆、扁尾绳型号,检查质量是否符合设计及规范要求,并按照安装标准要求对动力电缆进行检验。

2. 施工现场准备

将井口电缆沟周围杂物清理干净,防止杂物坠入井筒。井壁电缆预留洞口垫好胶皮,防止电缆盘放时被划伤。

在井口对施工吊盘进行改造。拆除第二、三层吊盘折页,在第二、三层吊盘方盘四周安装 1.5 m 高角钢栏杆围护,保留第一层吊盘电缆支架位置的折页板以便电缆卡设;吊盘栏杆内侧用铁丝绑扎好薄木板,防止电缆、尾绳盘放时划伤或突出吊盘;吊盘上下层之间的立柱用钢板焊接加固,在第一层至第四层吊盘的南北两侧中间位置(边长最大侧)焊接布置一根 16 号槽钢加固。施工吊盘平面布置如图 9-3 所示。

将动力电缆及扁尾绳运至井口西侧适当位置,用支架支护好,安装制动装置;将信号电缆运至井口东侧适当位置架设好。安排专人对稳车机械、电气部分进行检修,确保设备完好。对稳车钢丝绳进行检查,对天轮进行检修,对天轮固定及天轮钢梁进行检查,发现问题及时采取措施处理。4 台吊盘稳车采用变频调速控制技术,以保证吊盘在井筒内运行的平稳性。

3. 电缆盘放

根据计算,每次电缆敷设可在吊盘上盘放一根动力电缆和一根信号电缆;每次尾绳敷设可在吊盘上盘放一根尾绳。

准备工作完成后,在井口将动力电缆从下到上分层盘放在第五、四、三层吊盘上。

由于动力电缆重量大,仅靠人力很难转动电缆盘,可在井口布置一台调度小绞车辅助;慢速拖动电缆时,准备两根长约 1.5 m 的棕绳用于绑扎电缆,并在地面电缆滑动位置铺好木板或采取其他措施,防止拖动电缆时损伤电缆表皮。将一根棕绳与电缆绑扎,并与调度小绞车钢丝绳连接,开动调度小绞车慢速拖动电缆,同时施工人员在吊盘上进行盘放。绑扎电缆的棕绳到达井口进行拆除的同时,用另一根棕绳与电缆辊根部的电缆绑扎,以提高工作效率。

电缆穿过井口的预留电缆口时,首先沿立柱将电缆下放至第五层吊盘并盘好,每层盘

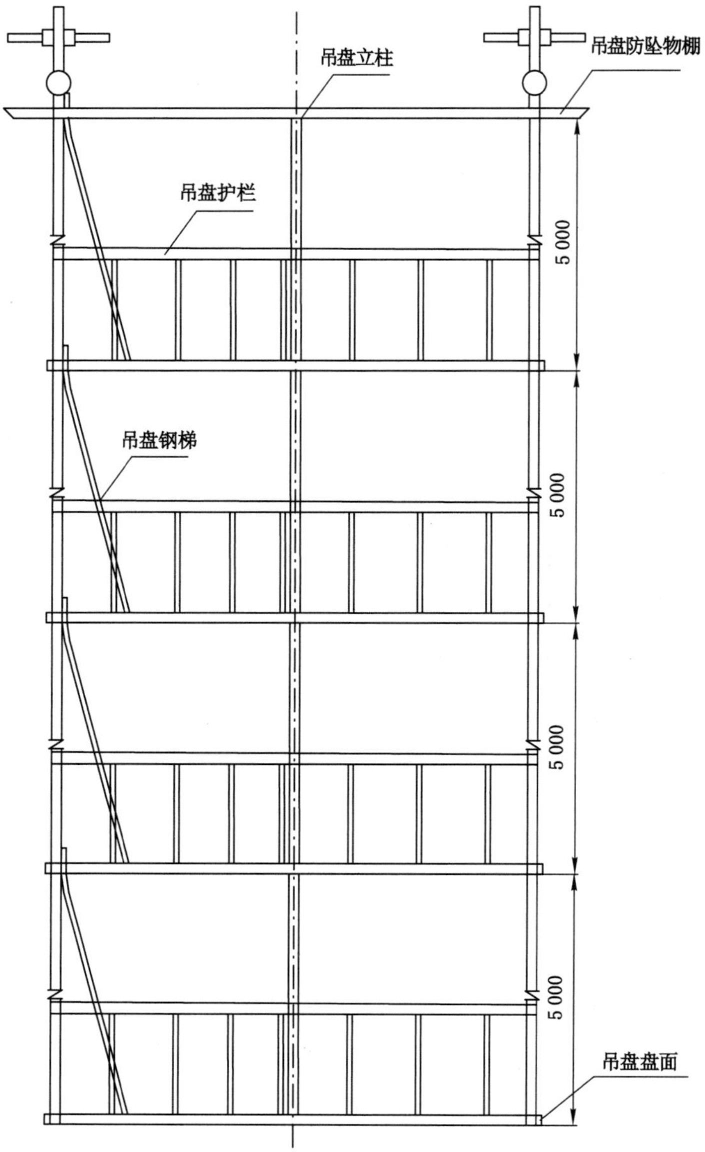

图 9-3　吊盘平面布置示意

放电缆约 370 m，之后盘放在第四、三层吊盘上；在地面预留一定长度的电缆，并在井口电缆支架上固定牢靠。电缆在吊盘上呈"○"形盘放，当旋转力较大时，随电缆本身的旋转力以"8"字形盘放，以避免电缆绞拧。电缆盘放时，要安排专人统一指挥，防止电缆余留过多而下滑；电缆下放速度过快时，要及时采用缆辊制动装置制动。

4. 电缆下放卡设

各连接点检查无问题后，下放吊盘进行电缆敷设。第二、三、四、五层吊盘每层安排两名施工人员对电缆进行看护及外送，防止电缆绞拧。第一层吊盘安排三名施工人员进行电缆的卡设，每到电缆支架处，停止下放吊盘，安装电缆卡，卡设电缆；然后继续下放吊盘，直到电缆敷设到位；最后安排施工人员将剩余的电缆拖至巷道内盘放好。

用同样方法敷设其余电缆。吊盘在井筒中上下运行三次即可完成全部电缆敷设。

5. 扁尾绳敷设

电缆敷设完成后，再进行扁尾绳敷设，每次下放一根扁尾绳。扁尾绳从下到上分层盘放在第五、四、三、二层吊盘上，每层盘放约 260 m，同样采用调度小绞车辅助盘放，小绞车钢丝绳与扁尾绳连接时采用自制扁尾绳卡。

吊盘上的扁尾绳采用来回曲折的“S”形分层盘放(此方法可避免扁尾绳旋转绞拧)，上下层扁尾绳之间要垂直盘放，层与层之间用薄木板隔开。扁尾绳盘放完成后，按照设计要求将扁尾绳绳头卡好，利用钢丝绳扣将其悬挂于井口板梁上，便于后续缠绳挂设罐笼施工。

以上工作完成后，下落吊盘敷设扁尾绳。为了防止扁尾绳扭弯及下放罐笼时与扁尾绳碰撞，用棕绳将扁尾绳临时绑扎于梯子间大梁上，边下放、边绑扎，每隔两层绑扎一道，防止出现扁尾绳绞花拧劲现象。

当吊盘下落到井底马头(金属支持结构上方)时，将一台 10 t 稳车的钢丝绳通过自制钢卡与扁尾绳连接，开动稳车上提扁尾绳；当吊盘上没有余绳时，下落稳车钩头将尾绳穿过井底尾绳保护装置的尾绳孔下放至井底水窝内；利用另一台 10 t 稳车将水窝内扁尾绳穿过另一侧的尾绳保护装置的尾绳孔，上提至井底大巷内固定牢靠。

之后用同样的方法敷设其余两根扁尾绳。吊盘在井筒中上下运行三次即可完成扁尾绳敷设。

电缆、扁尾绳全部敷设完成后，将吊盘上提至距离井口约 1.5 m 处，拆除临时封口盘；将吊盘提出井口拆除完成后，再次将井口临时封闭，以便后续工程施工。

（三）劳动组织

利用吊盘敷设深井井筒电缆及扁尾绳施工工法宜采用“三八”制作业。劳动组织表见表 9-6。

表 9-6　利用吊盘敷设深井井筒电缆及扁尾绳施工劳动组织表

工种	早班/人	中班/人	夜班/人
班队长	1	1	1
钳工	4	4	4
起重工	9	9	9
电工	1	1	1
电焊工	2	2	2
机电安装工	3	3	3
瓦检员	1	1	1
带班经理	1	1	1
技术员	1	1	1
安全员	1	1	1
合计	24	24	24

六、材料与设备

利用吊盘敷设深井井筒电缆及扁尾绳主要设备、材料见表 9-7。

表 9-7 利用吊盘敷设深井井筒电缆及扁尾绳主要设备、材料表

序号	设备名称	规格型号	单位	数量
1	主提绞车	JK-2.5/20E	台	1
2	稳车	JZ-10/1000	台	4
3	稳车	JZ-16/1300	台	4
4	调度小绞车	JD-11.4 kW	台	1
5	井盖门小绞车	0.5 t	台	1
6	主提升轮	ϕ2 500 mm	台	1
7	天轮	ϕ1 050 mm	台	8
8	天轮	ϕ650 mm	台	4
9	防爆开关	QBZ-80G	台	2
10	防爆磁力启动器	KBD-350G	台	5
11	照明综保		台	
12	吊盘	5 层	套	1
13	罐笼		个	1
14	防爆电话		部	
15	吊车	25 t	部	1
16	滑车	H3×1	部	2
17	主提钢丝绳	18×7-30-1770	m	1 170
18	吊盘钢丝绳	ϕ44 mm,1 170 m	m	4
19	滑道绳	ϕ28 mm,1 200 m	根	2
20	调度绞车绳	ϕ15.5 mm,150 m	根	1
21	动力电缆	MY0.38/0.66-3×50+lx25	m	1 100
22	通信电缆	K\V22-500V7×1.5	m	1 100
23	卸扣	32 t	只	3
24	卸扣	10 t	只	2
25	卸扣	5 t	只	2
26	手拉葫芦	10 t	只	2
27	铁丝	8 号	kg	10
28	棕绳	20 mm	m	50
29	防爆白炽灯	127 V、60 W	只	25
30	安全带		副	24
31	电工工具		套	7
32	钢卷尺	15 m	把	1
33	活扳手	12 in	把	4
34	扳手	梅花 19×22	把	8
35	电缆、扁尾绳支架		套	1

七、 质量控制

1. 电缆安装质量标准

根据《煤矿设备安装工程质量验收规范》(GB 50946—2013)，电缆敷设应符合以下规定：

(1) 电缆严禁有绞拧、铠装压扁、护层断裂和表面严重划伤等缺陷。

(2) 电缆支、托架安装应位置正确，固定牢靠，防腐蚀措施完好；在转弯处能托住电缆平滑均匀过渡，电缆弯曲半径符合设计要求。

(3) 电缆应排列整齐，间距一致；夹持装置配件合适，固定支架防腐蚀性良好。

(4) 电缆夹持装置连接螺栓应紧固可靠，螺栓露出螺母 2～4 个螺距，螺栓穿向和露出螺母长度一致。

2. 质量保证措施

施工过程中，为保证施工质量，主要采取以下质量控制措施：

(1) 施工前对质量进行预控。认真学习图纸，领会设计意图，进行技术交底，明确质量标准，做好施工技术安全措施的编制与贯彻工作，对将要施工的工程关键部位、关键工序，分析作业条件，对可能出现的问题进行预防性控制。

(2) 施工中的质量控制。严格执行检查验收制度，对于每一道工序的施工质量均进行跟班检查，严把质量关，坚持自检、互检和交接检，把一切质量事故消灭在萌芽状态，确保每项工序不留隐患。

(3) 及时进行质量分析、总结，对成功的经验及时推广。对施工中出现的质量问题要分析原因，研究解决办法，提出整改意见并整改到位。

(4) 严格奖惩制度，明确奖罚标准。将质量标准的要求按工序分解，制定相应的奖罚措施；在施工中，严格按规定进行奖罚兑现，以促进施工质量的提高。

(5) 加强现场管理，强化检验程序。把项目工程各项检验程序列表上墙，注明每个检查项目的具体负责人，把检查情况列表汇总；在项目部内部进行纵向和横向比较，奖优罚劣。

八、安全措施

(1) 在工程开工前，编写安全施工技术措施并报上级有关部门审批，在工程开工前向每个参与施工的人员贯彻并签字。

(2) 组织有关人员对施工现场的设备进行全面检查，发现问题及时处理。对所有吊具、索具、设备及临时防护设施进行认真检查。特别是稳车的电气及机械抱闸必须可靠，对减速箱认真检查，保证润滑。缠绳时对钢丝绳进行仔细检查，并在检查记录上签字，不合格者不得使用。

(3) 交接班时，上一班的安全员应把当班情况交代清楚，班前应讲清当班注意事项。每班必须开好班前会和班后会，布置与总结当班工作，做到班前讲安全，班中查安全，班后总结安全。严格执行交接班制度，切实做到班班交安全、交质量、交当班工作记录，不交者可拒绝接班。

(4) 施工人员进入现场必须戴安全帽，并正确使用各种劳动保护用品；高空作业必须按规定系好安全带，严禁高空抛物；要害工种持证上岗，严禁酒后上岗。

(5) 吊盘上的施工人员必须时刻注意电缆、扁尾绳的动态情况，防止电缆、扁尾绳下滑。

(6) 安排专人对各连接点进行认真检查，发现问题及时处理或采取有效的加强措施。每天交接班时都要对吊盘安全检查，保证吊盘始终处于安全状态。

(7) 下井人员必须佩戴合格的安全带、胶靴、矿用安全帽和矿灯。施工时站稳抓紧，不要用力过猛，以防闪失。

(8) 井盖门随开随关。封口盘范围内及时清理杂物，井口、现场保持整洁干净。

(9) 禁止吊盘和绞车同时运行。起落吊盘后，信号工应及时通知提升司机吊盘起落高度。

(10) 施工期间，井口操作室和下吊盘处应设有可靠的通信联络装置；井口房、信号室、车房应设通信联络。

(11) 所有电气设备的金属外壳必须有良好的接地装置。

(12) 施工作业、地面运输、提升和下料等工作，应设专人统一指挥。所有人员必须服从命令、听从指挥。

九、环保措施

(1) 在工程施工中，贯彻执行国家和行业(地方)有关节能、环境保护的方针、政策、法规，严格控制各项排放指标。

(2) 施工污水及生活废水应在指定地点排放，不能随意乱排。

(3) 施工现场要做好“四通一平”。场区内应清洁卫生、无积水、无淤泥、无杂物、无料底、无垃圾，场区内管线架设整齐，无长明灯。

(4) 改善施工人员驻地环境，做好临时绿化，同时做好排水排污设施。对污染物进行彻底消毒和整治，防止生活垃圾和废水排入附近河流水渠，保持生活水源的卫生清洁，杜绝各种疾病的发生和流行。

(5) 坚持考核评比制度。项目部定期对所属单位进行检查评比；对环境保护做得好的单位和个人及时给予表扬，差的给予批评，并责令限期改正。

(6) 施工现场有条件的地方设围护设施，减少噪声污染。生活区要遵守规定，在禁止工作的时间内不得进行生产。

(7) 对有扬尘的专用道路、施工地点要经常洒水降尘。

(8) 减少大型吊车使用时间，以减少空气污染程度。同时稳车控制采用变频技术，既可减少对电网的冲击和节省电能消耗，又可保证电缆、扁尾绳下放平稳。

十、效益分析

以肥城矿业集团某煤矿副井井筒电缆、扁尾绳敷设为例，进行效益分析。该煤矿副井井筒电缆采用吊盘敷设，与采用稳车敷设相比较，施工工期提前 5 d，合计节省费用 7.47 万元。经济效益分析情况见表 9-8。

表 9-8　经济效益分析表

序号	费用名称	费用单价	数量	合计节省费用/万元
1	临时主提升机租赁费	3.0 万元/(台·月)	1 台	3.0×5/30=0.5
2	稳车租赁费	0.5 万元/(台·月)	10 台	0.5×10×5/30=0.83
3	天轮租赁费	0.05 万元/(台·月)	20 台	0.05×20×5/30=0.17
4	电费	6.0 万元/月	5 d	6.0×5/30=1.0
5	人工费	0.6 万元/(人·月)	50 人	0.6×50×5/30=5.0
合计				7.5

十一、应用实例

【实例 1】

2007 年 7 月 24 日至 11 月 13 日，某公司施工山东新巨龙能源有限责任公司某煤矿1 号主井井筒装备安装工程。井筒直径为 5.5 m，井口绝对标高为＋44.800 m，井底绝对标高为－810.0 m，井筒深度为 854.8 m。井筒内设计安装动力、通信电缆支架各 1 趟，层间距为 6 m，动力、通信电缆通过电缆夹固定于电缆支架上。

井筒内设计 MYJV42-8.7/10kV3×240mm^2 型号的动力电缆 2 根，每根长度为 1 350 m，每米 18.5 kg；MYJV42-8.7/10kV3×150mm^2 型号的动力电缆 3 根，每根长度为 1 350 m，每米 14.3 kg。通信电缆 5 根。主井提升系统扁尾绳 3 根，2 根型号为 P8×4×9-177×28＋FC，长度为 930 m，每米 15.1 kg；1 根型号为 P8×4×9-187×29＋FC，长度为 930 m，每米 16.8 kg。

采用该工法施工节约成本约 10.8 万元，降低了工人的劳动强度，保证了施工质量，提高了安全性能，取得了良好的经济效益和社会效益。

【实例 2】

2011 年 3 月 16 日至 6 月 13 日，某公司施工肥城矿业集团某煤矿副井井筒装备安装工程。井筒直径为 6.5 m，上井口标高为＋43.5 m，下井口轨道面标高为－900 m；井筒内设计安装动力电缆支架 1 趟，通信电缆支架 2 趟，层间距为 5 m；动力、通信电缆通过电缆夹固定于电缆支架上。

井筒内设计 MYJV42-8.7/10kV3×240mm^2 型号的动力电缆 2 根，每根长度为 1 300 m，每米 18.5 kg；MYJV42-8.7/10kV3×150mm^2 型号的动力电缆 1 根，长度为 1 300 m，每米 14.3 kg；通信电缆 5 根；副井提升系统扁尾绳 2 根，型号为 PS×4×19-1%×31-1470，每根长度为 1 030 m，每米 18.6 kg。采用该工法施工节约成本约 8.6 万元，取得了良好的经济效益和社会效益。

【实例 3】

2011 年 10 月 25 日至 2012 年 4 月 12 日，某公司施工上海大屯能源股份有限公司某煤矿混合井井筒装备安装工程。井筒直径为 8.1 m，井口标高为＋36.5 m，井底车场标高为－1 051.5 m，井筒深度约为 1 100 m。井筒内设计安装动力、通信电缆支架各 1 趟，层间距为 4 m，动力、通信电缆通过电缆夹固定于电缆支架上。

井筒内设计 MYJV42-8.7/10kV3×240mm^2 动力电缆 4 根，每根长度为 1 400 m，每米

18.5 kg，通信电缆 8 根。采用该工法施工节约成本约 7.2 万元。

第四节　立井大型分体式箕斗安装施工工法

一、概述

随着矿井开采规模的扩大、产能的提高，大容量提升箕斗的应用越来越多。由于大容量箕斗体积大、运输受限等原因，需要将其分体制造，分段运输至施工现场；箕斗分段到达施工现场后，再进行组装、安装。在施工中，一般利用井筒施工的稳车等设备进行箕斗安装工作，但由于大容量箕斗体积和重量较大，现场井筒施工用的稳车设备提升能力一般难以满足安装要求。如何安全、快速、经济、合理地实现立井大型分体箕斗的安装，成为施工中亟须解决的难题。为此，某施工单位成立了课题组，对该问题立项研究。

课题组结合多年的施工经验，根据工程实际情况制定了一整套立井大型分体式箕斗安装施工工法。经实践检验，该工法投入施工设备少，利用现场已有的稳车等设备解决了狭窄空间内立井大型分体箕斗吊装下放的技术难题。

该工法先后成功应用于甘肃华亭煤业集团某煤矿主井、山东新巨龙能源有限责任公司某煤矿 1#、2# 主井箕斗（容积 32 t）安装等工程，适用性强，取得了良好的经济效益和社会效益。该工法的关键技术，通过了中国煤炭建设协会组织的技术成果鉴定，达到行业先进水平。该工法施工速度快、安装质量好、施工安全可靠，具有较大的推广应用价值，为我国更大容积箕斗的安装施工提供了依据。

二、工法特点

立井大型分体式箕斗安装施工工法具有如下特点：

（1）利用井筒装备安装施工时的稳车等大临设施，不需增加设备，缩短了施工工期、节约了施工成本。

（2）箕斗分体下放，重量减半，运行平稳，安全系数提高，保证了设备和人员的安全。

（3）箕斗在井筒内直立悬吊组装，能保证安装质量，符合厂家及相关技术要求。

三、适用范围

立井大型分体式箕斗安装施工工法适用于各类矿井立井大型分体式提升箕斗安装施工。

四、工艺原理

立井大型分体式箕斗安装施工工法利用力学原理，合理选择吊装方法，利用现有提升设备，解决了立井狭窄空间内大型分体箕斗安装的技术难题。

五、工艺流程及操作要点

（一）工艺流程

以山东新巨龙能源有限责任公司 1# 主井 32 t 分体式箕斗安装为例，立井大型分体式箕斗安装施工工艺流程如下：改装天轮、敷设临时设施→2 根提升绳稳车缠绳→1 号箕斗下部提升至套架并垂直固定→提升绳连接好并下放到井底固定好→提升绳回缠稳车提至井口→1 号箕斗上部提升至套架处并垂直固定→4 根提升绳通过永久悬挂装置与箕斗连接好→1 号箕斗上部下放至井底→在井底组装箕斗上、下部→在井口锁死 4 根提升绳→下放最后 2 根提升绳到井底与 1 号箕斗连接好→2 号箕斗上部进套架上提合适位置并固定好→2 号箕斗下部进套架并与上部连接好→6 根提升绳与 2 号箕斗连接好→挂设尾绳→调绳调试。

（二）操作要点

1. 天轮平台改造及导向滑车布置

在井塔＋30.48 m 和＋37.48 m 楼层上各安装 2 根 Ⅰ56×6 m（工字钢间及两侧用 Ⅰ32 与套架立柱焊接固定）和直径 1 m 的天轮。＋30.48 m 天轮的下绳点偏箕斗中心线南 150 mm，间距 380 mm（距箕斗中心线各 190 mm）；＋37.48 m 天轮的下绳点偏箕斗中心线北 30 mm，间距 390 mm（距箕斗中心线各 750 mm）。天轮要安装牢固，轴承座两端焊接挡铁，并应在天轮安装前检修。

在井口套架东西底框梁上各焊接 3 个 30 t 的吊耳，各挂设 1 个 20 t 滑车做稳车绳的导向。底框梁上安装吊耳的部位要焊接安装加强筋，并与井壁之间进行加固。

天轮平台改造及导向滑车布置如图 9-4～图 9-6 所示。

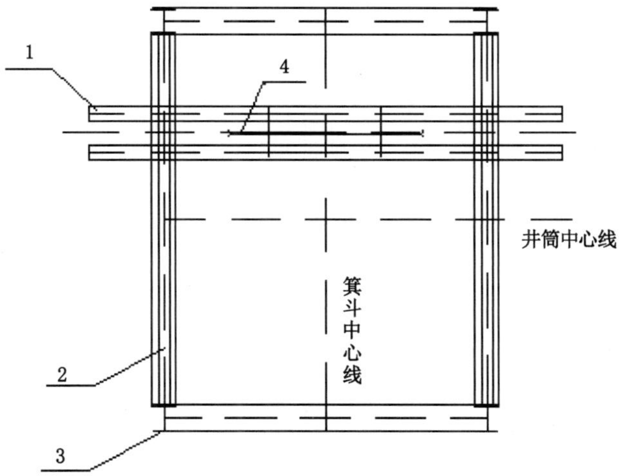

1—56b 工字钢；2—32b 工字钢；3—井口套架立柱；4—悬吊天轮。

图 9-4　＋30.48 m 天轮平台第一次布置平面图

2. 稳车缠绕主提升钢丝绳

为保证施工安全，减少新设备投入，加快施工速度，利用永久主提升钢丝绳下放箕斗。将布置在井筒两侧的 4 台 JZ-16/1300 型稳车各缠绕 1 根主提升绳，预留 200 m 作为穿绳时使用。稳车缠绳时，每层放置 8 块 1 480 mm×200 mm×4 mm 的隔绳板，钢丝绳必须排列整齐紧密，有一定的张紧力，以防止箕斗下放时受力过大造成挤绳及下放不平稳。

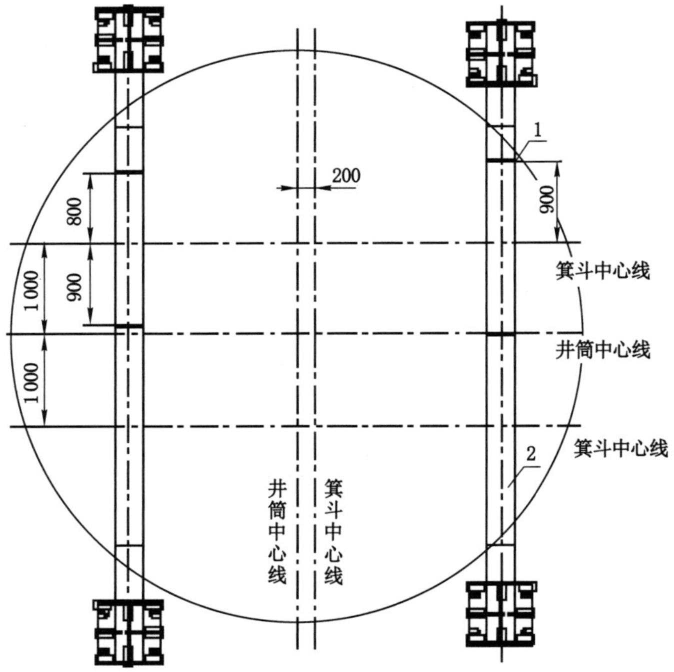

1—30 t 吊耳；2—井口套架板梁。

图 9-5　井口吊耳布置平面图

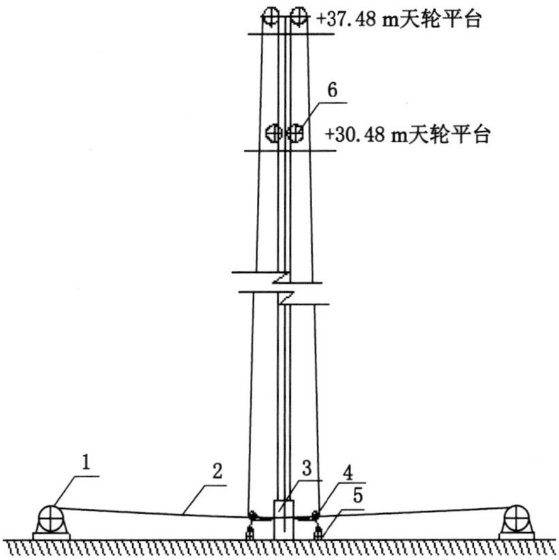

1—稳车；2—钢丝绳；3—箕斗；4—导向滑车；5—井口套架板梁吊耳；6—天轮。

图 9-6　穿绳示意

3. 箕斗运输及罐耳固定支座安装

利用 1 台 50 t 吊车及 1 台 30 t 平板汽车，将 2 个箕斗分 4 段吊至井口。1# 箕斗下段在前，上段在后；2# 箕斗上段在前，下段在后。

根据设计图纸，安装罐耳固定支座。罐耳固定支座必须与箕斗本体焊接，固定牢靠。罐耳固定支座安装前，应根据现场到货滚轮罐耳校核设计尺寸，确保滚轮罐耳间距满足箕斗运行要求。

4. 1# 箕斗下段进套架及棚设

根据计算，利用两台稳车下放 1# 箕斗下段。在 1# 箕斗下段箱体内，对称焊接 4 只 10 t 吊耳（吊耳间距 1 500 mm），各挂设 1 只 10 t 的卸扣；4 根 ϕ28 mm 钢丝绳套（3 m）与卸扣连接，对称的 2 根绳套锁上 1 只 20 t 的卸扣。2 根主提钢丝绳分别与楔形连接装置安装固定在一起，再通过 20 t 卸扣与箕斗下段上的钢丝绳套连接在一起。两组提升绳之间通过 1 根钢丝绳套连接，防止主提升钢丝绳受力旋转造成与箕斗拆卸困难。在距箕斗下段上端 1.5 m 处焊接 4 根角钢，上面铺设木板，木板与角钢之间用 8# 铁丝绑扎牢靠，作为下放箕斗用的临时乘人平台。

开动稳车吊牵、50 t 吊车配合，将箕斗送入井塔内。利用井塔内的 50/10 t 桥式起重机配合稳车，将箕斗吊装入套架。箕斗下段进入套架后，用 2 根 45# 工字钢（长度 4 500 mm）将箕斗固定在套架的底框梁上。在箕斗底部铺好木板，绑扎牢靠，装好氧气、乙炔等施工工器具。在箕斗底部用钢丝绳套挂 2 根井下棚箕斗用的 40# 工字钢，工字钢两端要固定牢靠。

5. 1# 箕斗下段下放

将箕斗提起离开固定箕斗用的工字钢 100 mm，检查各部位连接情况。若无异常，将固定箕斗用的工字钢抽除。箕斗下放时，在箕斗临时乘人平台及箕斗底部各安排 2 名施工人员用对讲机与井口联系，对讲机要有一对备用，并在施工前对其通话性能进行现场实际测试，确保通话质量。

在箕斗临时乘人平台上的施工人员要注意观察钢丝绳的位置情况，如位置偏移应及时与井口联系调整，发现问题及时与井口联系停车。在箕斗底部平台上的施工人员应注意观察井筒是否有障碍物，箕斗是否与井壁、障碍物相碰，发现问题及时联系停车处理，问题严重时及时向地面汇报。箕斗下放到井底上层防过放装置钢梁上方后，用 2 根 40# 工字钢将箕斗放在防过放装置钢梁上。乘箕斗的施工人员要正确佩戴安全带，且安全带生根固定牢靠。

6. 1# 箕斗上段进套架及下放

1# 箕斗上段采用四台稳车下放，以减少主提升钢丝绳敷设时间。

拆除与 1# 箕斗下段的连接，开动稳车将下放 1# 箕斗下段的主提升钢丝绳上提到井口。用同样的方法，利用两根主提升钢丝绳将 1# 箕斗上段吊装进套架并放在套架的底框梁上。

四台稳车上的主提升钢丝绳安装首绳连接装置，并与箕斗上的连接板安装在一起；将油缸打压，保证 4 根主提升绳受力均匀。安装首绳连接装置时，应注意楔形环突出部位的朝向及主提钢丝绳的左右捻向，必须满足设计要求；若设计无要求时，应以对称为原则。

开动稳车将箕斗上段提起离工字钢 100 mm，然后检查各连接部位情况。若无异常，将棚箕斗用的工字钢抽去，用同样的方法下放箕斗上段，上段箕斗下放到井底下段箕斗上方 500 mm 左右停车。

7. 1# 箕斗上下段在井筒内组装

箕斗下放时，应在箕斗上备齐连接板及连接螺栓。在箕斗上下段 4 个连接点安排专人看护，并由一名人员指挥；缓慢下放箕斗上段，将其与箕斗下段对正。箕斗对正后，用高强螺栓及连接板将箕斗上下段连接在一起，螺栓应穿向一致，并在所有螺栓穿完后再用力矩扳手紧固。

8. 锁绳及剩余 2 根主提升绳下放

在井塔标高＋30.48 m(承重 2#、5# 主提升绳)和＋23.48 m(承重 3#、4# 主提升绳)楼层上分别安装 2 根Ⅰ40×6 m 工字钢梁，放置在主提升绳的两侧，并与套架横梁焊接牢固。在钢梁顶端安装锁绳器，将 4 根主提升首绳锁死。开动稳车下落主提升绳，使锁绳器受力，要保证锁绳器只承受提升首绳的重量。将 4 台 16 t 稳车上的剩余钢丝绳全部倒出稳车滚筒，拉至井塔＋37.48 m 楼层上盘好，绑扎牢靠。

将剩余两根 1#、6# 主提升首绳分别缠绕在稳车上，利用井塔＋37.48 m 已布置的天轮平台下放，天轮的下绳点间距改为 2 200 mm。将两根主提升绳绳头拉至井口，用槽钢制作滑架，用已下放的主提升绳作滑道，下放剩余 2 根主提升绳。剩余 2 根主提升绳下端安装好首绳连接装置。

主提升绳下放时，要安排 2 名施工人员在梯子间内观察主提升绳的下放情况，利用对讲机与井口稳车操作人员联系；若主提升绳发生刮碰现象，及时要求停车进行处理；处理完成确认无问题后方可继续下放。2 根主提升绳下放至 1# 箕斗上方，将其与箕斗上的连接板安装在一起，固定牢靠。在井口板梁上布置 2 根 40# 工字钢，利用锁绳器将这 2 根主提升绳锁死。开动稳车下落主提升绳，使锁绳器受力，将 2 台 16 t 稳车上的剩余钢丝绳全部倒出稳车滚筒，并拉至井塔＋37.48 m 楼层上盘好，绑扎牢靠。主提升绳锁绳时，应尽量分层布置，以减少对井塔楼面或套架梁的受力。

9. 2# 箕斗进套架及组装

2# 箕斗上段先进套架，之后箕斗下段再进套架进行组装。施工时，在井筒东西侧的两台稳车上各缠上 1 根 ϕ30 mm 的钢丝绳 300 m，穿过井口的导向滑车及井塔＋30.48 m 第二次布置的天轮，作为箕斗上段进套架用。

稳车钢丝绳穿过导向滑车与天轮，用 2 只 20 t 卸扣与 2# 箕斗上段提升板连接。用 1# 箕斗进套架的方法将箕斗上段吊装入套架内，用 2 根工字钢穿过箕斗乘人间，将箕斗棚在井塔＋23.48 m 楼层承重梁上。之后拆除稳车钢丝绳与箕斗的连接，穿过箕斗顶端的检修口拉至井口。施工前应将箕斗乘人间平台板拆除，以免妨碍下绳。

2# 箕斗下段箱体内侧对称焊接 4 只 10 t 吊耳(间距 1 500 mm)，距下段箕斗顶端 2 m，各挂设 1 只 10 t 的卸扣，4 根 ϕ28 mm 钢丝绳套(3 m)与卸扣连接。对称的 2 根绳套锁上 1 只 20 t 卸扣，并与两台稳车钢丝绳连接在一起。

利用 50 t 吊车将箕斗吊入井塔内后，开动两台稳车吊牵，利用 50 t 吊车作吊牵的后留，井塔内 50/10 t 起重机配合，将箕斗下段吊装至套架内。继续上提箕斗下段，将箕斗上、下段按设计要求组装在一起。组装完成后，施工人员乘吊篮将钢丝绳套拆除，并将吊耳割除后将稳车上的钢丝绳倒出盘好，运至指定地点。

10. 提升绳的挂设

在一台稳车上缠绕 200 m 的 ϕ26 mm 钢丝绳，在导向轮楼层提升绳孔挂两只 5 t 滑车，稳车绳穿过该滑车，绳头与提升绳连接，拉到导向轮层下，与提升机间的桥式起重机配合，将提升绳绕过提升机滚筒，下放到 2# 箕斗上方。6 根绳全部到位后，根据箕斗位置计算提升绳长度并截取，用悬挂装置与箕斗连接。

11. 尾绳的挂设

利用稳车和井塔内桥式起重机，将井上箕斗提起，抽去棚箕斗用的工字钢；下落箕斗，使其悬挂在套架内。将尾绳通过副井下放到主井井底，用支撑架将滚筒支起，抽出绳头，将尾绳悬挂装置安装好。在井下用 JD-11.4 型调度绞车将一根尾绳提起，到达 1# 箕斗下部时，与 3 t 手拉葫芦配合，将尾绳悬挂装置与箕斗尾绳孔用销轴连接上。

启动提升机，将井上 2# 箕斗下放，尾绳跟随井下 1# 箕斗上提；派人转动尾绳滚筒，放出尾绳，防止其打绞。当井上箕斗下落到原落底箕斗位置时，将剩余尾绳脱出，计算悬挂所需长度，截取后用尾绳悬挂装置连接，将其上提，与箕斗下部连接装置连接。施工时，若不具备直接将尾绳运至井底的条件，可以在井筒施工完成后利用施工吊盘在井筒内敷设好。

（三）劳动组织

立井大型分体式箕斗安装施工方法宜采用“三八”制作业。劳动组织表见表 9-9。

表 9-9　立井大型分体式箕斗安装劳动组织表

工种	早班/人	中班/人	夜班/人
班队长	1	1	1
钳工	2	2	2
起重工	2	2	2
电工	1	1	1
电焊工	2	2	2
机电安装工	3	3	3
瓦检员	1	1	1
带班经理	1	1	1
技术员	1	1	1
安全员	1	1	1
合计	15	15	15

六、材料与设备

立井大型分体式箕斗安装主要设备、材料见表 9-10。

表 9-10　立井大型分体式箕斗安装主要设备、材料表

序号	设备名称	规格型号	单位	数量	备注
1	吊车	50 t	台/班	5	
2	平板汽车	30 t	台/班	2	
3	稳车	JZ-16/1300	台	4	

表 9-10(续)

序号	设备名称	规格型号	单位	数量	备注
4	稳车	JZ-10/800	台	2	
5	调度绞车	JD-11.4 kW	台	2	
6	电焊机	BX3-500	台	2	
7	悬吊天轮	ϕ1 m	只	4	
8	钢丝绳套	ϕ15.5 mm,200 m	根	2	调度绞车用
9	钢丝绳	6×19-ϕ31-1670	300 m/根	2	
10	钢丝绳套	6×19-ϕ31-1670	m	100	起重机吊箕斗用
11	钢丝绳套	ϕ30 mm,10 m	根	2	运输箕斗用
12	钢丝绳套	ϕ28 mm,3 m	根	8	
13	钢丝绳套	ϕ15.5 mm,6 m	根	4	
14	钢丝绳套	ϕ12.5 mm,4 m	根	2	
15	钢丝绳卡	Y-30	只	10	
16	手拉葫芦	20 t	只	2	
17	手拉葫芦	10 t	只	2	
18	手拉葫芦	5 t、3 t	只	各 2	
19	卸扣	20 t	只	6	
20	卸扣	10 t	只	6	
21	卸扣	5 t、3 t、2 t	只	各 4	
22	滑车	H20×1	只	4	
23	滑车	H10×1、H3×1	只	各 2	
24	活扳手	15 寸、12 寸	把	各 6	
25	呆头扳手	M27	把	4	螺母紧固用
26	大锤	20 磅	把	4	
27	氧气、乙炔表、带、枪		套	各 2	
28	把子线	50 mm^2	m	200	
29	电焊把子	600 A	把	3	
30	工字钢	56B,L=6 m	根	6	
31	工字钢	45B,L=4.5 m	根	2	棚箕斗用
32	工字钢	40B,L=6 m	根	6	
33	工字钢	32B	m	12	天轮平台加固用
34	钢板	δ28 mm	m^2	1	
35	钢板	δ24 mm	m^2	1.5	
36	棕绳	ϕ20 mm	m	300	
37	钢板	1 480 mm×200 mm×4 mm	块	160	钢丝绳皮
38	木板	4 000 mm×200 mm×50 mm	块	8	临时施工平台用
39	道木	150 mm×150 mm	根	30	

表 9-10(续)

序号	设备名称	规格型号	单位	数量	备注
40	电缆	$(3\times10+1\times6)mm^2$	m	80	
41	电话线	$(2\times1.5)mm^2$	m	1 000	
42	照明线		m	300	
43	防爆电话		对	3	
44	对讲机		对	2	
45	保险带		副	20	
46	矿灯		盏	20	
47	自救器		个	18	
48	碘钨灯		个	10	
49	钢卷尺	30 m	把	2	截绳量长度用
50	钢卷尺	5 m	把	10	
51	角尺	500 mm×300 mm	把	6	
52	钢板尺	1 m	把	4	
53	锁绳器		部	6	
54	缠钢丝绳电滚筒		部	1	
55	钢丝绳滚支架		对	1	自制
56	扁尾绳卡		副	3	自制
57	尖锥		把	4	自制

七、质量控制

施工质量执行《煤矿设备安装工程质量验收规范》(GB 50946—2013)的有关规定。为保证施工质量,主要采取以下控制措施:

(1) 施工前对质量进行预控

认真学习图纸,领会设计意图,进行技术交底,明确质量标准,做好施工技术安全措施的编制与贯彻工作。对将要施工的工程关键部位、关键工序,分析作业条件,对预计可能出现的问题进行预防性控制。

(2) 施工中的质量控制

严格执行检查验收制度,对于每道工序的施工质量均进行跟班检查,严把质量关,坚持自检、互检和交接检,把一切质量事故消灭在萌芽状态,确保每项工序不留隐患。

(3) 及时进行质量分析、总结

将成功的经验及时推广,对施工中出现的质量问题要分析其原因,研究解决办法,提出整改意见并整改到位。

(4) 严格奖惩制度,明确奖罚标准

将质量标准的要求按工序分解,制定相应的奖罚措施,在施工中,严格按规定进行奖罚,并及时兑现,以促进施工质量的提高。

(5) 加强现场管理，强化检验程序

把项目工程各项检验程序列表上墙，注明每一检查项目的具体负责人，把检查情况列表汇总，在项目部内部进行纵向和横向比较评比，优奖劣罚。

八、安全措施

(1) 在工程开工前，编写安全施工技术措施并报上级有关部门审批，要在工程开工前向每个参与施工的人员贯彻并签字。

(2) 组织有关人员对施工现场设备进行全面检查，发现问题及时处理。对所有吊具、索具、设备及临时防护设施进行认真检查。特别是稳车的电气及机械抱闸必须可靠，对减速箱进行认真检查，保证润滑。缠绳时对钢丝绳进行仔细检查，并在检查记录上签字，不合格者不得使用。

(3) 交接班时，上一班的安全员应把当班情况交代清楚，班前应讲清当班注意事项。每班必须开好班前会和班后会，布置与总结当班工作；做到班前讲安全，班中查安全，班后总结安全。严格执行交接班制度，切实做到班班交安全、交质量、交当班工作记录，不交者可拒绝接班。

(4) 施工人员进入现场必须戴安全帽，并正确使用各种劳动保护用品；高空作业必须系安全带，严禁高空抛物；要害工种持证上岗，严禁酒后上岗。

(5) 夜间施工场所应有足够的夜间灯光照明。

(6) 六级以上大风天气和雷雨天气停止施工。

(7) 认真检查连接点，发现问题及时处理或采取有效的加强措施。

(8) 下井人员必须佩戴合格的安全带、胶靴、矿用安全帽和矿灯。施工时站稳抓紧，不要用力过猛，以防闪失。

(9) 严禁施工人员酒后上岗，身体不适不能下井。除电焊工外，其他人员不得带明火及火种下井。

(10) 施工期间，井口操作室和箕斗人员应设有可靠的2套通信联络装置。

(11) 所有电气设备的金属外壳必须有良好的接地装置。

(12) 井筒作业、地面运输、提升和下料等工作，应设专人统一指挥。有关人员必须服从命令，听从指挥。

(13) 在整个施工期间，在井塔周围设立安全警戒区、在井塔底部入口设立安全通道、井塔设安全通道，出入井塔施工人员均按规定路线行走，现场设立明确的行走路线指示图，以保证整个工程施工过程安全有序地进行。

(14) 施工时，楼层洞口用型钢和木板密封，窗洞用胶合板密封。

(15) 井口周围进行二次密封处理。

(16) 楼层和井口杂物每天定时清理。

(17) 项目部每周召开安全隐患排查和风险预警专题会，每天召开班前会。将危险情况告知工人，在施工工作中加以防范。派专职安全员全程盯防。

(18) 项目部成立平行作业协调小组，每天下午召开工程协调会，确保交叉作业安全。

九、环保措施

(1) 在工程施工中，贯彻执行国家和行业(地方)有关节能、环境保护的方针、政策、法规，严格控制各项排放指标。

(2) 施工污水及生活废水应在指定地点排放，不能随意乱排。

(3) 施工现场要做好"四通一平"。场区内应清洁卫生、无积水、无淤泥、无杂物、无料底、无垃圾，场区内管线架设整齐，无长明灯。

(4) 改善施工人员驻地环境，做好临时绿化，同时做好排水排污设施。对污染物进行彻底消毒和整治，防止生活垃圾和废水排入附近河流水渠，保持生活水源的卫生清洁，杜绝各种疾病的发生和流行。

(5) 坚持考核评比制度。项目部定期对所属单位进行检查评比；对环境保护做得好的单位和个人及时给予表扬，差的给予批评，并责令限期改正。

(6) 施工现场有条件的地方设围护设施，减少噪声污染。生活区要遵守规定，在禁止工作的时间内不得进行生产。

(7) 对有扬尘的专用道路、施工地点要经常洒水降尘。

(8) 稳车控制采用变频技术，既可减少对电网的冲击和节省电能消耗，又可保证箕斗下放平稳。

十、效益分析

以山东新巨龙能源有限责任公司 1[#] 主井 32 t 分体式箕斗安装为例进行效益分析。若该箕斗整体下放，原井筒施工稳车不能满足下放要求，需投入 3 台 JZ-25 型稳车，原稳车及其基础要全部清除，再重新施工新基础。从施工井筒装备用的 JZ-16 型稳车拆除到 JZ-25 型稳车能够使用，要经过 35 d。费用见表 9-11。

表 9-11　新投入 3 台 JZ-25 型稳车费用分析

序号	费用名称	每台费用/元	台数	费用/万元
1	原稳车基础拆除			2.0
2	新稳车基础施工		3	8.0
3	JZ-25 型稳车租赁	6 500	3	1.95
4	JZ-25 型稳车装车		3	0.76
5	JZ-25 型稳车运输		3	3.45
合计				16.16

使用四台原 JZ-16 型稳车，仅发生租赁费 1.44 万元。同时由于工期提前，按照施工合同矿方奖励 150.0 万元。

两种方法比较创造的经济效益：16.16 万元＋150.0 万元－1.44 万元＝164.72 万元。综上，在山东新巨龙能源有限责任公司 1[#] 主井 32 t 分体式箕斗安装工程中采用立井大型分体式箕斗安装施工工法，为施工单位创造直接经济效益 164.72 万元，而工期提前则为甲方创造了 1 000 多万元的间接经济效益。

十一、应用实例

【实例 1】

甘肃华亭煤业集团某煤矿主井提升系统，提升设备为塔式多绳摩擦式提升机 JKM-4.6×6(Ⅳ)，提升高度为 522.7 m，钢丝绳悬垂高度为 619.45 m，最大提升速度为 11.78 m/s。提升容器为一对上下段分体同侧装卸式多绳提煤箕斗，每个箕斗名义质量为 34 t(提煤)、本体质量为 52 t(包括首绳悬挂装置、滚轮罐耳、配重)，其中箕斗上段质量为 24 t，下段质量为 17 t，配重质量为 6.955 t。首绳 6 根(左右捻对称)，型号为 48ZAB6V×37S+FC1570ZZ(SS)1360，每根长度 650 m。平衡尾绳共 3 根，P8×4×19-177×28+FC 型号 2 根、P8×4×19-187×29+FC 型号 1 根，每根长度 610 m。

施工中采用了立井大型分体式箕斗安装施工工法，整个施工过程未发生安全事故，施工工期提前 10 d，箕斗安装质量优良，整个提升系统被评为全国煤炭行业"太阳杯"工程。

【实例 2】

山东新巨龙能源有限责任公司某煤矿 1# 主井提升系统，提升设备为瑞典 ABB 公司生产的 ϕ4.5 m×6 塔式多绳摩擦式提升机，提升高度为 837.58 m，最大提升速度为 12.48 m/s。提升容器为一对上下段分体异侧装卸式多绳提煤箕斗，每个箕斗名义质量为 32 t(提煤)、本体高 18.2 m、质量为 41.53 t(包括首尾绳悬挂装置、滚轮罐耳、配重)，其中箕斗上段质量为 16.396 t、下段质量为 16.4 t，首绳悬挂装置质量为 7.2 t、尾绳悬挂装置质量为 1.53 t。

提升首绳 6 根，由 ABB 公司与提升机配套供货，抗拉强度为 1 670 MPa、公称直径为 44 mm、每米 7.89 kg，每根钢丝绳最小破断拉力总和为 1 365 kN，每根长度为 970 m；3 根左捻钢丝绳、3 根右捻钢丝绳。平衡尾绳 3 根，2 根型号为 P8×4×19-177×28+FC、每米 15.1 kg，1 根型号为 P8×4×19-187×29+FC、每米 16.8 kg，每根长度为 930 m。

施工中采用了立井大型分体式箕斗安装施工工法，整个施工过程未发生安全事故，施工工期提前 10 d，箕斗安装质量优良，整个提升系统被评为全国煤炭行业优质工程。

第五节　井塔式起重机安装施工工法

一、概述

矿山立井井塔顶部均设计有大型双梁桥式起重机，用来满足井塔内提升机设备安装和维修的需要。井塔内双梁桥式起重机是桥架在高架轨道上运行的一种桥架型起重机，桥架下的行走轮沿铺设在高架起重梁上的轨道纵向行走，起重小车沿桥架上的轨道横向行走，构成一矩形工作范围；利用桥架下的空间吊运货物，不受地面设备的阻碍，具有低净空、跨度大、提升高度高、控制方便的特点。井塔内双梁桥式起重机安装高度通常在 50 m 以上，有的甚至达到 90 m 左右，安装高度高、体积大、重量大，施工中又常常受到施工现场场地的限制。桥式起重机的安全快速吊装，成为施工中一个亟须解决的难题。

为此某施工单位通过多年研究、实践，总结了一套利用稳车和桁架配合吊装井塔内双梁桥式起重机的方法，该施工工法具有施工安全、快速高效、成本低的优点。该工法先后在甘肃某煤矿新主井、龙固矿井主井提升系统施工中成功应用，取得了显著的经济效益和社会效益。

二、工法特点

井塔式起重机安装施工工法具有如下特点：

(1) 安装工艺简单

安装时，只需在塔式建筑安装大厅内的承重梁上安装一座龙门架，在龙门架与塔壁之间架设一根起重梁、挂一组起重滑轮，用一台稳车提供起重动力。

(2) 安装一次到位

桥架可一次吊装到位，不需二次倒运。

(3) 施工安全

可对吊装过程进行有效控制，可随时停车处理各种突发状况，消除危险因素。

(4) 经济合理

不需要投入大型起重设备，吊装费用少，只发生少量的设备租赁费和人工费。

(5) 适用范围广

该工法适用于大型建筑内重型设备的吊装，尤其在各种空间小、提升高度高的场合，优势明显。

三、适用范围

井塔式起重机安装施工工法适用于各类矿井井塔内起重机安装、煤仓重型设备起吊，也适用于各种空间小、提升高度高的场所。对于提升高度越高、设备重量越大、施工场地及起重设备受限的情况，采用该工法的优势则越明显。

四、工艺原理

井塔式起重机安装施工工法利用力学原理，通过选择合理的吊装方法，利用现有提升设备，解决了井塔狭窄空间内桥式起重机吊装的技术难题。

五、工艺流程及操作要点

(一) 工艺流程

以山东新巨龙能源有限责任公司 2# 主井 50/10 t 电动双梁桥式起重机安装为例，井塔式起重机安装施工工艺流程如下：施工准备→在大厅承重梁上安装龙门桅杆→在井塔顶部起重机轨道梁及大龙门架上安装小型龙门桅杆→挂设滑轮组并穿绳→起吊 1 号起重机大梁到起重机轨道上固定好→起吊 2 号起重机大梁到起重机轨道上固定好→起吊起重小车超越起重机大梁面→起重机大梁合拢、小车就位、附件安装→调试。

(二) 操作要点

山东新巨龙能源有限责任公司 2# 主井 50/10 t 电动双梁桥式起重机安装施工操作要点阐述如下。

1. 施工准备及龙门架、起重梁安装

根据桥式起重机的安装高度及提升机大厅楼面至行车梁的高度确定龙门架的高度，保证桥架起吊到最高点后其底部超过行车梁轨面；根据桥式起重机单件最重件，确定龙门架

的钢材型号及加工方法，以保证龙门架的强度。

土建施工时，在提升机大厅的承重梁和井塔壁上龙门架的安装位置处预埋固定钢板。两龙门架的中心在起重机桥架中心。加工四只 20 t 起重吊耳，两只一组、焊接在起重机桥架两侧。

当井塔混凝土强度达到起吊要求后，用土建施工塔吊将龙门架、起重梁、滑车等吊放到提升机大厅。

将龙门架与预埋钢板焊接牢固，拉上缆风绳，并用脚手架钢管加固。之后安装井塔壁上的龙门架。安装完成后，将主起重梁吊放到两龙门架上面中间位置，并焊接固定。主起重梁两侧焊接加强筋，防止倾倒。在定滑轮位置放置硬木保护钢丝绳。井塔内桥式起重机吊装的立面布置和平面布置如图 9-7、图 9-8 所示。

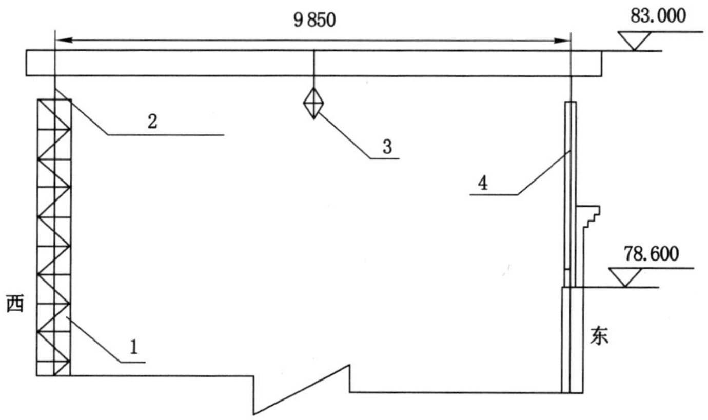

1—桅杆；2—工字钢承重梁；3—滑轮组；4—龙门架。

图 9-7　井塔内桥式起重机吊装立面布置图

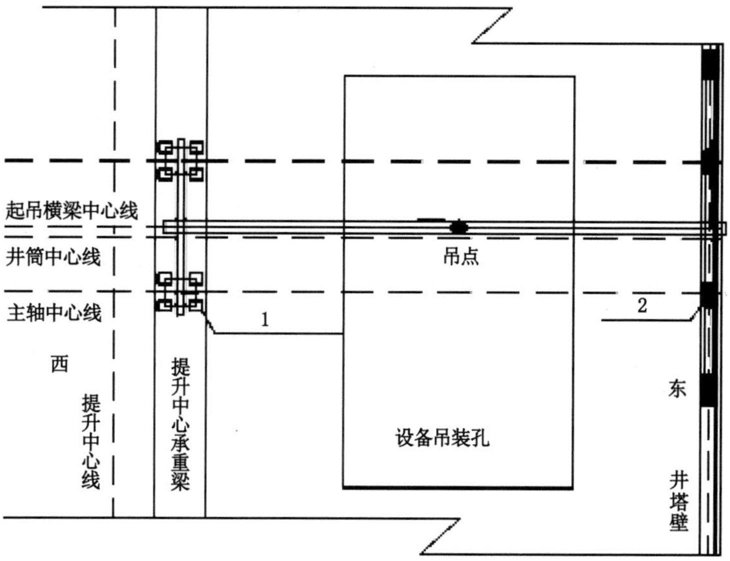

1—桅杆预埋件；2—龙门架预埋件。

图 9-8　井塔内桥式起重机吊装平面布置图

2. 穿绳、组成滑轮组

起重机吊装提升设施由两辆 H2D-32 和一辆 HD-20 滑车组成;其中两辆 H2D-32 滑车组成吊装滑轮组,HD-20 滑车作为导向滑车。滑轮组钢丝绳采用顺穿的方式,牵引绳通过 HD-20 导向滑车引向稳车。滑轮组穿绳如图 9-9 所示。

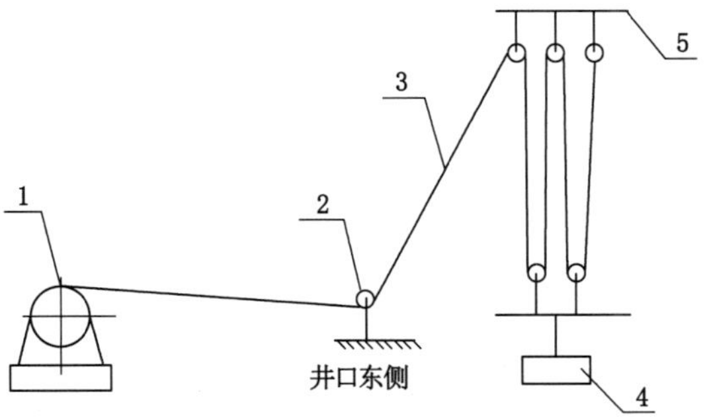

1—稳车;2—导向滑车;3—钢丝绳;4—起吊重物;5—滑轮组。

图 9-9　滑轮组穿绳示意

吊装滑轮组在提升机大厅进行穿绳可减少工作量。钢丝绳穿绕好后,用塔吊将定滑轮吊起,用 ϕ26 mm 钢丝绳固定在主起重梁上(绕三圈),用五副钢丝卡连接绳头。松绳后将动滑车下放至地面待用。

3. 桥架吊装

用 25 t 吊车将 1# 桥架吊放至井塔内,动滑轮与桥架吊点之间用钢丝绳套、卸扣连接。在桥架吊点上端用一只 5 t 手拉葫芦与动滑轮连接,以备吊起后调节桥架的垂直度。在动滑轮处挂设一只 5 t 手拉葫芦,用钢丝绳套、卸扣与桥架下部连接,待桥架就位后用于调平。施工时,应选用长链手拉葫芦。

开动稳车,用 25 t 吊车配合,使桥架离开地面。收紧桥架吊点上端 5 t 手拉葫芦,使桥架与竖直方向成一定角度,保证桥架能顺利穿过提升孔。在桥架下部系 2 根棕绳,以便于调整桥架与井塔楼层提升孔边缘的距离,防止相碰。桥架上提过程中,施工人员分成两组位于桥架上下两端的楼层监护。若桥架与提升孔边缘距离过小,发出停车信号,拉动棕绳进行调整,无问题后继续上提。

当桥架吊点超过行车轨道面一定高度后(桥架放平后,其大车行走轮底高于行车梁轨面),停止提升。松开桥架上端 5 t 手拉葫芦,收紧桥架下端 5 t 手拉葫芦,调平桥架,把桥架下放到轨道面上。拆除动滑轮与桥架之间的连接,下放至地面后与另一侧桥架连接好。用手拉葫芦把轨道上的 1# 桥架拉至井塔壁,给 2# 桥架起吊留出位置。用同样的方法将 2# 桥架吊装到位,并在 2# 桥架上安装桥架之间的连接横梁,以便于起重小车吊起后可迅速就位。

4. 起重小车吊装

若起重小车单件较重,可解体后分部吊装。调整两架起重机桥架之间的空间,以保证起重小车的起吊。用滑轮组将小车吊起,超过桥架高度后,用手拉葫芦调整桥架距离;通过连接板将两架桥架与连接横梁组装成一体,然后起重小车下落,使其行走轮落在桥架的轨道上。

5. 其余构件的吊装及调试、试运转

起重机其余构件如起重钩、提升钢丝绳、电气设备、栏杆、连接件等均为较轻构件，用塔吊即可满足起吊要求。根据设备清单，将其一一吊装到位；根据说明书进行组装、安装、调试、试运转。全部安装工作完成后，请有资质的部门对起重机整体性能进行检验。

(三) 劳动组织

井塔式起重机安装施工工法宜采用一班八小时工作制作业。劳动组织表见表 9-12。

表 9-12　井塔式起重机安装劳动组织表

工种	班队长	钳工	起重工	电工	电焊工	技术员	安全员	带班经理	合计
人数/人	1	2	2	3	2	1	1	1	13

六、材料设备

井塔式起重机安装主要设备、材料见表 9-13。

表 9-13　井塔式起重机安装主要设备、材料表

序号	名称	规格型号	单位	数量	备注
1	吊车	25 t	台	2 台班	辅助起吊
2	稳车	JZ-10/800	台	1	
3	起重桅杆	610×610，H=18 m	座	2	
4	内齿轮	11.4 kW	台	1	
5	交流电焊机	BX1-500	台	2	
6	工字钢	45#，4 000 mm	根	5	
7	工字钢	56B#，11 000 mm	根	2	
8	工字钢	45#，5 000 mm	根	2	
9	滑车	HD3，20 t	只	2	
10	滑车	20 t	只	2	
11	卸扣	20 t	只	2	
12	卸扣	10 t	只	4	
13	卸扣	5 t、3 t、2 t	只	各 2	
14	钢丝绳	6×19W-28-1770	m	600	
15	钢丝绳套	ϕ28 mm，2 m、3 m、4 m	根	各 2	
16	钢丝绳套	ϕ28 mm，13.5 m、12 m	根	各 1	

表 9-13(续)

序号	名称	规格型号	单位	数量	备注
17	钢丝绳	ϕ14 mm,30 m	根	2	揽风绳
18	钢丝绳	ϕ14 mm,200 m	根	2	
19	气割工具		套	2	
20	电焊线	50 mm^2	m	100	
21	钢卷尺	30 m	把	1	
22	钢卷尺	5 m	把	2	
23	角尺	(500×300)mm	把	2	
24	活口扳手	12″	把	6	
25	活口扳手	15″	把	2	
26	梅花扳手	30-32	把	4	
27	棕绳	ϕ20 mm	m	150	
28	手拉葫芦	5 t	个	2	
29	手拉葫芦	2 t	个	2	
30	对讲机		对	2	
31	水平仪		台	1	
32	尖锥		把	4	
33	手锤		把	4	
34	大锤	18 磅	把	2	

七、质量控制

(一) 桥式起重机安装质量标准

(1) 桥式起重机轨道应满足:纵向水平度偏差不应超过 1/1 500;全长高低差偏差不应超过 10 mm;中心线对行车梁实际中心线的位置偏差不应超过 10 mm;两轨道相对高低差偏差不应超过 10 mm;轨距偏差不应超过 5 mm。

(2) 桥式起重机桥架水平方向两对角线长度偏差不应超过 5 mm。

(3) 桥式起重机轨道接头轨面及左右错动偏差不应超过 1 mm。

(4) 桥式起重机安装后,必须进行无负荷、静负荷、动负荷试运转,试运转步骤和方法应符合设备技术文件的规定。

(5) 桥式起重机无负荷试运转必须达到下列规定:终端开关、缓冲器、制动器灵敏可靠;控制器、限位开关和联锁装置工作正常,动作可靠。

(6) 桥式起重机静负荷试运转，除下绕度和上拱度必须符合设备技术文件的规定外，车轮与轨面顶面必须接触良好，主梁与端梁的连接应牢固可靠，钢丝绳在绳槽中缠绕位置正确不乱，制动器工作正常。

(7) 桥式起重机动负荷试运转必须符合下列规定：在额定负荷下，起重机小车吊钩的升降速度应符合设备技术文件的规定；在超过额定负荷10%的情况下，各机构动作应灵敏、平稳、可靠，性能应满足使用要求，限位开关和保护联锁装置的作用应可靠、准确。

(二) 质量控制措施

施工过程中，为保证施工质量，主要采取以下质量控制措施：

(1) 施工前对质量进行预控。认真学习图纸，领会设计意图，进行技术交底，明确质量标准，做好施工技术安全措施的编制与贯彻工作；对将要施工的工程关键部位、关键工序，分析作业条件，预计可能出现的问题，进行预防性控制。

(2) 施工中的质量控制。严格执行检查验收制度，对于每一道工序的施工质量均进行跟班检查，严把质量关，坚持自检、互检和交接检，把一切质量事故消灭在萌芽状态，确保每项工序不留隐患。

(3) 及时进行质量分析、总结。对成功的经验及时推广，对施工中出现的质量问题，分析原因，研究解决的办法，提出整改意见并整改到位。

(4) 严格奖惩制度，明确奖罚标准。将质量标准的要求按工序分解，制定相应的奖罚措施；在施工中，严格按规定进行奖罚，并及时兑现，以促进施工质量的提高。

(5) 加强现场管理，强化检验程序。把项目工程各项检验程序列表上墙，注明每一个检查项目的具体负责人，将检查情况列表汇总；在项目部内部进行纵向和横向比较评比，优奖劣罚。

八、安全措施

(1) 开工前，应组织有关人员对所有施工场所进行全面检查，发现问题及时处理。对所有吊具、索具、设备及临时防护设施进行认真检查。提升绳按要求进行试验，缠绳时进行检查，并在检查记录上签字，不合格不得使用。

(2) 确保通信良好。设备起吊指挥人员与稳车司机利用对讲机进行联系，对讲机保证一对使用、一对备用。

(3) 每次正式起吊时均需进行试吊。试吊时全体人员都要参加，当起吊0.5 m时停车稳定5 min，检查各受力点是否可靠；并反复升降，确认无问题后才能正式起吊。

(4) 严格按照操作规程进行操作，时刻观察被吊物体的平衡状态，发现问题及时纠正，严禁任何人在下面通过。

(5) 在吊装区设置明显标志，并有专人警戒，未经许可不得进入。

(6) 施工人员应严格遵守现场纪律。高空作业人员必须戴好安全帽、佩戴安全带且悬挂牢靠，穿好高空作业防滑鞋；有高血压、心脏病等人员不准登高作业；严禁酒后上岗，身体不适不得上岗。

(7) 清除井塔中妨碍起重机桥架起吊的障碍物，保持现场整洁干净。

(8) 所有电气设备的金属外壳必须有良好的接地装置。

(9) 氧气瓶、乙炔瓶应分开放置，间距不小于 5 m，距动火点不得少于 10 m。

(10) 特殊工种要持证上岗。

(11) 滑车、稳车、钢丝绳及索具每天有专人检查。

九、环保措施

(1) 在工程施工中，贯彻执行国家和行业(地方)有关节能、环境保护的方针、政策、法规，严格控制各项排放指标。

(2) 施工污水及生活废水应在指定地点排放，不能随意乱排。

(3) 施工现场要做好“四通一平”。场区内应清洁卫生、无积水、无淤泥、无杂物、无料底、无垃圾，场区内管线架设整齐，无长明灯。

(4) 坚持考核评比制度。项目部定期对所属单位进行检查评比，对环境保护工作做得好的单位和个人及时给予表扬，差的给予批评，并责令限期改正。

(5) 施工现场有条件的地方设围护设施，减少噪声污染。生活区要遵守规定，在禁止工作的时间内不生产。

(6) 对有扬尘的专用道路、施工地点要每班洒水降尘。

十、效益分析

以山东新巨龙能源有限责任公司 2# 主井 50/10 t 电动双梁桥式起重机安装为例进行分析。

井塔内桥式起重机安装方法有两种，一种是用大吨位起重机直接进行吊装，另一种是采用井塔式起重机施工工法(稳车、滑轮组配合吊装)。

(1) 如采用大吨位起重机吊装，根据山东新巨龙能源有限责任公司 2# 主井井塔起重机情况及现场条件，汽车起重机选择如下：

若采用汽车起重机吊装，提升高度应为 93.61 m、回转半径应为 45.6 m、起吊质量为 16 t，查汽车起重机性能曲线，需采用 400 t 汽车起重机方可满足吊装要求。

经向起重公司咨询，全部起吊工作需用 5 个台班(使用 2 个台班、进退场 3 个台班)，每个台班费用为 4.0 万元，吊装费用共计 20.0 万元。

采用汽车起重机吊装，桥式起重机施工时间约为 7 d，施工人员需要 10 人，人工费为：150 元/(人·d)×10 人×7 d=10 500 元=1.05 万元。

综上，采用汽车起重机吊装，需要的费用为 21.05 万元。

(2) 如采用井塔式起重机施工工法(稳车、滑轮组配合吊装)，吊装费用见表 9-14。

表 9-14　井塔式起重机施工工法费用分析

序号	设备、材料名称	规格型号	单位	数量	单价	总价
1	汽车起重机	QY-25 t	台班	2	0.26 万元/台班	0.52 万元
2	稳车	JZ-16/1000	台	1	0.25 万元/(台·月)	0.25 万元
3	调度稳车	JD-11.4	台	1	0.023 万元/(台·月)	0.023 万元

表 9-14(续)

序号	设备、材料名称	规格型号	单位	数量	单价	总价
4	工字钢	I56B	m	52	0.002 万元/(台·月)	0.104 万元
5	桅杆	0.61×0.61,L=18 m	座	2	0.5 万元/次	0.5 万元
6	钢丝绳 6×19W	ϕ28 mm	m	800	0.17 万元/(根·月)	0.17 万元
7	电焊机、滑车、卸扣、手拉葫芦等		项	1		0.073 万元
8	电费		项	1		0.205 万元
9	人工费		人·日	14×7	0.015 万元	1.47 万元
合计						3.315 万元

(3) 结论

将两种施工方法相比较,井塔式起重机施工方法(稳车、滑轮组配合吊装)节约费用:21.05 万元−3.315 万元=17.735 万元。

十一、应用实例

【实例 1】

甘肃华亭煤业集团某煤矿改扩建工程,主井井塔高度为 79.104 m,起重机轨面标高为+70.92 m,提升机大厅标高为+59.92 m,井塔提升孔尺寸为 9.5 m×4 m。井塔内起重机为电动双梁桥式起重机 50/10 t,跨度为 16.5 m,最大起重高度为 75 m,提升小车质量为 4.5 t,提升大车质量为 8 t,起重机大梁 2 件,一件为 16 t、另一件为 10 t。

采用井塔式起重机安装施工工法安装该井塔内桥式起重机。施工工期 7 d,比计划工期提前 3 d。桥式起重机安装质量优良,整个工程荣获全国煤炭行业"太阳杯",施工过程中无安全事故发生。

【实例 2】

山东新巨龙能源有限责任公司某煤矿 1# 主井井塔外形尺寸为 22.8 m×19.3 m,共十二层,屋面高度为 80.9 m,标高为 73.29 m,为 50/10 t 电动双梁桥式起重机行走梁平面。井塔内桥式起重机最大外形尺寸为 17 600 mm×8 754 mm,两主梁中心距为 4 750 mm,轨道中心距 17 m、轮距 7.25 m、轮 ϕ800 mm,全长 17.6 m。大车质量为 19.05 t(包括 2 根主梁、2 根连接横梁)。小车最大外形尺寸为 5 400 mm×4 170 mm,轨距 4.75 m、轮距 3.4 m、轮直径 ϕ500 mm,质量为 20.41 t。主钩最大起吊载荷 50 t,最大提升高度 73 m,主要用于井塔提升机大厅内设备的吊装。

采用井塔式起重机安装施工工法安装该井塔内桥式起重机,施工工期 7 d,比计划工期提前 3 d。桥式起重机安装质量优良,在整个施工过程中无安全事故发生。

第六节　多绳摩擦轮提升机首绳无稳车更换施工工法

一、概述

多绳摩擦轮提升机首绳如果采用传统的模式更换，不仅临时设施布置准备工作时间长，还延长了占用矿井生产的时间。某施工单位为解决这一问题，组织人员进行调研和技术攻关，对多绳摩擦轮提升机首绳更换施工方案进行分析论证，形成了一套新的多绳摩擦轮提升机首绳无稳车更换施工技术。该技术于2010年3月23日经中国煤炭建设协会鉴定，在国内达到先进水平，有较高的推广应用价值。

该技术成功应用于平煤集团某矿新主井摩擦轮提升机首绳更换，形成了一套成熟的施工工法。该工法又成功应用于平煤集团某矿副井、平煤集团某矿二水平北进风井等多个提升首绳更换工程项目，应用效果良好，安全性高、工期短、质量优良，取得了良好的经济效益和社会效益。

该工法曾获得地市厅级科技进步一等奖。工法所使用的首绳绳卡获得国家实用新型专利。

二、工法特点

(1) 减少了大型设备的投入，降低了成本。

(2) 采用自制首绳绳卡，有效地避免了新、旧首绳的互相缠绕、打扭现象。

(3) 固定新提升首绳时，提前运用胡克定律计算并截取首绳满负荷运转时的伸长量，解决了提升首绳反复调试、截取的工程难题。

三、适用范围

该工法适用于矿山立井多绳摩擦轮提升机首绳更换。

四、工艺原理

该工法利用原提升系统的多绳摩擦轮提升机作为新首绳更换的主要提升设施。井口附近不需布置大型临时设施(稳车)，用钢丝绳卡、首绳绳卡将新旧钢丝绳固定在一起。运转提升机由旧首绳带动新首绳完成新、旧首绳的更换，最后由更换好的新首绳带动旧首绳将旧首绳拆除。

五、工艺流程及操作要点

多绳摩擦轮提升机首绳无稳车更换施工工艺流程及操作要点如下。

(一) 工艺流程

工艺流程如图9-10所示。

(二) 操作要点

1. 施工准备

(1) 准备施工用的绳卡、绳扣、滑车等起重用具，并要有专人对工具进行检查，确保工具

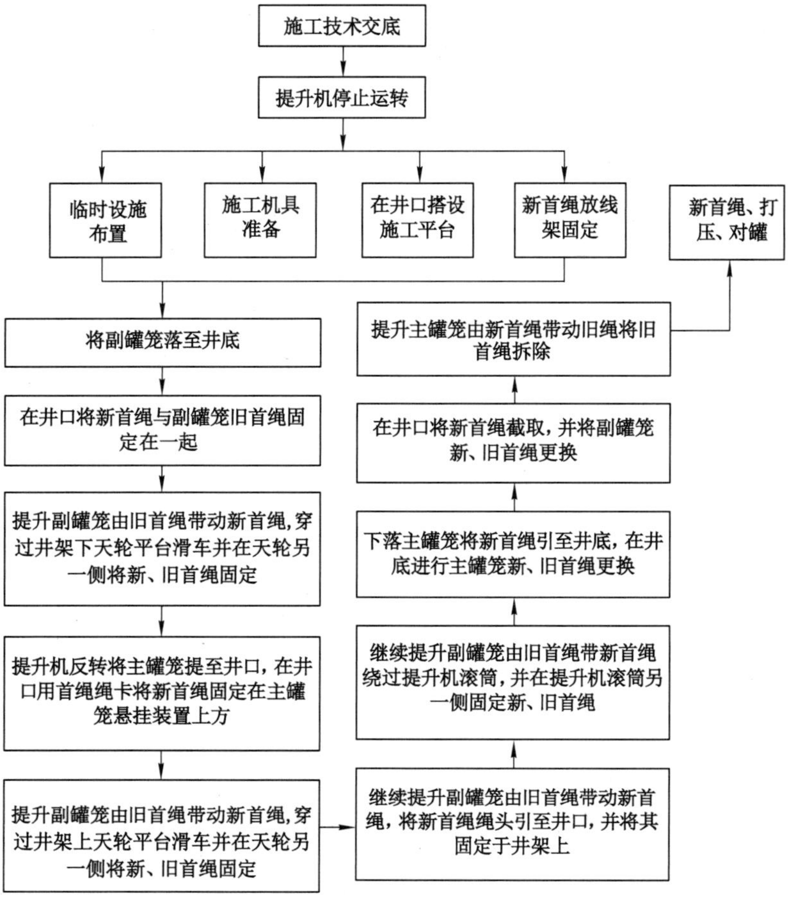

图 9-10　施工工艺流程

在使用过程中安全可靠。

(2) 新首绳下放前请专职部门进行钢丝绳检验，合格后方能更换。

(3) 在井口附近用 4 个放线架将 4 盘新首绳盘固定好，必须保证每盘钢丝绳的捻向与旧首绳一致。

(4) 在井架外板梁上设置 4 个滑轮作为底滑轮。

(5) 在上、下天轮平台起重梁上分别挂设 4 个滑轮作为导向滑轮。

(6) 在井口附近布设 1 台 35 kW 功率电机的调度绞车，用于起吊施工用的滑车和倒链。

2. 施工要点

(1) 先将副罐笼落至井底。在上井口处搭设临时施工平台，将 4 根新首绳依次通过底滑车、导向滑车引至上井口；把 4 根新首绳绳头用 10# 铁线与副罐笼四根旧首绳对应捆扎一起；绑扎好后安装 2 副钢丝绳卡，钢丝绳卡间距为 2 m。新首绳绳头与旧首绳固定位置如图 9-11 所示。

(2) 开始提升副罐笼时由旧首绳带动新首绳，待新首绳绳头运转至下天轮口处停止提升，由施工人员将第一副钢丝绳卡拆除后继续提升副罐笼至第二副钢丝绳卡处，施工人员

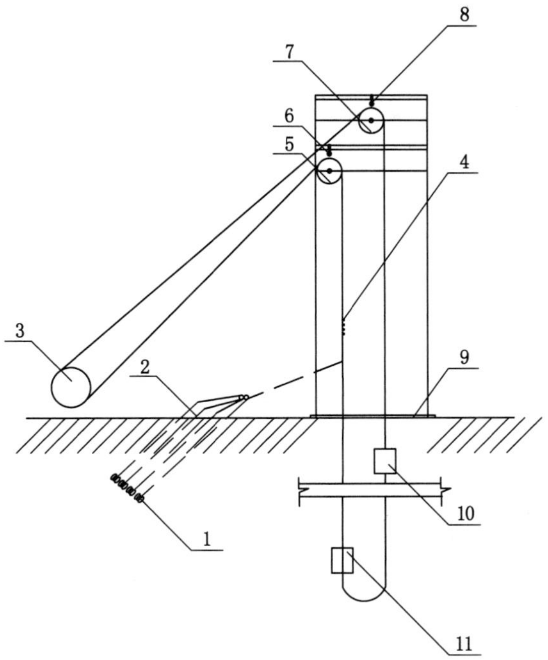

1—新钢丝绳绳盘；2—10 t 导向滑车；3—提升机滚筒；4—钢丝绳卡；5—下天轮；6,8—10 t 滑车；7—上天轮；9—井口板梁位置；10—主罐笼；11—副罐笼。

图 9-11　新首绳绳头与旧首绳固定位置示意

将新首绳绳头穿过布置好的导向滑轮，待穿过导向滑车后，在下天轮另一侧重新固定安装一副钢丝绳卡将新、旧首绳固定在一起。固定完毕，将天轮底部第二副钢丝绳卡拆除，再将副罐笼提升 2 m，在天轮另一侧安装固定第二副钢丝绳卡，把新、旧首绳固定在一起。新绳过天轮绳卡位置如图 9-12 所示。

(3) 待新首绳绳头引到多绳摩擦轮提升机滚筒处，多绳摩擦轮提升机停止运转；拆除第一副钢丝绳卡，直至新首绳迈过滚筒并用钢丝绳卡固定牢固。拆除、安装钢丝绳卡的方法与过下天轮导向滑车方法相同；然后继续提升副罐笼，直至新首绳绳头迈过上天轮，并穿过布置好的导向滑车，钢丝绳卡过上天轮导向滑车时，拆除、安装的方法与过下天轮方法一致。

(4) 继续提升副罐笼，将新首绳绳头牵引到上井口板梁处，多绳摩擦轮提升机停止运转，将新首绳绳头利用钢丝绳卡、钢丝绳及卡环等工具固定到井架上，并拆除固定新、旧首绳钢丝绳卡。之后，在绞车滚筒处用 4 台 1 t 倒链牵分别牵引住 4 根新首绳，使新首绳与绞车滚筒处于脱离状态。同时，在天轮平台处将新首绳从导向滑车上去掉，使其分别落入对应天轮绳槽内。一切就绪后反向运转提升机，副罐笼下落井底，将主罐笼提到井口位置。

(5) 主罐笼提到井口位置后，由施工人员在井口平台处用自制首绳绳卡将 4 根新首绳与主罐笼 4 根旧首绳分别固定，连卡 2 副首绳绳卡；再把井口板梁处固定新首绳绳头钢丝绳卡、绳扣及卡环等工具拆除，然后下放主罐笼。在下放过程中每间隔 50 m 安装一副首绳绳卡，直到井底。

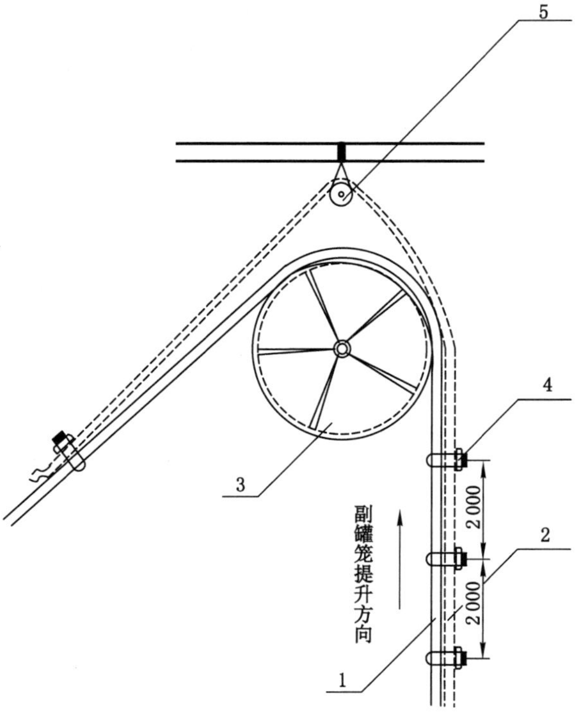

1—旧首绳；2—新首绳；3—下天轮；4—钢丝绳卡；5—10 t 滑车。

图 9-12　新绳过天轮绳卡位置示意

(6) 主罐笼下放到井底后，施工人员在井底主罐笼悬挂装置处拆除旧首绳。新首绳的具体安装方法：先将中间两个液压油缸打压紧绳，直到两侧的旧首绳松弛，逐一拆除两侧的旧首绳，安装新首绳；然后再打压两侧新首绳油缸，待中间的 2 根旧首绳松弛，逐一拆除中间的 2 根旧首绳，并安装新首绳。主罐笼首绳更换如图 9-13 所示。

(7) 主罐笼首绳更换完毕，在井口进行副罐笼悬挂装置处的首绳更换。依据胡克定律计算出钢丝绳在罐笼满载时的弹性伸长量，计算出钢丝绳长度，用剁斧将钢丝绳截断。计算钢丝绳伸长量的目的是首绳更换完毕省去调绳环节。

在井架横梁上固定合适的倒链，将副罐笼上提到截取的新首绳绳头处。采用主罐笼首绳更换方法对副罐笼首绳进行更换。

所有工作完成后拆除旧首绳，旧首绳的拆除方法与新首绳的安装方法相反。提升主罐笼由新首绳带动旧首绳运转，随着主罐笼提升施工人员在井口逐个将首绳绳卡拆除；当拆除到最后一副首绳绳卡时，停止提升，用 4 根棕绳与 4 根旧首绳对应绑扎牢靠；接着再将最后一副首绳绳卡拆除。转动旧钢丝绳绳盘，施工人员利用 4 根棕绳将 4 根旧首绳绳头通过上天轮使其平稳落至地面。旧首绳拆除完毕，进行新首绳打压、对罐工作。

3. *劳动组织*

施工采用“三八”制作业。劳动组织表见表 9-15。

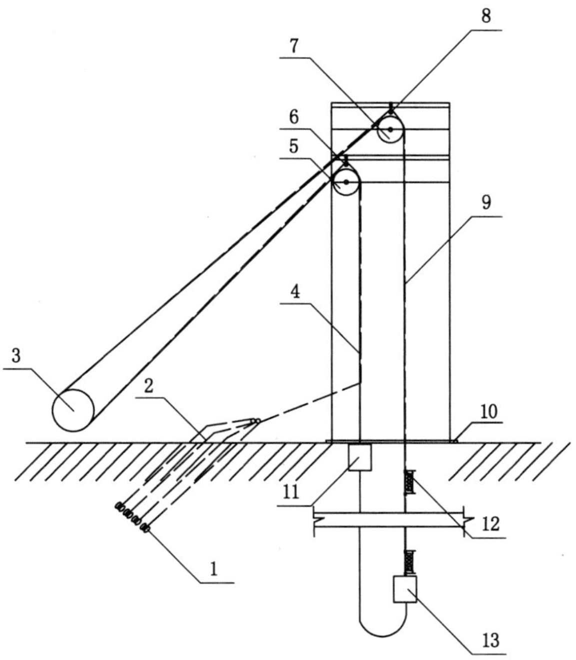

1—新钢丝绳绳盘；2—10 t导向滑车；3—提升机滚筒；4—旧首绳；5—下天轮；6，8—10 t滑车；7—上天轮；9—新首绳；10—井口板梁；11—副罐笼；12—首绳绳卡；13—主罐笼。

图 9-13　主罐笼首绳更换示意

表 9-15　多绳摩擦轮提升机首绳无稳车更换施工劳动组织表

序号	工种	人数/人
1	钳工	18
2	起重工	6
3	电工	6
4	电焊工	3
5	信号工	3

六、材料与设备

本工法所使用的主要设备、材料见表 9-16。

表 9-16　多绳摩擦轮提升机首绳无稳车更换施工主要设备、材料表

序号	名称	规格型号	数量	单位	备注
1	调度绞车	35 kW	1	台	辅助吊装滑车、倒链
2	放线架		4	套	
3	首绳绳卡	与首绳配套	若干	套	与首绳长度配套(套/20 m)
4	手拉葫芦	5 t	4	台	
5	手拉葫芦	3 t	4	台	

表 9-16(续)

序号	名称	规格型号	数量	单位	备注
6	手拉葫芦	2 t	8	台	
7	手拉葫芦	10 t	2	台	
8	滑轮	10 t	12	台	
9	滑轮	5 t	5	台	
10	钢丝绳卡	与首绳配套	若干	个	
11	吊车	8 t	1	辆	

七、质量控制

本工法执行的主要规范、标准为《煤矿设备安装工程质量验收规范》(GB 50946—2013)、《煤矿安全规程》及其他相关国家、行业、地方质量标准、规范及法律法规等。

质量控制主要措施有：

(1) 首绳的型号、规格、质量必须符合设计要求。

(2) 钢丝绳与桃形环的卡接必须紧固牢靠;绳卡数量和间距必须符合设计要求。

(3) 钢丝绳的张力必须保持平衡。

(4) 钢丝绳挂绳前必须清理钢丝绳上的防锈油。

(5) 螺旋液压调绳油缸必须密封良好,不渗油。

(6) 钢丝绳绕过楔形环尾部余留长度不小于 300 mm。

八、安全措施

(1) 施工所用钢丝绳卡、首绳绳卡、绳扣、倒链、滑轮等施工器具使用前均需认真检查,确认完好后方可投入使用。

(2) 首绳绳卡和钢丝绳卡以及手拉葫芦等用具必须提前检查,施工中必须固定牢固。

(3) 施工时设置专职信号工,其他任何人不得乱用信号对讲机。

(4) 提升信号井上、下一致,做到信号传递准确、及时,严防误操作。

(5) 不得使用有损伤的钢丝绳卡固定新首绳,以防损伤新首绳。

(6) 在罐笼顶部施工时,施工人员必须佩戴安全带并生根。

(7) 对起重机具进行安全检查。如用原有起重机具,应对照施工措施,核对型号、规格,进行解体注油检查,确保使用性能。单滑车应检查开口板的闭锁情况,确保使用安全。

九、环保措施

本工法符合国家有关节能、环保政策及地方有关强制性条文规定。

(1) 使用具有环保认证的材料,合理安排施工工序及操作流程。有刺激性气味、易挥发(清洗用的汽油等)的材料,应密封保存,并做好通风。施工后的剩余材料要密封处理,废料不遗漏,整理归类统一处理。

(2) 认真做好施工现场卫生工作,施工材料、机具严格按指定地点堆放,易燃易爆材料应设专用存放地点,并建立保管制度。废弃的材料及时运出施工现场并妥善处理。

十、效益分析

(1) 经济效益

平煤集团某矿新主井摩擦轮提升机首绳采用无稳车更换施工工法更换用时 1.5 d，人工费为 1.1 万元、管理费为 0.32 万元，更换成本为 1.42 万元。如果按照传统的方法更换用时 4～6 d，人工费为 1.9 万元、机械费为 3.7 万元、管理费为 0.32 万元，更换成本为 5.92 万元。综上，采用该工法直接节约成本 4.5 万元。采用无稳车更换施工工法使该矿新主井提前 3 d 恢复正常运行，初步估算，增收节支 1 972.76 万元。

(2) 社会效益

随着煤炭产业的加速发展，矿井提升设施运转频繁，造成提升首绳磨损加快，使用周期缩短，提升首绳又是矿井安全生产的“保险绳”，无稳车快速更换提升首绳对矿井恢复安全生产有着重要意义。新的多绳摩擦轮提升机无稳车首绳更换施工工法，是在不需布设大型提升稳车的前提下，利用旧首绳带动新首绳进行首绳更换，在确保安装质量和施工安全的基础上，减少了设备投入，缩短了工期，适用于矿井立井的多绳摩擦轮提升机的首绳更换工程。

十一、应用实例

【实例 1】

平煤集团某矿新主井摩擦轮提升机首绳更换工程，开工日期为 2009 年 5 月 1 日，竣工日期为 2009 年 5 月 2 日，本工程应用该施工工法时施工工期为 1.5 d，与采用传统施工方法相比提前了 3 d，工程节约直接经济效益 4.5 万元，创造间接经济效益 1 972.76 万元。

【实例 2】

平煤集团某副井提升首绳更换，开工日期为 2009 年 5 月 7 日、竣工日期为 2009 年 5 月 8 日，本工程应用该施工工法时的施工工期为 1.5 d，与传统施工方法相比提前了 2 d，节约成本 3.97 万元。

【实例 3】

平煤集团某矿副井提升首绳更换工程，开工日期为 2009 年 12 月 22 日、竣工日期为 2009 年 12 月 23 日，本工程应用该施工工法施工工期为 1.5 d，与传统施工方法相比提前了 3 d，工程节约直接经济效益 3.6 万元，创造间接经济效益 708.7 万元。

第七节　立井井筒钢轨罐道更换施工工法

一、概述

传统立井钢轨罐道更换施工工艺存在投入临时提升设备多、功效低、影响矿山生产时间长的问题。新工法在传统施工技术的基础上，保留原井筒提升设施，利用原主提升设备提升人员，减少临时提升设备的投入；在原有提升容器上布设多层吊架作为施工作业平台进行交叉平行作业，能提高工效；安排在立井提升系统检修时间进行钢轨罐道更换，不占用矿井生产时间。在以上改进的基础上，总结形成了一整套成熟、可靠的立井井筒钢轨罐道更换施工工法。

该工法成功应用于平煤集团某矿北一风井、老副井等多项钢轨罐道更换工程中，应用效果良好，安全性高、工期短、质量优良，取得了较好的经济效益和社会效益。

该工法的关键技术于2008年11月通过中国煤炭建设协会鉴定，在煤炭行业达到先进水平，具有推广应用价值。该技术曾获得平煤集团科技进步一等奖。

二、工法特点

立井井筒钢轨罐道更换施工工法具有以下特点：

(1) 施工成本低

通过保留原井筒提升设施，利用原有主提升设备提升人员，减少了临时提升设备的投入，降低了成本。

(2) 功效高、工期短

在原有提升容器上布设多层施工作业平台进行交叉平行作业，提高了功效，缩短了工期。

(3) 减少对矿山生产的影响

安排在立井提升系统检修时间进行钢轨罐道更换，不影响矿井正常生产。

三、适用范围

本工法适用于立井井筒钢轨罐道的更换施工。

四、工艺原理

该工法保留原井筒提升设施，利用原有主提升设备提升人员，在原有提升容器上布设多层吊架并将吊架与提升大绳用U形压板固定，确保吊架提升时垂直稳定。以吊架作为施工平台进行交叉平行作业，由上向下拆除，再由下向上安装。利用立井提升系统检修时间，更换钢轨罐道，不影响矿山正常生产。

五、工艺流程及操作要点

(一) 工艺流程

多层吊架制作→井筒罐道测量→临时设施布置→多层吊架与提升容器的连接→井筒受损罐道拆除→新罐道安装→恢复原有提升系统的运行。

(二) 操作要点

1. 吊架制作、安装

吊架的选型根据井筒内标准层间距及提升容器外形尺寸确定。吊架的主体采用∠90 mm×90 mm×10 mm角钢制作主框，∠75 mm×75 mm×8 mm角钢制作每层的横框，采用槽钢作为主梁；敷设4 mm厚花纹钢板作为层间的隔离板，用ϕ16 mm圆钢作为护栏。施工侧留出供施工人员作业的出口。

吊架下端使用螺栓连接固定在提升容器上，并且将吊架与提升大绳用U形压板固定，确保吊架提升时垂直稳定。

2. 井筒罐道测量

施工前,先对立井井筒钢轨罐道梁层间距进行测量;依据测量数据,进行钢轨罐道排尺、加工、编号工作。

3. 调度绞车提升钢丝绳选型

提升、下放钢轨罐道通常使用40 kW电机驱动的调度绞车,提升钢丝绳根据井筒深度、钢丝绳自重、钢轨罐道单重选定。

现以平煤集团某矿北一风井井筒钢轨罐道更换为例。40 kW电机驱动的调度绞车提升钢丝绳选用16-18×7-1570-131钢丝绳,实际井筒内提升钢丝绳垂吊长度为513 m。

钢丝绳总破断力:$T_{总}=13\ 367\times 9.8=130\ 996.6$ N;

井筒内提升钢丝绳质量:$G_1=511.97$ kg;

钢轨罐道质量:$G_2=516$ kg;

其他附属件总质量:$G_3=50$ kg;

因此,提升总质量:$G=G_1+G_2+G_3=1\ 077.97$ kg,则提升钢丝绳安全系数:$K=T_{总}/Gg=12.4>6$,符合规程规定,满足使用要求。

4. 临时设备布置

合理选择大临设备的布置地点,以能顺利施工、便于观察到提升点、不妨碍主提升机运行为准。在井口布设3台调度绞车,其中2台用于提升罐道及罐道梁,1台用于敷设信号及动力电缆。

5. 钢轨罐道拆除

自上而下拆除钢轨罐道。拆除每根钢轨罐道时,先拆除罐道上部罐道卡,然后用一台调度绞车将罐道提拉预紧,最后拆除剩余罐道卡;罐道卡拆除完毕后,退掉罐道两端的稳钉将旧罐道提至上井口集中堆放、处理。

6. 钢轨罐道安装

自下而上安装钢轨罐道。新罐道对口时,罐道应慢速下放,对口完毕先固定新罐道中部罐道卡,再固定两端罐道卡。

(三)劳动组织

根据立井提升系统检修时间安排施工,劳动组织表见表9-17。

表9-17　立井井筒钢轨罐道更换施工劳动组织表

工种	设备维护/人	起重工/人	钳工/人	电焊工/人	调度绞车司机/人	材料员/人	管理人员/人	合计/人
小班	1	7	6	2	2	1	1	20

六、材料与设备

该工法所使用的主要材料是钢轨罐道,主要设备、材料见表9-18。

表 9-18　立井井筒钢轨罐道更换施工主要设备、材料表

序号	名称	规格	数量/单位	用途	备注
1	调度绞车	JD-40kW	3 台	牵引钢丝绳	
2	有线通信设备		1 套	提升信号	
3	无线通信设备		2 套	提升辅助信号	备用 1 套
4	手拉葫芦	2 t	4 台		

七、质量控制

该工法符合国家质量规范及当地强制性条文要求。本工法严格按照《煤矿设备安装工程质量验收规范》(GB 50946—2013)进行质量控制。

主要质量控制措施如下：

(1) 测量基准点定位后，将线坠下放井筒，每间隔 50 m 安装测量基准线卡线板，确保测量基准线的准确定位。

(2) 严格控制安装钢轨罐道的水平间距和垂直度。钢轨罐道安装初步找正后，使用卷尺、拐尺参照罐道梁和测量基准线进行罐道水平间距和垂直度的精确找正，确保安装误差控制在《煤矿设备安装工程质量验收规范》(GB 50946—2013)要求之内。

(3) 钢轨罐道连接接头允许偏差为 4 mm，接口错口不大于 1 mm，依靠直尺、拐尺测量、找正。

(4) 严格对测量累计误差进行控制。在新罐道安装前，采用先排尺后加工的方法控制罐道层间距的安装误差，确保钢轨罐道接口位置偏差在验收规范要求之内。

(5) 测量仪器及测量工具必须检验合格后方可使用。

八、安全措施

该工法符合国家安全法律法规及《煤矿安全规程》要求。该工法采取的主要安全措施如下：

(1) 高空作业和井筒内施工时，作业人员必须系好安全带，安全带应固定在安全可靠位置，高挂低用。

(2) 吊架折页板在不使用时必须收起，锁紧。

(3) 钢轨罐道垂直运输前，必须绑扎牢固，并指派专人检查。

(4) 罐道垂直运输期间，井下施工人员必须躲到安全地点。

(5) 井筒施工期间，上井口应采取有效防护措施，指派专人看护，严禁非工作人员进入。

(6) 井口杂物必须清理干净，严防坠物伤人。

(7) 起重机具要每班派专人检查，发现异常情况立即处理。

九、环保措施

该工法符合国家环保节能要求及地方强制性条文要求。

(1) 对现场施工人员进行环境保护教育，施工人员进入现场应穿戴安全防护用品。

(2) 现场配备废弃物回收容器，废弃物集中清运，按照环保要求处理。

(3) 施工机械操作人员负责对机械进行维护和保养,确保其性能良好。

(4) 施工现场机具摆放整齐有序,设备工棚搭设美观整齐,做好文明施工工作。

十、效益分析

1. 经济效益

利用该工法施工的平煤集团某矿北一风井井筒罐道更换、某矿老副井井筒罐道更换、某矿副井井筒罐道更换工程,分别缩短工期 4 d、2 d、5 d,产生经济效益 7.27 万元、6.25 万元、7.05 万元。

2. 社会效益

该工法使用效果良好,安全性高、工期短、质量优良,取得了较好的经济效益和社会效益,树立了良好的企业形象,获得了建设单位的一致好评。

十一、应用实例

该工法的应用实例如表 9-19 所列。

表 9-19 应用实例

工程名称	开工日期	竣工日期	经济效益	应用效果
平煤集团某矿北一风井井筒罐道更换	2006-12-05	2007-12-16	7.27 万元	良好
平煤集团某矿老副井井筒罐道更换	2005-10-25	2005-11-01	6.25 万元	良好
平煤集团某矿副井井筒罐道更换	2005-03-12	2005-03-25	7.05 万元	良好

第八节 "座浆法"安装煤矿大型提升机设备施工工法

一、概述

近年来,由于煤矿产量不断增加,提升设施相应的提升能力增大,大型矿井多数采用进口提升机。某施工单位在多年国产提升机施工经验的基础上,结合进口提升机的要求和特点,总结出一套利用"座浆法"安装大型提升机设备的施工工法,通过在多项大型安装工程中的成功应用,安全、质量、施工进度均取得满意的效果,并取得了良好的经济效益和社会效益。该工法的关键技术经中国煤炭建设协会鉴定,结论为"采用'座浆法'安装煤矿大型提升机设备施工技术安全可靠,达到国内领先水平"。

二、工法特点

"座浆法"安装煤矿大型提升机设备施工工法具有以下特点:

(1) 采用新型灌浆材料,设备基础垫铁采用"座浆法"一次找平,提高了安装质量,加快了施工进度。改变了传统研磨基础进行找平的方法,减少了基础研磨工作量。

(2) 在设备基础平面上,除布设提升机的十字中心线线架外,在其他各部位(如轴承座、电机底板、制动器底板等)的轴线或中心线也布设了线架(线架高度为 1～1.5 m),有效提高了设备底板找正的精度和效率。

(3) 设备底板(提升机设备包括主轴底板、电机底板、制动器底板等)一次全部找平找正,并紧固。

(4) 采用先进、精密的蔡司 007 仪器测量标高,改变了过去反复操作的施工方法。

三、适用范围

“座浆法”安装煤矿大型提升机设备施工工法适用于矿山类、电力、化工等大型成套机电设备工程的安装施工。

四、工艺原理

(1) 采用 CGM 型高强无收缩灌浆料,对煤矿大型提升机的主轴装置、制动器、电机等设备底板进行座浆找平、找正。

(2) 选用多个线架找正,结合蔡司 007 仪器找平的施工方法,提高安装精度和安装速度。

五、工艺流程及操作要点

“座浆法”安装煤矿大型提升机设备施工工法的工艺流程及操作要点如下。

(一) 工艺流程

施工准备→测量放线→基础验收及设备验收→采用“座浆法”进行设备安装找正、垫铁安装→主轴安装→滚筒安装→制动器安装→减速器安装→电机安装→辅助设备安装→调试、试运转。

(二) 操作要点

1. 施工现场测量定位

(1) 根据施工总平面图上的坐标位置、基线、基点的相关数据及设计图纸上指定相对标高,用经纬仪、水准仪、钢尺进行测设。

(2) 提升机十字中心线的位置测定后,应在基础平面和墙体及线架上作出清楚标识。同时在其他各部位(如轴承座、电机底板、制动器底板等)的轴线或中心线上布设线架(线架高度为 1~1.5 m)。

(3) 测量放线后,应对设备基础进行复测校核(结合到货设备),重点检查地脚螺栓孔的相对几何尺寸和地脚螺栓孔的垂直度以及下平面的水平度,并如实做好记录。

2. 设备的二次搬运及开箱检查验收

(1) 大型设备从库房至施工地点的二次搬运,应根据设备的质量、外形尺寸,选择适当的运输车辆、起重机及索具;大(高)件设备倒运时,在车上必须放置平稳、捆绑可靠,防止倾倒。

(2) 索具选择要满足强度要求,吊点正确。装卸时,绳索的夹角不能大于 60°,要防止设备包装箱损坏或设备变形损坏。

(3) 运输道路要平整、压实,以防运输车辆歪斜、沉陷,坡度不大于 150/1 000。质量较大的设备停放在楼层时,必须用道木支垫,防止结构受力不均匀而损坏设备和房屋结构,并按设备质量合理分散放置。起重机吊装有效区域外的设备可以利用滚杆辅助就位。

(4) 设备开箱时，施工单位要会同厂家、建设单位、监理单位等一起检查验收。开箱前应备齐开箱工具，开箱时不得损坏包装箱内的设备。设备检查过后，暂时不能安装的应做防尖、防撞保护。小件和零部件清点检查完毕，应及时放回包装箱内，打上封条、入库，以防丢失，备品备件应及时移交建设单位。要认真做好设备开箱检查记录，各方签字要齐全。设备应在倒运到现场后，安装前开箱，以利于在装卸和运输过程中保护设备。

3. 设备基础垫板布置、底板梁找正

(1) 设备基础垫板随设备到货。每组垫板按 120 mm 配置，厚度分为 50 mm、30 mm、20 mm、10 mm、5 mm、2 mm、1 mm 等多种；主轴底板垫板为 300 mm×300 mm，共 8 组；电机底板垫板为 240 mm×240 mm，共 6 组；盘形闸底板垫板为 200 mm×200 mm，共 16 组。为方便工作和更精确地找正垫板，在机坑内搭设工作平台；在底板的各轴线设置一定数量的线架，线架的高度为 1 m。

(2) 依据提升机的十字中心线和设计的位置尺寸，布置各临时大线。在垫板上划出十字中心线，利用方框水平仪及钢尺、线坠等对垫板进行找平找正；垫板用 Q235-50×50 mm 的钢垫块四角垫平，垫板的水平度偏差不大于 0.1/1 000，位置偏差不大于 1 mm。垫板布置前，要先凿去垫板位置处的基础浮层，并冲洗干净。然后，利用高强度无收缩灌浆料将垫板黏结到基础上，浇灌厚度在 30～150 mm 之间。垫板的厚度以垫板上平面与设备底板下平面有 20～30 mm 的调整间隙为准。

(3) 在灌浆料达到设计强度后，将设备底板梁吊放到垫板上。根据设备标高找平底板梁，利用力矩扳手预紧，复测底板梁的水平度；依据偏差利用调整垫片调整垫铁的高度，再预紧并复测调整，直至地脚螺栓达到预紧力矩、底板梁的水平度符合要求为止。轴承座两侧底板的水平度利用蔡司 007 仪器找平，允许偏差不得超过 0.1/1 000。多个制动器支架底板标高利用水准仪校正；依据提升机十字中心线，利用钢尺、线坠校正底板梁，允许偏差为 ±1 mm，将地脚螺栓紧固到设计扭矩。制动器支架及电机的底板梁找正方法同此。

4. 提升机安装

(1) 将轴承座的上盖拿下来，将下半轴承座吊放到找平、找正的底板梁上，穿上连接螺栓。依据提升机十字中心线，利用钢尺、线坠校正轴承座。

(2) 轴承座找正后，就可进行主轴的吊装。主轴吊装前，用煤油将大轴上的防锈涂层擦洗干净，将下半滑动轴承吊放到轴承座内(事先用煤油擦洗干净，在轴承座内涂一层专用润滑油)。吊主轴时，钢丝绳部位要加垫层以防损坏主轴；主轴吊起时要水平，采用 1 台 10 t 手动葫芦调平。主轴的提升机侧要面向吊装方向，由于提升机房内没有承载区域，在主轴由吊装孔进入约 1/3 时，松 10 t 手动葫芦，使主轴的提升机侧担在车房结构梁上。同时，在另一侧钢丝绳慢慢垂直于主轴时松掉主轴提升机侧的 10 t 手动葫芦及钢丝绳，利用车房内的起重机吊起主轴提升机侧，然后 50 t 起重机和车房内的起重机配合慢慢将主轴移进车房内。移入后，主轴一端落在电机基础上，另一端落在车房结构梁上。

(3) 往轴承座上落时，起重机应使用最慢速度，接近落放到位时，施工人员要扶稳主轴，看好主轴与轴承的间隙。主轴吊放到位后，合上轴承和轴承座的上盖，紧固连接螺栓；接着安装滚筒(滚筒一般为分体两半式)，先吊装一半滚筒，与主轴连接完成后利用起重机将半滚筒送入机坑内，再安装另一半滚筒，之后就可依次安装盘形闸及制动器等。安装时要注意设备的位置编号。滚筒由吊装孔进入车房内时，考虑提升机房内没有承载区域，吊装孔至电机基础之间的区域铺设 20 mm 的钢板或钢轨来增大承重面积。

5. 电机安装

(1) 电机转子与主轴采用法兰连接。先将连接片与转子和主轴法兰盘各错位安装一半，每片先用两条螺栓固定即可；然后用专用吊具吊起转子，与主轴连接。电机定子首先吊放到机坑内，沿着底板梁上的滑道，使用千斤顶滑移到位。电机定子、转子由吊装孔进入车房内。

(2) 清洗提升机各安装部位时，使用煤油、不脱毛的棉布擦洗干净。暂不安装时，应用干净的白棉布盖好。设备安装时，绞车大厅内要整洁、防尘土。各部连接螺栓要按设备的技术资料要求的力矩紧固。车槽装置应在主轴装置就位前安装就位，托架与预埋件焊接连接。托架要按设计图纸的位置尺寸定位，托架与车槽梁之间要有 20～30 mm 的调整间隙（调整刀头的位置）。

（三）劳动组织

劳动组织表见表 9-20。

表 9-20 “应浆法”安装煤矿大型提升设备施工劳动组织表

序号	工种	人数/人
1	项目经理	1
2	项目技术副经理	1
3	项目生产副经理	1
4	施工技术员	2
5	测量技术员	1
6	专职安全员	1
7	机修钳工	8
8	电钳工	6
9	起重工	4
10	电焊工	1
11	电气调试工	3
12	绞车工	2
13	信号工	1
合计		32

六、材料与设备

“座浆法”安装煤矿大型提升机设备的施工工法所采用材料的特点和施工机具如下：

(1) 大型提升机设备安装中，均采用 CGM 型高强无收缩灌浆新材料。CGM 型高强无收缩灌浆新材料主要特点如下：

① 早强、高强：1 d 强度最高可达 50 MPa，设备安装完成 1 d 后即可运行生产；

② 自流态：现场只需加水搅拌即可施工，无须振捣便可充填全部空隙；

③ 微膨胀：保证灌浆料与基础紧密接触；

④ 耐久性：经 200 万次疲劳试验和 50 次冻融循环试验，强度无明显变化；

⑤ 抗油渗：在机油中浸泡 30 d 后其强度比浸油前提高 10%；

⑥ 易操作：机械、人工搅拌均可，简便快捷。

(2) CGM 型高强无收缩灌浆新材料的技术指标：

① 抗压强度：1 d 达到 30～50 MPa、3 d 达到 45～60 MPa、28 d 达到 65～85 MPa；

② 竖向膨胀率：≥0.02%；

③ 流动度：300 mm；

④ 最低施工温度：−10 ℃。

七、质量控制

"座浆法"安装煤矿大型提升机设备施工工法执行《煤矿设备安装工程质量验收规范》(GB 50946—2013)。安装质量偏差要求如下(进口设备应参照厂家技术资料)：

(1) 垫铁与基础接触面积符合规定，垫板水平度符合厂家技术资料的要求。

(2) 垫片的规格、布置方向要正确。

(3) 机座的基础螺栓露出丝扣的长度基本一致，均为 2～4 个螺距。

(4) 主轴轴心线在水平面内的位置偏差不应超过 5 mm。

(5) 主轴轴心线与垂直于主轴的提升中心线在水平面内的垂直度偏差不应超过 0.5%。

(6) 主轴水平度偏差严禁超过 0.1/1 000。

(7) 制动盘的端面跳动严禁大于 0.5 mm。

(8) 轴承垫板偏差在沿主轴方向的水平度≤0.15/1 000，在垂直于主轴方向的水平度≤0.15/1 000。

(9) 轴承座偏差在沿主轴方向水平度≤0.1%，在垂直于主轴方向的水平度≤0.15/1 000。

(10) 螺栓的紧固要达到设计力矩要求。

(11) 电机定子、转子间的气隙参照设备的技术要求。

(12) 闸瓦的平均摩擦半径必须等于或略大于设计的平均摩擦半径。

(13) 接地电阻≤1 Ω。

(14) 成排盘面平整度偏差≤5 mm；盘柜每米垂直度偏差≤1.5 mm。

(15) 电缆弯曲半径≥15 m。

八、安全措施

施工前必须认真编制施工组织设计，执行《煤矿安全规程》中的有关规定。

(1) 各工种操作人员必须持证上岗，必须严格按照操作规范施工。

(2) 建立健全安全保障体系，落实安全生产责任制。

(3) 落实安全技术交底制度，各级安全技术交底均应有书面记录，有交底人和接受人的签字，并妥善保管记录。

(4) 做好“三保四口”的落实工作，现场孔洞及临边要加防护并牢固可靠，安全警示标志齐全。人员进入施工现场必须戴合格的安全帽，高空作业必须系合格的安全带并正确使用，穿防滑鞋。

(5) 现场必须备足消防器材，定期检查并保持完好。

(6) 临时用电要严格执行“临时施工用电规范”中的要求，做好用电安全管理工作。

(7) 现场应加强保卫防范工作，以防设备丢失和破坏。

(8) 大件吊装应明确质量，机、索具经检查无误后方可使用。吊装要统一指挥，吊装人员精力要集中。正式起吊前要进行试吊，全面检查无误后，方可正式起吊。

(9) 设备吊装时，要严格按设备的吊装要求进行，防止吊装不当，损坏设备。

九、环保措施

环保措施包括文明施工注意事项、噪声控制以及废水、废油控制等。

1. 文明施工注意事项

(1) 施工现场的标志牌，管理制度要齐全。

(2) 施工场地的环境干净、整洁。

(3) 机具、材料堆放整齐，分类清楚。

(4) 各种安全防护用品和消防设施齐全、完好。

(5) 临时用电规范。

(6) 做到工作完、现场清，下班后工器具收放整齐。

(7) 班中不准嬉闹。

(8) 安全帽佩戴规范、衣冠整齐，与外单位协调要文明礼貌。

2. 噪声控制

控制施工噪声排放，对噪声源设置减震装置和消声器降噪。

3. 废水、废油控制

(1) 排放的污水要经过沉淀，并排放到指定地点统一处理。

(2) 生活废水用于冲刷厕所，厕所必须设置化粪池；生活区设置垃圾箱、垃圾池，做到集中堆放，集中运到垃圾场进行处理；废渣、废油集中放置，禁止随意乱倒，以免对土壤造成污染。

十、效益分析

采用“座浆法”安装大型提升机设备，安全、质量、工期都有保证。例如，潞安矿业集团某煤矿主井提升系统中两台进口提升机的安装，仅用 35 d 就完成所有安装工作，比合同工期缩短 25 d。该工程安装质量优良，获得国家优质工程“鲁班奖”，经济效益和社会效益显著。

十一、应用实例

【实例 1】

2006 年 7 月，利用此工法安装了潞安集团某煤矿主井提升系统。该系统为 $\phi4.5\ \mathrm{m}\times4$ 多绳摩擦式提升系统二台套，一台套为进口德国西马格设备，另一台套为进口瑞典 ABB 公司产品。仅用 35 d 就安全、优质、高效地完成安装任务，并获得 2007 年度国家级优质工程

"鲁班奖"。

【实例2】

2007年2月利用此工法安装了新集矿业集团某煤矿主井提升系统。该提升系统采用进口 $\phi 5\ m\times 6$ 多绳摩擦轮提升机，内置式电机，塔式共两台套。采用此工法仅用50 d就安全、优质地完成了安装任务，比合同工期缩短20 d。

【实例3】

2007年2月，利用此工法安装了山东兖州煤业某煤矿副井提升机。设备是德国西马格公司产品，双系统 $\phi 4.65\ m\times 4$ 多绳摩擦轮落地式提升机，工期提前20 d。赢得了矿方及西马格公司驻矿代表的好评，并由矿方推荐评为2007年度山东省煤炭行业优质工程。

第九节　斜井管路快速安装施工工法

一、概述

某公司总结了其在山西施工多个主斜井管路快速安装的经验，吸取了固定式升降机作业、吊车作业施工的优点，并针对斜巷的特点，通过技术论证，研发出了斜井管路快速安装施工工法。采用改造升降机和自制起重机等方法，在晋城煤业集团某煤矿主斜井等多个同类工程中进行管路快速安装，得到成功应用。实践证明，该工法具有很强的适用性和充分的可靠性，于2010年7月通过中国煤炭建设协会鉴定，结论为国内领先。

二、工法特点

斜井管路快速安装施工工法具有以下特点：

(1) 与传统的施工方案相比，节省了人力物力，缩短了工期，保证了安全施工。管路的快速安装，为矿方提前投产创造了条件。

(2) 利用升降机安装管路，使得多趟管路同时起升，保证了安装工程质量，减轻了劳动强度，避免了传统工艺中容易造成管路下滑的危险性。

(3) 升降机可安装斜井顶部多趟管路，可有效解决斜井顶部多趟管路安装中的同时起升问题，降低了工人的劳动强度。

(4) 升降机在起升管路时，施工人员可远离起升地点进行远距离操作，降低了事故发生率。

(5) 管路及管路附件可提前下放，固定在斜井地板，自制起重机不需要移动便可完成一个安装循环。

(6) 利用自制起重机安装管路实行单行作业，降低了施工的危险性。

三、适用范围

(1) 对于工期要求比较短、工程量比较小的安装工程，当斜井倾角比较小，管路与顶板间隙较大时，适合用自制起重机作业。

(2) 对于工期要求不紧、工程量较大的安装工程，当斜井倾角较大，管路与顶板间隙较小时，适合利用升降机作业。

四、工艺原理

本工法的关键技术主要是利用改造的固定升降机多管路整体起升管路安装施工技术和使用自制起重机起吊安装管路施工技术。

1. 改造固定升降机安装施工技术

先对固定式液压升降机进行改造，装上底盘和车轮，并对平台加宽、支架加固，加固后需在地面做承载试验。使用时，管子同时固定在平台上，随着平台一起升降，大大降低了工人的劳动强度。利用改造过的液压升降机，实现了斜巷安装管路机械化起吊、下放管路平板车与升降机的协调作业，并利用永久梁实现了安全快速转载。

2. 自制起重机安装管路施工技术

设计的类似吊车的自制起重机，其动力源通过手摇的力再利用变速箱增大扭矩，在比较省力的同时也解放了部分劳动力。其工作原理如下：

(1) 在自制起重机 ϕ219 mm 钢管立柱下端的下面焊接绞座，上部焊接厚度为 30 mm 的 ϕ300 mm 的钢板，作为滑动轴承支座；钢板中心竖直焊接 ϕ194 mm 钢管，作为转轴的轴心；在 ϕ219 mm 钢管的中部安装导向轮，钢丝绳从立柱中心穿过；转柱主体为 ϕ219 mm 钢管，与立柱形成间隙配合，转柱上方焊接绞座，安装吊臂；吊臂根部焊接两根 $10^{\#}$ 槽钢作为安装配重和 5 t 葫芦的生根点。

(2) 吊臂是由 ϕ108 mm 壁厚为 8 mm 的钢管加工而成，中部安装改向轮并镗孔，臂头安装绳轮，尾端是 5 t 葫芦的生根点。钢丝绳从臂头经 ϕ108 mm 钢管的开口处至臂中改向轮，下穿立柱，立柱至底部改向轮直到滚筒。

五、工艺流程及操作要点

(一) 工艺流程

施工准备→管道加工防腐→测量放线和现场标注→制作模具打孔→安装锚杆→管路支架安装→管道运输吊装→管道连接焊接→附件安装→试水。

(二) 设备准备及改造方案

(1) 在主斜井井口房后安装一台 JD-55kW 调度绞车用以下放管路、托梁、管路附件，安装一台 JZ-10/600A 稳车作为牵引液压升降机用。

(2) 主斜井井筒内铺设一趟临时轨道，轨距为 1 500 mm，并在井口安装一组组合式地滚。

(3) 改造液压升降机。升降机台面宽度根据管路布置要求制作成 3 000 mm，调整全程起升时间为 80 s。升降机加装上限隔爆行程开关，以防举升超限。由于是斜井施工，管路在升降机上设有防滑措施，即在升降机平台上焊防滑环(ϕ18 mm 圆钢制作)并设木质台面，根据管路在托管梁上的位置给五个防滑环定位。为提高升降的稳定性，在升降机底盘下装低矮的行走轮，将轮距由原来的 900 mm 改为 1 500 mm，且在后轮加焊道卡。在单长为 12 m 管路上，每隔 6 m 设置一个托管梁，采用两台升降机同时升举管路。将两台升降机用 ϕ25 mm 的钢丝绳串联，两台升降机串联后总长 8 m，从而保证安装过程中托管梁始终用升降机安装。斜井下部升降机命名为头部升降机，斜井上部升降机命名为尾部升降机。

(4) 采购一套 KXT-A 型斜井巷道无线通信机,用于井筒内管路和钢梁下放时通信。安装斜井筒的电话通信设施跟随升降机移动,作信号备用。敷设一趟电缆作为升降机电源,引入升降机电控开关。

(5) 在里程+1 320 m 处左帮的底板上凿 2 个 ϕ120 mm 的孔,孔深 500 mm、孔距 800 mm,在其中安设 2 根长 1 000 mm 钢轨(22 kg/m),作为管路防滑设施。

(6) 在里程+1 350 m 处安装激光,作为管路安装的测量线。激光安装在井筒下部,距离底板 2 500 mm。

(7) 用钢管加工两个高 1.8 m 的高凳作为安装平台。

(8) 专门组织施工人员学习使用升降机,专门培训升降机司机。

(三) 设备选型计算

1. 升降机升举力计算

管路所受重力计算(管路每节长 12 m):

$$W_1 = \frac{1}{4}\pi[(D_1^2 - d_1^2)n_1 + (D_2^2 - d_2^2)n_2 + (D_3^2 - d_3^2)n_3] \times 12 \times 9.81\rho$$

式中　W_1——管路所受重力,N;

ρ——单位体积质量,kg/m³;

D_1——主排水管路外径,m;

d_1——主排水管路内径,m;

n_1——主排水管路数量,根;

D_2——消防洒水管路外径,m;

d_2——消防洒水管路内径,m;

n_2——消防洒水管路数量,根;

D_3——压风管路外径,m;

d_3——压风管路内径,m;

n_3——压风管路数量,根。

2. 升降机正压力计算

$$W_{z1} = W_z \cos 19°$$

式中　W_{z1}——升降机所受正压力,N;

W_1——管路所受重力,N。

选用两台总额定升举力为 58 860 N 的液压升降机,可以满足使用要求。

3. 升降机牵引设施选型计算

(1) 升降机装管路后总下滑力计算

$$F = (W_1 + 2Q)\sin 19°$$

式中　W_1——管路所受重力,N;

Q——升降机自重,N。

选用 JZ-10/600A 稳车作为升降机的牵引动力,可满足使用要求。

(2) 牵引钢丝绳初选

根据升降机装管路后总下滑力和《煤矿安全规程》提升安全系数不小于 6.5 的规定,选用钢丝绳破断拉力总和应不小于 150 527 N。

查有关资料选用 6×19-ϕ20+FC-1670 钢丝绳。

(3) 验算牵引钢丝绳的安全系数

$$f = Q_d / [(W_1 + 2Q)(\sin\alpha + \mu_1 \cos\alpha) + P_{sb} L(\sin\alpha + \mu_2 \cos\alpha)]$$

式中 Q_d——钢丝绳所有钢丝总破断拉力,N;

W_1——管路所受重力,N;

Q——升降机自重,N;

α——井筒倾角,(°);

μ_1——升降机运行阻力系数,取 0.01;

P_{sb}——钢丝绳每米质量,kg/m;

L——钢丝绳最大牵引长度,取 1 300 m;

μ_2——钢丝绳运行时与托辊和底板的阻力系数,取 0.2。

经验算,钢丝绳符合《煤矿安全规程》的有关规定,满足要求。

(四) 测量放线和现场标注

在管路支架安装前要做好如下工作:

(1) 在井筒顶板放设井筒中心线,在井筒两帮放设腰线,并作出明显标记。

(2) 加工 2 个高约 1.9 m 的工作平台,以便测量工放线、确定支架位置时使用。

(3) 根据管路安装图和腰线标高尺寸用角钢和铁皮制作确定支架位置的模具。

(4) 在自制的管路起重机大臂上焊接防止起吊过卷的行程开关。

(5) 加工两个托管路用的三脚架以便调节管子头高度对接法兰盘。

(6) 利用井筒中的人车信号系统,在拉线开关上增设声光信号,用于管路和钢梁下放及安装。利用井筒的电话通信设施,敷设一趟电缆作为 25 kW 绞车移动的电源。

(7) 在井筒与管子道交叉口处右帮的底板上凿 ϕ120 mm 的孔,孔深 500 mm、孔距 1 000 mm,安设 2 根 22 kg/m 的 1 m 钢轨作为管路防滑。

(8) 分别在井口和里程+800 m 处安装激光作为管路安装的中心点。激光安装在井筒中心线上,距离底板 2 400 mm。

(五) 管路支架及相关设施安装工艺

管路支架及相关设施安装包括支架安装及托管梁加工、防滑梁入井和安装、直管座入井和安装、普通钢管入井和安装等。

(1) 支架安装及托管梁加工

支架按标准安装在巷帮上。从井筒底部依次顺序测出每根钢梁的尺寸,按照所测的尺寸对托管梁加工制作,加工完毕后用红漆依次编号。

(2) 防滑梁入井和安装

将两根防滑梁装在平板车上,用两个 3 t 手拉葫芦将梁捆绑结实,由调度绞车将平板车下放到安装位置。在防滑梁安装位置的上方安装 4 根 M24×2.2 m 的高强锚杆作为防滑梁起吊点,锚杆排距为 700 mm、间距为 300 mm。防滑梁为两层梁,分上梁和下梁。用 3 t 手拉葫芦将上梁吊到设计位置,用夹紧钢板和高强锚杆将上梁固定,要求与井筒腰线垂直距离偏差不超过±30 mm。

(3) 直管座入井和安装

① 用稳车将两个串联升降机下放到直管座安装位置以下，再用平板车装上五个直管座，用 ϕ25 mm 的棕绳从每根钢管的中间穿过，下头用钩子（ϕ25 mm 圆钢制作）钩住钢管，另一头拴在平板车的防滑环上。用 3 t 手拉葫芦将五根直管座捆绑结实，由调度绞车下放到防滑梁的安装位置。利用防滑梁的上梁作为悬吊点，手拉葫芦牵引五个直管座倒运到升降机平台上后，利用巷道无线通信机通知井口将平板车提升上井。启动升降机将直管座依次安装到防滑梁上，并用 U 形管卡将直管座牢固卡在上梁。降落头部升降机将防滑梁（下梁）升到设计位置并与直管座相连，用斜垫铁调整下梁与上梁平行。

② 直管座安装后，用平板车运输一端对焊式法兰的三根 ϕ426 mm 钢管、一根 ϕ219 mm 钢管和一根 ϕ194 mm 钢管至安装位置。

③ 用已安装的防滑梁作吊点，两个 3 t 手拉葫芦牵引，一起将五根一端对焊式法兰的钢管倒运到升降机平台上。先通知平板车司机上提平板车，用牵引稳车调节升降机上下使两法兰盘基本对齐。在升降机平台的防滑环上设置一个 2 t 葫芦和 12 mm 绳套将钢管逐根牵住，牵牢固后将棕绳解开。打开升降机支腿，启动升降机将五根钢管一起举升到位，逐根安装钢管法兰盘。法兰盘安装后，降落头部升降机托起托管梁，用五个抱卡将钢管紧固在托管梁上。所有抱卡紧固后，将 2 t 手拉葫芦松开，降下升降机。要求管路与井筒腰线垂直距离偏差不超过±30 mm，与井筒中心线偏差不超过 50 mm。

(4) 普通钢管入井和安装

① 一端对焊式法兰的钢管与直管座安装后，用平板车运输其他钢管到安装位置，利用已安装的托管梁将其倒运到升降机上。三根 ϕ426 mm 钢管、一根 ϕ219 mm 钢管和一根 ϕ194 mm 钢管在升降机平台上按设计位置间距摆放。打开升降机支腿但不顶底板，用稳车调整升降机上下使升举的管口与托管梁上的管口基本对齐。将升降机支腿顶住底板，启动升降机将钢管升举到安装位置，用撬棍调节钢管左右口对齐，用升降机细微调节管口上下。按照厂家的安装要求安装快速接头。

② 降落头部升降机托起托管梁并安装。在两台升降机连接的空档处放置高凳，便于人工用撬棍把各钢管调整到设计位置，调平托管梁、拧紧螺栓、卡紧管卡、安装快速接头。将两台升降机降下，利用升降机补齐空缺的托管梁和管路附件，并将升降机上提进入下一工作循环。

(六) 施工程序

(1) 管路焊接：无缝钢管和法兰盘到货后，即组织相关人员验收，合格后按照焊接作业指导书进行焊接验收，焊接高度应符合标准要求。

(2) 管路防腐：先用电动角磨机搭配钢丝刷对无缝钢管进行机械除锈，除锈后用棉纱擦去表面污垢、油迹、水迹，验收合格后，按设计要求涂刷油漆。要求漆层完整均匀、色泽一致，无流淌。

(3) U 形管卡及夹紧角钢的加工：按图施工，防腐方法同管路防腐。

(4) 垫木加工：按图加工，完成后用黑色醇酸调和漆防腐。

(5) 根据管路安装图和腰线利用模具从管子道口向上每隔 6 m 依次放出支架的位置，为保证同一根梁的两个支架在同一高度垂直于井筒中心线。用全站仪在巷道两帮腰线高度每隔 30 m 放出一组垂直于巷道的点作为校验点；对于其他支架位置，用钢卷尺在一侧量出 6 m 并在腰线处作出标记；然后用连通管在另一侧腰线处的同一高度作出标记，用模具放出支架的位置，并用红漆作出标记。

(6) 根据所放出的支架的位置用红漆标记，要求凿眼时钎子杆垂直于巷道。

(7) 根据所放出的支架位置测量每个支架角度，并做好记录。

(8) 支架及托梁加工：根据所测量的支架实际角度加工支架，防腐完毕安装；然后从管子道口向上依次量取每根钢梁的尺寸并做好记录。按照所量的尺寸对托梁进行加工制作，加工完毕后同管路要求进行防腐处理并用红漆依次编号。固定支架用的锚杆要进行锚固力试验，要求不低于 5 t。

(9) 用提升绞车依次将两根 ϕ273 mm 钢管、一根 ϕ219 mm 钢管、一根 ϕ159 mm 钢管装车下放，下放速度不得超过 1 m/s；将钢管运到安装位置，并在合适的位置停车。用 $\phi 1/2''$ 的钢丝绳和 5 t 马镫连接管子上口法兰盘的螺栓孔，钢丝绳上端与预先埋设在已打好的带式输送机地脚螺栓孔里的 ϕ90 mm 的钢管连接；在管路下口带式输送机地脚螺栓孔里插入两根 ϕ90 mm 的钢管，将长道木横在中间作为防滑用。确认无误后逐根把钢管卸车摆放在底板上，并用 8# 铁丝临时固定。

(10) 在井口位置处安装两根管子托梁，在下面一根托梁的正下方安装一台 25 kW 绞车，要求绞车的操作处的底座边缘正对托梁；然后用两台 16 t 千斤顶配合钢管撑紧在托梁下。根据绞车地脚螺栓孔尺寸，在底板安装金属锚杆 M20×1 600 mm 四根，将绞车固定；同时用两根 ϕ24 mm 的钢丝绳将绞车底座与后面一根托梁连接起来。单独敷设一趟信号电缆作为 25 kW 绞车的信号。

(11) 用 25 kW 绞车牵引自制起重机吊装管路。首先用起重机安装第一道防滑梁的上梁，然后安装第二道托管梁；将托管梁安装到支架上并将托管梁调平、拧紧螺栓，接着用 25 kW 绞车牵引自制起重机上移；用起重机在第二道梁上方吊起一根 ϕ273 mm 钢管，超过钢梁后缓慢下放绞车至防滑梁位置并将管子固定。为防止起重机侧翻，在巷道已打好的电缆钩眼内安装道橛、绳套并利用 3 t 手拉葫芦固定。用同样方法安装另外三根管子，并安装其他附件(U 形卡、角钢等)。安装好管子后，安装防滑梁的下梁。

(12) 上提绞车吊装第三道梁。调平托管梁，拧紧螺栓。

(13) 上提绞车吊装第三道梁上方的一根 ϕ273 mm 钢管，超过钢梁缓慢下放绞车至管口接头位置，用人扶住管子摆动起重机臂至两管接头对正，起落起重机对接管接头；为方便对接用自制三脚架，配合 5 t 液压千斤顶在管子头处微调管子头高度，连接法兰盘；法兰接口间隙要均匀，连接螺栓要齐全、紧固均匀。用同样方法安装另外三根管子，将四趟管路全部调平调齐。要求与井筒腰线垂直距离偏差不超过 ±30 mm，与井筒中心线偏差不超过 50 mm。

(14) 按照同样方法循环安装，直至 25 kW 绞车位置。

(15) 在巷道顶板凿眼固定道橛、绳套，用手拉葫芦起吊 25 kW 绞车到平板车上，将绞车倒运到 600 m 处。卸车用上述同样的方法固定。

(16) 按照上述同样方法安装管路。循环进行直至管路安装完毕。

(17) 对各管路进行相应的耐压试验。分别将两趟排水、一趟压风、一趟消防洒水管路在管路下端用闷盖封住，排水管和消防洒水管灌满水后井口亦用闷盖封住；然后用手压泵分别向管路内注入 1.25 倍使用压力水，进行耐压试验。压风管在井口用闷盖封住后，用

1.25 倍使用压力进行耐压试验。

（七）劳动组织

本工法采用“三八”制滚班作业，劳动组织表见表 9-21。

表 9-21 斜井管路快速安装施工劳动组织表

序号	工种	小班/人	圆班/人
1	班长	1	3
2	机械安装工	6	18
3	电气安装工	1	3
4	安全员	1	3
合计		9	27

六、材料与设备

施工设备要尽其所能发挥最大作用，且能保证施工的顺利进行。该工法所选设备、材料见表 9-22。

表 9-22 斜井管路快速安装设备、材料表

序号	设备名称	规格型号	功率/kW	单位	数量	备注
1	改造后固定式升降机	SGJ-6		台	2	
2	调度绞车	JD-55 kW	55	台	1	
3	稳车	JZ-10/600A	30	台	1	
4	巷道无线通信机	KXT-A		台	2	
5	隔爆开关	QC-30/660		台	2	
6	平板车	1.5 t		辆	2	
7	电焊机	BX1-500		台	3	
8	绞车	JD-25 kW		台	1	
9	自制起重机			台	1	
10	装载机	ZL-50		台	1	
11	手拉葫芦	5 t		台	1	

七、质量控制

根据管路安装施工作业的内容以及相关验收规范的要求，管路安装施工质量控制的要点包括：

（一）主要安装工程质量检验评定标准

(1)《煤矿设备安装工程质量验收规范》(GB 50946—2013)；

(2)《建筑工程质量验收统一标准》(GB 50300—2013)；

(3)《建筑施工安全检查标准》(JGJ 59—2011);

(4)《工业金属管道工程施工质量验收规范》(GB 50184—2011);

(5)《工业设备及管道绝热工程施工质量验收规范》(GB/T 50185—2019);

(6)《建筑结构可靠性设计统一标准》(GB 50068—2018)。

(二)非标钢构件加工、防腐

1. 钢材采购、检验、储备

在工程施工管理人员及公司有关部门参加的情况下进行内部图纸会审,编制材料采购计划;采购材料进场后,会同业主、质监、监理等单位按设计图纸和国家规范对材料进行检验:

(1)材料质量证明书。质量证明书应符合设计要求,并按国家现行有关标准的规定进行抽样检验,如不符合国家标准和设计文件要求,不得采用。

(2)材料表面有锈蚀、麻点和划痕等缺陷时,其深度不得大于钢材厚度负偏差值的 1/2。连接材料(焊条、焊丝、焊剂)、螺栓均应具有出厂质量证明书,并符合设计的要求和国家现行有关标准的规定。焊接材料应按牌号和批号分别存放于干燥的储藏仓库。焊条在使用之前按出厂证明的规定进行烘焙和烘干。材料凭领料单发放,发料时核对材料的品种、规格、牌号是否与领料单一致,并要求质检人员在领料现场签字认可。

(3)图纸会审,图纸细化。图纸经会审后,由技术部负责设计本工程的加工详图,进行节点构造细化,对其中一些需设计签证的节点图,提交设计院审核。

(4)编制钢构件加工生产工艺及质量要求。

2. 放样、下料和切割

(1)按照施工图的几何尺寸,以 1∶1 比例在样台上放出实样,然后,根据实样的形状和尺寸制成样板、样杆,作为下料、制孔等的加工依据。

(2)钢材下料前先对材料进行矫正,矫正后的偏差值不应超过规范及设计规定的允许偏差值,以保证下料的质量。

(3)根据工艺要求,在放样和下料时,预留出制作和安装的焊接收缩余量及切割加工余量。

(4)零件的切割线与下料线的允许偏差符合规定。

(5)切割面应将钢材表面切割区域的铁锈、油污等清除干净。切割后清除断口边缘熔瘤、飞溅物、断口上不得有裂纹和大于 1 mm 的缺棱,应将毛刺清除。

(6)切割截面与钢材表面的不垂直度不大于钢材厚度的 10%,且不得大于 2 mm。

3. 构件的焊接

(1)按照设计及规范要求选用焊条,焊条必须具有出厂合格证明。如要改变焊条型号,必须征得设计部门同意。严禁使用过期、药皮脱落、焊芯生锈的焊条。

(2)根据审阅的施工图纸,准备好所需施焊工具,并在钢结构焊区施焊。

(3)焊工经过考试,并取得合格证方可上岗。如停焊超过半年以上时,则重新考核后才准上岗。

(4)施焊前,焊工复查组装质量和焊缝区处理情况,如不符合要求,需修整合格后方能施焊。

4. 构件防腐

金属材料防腐严格按照规程和设计要求除锈，然后涂刷漆防腐。

5. 构件运输、存放

构件加工完经验收合格后即可运到施工现场。运输时一定要对成品进行必要的保护，严禁在装卸和运输时对成品造成损坏。成品的运输顺序按安装需要安排。所有加工件运到现场后，应分类堆放。要在下面垫平，防止构件变形。标准件、镀锌件要放到库房中。

（三）质量保证措施

(1) 全面质量管理，完善质量保障体系。项目部成立由项目经理任组长，项目技术负责人任副组长的全面质量管理领导小组，实施对工程项目的全面管理。

(2) 项目部设立工程质量检查站和专职质检工程师 1 人，各队设专职质检员 1 人、兼职质检员 3 人，对施工过程实行质量检查控制，严把每一道工序的质量关。

(3) 成立 QC 小组。利用 PDCA 循环解决施工中存在的难题。

(4) 开展质量教育，提高员工素质。广泛开展“质量第一”普及教育和职工专业技术教育活动，组织员工学习规程、规范、质量标准等，把各项工程的施工技术安全措施、质量保证措施作为重点进行编制并组织职工学习。

(5) 施工前对质量进行预控。认真学习图纸，领会设计意图，进行技术交底，明确质量标准，做好施工组织设计和技术安全措施的编制与贯彻工作。对将要施工的工程关键部位、关键工序，分析作业条件，对预计可能出现的问题进行预防性控制。

(6) 施工中的质量控制。严格执行检查验收制度，对于每道工序的施工质量均进行跟班检查，做好原始记录，并在下道工序施工前，通知建设方或监理进行检查验收，及时办理签证手续。对出现的不合格情况按照不合格控制程序处理。

(7) 及时进行质量分析、总结。对成功的经验及时推广，对施工中出现的质量问题，分析原因，研究解决办法，提出整改意见并整改到位。

(8) 严格奖惩制度，明确奖罚标准。将质量标准的要求按工序分解，制定相应的奖罚措施。在施工中严格按规定进行奖罚，及时兑现，以促进施工质量的提高。

(9) 配合建设单位、监理单位进行施工质量的监督检查。定期请质量监督部门和设计部门到现场抽查、复查和指导，以外部环境促进工程施工质量的提高。

八、安全措施

由于在斜井中进行管路安装，施工作业空间既不同于平巷，也不同于立井。因此，加强施工安全管理，制定周密的安全措施并确保落实。

1. 升降机安装管路安全技术措施

(1) 在管路和钢梁卸车时，平板车下方严禁站人。利用已施工过的胶带机基础预留孔，插入 ϕ108 mm 钢管作为保险设施，否则不得卸车。管路和钢梁未固定在升降机平台上时，严禁将棕绳解开。

(2) 钢管和钢梁装车数量限制为 ϕ426 mm×13 mm 钢管 3 根、HW700×300 mm 钢梁 3 根、HW300×305 mm 钢梁 6 根、ϕ219 mm×8 mm 钢管 12 根、ϕ194 mm×6 mm 钢管 20 根，其他装载总量不得超过 7.5 t。

(3) 运输过程中一定要将工具和材料捆牢。严格执行斜巷运输的管理规定,斜井应注意工具和材料的防滑。

(4) 在升降机工作时,升降机下方和两侧禁止站人。每班必须携带便携式瓦斯检测仪。

2. 自制起重机安装管路安全技术措施

(1) 在管路和钢梁卸车时,平板车下方严禁站人。利用已施工过的胶带机基础预留孔,插入 ϕ90 mm 钢管作为保险设施,否则不得卸车。

(2) 运输过程中一定要将工具和材料捆牢。严格执行斜巷运输的管理规定,“一坡三挡”配套齐全,设专人把守井口。在井筒内应注意工具和材料的防滑。

(3) 运输过程中,井筒中严禁站人,所有人员必须进入躲避硐。绞车运行速度不得超过 1 m/s。

(4) 井筒内严禁上下平行作业,施工现场必须设专人统一指挥。

(5) 绞车司机必须持证上岗,工作中必须精力集中,不得随意离岗。

(6) 当自制起重机工作时,下方和两侧禁止站人。

3. 其他安全技术措施

(1) 高空作业必须系牢保险带,并严格执行“高空作业指导书”的有关规定。

(2) 如需气割,必须有烧焊作业票并取得用火资格,由持证人员严格按井下烧焊作业的有关规定执行。

(3) 调度绞车验绳工作必须按规程规定,每天不少于一次并做好验绳记录。

(4) 严禁作业人员蹬钩。

(5) 每班必须检查专用材料、工器具运输稳绳、提升绳,发现问题及时汇报。

(6) 每班都要检查各悬挂点的稳定性;如有异常必须停止作业,处理后方可正常使用。

(7) 高空作业必须有保险带,并按要求绑扎牢固。

(8) 其他未尽事宜参照《煤矿安全规程》执行。

4. 电气设备使用安全措施

(1) 井下电气设备、缆线杜绝失爆。

(2) 电气设备上架摆放整齐,缆线吊挂整齐。

(3) 综合保护齐全,可靠灵敏,接地线符合要求。

(4) 电气设备及缆线必须经防爆小组检查合格后方可入井。

5. 入井安全及其他安全技术措施

(1) 入井时必须佩戴好矿帽、矿灯,穿好防静电工作服。

(2) 所携带的工具,必须抓牢放稳,以免发生意外。

(3) 所有人员必须熟悉井下避灾路线,在紧急情况下能够快速撤离。

(4) 井口四周用栅栏围严,并设警示牌。

6. 冬季、雨季施工措施

在冬季、雨季施工管道安装时,为保证工程质量和施工安全,保证工程顺利进行,必需提前做好冬季、雨季施工的准备工作。

(1) 为了保证施工质量和施工进度,考虑施工时期的特点,及时购置各种防范设备、材料,做好冬季、雨季施工的安全措施。

(2) 室外焊接施工应搭设防风、防雨防寒棚;否则不允许施焊,以免影响施工质量。

(3) 露天设置的施工机械设备应搭设防护棚，以防机械部分受损、电器受潮。

(4) 做好材料与半成品的防雨雪、防潮保护，临建区的排水系统确保畅通。

(5) 对避雷设施进行全面测试。

(6) 注意收听、收看天气预报，关注天气变化情况；遇到天气突变要及时采取保护措施。

(7) 建立健全季节性施工组织机构，组织人员定期监督检查。

(8) 加工场地用电采取防漏电措施，安装漏电保护器，用电器的金属外壳要可靠接地。

(9) 电焊条要有防潮措施，堆放处要有遮盖，有焊条烘干箱。随用随取，不用的焊条要及时回收。

(10) 做好施工人员的防护工作，确保冬季、雨季的安全生产。

九、环保措施

严格按照 ISO14001 环境管理标准体系要求，开展日常各项工作。

(1) 成立施工环境卫生管理机构，制定切实可行的环境管理目标和管理方案。开展日常检查、逐月考核，并和各级施工人员、管理人员工资、绩效挂钩。

(2) 在施工过程中严格遵守国家和地方政府下发的有关环境保护的法律、法规和规章，加强对生活垃圾、生产生活废水的控制，加强对燃油、材料、设备的管理。遵守有关防火及废弃物处理的规章制度，与当地环保部门签订危险废弃物处理的协议，妥善处置好危险废弃物。

(3) 合理布置临时工业广场，做到标牌清楚、齐全，各种标识醒目，施工场地及井下整洁文明。

(4) 防止管路运输及其他材料进场时的散落和沿途污染，必要时进行洒水降尘，防止尘土飞扬。按当地环保部门指定要求排放生产生活污水。

十、效益分析

(一) 经济效益分析

该方法在晋煤集团某煤矿主斜井管路安装施工中取得的经济效益分析如下：

1. 直接经济效益

升降机安装管路工期为 2.5 个月，比传统方案工期提前了 1.5 个月。直接节省人工费按每个人工 2 600 元/月开支，共计节省人工费：25×4×2 600－10×2.5×2 600＝195 000(元)。

自制起重机安装管路工期为 3.5 个月，比传统方案工期提前了 2 个月。直接节省人工费按每个人工 2 600 元/月开支，共计节省人工费：22×5.5×2 600－10×3.5×2 600＝223 600(元)。

2. 间接经济效益

在不同的煤矿、不同的井筒特征、不同的时期采用该工法，并考虑各种因素，该工法为矿方提前投产增加了总的间接效益约为 7 000 万元。

综上所述，该工法的经济效益显著。

(二) 安全效益分析

该工法在煤矿管路安装施工中所取得的安全效益表现在：

(1) 用升降机安装斜井顶部多趟管路,可有效解决斜井顶部多趟管路安装中的起升问题,降低了工人的劳动强度。

(2) 升降机在起升管路时,施工人员可远离起升地点,进行远距离操作,降低了事故发生率。

(3) 管路在井筒内倒运过程中始终不与斜井底板接触,降低了管路下滑的危险,避免了施工过程中发生人身安全事故。

(4) 利用自制起重机安装管路,管路及管路附件提前下放,固定在斜井地板,起重机不需移动便可以完成一个安装循环。

(5) 利用自制起重机安装管路施行单行作业,减少了施工的危险性。

(三) 社会效益分析

(1) 通过运用该工法,使晋煤集团某矿的管路安装施工工期得以缩短,工程质量被评为优良,提高了施工单位的信誉,得到了甲方的认可,为立足山西、开拓全国市场作出了贡献。

(2) 为以后的管路安装施工提供了成熟完善的施工技术,树立了典范。

十一、应用实例

【实例 1】

晋城煤业集团某煤矿主斜井斜长 1 560 m、倾角为 19°,井筒净宽为 5 200 mm,净高为 4 100 mm、净断面为 18.4 m^2;采用锚网喷支护形式,喷射混凝土厚度为 150 mm,强度等级为 C20。顶部设计安装五趟管路,ϕ426 mm×13 mm 主排水管路三趟、ϕ219 mm×8 mm 消防洒水管路一趟、ϕ194 mm×6 mm 压风管路一趟。五趟管路并排布置共用托管梁,托管梁距离底板 2 400 mm,布置总宽为 3 080 mm。管路单长 1 320 m,每间隔 200 m 设计一组防滑梁。该工法采用平板车下放管路及附件,2 台改造后的固定升降机提升管路,安全高效地完成了施工任务,工期缩短 45 d,实现一次性试压成功。

【实例 2】

山西汾西矿业集团某矿井主斜井斜长 1 050 m,倾角为 16°,井筒净宽为 4 800 mm,净高为 3 800 mm、净断面为 15.8 m^2;采用锚网喷支护形式,喷射混凝土厚度为 150 mm、强度等级为 C20。顶部设计安装四趟管路,ϕ273 mm×8 mm 主排水管路二趟、ϕ219 mm×8 mm 消防洒水管路一趟、ϕ159 mm×5 mm 压风管路一趟。四趟管路并排布置共用托管梁,均采用法兰盘连接。托管梁距离底板 2 000 mm,每根钢管长约 9 m,管路单长 1 050 m,每间隔 230 m 设计一组防滑梁。工期缩短 60 d,达到了安全快速施工的目标。

参考文献

[1] 白卫华.浅析煤矿提升罐笼防坠器的结构及布置形式[J].科技应用,2015,5(12):801.
[2] 曹世祐.中国煤炭工业百科全书:机电卷[M].北京:煤炭工业出版社,1997.
[3] 崔增祁.中国煤炭工业百科全书:煤矿建设卷[M].北京:煤炭工业出版社,1999.
[4] 李继华,邢金涛.垫铁座浆法在设备安装中的应用[J].中国新技术新产品,2013(12):103.
[5] 孙如海.SXZ钢丝绳张力自动平衡悬挂装置通过鉴定[J].有色设备,1997(3):45.
[6] 孙如海.多绳摩擦式提升机钢丝绳张力自动平衡装置最新进展[J].矿山机械,1999(2):30-32,5.
[7] 谢锡纯,李晓豁.矿山机械与设备[M].徐州:中国矿业大学出版社,2000.
[8] 尹航,徐利华,张绪平.我国竖井罐道发展综述[J].矿山机械,2009,37(2):5-8,52.
[9] 中国钢铁工业协会.钢丝绳 验收及缺陷术语:GB/T 21965—2008[S].北京:中国标准出版社,2008.
[10] 中国钢铁工业协会.矿井提升用钢丝绳:GB/T 33955—2017[S].北京:中国标准出版社,2017.
[11] 中国钢铁工业协会.重要用途钢丝绳:GB 8918—2006[S].北京:中国标准出版社,2006.
[12] 中国机械工业建设总公司.机械设备安装工程施工及验收通用规范:GB 50231—2009[S].北京:中国计划出版社,2009.
[13] 中国机械工业联合会.单绳缠绕式矿井提升机:GB/T 20961—2018[S].北京:中国标准出版社,2018.
[14] 中国机械工业联合会.液压防爆提升机和提升绞车:GB/T 25707—2010[S].北京:中国标准出版社,2011.
[15] 中国煤炭工业协会科技发展部.矿用变频调速装置:MT 1099—2009[S].北京:煤炭工业出版社,2009.
[16] 中国煤炭建设协会勘察设计委员会,中煤科工集团南京设计研究院有限公司.煤矿立井井筒及硐室设计规范:GB 50384—2016[S].北京:计划出版社,2017.
[17] 中国煤炭科工集团南京设计研究院有限公司,中国煤炭建设协会勘察设计委员会.煤炭工业矿井设计规范:GB 50215—2015[S].北京:计划出版社,2016.
[18] 中国统配煤矿总公司基建局.3t矿车 立井多绳罐笼:MT 234—1991 [S].北京:煤炭工业出版社,1991.
[19] 中国统配煤矿总公司基建局.多绳提升容器B型钢丝绳悬挂装置 扁尾绳悬挂装置:MT 237.4—1991[S].北京:煤炭工业出版社,1991.

[20] 中国统配煤矿总公司基建局. 多绳提升容器 B 型钢丝绳悬挂装置 垫块式首绳悬挂装置:MT 237.2—1991[S]. 北京:煤炭工业出版社,1991.
[21] 中国统配煤矿总公司基建局. 多绳提升容器 B 型钢丝绳悬挂装置 技术条件:MT 237.5—1991[S]. 北京:煤炭工业出版社,1991.
[22] 中国统配煤矿总公司基建局. 多绳提升容器 B 型钢丝绳悬挂装置 楔形绳卡:MT 237.1—1991[S]. 北京:煤炭工业出版社,1991.
[23] 中国统配煤矿总公司基建局. 多绳提升容器 B 型钢丝绳悬挂装置 圆尾绳悬挂装置:MT 237.3—1991[S]. 北京:煤炭工业出版社,1991.
[24] 中国统配煤矿总公司基建局. 立井多绳提煤箕斗:MT 20—1990[S]. 北京:煤炭工业出版社,1990.
[25] 中国统配煤矿总公司基建局. 提升容器钢丝绳悬挂装置 扁尾绳悬挂装置:MT 214.4—1990[S]. 北京:煤炭工业出版社,1990.
[26] 中国统配煤矿总公司基建局. 提升容器钢丝绳悬挂装置 螺旋液压调绳器:MT 214.2—1990[S]. 北京:煤炭工业出版社,1990.
[27] 中国统配煤矿总公司基建局. 提升容器钢丝绳悬挂装置 楔形绳环:MT 214.1—1990[S]. 北京:煤炭工业出版社,1990.
[28] 中国统配煤矿总公司基建局. 提升容器钢丝绳悬挂装置 圆尾绳悬挂装置:MT 214.3—1990[S]. 北京:煤炭工业出版社,1990.
[29] 中国统配煤矿总公司基建局. 提升容器钢丝绳悬挂装置技术条件:MT 214.5—1990[S]. 北京:煤炭工业出版社,1990.
[30] 中煤矿山建设集团有限责任公司,江苏省矿业工程集团有限公司. 煤矿电气设备安装工程施工与验收规范:GB 51145—2015[S]. 北京:中国计划出版社,2016.
[31] 中煤矿山建设集团有限责任公司. 煤矿设备安装工程施工规范:GB 51062—2014[S]. 北京:中国计划出版社,2015.
[32] 中平能化建工集团有限公司. 煤矿设备安装工程质量验收规范:GB 50946—2013[S]. 北京:中国计划出版社,2014.
[33] 周国辉. 3# 竖井井筒装备改造的综合分析[J]. 矿山机械,2007,35(9):184-185.